中国气象局软科学研究项目
——“防雷改革与转型发展研究”(〔2016〕D08 号)资助
重庆市安全生产事故预防科技项目
——“高速公路安全气象保障系统关键技术研究示范工程(CQAWS 2013Y-002)”资助
重庆市气象局业务技术攻关团队 2016—2018 年研究计划
——“设施农业防雷技术研究”(YWGGTD-201625)资助

气象安全生产事故风险管理与实践

主　编　李良福　何建平
副主编　覃彬全　杨　磊

李良福　覃彬全　杨　磊　李家启　青吉铭
何建平　刘青松　余蜀豫　糜　翔　葛的霆　著

气象出版社
China Meteorological Press

内容简介

本书根据“气象安全生产事故风险管理与实践”研究课题的科研成果，结合近十几年从事安全气象工作具体实践经验和“气象信息在安全生产中的应用研究”“学校气象灾害敏感单位认证管理研究”“煤矿气象灾害风险管理研究”“气象灾害敏感单位安全气象保障技术研究”“气象灾害风险管理在城镇供水企业的应用研究”“气象灾害敏感单位风险评估技术研究”“重庆三峡库区长江航运安全气象保障系统示范工程关键技术研究”“重庆高速公路安全气象保障系统示范工程关键技术研究”“设施农业防雷技术研究”等课题的研究成果，并参考国内外有关安全气象等方面的文献资料编著而成。全书共分八章三十八节，分别对气象与安全生产的关系、气象安全生产、气象安全生产工作、气象安全生产现状及存在的问题、气象安全生产事故的风险形成机理研究、气象安全生产事故风险管理研究、气象安全生产事故风险管理的对策措施研究、气象安全生产事故风险管理实践等方面进行了详细论述。可供气象行业从事气象安全生产事故风险管理、气象灾害风险评估、气象社会管理与公共气象服务等方面气象管理人员、理论研究人员、一线工程技术人员参考，也可供安全生产监督管理部门、应急管理部门和其他经济行业从事安全生产事故风险评估与风险管理、社会管理与公共服务工作的管理人员和科研人员参考。

图书在版编目(CIP)数据

气象安全生产事故风险管理与实践 / 李良福，何建平主编. -- 北京 ：气象出版社，2016.11(2017.3 重印)

ISBN 978-7-5029-6459-7

Ⅰ. ①气… Ⅱ. ①李… ②何… Ⅲ. ①气象服务-研究 Ⅳ. ①P451

中国版本图书馆 CIP 数据核字(2016)第 270111 号

QiXiang AnQuan ShengChan ShiGu FengXian GuanLi Yu ShiJian

气象安全生产事故风险管理与实践

出版发行：气象出版社

地　　址：北京市海淀区中关村南大街 46 号　　**邮政编码**：100081

电　　话：010-68407112(总编室)　010-68409198(发行部)

网　　址：http://www.qxcbs.com　　**E-mail**：qxcbs@cma.gov.cn

责任编辑：杨泽彬　　**终　　审**：邵俊年

责任校对：王丽梅　　**责任技编**：赵相宁

封面设计：博雅思企划

印　　刷：三河市百盛印装有限公司

开　　本：787 mm×1092 mm　1/16　　**印　　张**：21.5

字　　数：560 千字

版　　次：2016 年 11 月第 1 版　　**印　　次**：2017 年 3 月第 2 次印刷

定　　价：88.00 元

前　言

安全，是保证所有人类活动的前提，是企业生产经营工作的基础，也是人们应该遵循的基本准则。随着经济社会的发展，人们对生命的价值观发生了变化，安全生产已逐渐受到企业、大众、政府及社会的高度重视和广泛关注。虽然我国政府、企业已经逐步认识到安全问题的重要性，采取了一系列措施使我国安全生产状况逐步趋稳趋好。例如，2003 年到 2013 年，我国的 GDP 从 136565 亿元增长到 588019 亿元，增长了近 330.57%，但事故起数和死亡人数连续 11 年“双降”，从 96.4 万起、13.7 万人下降到 30.9 万起、6.9 万人，分别下降了 2/3 和 1/2。但是事故起数和死亡人数的基数仍然庞大。例如，2014 年全国发生各类事故 278953 起，死亡 59981 人。其中，较大事故 907 起，死亡 4125 人；重特大事故 49 起，死亡 865 人。这些数据表明，我国安全生产的形势还没有从本质上实现好转，一些地区和行业、领域安全发展的观念还没有牢固确立，安全责任体系还不太健全，安全基础还比较薄弱，安全监管还存在差距。尤其是人类生存在地球大气环境之中，大气给人类带来必不可少的生存条件，但是大气运动形成的天气、气候事件和恶劣天气也常常给人类的生产、生活带来严重影响。例如，2015 年大风（天气）诱发“6・1 东方之星客轮翻沉导致 442 人遇难”的事故、高温（天气）诱发“8・12 天津港瑞海公司危险品仓库特别重大火灾爆炸导致 165 人遇难、8 人失踪”的事故和 2016 年大风（天气）诱发“4・13 广东东莞工地龙门架坍塌导致 18 人遇难”的事故、暴雨（天气）诱发“5・8 福建三明市泰宁中国华电集团所属池潭水电厂扩建工程项目部办公楼和工地宿舍被山体滑坡淹埋导致 34 人遇难、4 人失联”的事故、暴雨（天气）诱发“5・28 广东江门台山凤凰峡漂流 8 人死亡”的事故、大风（天气）诱发“6・4 四川广元游船遇 12 级大风翻船 15 人死亡”的事故。这些典型的气象安全生产事故表明，随着全球气候变暖，极端天气气候事件明显增多，与气象危险因素有关的气象安全生产形势非常严峻。因此开展气象安全生产事故风险管理与实践具有非常重要的现实意义。

为有效防止或减少暴雨、大风、高温、雷电、大雾、道路结冰、森林火险等灾害天气造成的安全生产事故，切实做好气象安全生产工作，促进安全发展，国务院安全生产委员会办公室近 10 年来，每年都向各省、自治区、直辖市及新疆生产建设兵团安全生产委员会，国务院安全生产委员会成员单位，相关中央企业下发有关汛期安全生产工作的通知，要求切实加强并做好气象安全生产工作。例如：《国务院安委会办公室关于开展汛期安全生产检查的通知》（安委办明电〔2016〕5 号）要求各省级（自治区、直辖市、新疆生产建设兵团）安全生产委员会、国务院安全生产委员会有关成员单位、有关中央企业认真贯彻落实习近平总书记、李克强总理等党中央、国务院领导同志关于加强安全生产工作的重要指示批示精神，强化安全生产红线意识，强化汛期安全生产工作，落实安全防范措施，全面排查汛期生产安全事故隐患，切实保障汛期生产安全。而“气象安全生产”是安全生产的有机组成部分，包含了“汛期安全生产、恶劣天气安全生产、危险气象要素有关的安全生产”的全部工作，因此防范气象危险因素直接造成或诱发的生产安全事故的“气象安全生产”工作，事关人民群众人身安全，事关生产企业和社会的安全稳定，事关改革发展大局，急需采取及制定相应的气象安全生产事故对策及应急措施，规范气象安全生产事故风险管理，降低气象安全生产事故风险，充分、有效地防止或减少气象安全生产事故，从而提高气象安全生产事故防范能力，实现汛期安全生产、恶劣天气下安全生产和危险气象要素有关的安全生产，最大限度地保障人民生命财产安全。所以加强气象安全生产事故风险管理与实践是贯彻落实国家安全生产发展战略关于“科技兴安”和中国气象事业发展战略关于“安全气象”的要求，认真执行“安全第一、预防为主、综合治理”的指导方针，充分发挥气象科技在“科技兴安”的基础性、现实性、前瞻性作用，实现经济社会科学发展、安全发展。

为此作者根据中国气象事业发展战略关于“安全气象”理念，结合近十几年从事安全气象工作具体实践经验和“气象信息在安全生产中的应用研究”“学校气象灾害敏感单位认证管理研究”“煤矿气象灾害风险管理研究”“气象灾害敏感单位安全气象保障技术研究”“气象灾害风险管理在城镇供水企业的应用研究”“气象灾害敏感单位风险评估技术研究”“重庆三峡库区长江航运安全气象保障系统示范工程关键技术研究”“重庆高速公路安全气象保障系统示范工程关键技术研究”“设施农业防雷技术研究”等课题的研究成果，并参考国内外有关安全气象的技术资料，编著了《气象安全生产事故风险管理与实践》一书。该书从气象与安全生产的关系、气象安全生产、气象安全生产工作、气象安全生产现状及存在的问题、气象安全生产事故的风险形成机理研究、气象安全生产事故风险管理研究、气象安全生产事故风险管理的对策措施研究、气象安全生产事故风险管理实践等方面进行了详细论述。可供气象行业从事气象安全生产事故风险管理、气象灾害风险评估、气象社会管理与公共气象服务等方面气象管理人员、理论研究人员、一线工程技术人员参考，也可作为安全生产监督管理部门、应急管理部门和其他经济行业从事安全生产事故风险评估与风险管理、社会管理与公共服务工作的管理人员和科研人员参考。

本书编写过程中得到重庆市安全生产监督管理局、重庆市发展和改革委员会、重庆市经济和信息化委员会、重庆市教育委员会、重庆市城乡建设委员会、重庆市交通委员会、重庆市农业委员会、重庆市商业委员会、重庆市公安消防总队、重庆市国土资源和房屋管理局、重庆市规划局、重庆市市政管理委员会、重庆市水利局、重庆煤矿安全监察局(重庆市煤炭工业管理局)、重庆市林业局、重庆市旅游局、重庆海事局等重庆市安全气象工作联席会议成员单位的大力支持，重庆市雷电灾害鉴定与防御工程技术研究中心、重庆市气象局政策法规处、重庆市防雷中心、重庆市气象局气象安全技术中心、重庆市气象局气象服务中心、重庆市气象局气候中心、重庆市铜梁区气象局、重庆市渝北区气象局、重庆市綦江区气象局、重庆市武隆县气象局、重庆市云阳县气象局等单位提供了大量气象安全生产事故风险管理的具体实践资料，本书引用了中国气象局郑国光局长在广西壮族自治区领导干部“时代前沿知识”系列讲座第 101 讲上作的《高度重视气候安全　大力推进生态文明建设》专题报告的研究成果，同时借鉴吸收了北京市气象局《北京市奥运期间突发气象灾害风险评估报告》、山东省气象局《第十一届全运会气象(自然灾害)风险评估报告》等部分科研成果。

重庆市安全生产监督管理局何建平总工程师、重庆市人民政府应急管理办公室马彬副主任、重庆煤矿安全监察局(重庆市煤炭工业管理局)韩贵刚副局长、重庆市林业局张洪副局长、重庆市地质环境监测总站任幼蓉教授级高级工程师、中国气象科学研究院博士生导师张义军研究员、博士生导师董万胜研究员、上海交通大学电子与电气工程学院博士生导师傅正财教授、武汉大学电气工程学院博士生导师王建国教授、重庆大学电气工程学院博士生导师司马文霞教授、西南大学资源环境学院博士生导师李航教授、重庆市设计院周爱农教授级高级工程师等审阅了本书，并提出了许多宝贵意见，在此一并致谢。此外，本书引用了同行在气象安全生产事故风险形成机理、气象安全生产事故典型案例分析、气象安全生产事故风险管理等方面的研究成果和经验总结，除个别文献外，均列出了参考文献，在此向文献作者致以衷心的感谢。

本书由李良福执笔撰写，何建平参与本书第一章、第四章的部分编写工作，覃彬全、杨磊参与本书第五章、第六章的部分编写工作，李家启、青吉铭、覃彬全、杨磊、刘青松、余蜀豫、糜翔、任艳、葛的霆、向波、刘飞、李路、李建平、付钟、盖长松等参与本书第七章的部分编写工作。全书由李良福校订。

由于作者水平有限、时间仓促，本书难免不足之处，敬请读者批评指正。

李良福①

2016年9月17日于重庆

---

① 李良福，重庆市气象局副局长。

目　录

第一章　气象与安全生产的关系

第一节　安全生产基础知识

一、安全生产

（一）安全的科学内涵

安全是指不受威胁，没有危险、危害、损失。人类的整体与生存环境资源的和谐相处，互相不伤害，不存在危险的危害隐患。是免除了不可接受的损害风险的状态。安全是在人类生产过程中，将系统的运行状态对人类的生命、财产、环境可能产生的损害控制在人类能接受水平以内的状态。

（二）生产的科学内涵

生产是指人们创造物质财富的过程。人类在特定的技术条件下，运用整个人类在改造自然和利用自然的过程中积累起来的各种经验、知识和操作技巧来改造自然物质，从而生产人们所需要的各种物品或服务。因此生产具有技术属性，反映了人与自然的相互关系，是人类生存的永恒的自然条件。

（三）安全生产的科学内涵

我国在1952年的第二次全国劳动保护工作会议上提出了“安全生产”理念，而“安全生产”即“生产安全”在学术上基本不作区分，但安全生产的科学内涵一直在发展中不断丰富。例如，《安全科学技术词典》（1991年，第一版）中将安全生产定义为：安全生产是指企事业单位在劳动生产过程中的人身安全、设备和产品安全，以及交通运输安全等；《中国大百科全书》（2009年，第二版第30卷）中将安全生产定义为：安全生产旨在保障劳动者在生产过程中的安全的一项方针，也是企业管理必须遵循的一项原则，要求最大限度地减少劳动者的工伤和职业病，保障劳动者在生产过程中的生命安全和身体健康；《辞海》（2009年，第六版）中将安全生产定义为：安全生产是指为预防生产过程中发生人身、设备事故，形成良好劳动环境和工作秩序而采取的一系列措施和活动。因此安全生产主要有两方面的基本内涵：一是消除危及人身安全和健康的因素，保障劳工的生命财产，提供安全、舒适、健康的工作环境；二是要避免毁损设备、保护生产条件，使得生产工作持续顺利进行。安全生产的本质就是要在生产过程中防止各种事故的发生，确保人和物的安全。

二、安全生产事故

（一）事故的科学内涵

事故是意外事件，指人们在为实现有目的的行动过程中，由不安全的动作或不安全的状态引起的、突然发生的与人的意志相反而未预料到的意外情况，致使人员遭到伤亡，财产造成损坏，人的行动暂时或永久性地停止，生产中断。

（二）安全生产事故的科学内涵

安全生产事故是指生产经营单位在生产经营及其与生产经营有关的活动中发生的造成人身伤亡或者直接经济损失的事故。但是对于不能预见或者不能抗拒的山洪、雷电、暴雨、大风、大雾、高温、冰雹、地震、台风、海啸等自然灾害直接造成的事故，属于自然灾害事故范畴；而对于能够预见或者能够防范可能发生的山洪、雷电、暴雨、大风、大雾、高温、冰雹、地震、台风、海啸等自然灾害情况下，因生产经营单位防范措施不落实、应急救援预案或者防范救援措施不力，导致这些自然灾害引发造成人身伤亡或者直接经济损失的事故，则属于安全生产事故范畴。因此安全生产事故确认原则是：一是严格依法认定、适度从严的原则；二是从实际出发，适应我国当前安全管理的体制机制，事故认定范围不宜做大的调整；三是有利于保护事故伤亡人员及其亲属的合法权益，维护社会稳定；四是有利于加强安全生产监管职责的落实，消灭监管“盲点”，促进安全生产形势的稳定好转。

（三）安全生产事故类型

依据《生产安全事故报告和调查处理条例》（中华人民共和国国务院令第 493 号）和《企业职工伤亡事故分类》（GB461-85）等相关法律法规和技术标准规定，安全生产事故类型划分主要有按照安全生产事故发生的行业和领域划分方式及按照安全生产事故原因划分方式两种。

1. 依据安全生产事故发生行业和领域划分的事故类型

安全生产事故按照发生行业和领域划分，可划分为建筑工程安全生产事故、交通事故、工业事故、农业事故、林业事故、渔业事故、商贸服务业事故、教育安全事故、医药卫生安全事故，食品安全事故、电力安全事故、矿业安全事故、信息安全事故、核安全事故等多种行业和领域的安全生产事故，其主要表现形式为伤亡事故、设备安全事故、质量安全事故、环境污染事故、职业危害事故等五种形式。因此一定区域内的生产经营行业和领域的各个生产经营单位安全生产事故主要分为工矿商贸企业生产安全事故、火灾事故、道路交通事故、农机事故、水上交通事故 5 类型。

2. 依据安全生产事故原因划分的事故类型

安全生产事故按照安全生产事故原因划分，可划分为以下 20 种类型。

（1）物体打击

指失控物体的惯性力造成的人身伤害事故。

适用于落下物、飞来物、滚石、崩块所造成的伤害。如林区伐木作业的“回头棒”“挂枝”伤害，打桩作业锤击等，都属于此类伤害。但不包括因爆炸引起的物体打击。

（2）车辆伤害

指本企业机动车辆引起的机械伤害事故。

适用于机动车辆在行驶中的挤、压、撞车或倾覆等事故；以及在行驶中上下车，搭乘矿车或放飞车，车辆运输挂钩事故，跑车事故。

机动车辆是指：汽车，如载重汽车、倾卸汽车、大客车、小汽车、客货两用汽车、内燃叉车等；电瓶车，如平板电瓶车、电瓶叉车等；拖拉机，如方向盘式拖拉机、手扶式拖拉机、操纵杆式拖拉机等；有轨车类，如有轨电动车、电瓶机车；挖掘机、推土机、电铲等。

(3)机械伤害

指机械设备与工具引起的绞、辗、碰、割戳、切等伤害。如工件或刀具飞出伤人；切屑伤人；手或身体被卷入；手或其他部位被刀具碰伤；被转动的机械缠压住等。但属于车辆、起重设备的情况除外。

(4)起重伤害

指从事起重作业时引起的机械伤害事故。

适用于各种起重作业。包括：桥式类型起重机，如龙门起重机、缆索起重机等；臂架式类型起重机，如门座起重机、塔式起重机、悬臂起重机、桅杆起重机、铁路起重机、履带起重机、汽车和轮胎起重机等；升降机，如电梯、升船机、货物升降机等；轻小型起重设备，如千斤顶、滑车葫芦(手动、气动、电动)等作业。

例如：起重作业时脱钩砸人，钢丝绳断裂抽人，移动吊物撞人，绞入钢丝绳或滑车等伤害。同时包括起重设备在使用、安装过程中的倾翻事故及提升设备过卷、蹲罐等事故。

不适用于下列伤害：①触电；②检修时制动失灵引起的伤害；③上下驾驶室时引起的坠落式跌倒。

(5)触电

指电流流经人体，造成生理伤害的事故。

适用于触电、雷击伤害。如人体接触带电的设备金属外壳，裸露的临时线，漏电的手持电动工具；起重设备误触高压线，或感应带电；雷击伤害；触电坠落等事故。

(6)淹溺

指因大量水经口、鼻进入肺内，造成呼吸道阻塞，发生急性缺氧而窒息死亡的事故。适用于船舶、排筏、设施在航行、停泊、作业时发生的落水事故。

“设施”是指水上、水下各种浮动或固定的建筑、装置、管道、电缆和固定平台。

“作业”是指在水域及其岸线进行装卸、勘探、开采、测量、建筑、疏浚、爆破、打捞、救助、捕捞、养殖、潜水、流放木材排除故障以及科学实验和其他水上、水下施工。

(7)灼烫

指强酸、强碱溅到身体引起的灼伤；或因火焰引起的烧伤；高温物体引起的烫伤；放射线引起的皮肤损伤等事故。适用于烧伤、烫伤、化学灼伤、放射性皮肤损伤等伤害。不包括电烧伤以及火灾事故引起的烧伤。

(8)火灾

指造成人身伤亡的企业火灾事故。

不适用于非企业原因造成的火灾，比如，居民火灾蔓延到企业，此类事故属于消防部门统计的事故。

(9)高处坠落

指由于危险重力势能差引起的伤害事故。

适用于脚手架、平台、陡壁施工等高于地面的坠落；也适用于由地面踏空失足坠入洞、坑、沟、升降口、漏斗等情况。但排除以其他类别为诱发条件的坠落。如高处作业时，因触电失足坠落应定为触电事故，不能按高处坠落划分。

(10)坍塌

指建筑物、构筑物、堆置物等倒塌以及土石塌方引起的事故。

适用于因设计或施工不合理而造成的倒塌，以及土方、岩石发生的塌陷事故。如建筑物倒塌，脚手架倒塌；挖掘沟、坑、洞时土石的塌方等情况。

不适用于矿山冒顶片帮事故，或因爆炸、爆破引起的坍塌事故。

(11)冒顶片帮

指矿井工作面、巷道侧壁由于支护不当、压力过大造成的坍塌，称为片帮；顶板垮落为冒顶。二者同时发生，简称为冒顶片帮。矿井作业面、巷道侧壁在矿山压力作用下变形，破坏而脱落导致人身伤亡和财产损失的事故称为片帮事故。顶部垮落导致人身伤亡和财产损失的事故称为冒顶事故。当二者同时发生导致人身伤亡和财产损失的事故统称为冒顶片帮事故。

适用于矿山、地下开采、掘进及其他坑道作业发生的坍塌事故。

(12)透水

指矿山、地下开采或其他坑道作业时，意外水源带来的伤亡事故。

适用于井巷与含水岩层、地下含水带、溶洞或被淹巷道、地面水域相通时，涌水成灾的事故。不适用于地面水害事故。

(13)放炮

指施工时，放炮作业造成的伤亡事故。

适用于各种爆破作业。如：采石、采矿、采煤、开山、修路、拆除建筑物等工程进行的放炮作业引起的伤亡事故。

(14)瓦斯爆炸

是指可燃性气体瓦斯、煤尘与空气混合形成了浓度达到燃烧极限的混合物，与火源接触后引起的化学性爆炸事故。

主要适用于煤矿，同时也适用于空气不流通，瓦斯、煤尘积聚的其他场合。

(15)火药爆炸

指火药与炸药在生产、运输、贮藏的过程中发生的爆炸事故。

适用于火药与炸药生产在配料、运输、贮藏、加工过程中，由于震动、明火、摩擦、静电作用，或因炸药的热分解作用，贮藏时间过长或因存药过多发生的化学性爆炸事故；以及熔炼金属时，废料处理不净，残存火药或炸药引起的爆炸事故。

(16)锅炉爆炸

指锅炉发生的物理性爆炸事故。

适用于使用工作压力大于 0.7 表大气压、以水为介质的蒸汽锅炉(以下简称锅炉)，但不适用于铁路机车、船舶上的锅炉以及列车电站和船舶电站的锅炉。

(17)容器爆炸

容器(压力容器的简称)是指比较容易发生事故，且事故危害性较大的承受压力载荷的密闭装置。容器爆炸是压力容器破裂引起的气体爆炸，即物理性爆炸，包括容器内盛装的可燃性液化气，在容器破裂后，立即蒸发，与周围的空气混合形成爆炸性气体混合物，遇到火源时产生的化学爆炸，也称容器的二次爆炸。

(18)其他爆炸

凡不属于上述瓦斯爆炸、火药爆炸、锅炉爆炸、容器爆炸的爆炸事故均列为其他爆炸事故。

例如：①可燃性气体与空气混合形成的爆炸，可燃性气体如煤气、乙炔、氢气、液化石油气，在通风不良的条件下形成爆炸性气体混合物，引起的爆炸；②可燃蒸气与空气混合形成的爆炸性气体混合物，如汽油挥发引起的爆炸；③可燃性粉尘如铝粉、镁粉、锌粉、有机玻璃粉、聚乙烯塑料粉、面粉、谷物淀粉、糖粉、煤尘、木粉，以及可燃性纤维，如麻纤维、棉纤维、醋酸纤维、腈纶纤维、涤纶纤维、维纶纤维等与空气混合形成的爆炸性气体混合物引起的爆炸；④间接形成的可燃气体与空气相混合，或者可燃蒸气与空气相混合(如可燃固体、自燃物品，当其受热、水、氧化剂的作用迅速反应，分解出可燃气体或蒸气与空气混合形成爆炸性气体)，遇火源爆炸的事故。

因此，炉膛爆炸、钢水包爆炸、亚麻粉尘的爆炸，都属于上述爆炸方面的现象，亦均属于其他爆炸。

(19)中毒和窒息

指人接触有毒物质，如误吃有毒食物，呼吸有毒气体引起的人体急性中毒事故；或在废弃的坑道、竖井、涵洞、地下管道等不通风的地方工作，因为氧气缺乏，有时会发生突然晕倒，甚至死亡的事故称为窒息。两种现象合为一体，称为中毒和窒息事故。

不适用于病理变化导致的中毒和窒息的事故，也不适用于慢性中毒的职业病导致的死亡。

(20)其他伤害

凡不属于上述伤害的事故均称为其他伤害。如扭伤、跌伤、冻伤、野兽咬伤、钉子扎伤等。

说明：由于安全生产事故往往由多因素导致而形成，因此在按照安全生产事故原因划分过程中，须参照诱发安全生产事故的起因物和致害物，当多种诱发安全生产事故的原因共存时，应以先发的、诱导性原因作为分类依据，并在分类时突出事故的专业特征，以保证事故类别划分的统一性和正确性。

例如：①以起因物作为安全生产事故类别划分的依据。如，压力容器因化学反应失控发生了爆炸并溢散出大量有毒气体，造成多人中毒的伤亡事故，起因物是压力容器，致害物是有毒气体，按致害物划分应定为中毒事故；按起因物划分应定为容器爆炸事故。此例若按中毒采取事故预防措施显然是不适宜的；若按容器爆炸采取相应措施，就有利于事故的控制。又如：爆炸事故中，因碎片的撞击引起人身伤害，按致害物运动形成定为“物体打击”，若按起因物应划定为××爆炸事故。按本条原则划定就可以派生出，凡因爆炸而发生的物体打击均定为爆炸事故。②当几个主要原因同时存在时，以先发的诱导性原因(即这一原因撤掉，其他原因的作用就不复存在)作为分类的依据。如：某化工厂失火，烧掉了部分厂房和设备，而且引燃了化学物品，产生了大量有毒气体，使多人中毒伤亡，造成伤亡的主要原因是中毒和火灾。对整个事故而言，火灾是诱发性原因，没有火灾就不会引燃化学物品。按本条款应定为火灾事故。又如：某施工队砌筑高大工业烟囱，因附属设施坍塌，多人高处坠落，造成重大人身伤亡事故。造成事故的原因是高处坠落或坍塌。因为坍塌是诱发性原因，没有坍塌作业前提，就不会产生高处坠落事故，故应定为坍塌事故。③突出事故类别的专业特征。如：操作机床时，未使用安全扳手，卡盘夹紧后，未取下扳手即开车，结果扳手飞出伤人。该事故如按致害物可定为物体打击，而按起因物机械设备划分，则更能突出事故的专业特征，故应定为机械伤害。如机械设备属于起重设备，按本条原则，应定为起重伤害。

（四）安全生产事故的等级

根据安全生产事故造成的人员伤亡或者直接经济损失，可分为以下四个等级：

特别重大安全生产事故，是指造成30人以上死亡，或者100人以上重伤（包括急性工业中毒），或者1亿元以上直接经济损失的事故；

重大安全生产事故，是指造成10人以上30人以下死亡，或者50人以上100人以下重伤（包括急性工业中毒），或者5000万元以上1亿元以下直接经济损失的事故；

较大安全生产事故，是指造成3人以上10人以下死亡，或者10人以上50人以下重伤（包括急性工业中毒），或者1000万元以上5000万元以下直接经济损失的事故；

一般安全生产事故，是指造成3人以下死亡，或者10人以下重伤（包括急性工业中毒），或者1000万元以下直接经济损失的事故。

说明：上述安全生产事故的等级划分中，所称的“以上”包括本数，所称的“以下”不包括本数。

三、安全生产风险的科学内涵

安全生产风险是某一区域范围内所有道路交通、工矿商贸企业、公共场所及机关、企事业单位在生产或经营过程中，因安全生产隐患造成人员伤亡、财产损失等灾难性社会后果的可能性。而安全生产隐患是指生产经营活动中存在可能导致事故发生的物的危险状态、人的不安全行为和管理上的缺陷。重大隐患是指危害和整改难度较大，应当全部或者局部停产停业，并经过一定时间整改治理方能排除的隐患，或者因外部因素影响致使生产经营单位自身难以排除的隐患。

由于生产经营活动是人类社会最基础的实践活动，因此安全生产风险是人类社会基础性的社会风险源，具有现实性和普遍性的典型特征。为此人们不断强化生产经营单位的本质安全，以降低其安全生产风险。而生产经营单位安全生产的本质安全包含“单一设备、装置的本质安全”“技术系统的本质安全”“生产系统的本质安全”三个层次，具有量化管理、均衡管理、系统管理、持续管理四个显著特征。

（一）单一设备、装置的本质安全

单一设备、装置的本质安全是指设备、装置具有能够消除或控制某种危险的“先天属性”，该属性通过设计手段获得，但是仅仅能够保证单一设备、装置的安全生产，是生产经营单位本质安全的初级阶段。

（二）技术系统的本质安全

技术系统的本质安全是指由多个设备、装置按照一定的技术工艺组成的系统，在发生设备故障或者人员出现误操作、发生误判断时能够自动保证安全的属性，此类本质安全是在“单一设备、装置的本质安全”基础上上升了一层次，但还是停留在工程技术方面，因为影响生产经营单位安全生产风险除了设备、装置的安全，还有人、环境、管理等安全因素的影响。因此它还只能是生产经营单位本质安全的中级阶段。

（三）生产系统的本质安全

生产系统的本质安全是指由设备系统与作业人员、管理系统、工作环境四要素组成的生产系统本质安全，该生产系统“人、机、环、管理”各个要素均具备较高的可靠性和安全性，使生产系统不仅能够实现既定生产功能，而且能够从根本上、整体上有效地预防事故的发生，从而保障生产系统安全生产。即使生产系统发生了误操作，系统也具备闭锁功能，能有效地防止事故的发生，是生产经营全过程诸要素的安全可靠和谐统一，使各种危害因素始终处于受控制状态，进而逐步趋近本质型、恒久型安全目标的一种状态，是生产经营单位不懈追求本质安全的高级阶段。因此“生产系统的本质安全”不仅具有保障生产系统自身安全稳定运行的自稳性，而且还有保障生产系统自身不对外部输出风险的他稳性和有效抵御与防范生产系统外部输入风险影响的抗扰性。

四、安全生产监管的科学内涵

（一）安全生产管理

安全生产管理是指针对人们生产过程中的安全问题，运用有效的资源，发挥人们的智慧，通过人们的努力，进行有关策划、计划、指挥、控制和协调等活动，实现生产过程中人与机械设备、物料、环境的和谐，达到安全生产的目标。安全生产管理的目标是减少和控制危害、事故，尽量避免生产过程中由于事故所造成的人身伤害、财产损失、环境污染及其他损失。

（二）政府监管

政府监管也称为政府规制或管制，是市场经济条件下政府为实现某些公共政策目标，对微观经济主体进行规范与制约的活动。

（三）安全生产监管

安全生产监管是安全生产监督与管理的统称，有时也称为安全监督，是政府行政管理机构和有法定行政管理权限的企事业单位为了避免和减少安全生产事故依据法定职权，通过行政、法律、经济、技术等手段对市场经济主体的活动进行约束和限制的行政活动。其目的是防止和（或）减少生产经营单位在生产经营活动中人身伤亡或者直接经济损失事故的发生，确保经济社会正常运行实现最大化的社会福利。具有典型的系统性和动态性特征，并与市场状态紧密相关。

（四）安全生产监管体制

我国现行的安全生产监管体制实行国家、省、市、县、乡五级政府设置安全生产监督管理机构，具有典型的综合监管与行业直接监管、国家监察与地方监管、政府属地监督与社会其他方面监督相结合的特征。其安全生产监管模式如图 1-1 所示。

（五）安全生产监管机构

安全生产监管机构是指依据法律法规制定安全生产相关规范管理制度和技术标准，对生产经营单位的安全生产活动及其产生的社会问题进行规范和控制，并通过法定行政程序修改、完善、发展、执行这些规范管理制度和技术标准的行政机构。这些行政机构主要有中央、地方各级人民政府的安全生产综合监管机构和中央、地方各级人民政府相关部门的行业监管机构两类。

(六)安全生产执法监督

安全生产执法监督也称为执法监察。是指安全生产监管机构依据安全生产法规对生产经营单位贯彻执行安全生产法律法规、规范性管理制度、技术规范情况和生产经营单位的安全生产条件、设施设备安全、生产经营场所职业健康安全等进行现场监督检查、检测,查处违法行为的执法活动。这些执法活动主要有行为监察和技术监察两类。

1. 行为监察

行为监察是指对生产经营单位进行的安全生产组织管理、制定并执行的安全生产规章制度、职工安全生产教育培训、安全生产责任制落实等行为是否符合安全生产法规的要求进行监察的活动。其目的是通过经常性、制度性的行为监察,切实督促生产经营单位和职工落实安全措施、提升安全意识,强化对生产经营活动过程中违章指挥、违章操作、违反劳动纪律的不安全行为的及时纠正和严肃处理,确保生产经营活动全工程安全。

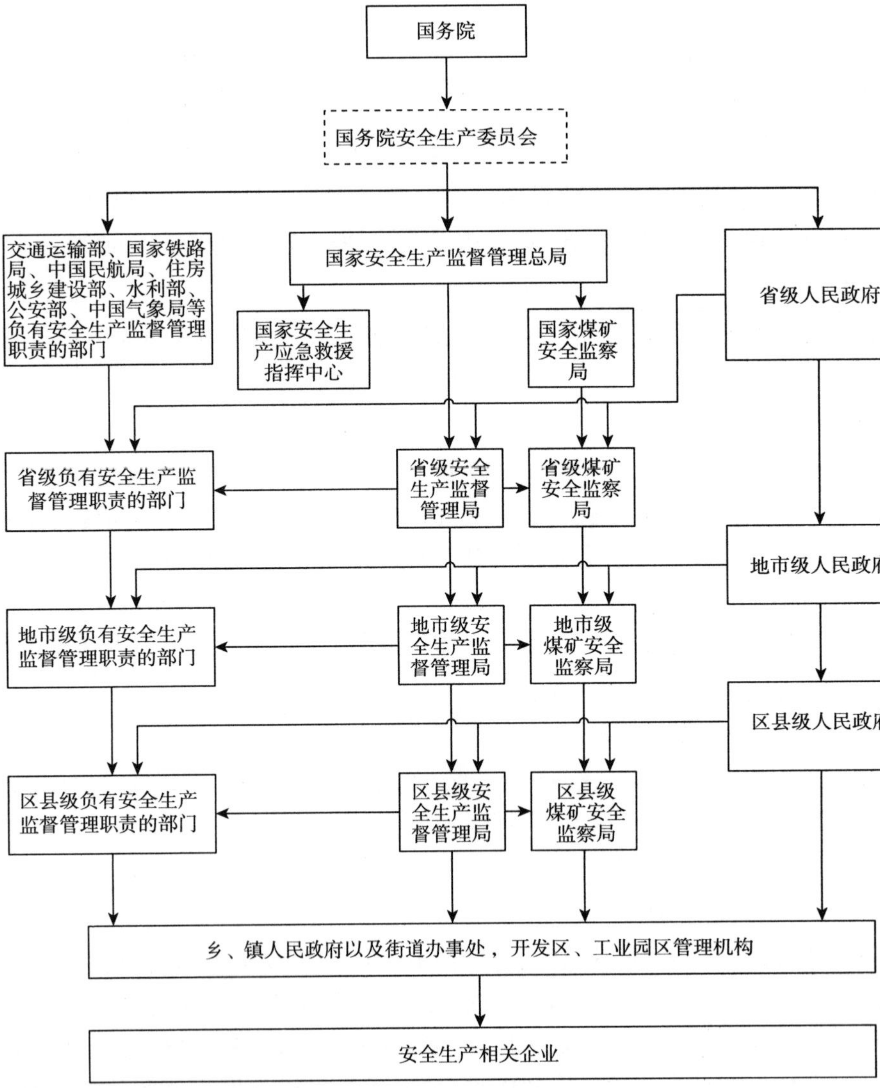

图 1-1　我国安全生产监管模式

2. 技术监察

技术监察是指依靠技术手段，对生产经营活动全过程的生产工艺、设施设备、原材料、劳动环境及其防护技术条件等关系安全生产的因素是否符合安全生产法律法规和技术规范的要求进行监察的活动。其目的是通过现代化、信息化、标准化的技术监察对生产经营单位安全生产物质条件的技术监察，确保生产经营单位新改扩工程项目的安全生产设施设备与主体工程“同时设计、同时施工、同时投入生产和使用”、现有安全防护措施与设施的完好率与使用率、个人防护用品的质量和配备数量及其作用、危险性较大的设备可靠性、危害性较严重的作用场所和特殊工种作业等等符合法律法规和技术规范的要求，具有专业性强和技术要求高的特点。

（七）安全生产行政执法

安全生产行政执法是指安全生产监管机构根据法定职责或行政机关的委托，实施安全生产监督、监察和检查，并按照法定程序依据安全生产法律法规和技术规范的有关规定而做出直接影响生产经营单位权利和义务的行政行为。因此安全生产行政执法的主体是安全生产监督管理机构以及法律法规授权的相关机构，而安全生产行政执法的客体是生产经营单位及其从业人员，包括企事业单位、个体工商户、社会中介服务机构和其他社会组织。

按照法律法规的规定，安全生产监管机构的行政执法主要体现在实施安全生产行政许可、组织安全生产监督执法、开展事故调查处理等三个方面。

（八）安全生产的监管方式

与国外“经济激励型”安全生产监管方式相比，我国目前主要采用“命令控制型”安全生产监管方式，该监管方式主要采取强制管理方法，以行政命令理念为基础，通过设定一个或多个严格的管理标准，采用行政许可、行政审批的形式来实现监管，并以监督检查的形式来保障监管顺利实施。在生产经营全过程中对生产经营单位的“命令控制型”安全生产监管方式主要体现在事前、事中、事后的安全生产监督管理。

1. 事前的安全生产监督管理

事前的安全生产监督管理是指有关安全生产准入条件的审批和指导。主要包括安全生产许可证、生产经营许可证、厂矿长资格证、生产经营单位主要负责人安全资格证、安全管理人员安全资格证、特种作业人员操作资格证以及生产经营企业的准入条件等方面审批活动。

2. 事中的安全生产监督管理

事中的安全生产监督管理是指依据法律法规和技术规范要求对生产经营单位的日常检查和专项督查。主要包括安全生产大检查、安全生产隐患排查整治、重点行业和领域的安全专项整治活动、安全生产许可证的监督检查等，重点加强生产经营场所的行为监察和技术监察。

3. 事后的安全生产监督管理

事后的安全生产监督管理是指生产经营单位发生安全生产事故后，依据法律法规和技术规范采取的应急处置、应急救援、现场恢复和事故调查、事故评估、事故鉴定、事故处理以及事故善后处置等工作。其目的是抢救被困人员、查明事故原因、处理有关责任人员，并按照安全生产“四不放过”①的原则，督促防范措施的落实，防止同类事故重复发生。

---

① “四不放过”：事故原因未查清不放过、责任人员未处理不放过、整改措施未落实不放过、有关人员未受到教育不放过。

（九）安全生产监管的法治精神

安全生产监管是行政执法行为，必须遵循“依法行政”的原则，其监管方式必须体现“有法必依、执法必严、违法必究”的法治精神。具体包括以下 4 个方面：

一是安全生产监管必须法律授权，安全监管机构的职权取得必须基于法律的授权，这是依法监管的法治基础。因此安全生产监管不能仅仅是依政策办事、依红头文件办事、依领导人指示办事，而是依照法律赋予监管人员的职权办事。

二是安全生产监管必须依法监管。安全生产监管机构的监管行为必须有法律依据，不仅安全生产监管的执法内容必须有法律依据，而且安全生产监管的执法程序也必须有法律依据，其核心就是依法行政不但要遵守主体法的规定，而且还要遵守程序法的规定。

三是安全生产监管违法必须承担法律责任。安全生产监管机构的行政违法必须承担法律责任，是安全生产依法监管的法治保障，是对生产经营单位合法权益的保障，是建设法治政府、责任政府的根本要求。

四是安全生产监管对象违法必究。生产经营单位的违反安全生产法律法规和技术规范规定的行为必须受到法律制裁，这是安全生产依法监管的根本目的。安全生产依法监管就是保障守法生产经营单位的合法权益，打击制裁违法生产经营活动，保障社会经济科学发展、安全发展。

五、安全生产法律责任的科学内涵

（一）法律责任

法律责任是指由于违法行为、违约侵权行为或者由于法律的特别规定而应当承受的某种具有强制性的、不利的法律后果，是国家强制责任人做出一定行为或不作一定行为，以救济受到侵害或损害的合法利益和法定权利，是保障权利和义务实现的手段。

（二）安全生产法律责任

安全生产法律责任的内涵主要有以下几方面：

一是安全生产法律责任的承担者是处于社会生产领域中负有安全生产义务而未履行或不恰当履行的组织和个人。

二是引发安全生产法律责任发生的起因是安全生产法律责任的承担者的不当行为造成了不利的法律后果，如扰乱了社会正常生产秩序和（或）造成了巨大的人身、财产损害。

三是安全生产法律责任的归结依据是国家和地方有关安全生产领域的法律法规与强制性技术规范。

四是安全生产法律责任制度的设计体现了国家干预和法的强制作用，代表着公共政策和大众意志对不端安全生产行为的抵制与否定性评价。

五是安全生产法律责任的设定初衷在于惩戒，着手于救济弥补，而目光在于发展，是人类社会演化进步的必需。

六是安全生产法律责任体现了法的安全价值、正义价值、秩序价值，实现对安全生产事故的预防功能、对生产事故造成的损害进行救济功能和安全生产事故责任主体惩戒的惩罚功能。

第二节 气象基础知识

一、气象要素

气象要素是指描述大气物理状态、物理现象和体现大气物理特性的各项要素。这些要素可分为直接观测的气象要素和通过直接观测气象要素间接求算的气象要素两类型。直接观测的气象要素是指通过气象观测站观测的气温、气压、风、湿度、云、降水、雷电、日射、辐射以及各种天气现象等气象要素。间接求算的气象要素是指能够描述大气物理状态、物理现象和体现大气物理特性,能够通过接观测的气象要素与相关公式进行求算而获得的气象要素,如相当温度、位温、空气密度、空气含水量等。凡是能引发事故的气象要素称为危险气象要素,危险气象要素主要以是否引发事故为判据,而与要素的值或(和)强度无关。

(一)气压

气压是指作用在单位面积上的大气压力,它是在任何表面的单位面积上向上延伸到大气上界的垂直空气柱的重量,是空气分子运动所产生的压力。气压的大小同高度、温度、密度等有关,一般随高度增高按指数律递减。

(二)气温

气温是指大气的温度,是空气分子运动的平均动能,表示大气冷热程度。地面大气温度一般指在气象观测站百叶箱内距地面 1.5 米处观测的大气温度。气温的单位可以用摄氏温度(℃)、华氏温度(℉)、绝对温度(K)三种方式表示,这三种表示方式的气温各种温标基点和换算公式如表 1-1 所示。

表 1-1 气温各种温标基点和换算公式

温标	冰点	沸点	基点间隔	换算公式
摄氏温度(℃)	0°	100°	100°	$C=\frac{5}{9}(F-32)$
华氏温度(℉)	32°	212°	180°	$F=\frac{9}{5}C+32$
绝对温度(K)	273.15°	373°	100°	$K=C+273.15$

(三)大气湿度

大气湿度也常简称湿度,表示空气中水汽含量或潮湿的程度,可以由混合比(γ)、比湿(q)、绝对湿度(ρ_v)、水气压(e)、露点温度、相对湿度等物理量表示。

1. 混合比(γ)

混合比(γ)是指空气中水汽质量(m_v)与干空气质量(m_d)之比。其计算公式为:

$$\gamma = m_v/m_d$$

单位为:克/克、克/千克。

2. 比湿(q)

比湿(q)是指空气中水汽质量(m_v)与湿空气质量(m_v+m_d)之比。其计算公式为:

$$q = m_v/(m_v + m_d)$$

单位为：克/克、克/千克。

3. 绝对湿度(ρ_v)

绝对湿度(ρ_v)也称为水汽密度，是指空气中水汽质量(m_v)与湿空气体积(v)之比。其计算公式为：

$$\rho_v = m_v/v$$

单位为：克/厘米^3、克/米^3。

4. 水汽压(e)

水汽压(e)是指空气中水汽部分作用在单位面积上的压力。以百帕(hPa)为单位。

5. 相对湿度(u)

相对湿度(u)是指空气中实际水汽压与当时气温下的饱和水汽压之比。以百分数(%)表示。

6. 露点温度(t)

露点温度(t)是指空气在水汽含量和气压不变的条件下，降低气温达到饱和时的温度。以摄氏度(℃)为单位。

(四)风

风是指空气运动产生的气流，是由许多在时空上随机变化的小尺度脉动叠加在大尺度规则气流上的一种三维矢量。

地面气象观测中测量的风是指空气水平运动产生的气流，是在气象观测站距地面 10 米处测量的风，并用风向和风速表示。

风向是指风的来向，用十六方位法表示(图 1-2)；以度(°)为单位。最多风向是指在规定时间段内出现频数最多的风向。

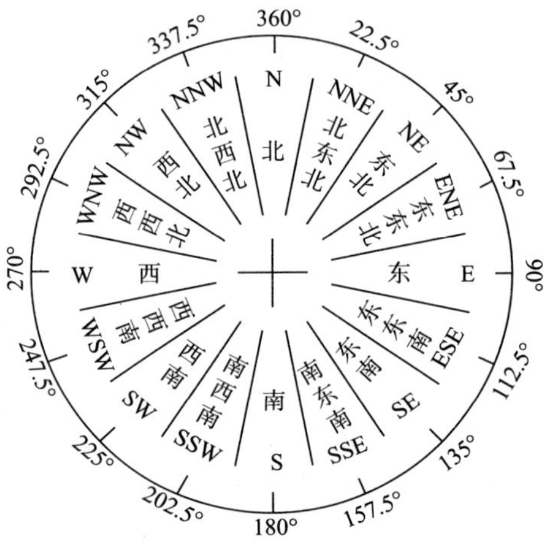

图 1-2 风向十六方位图

风速是指单位时间内空气移动的水平距离。风速以米/秒(m/s)为单位。最大风速是指在某个时段内出现的最大 10 分钟平均风速值；极大风速是指某个时段内出现的最大瞬时风速值；瞬时风速是指 3 秒钟的平均风速；风的平均量是指在规定时间段的平均值，有 3 秒钟、1 分钟、2 分钟和 10 分钟的平均值。

风力等级是根据风对地面(或海面)物体影响程度确定,风力等级与风速及其对物体的影响如表 1-2 所示。

表 1-2　风力等级表

风力等级	自由海面状况 浪高 一般(米)	自由海面状况 浪高 最高(米)	海上船只现象	陆地地面物象征	距地 10 米高度的相当风速 千米/时	距地 10 米高度的相当风速 海里/时	距地 10 米高度的相当风速 米/秒
0	—	—	静	静,烟直上	小于 1	小于 1	0～0.2
1	0.1	0.1	平常渔船略觉摇动	烟能表示风向,但风向标不能转动	1～5	1～3	0.3～1.5
2	0.2	0.3	渔船张帆时,每小时可随风移行 2～3 千米	人面感觉有风,树叶微响,风向标能转动	6～11	4～8	1.6～3.3
3	0.6	1.0	小渔船渐觉簸动,每小时可随风移行 5～6 千米	树叶及微枝摇动不息,旌旗展开	12～19	7～10	3.4～5.4
4	1.0	1.5	渔船满帆时,可使船身倾向一侧	能吹起地面灰尘和纸张,树的小枝摇动	20～28	11～16	5.5～7.9
5	2.0	2.5	渔船缩帆(即收去帆之一部)	有叶的小树摇摆,内陆的睡眠有小波	29～38	17～21	8.0～10.7
6	3.0	4.0	渔船加倍缩帆,捕鱼需注意风险	大树枝摇动,电线呼呼有声,举伞困难	39～49	22～27	10.8～13.8
7	4.0	5.5	渔船停泊港中,在海者下锚	全树摇动,迎风步行感觉不便	50～61	28～33	13.9～17.1
8	5.5	7.5	进港的渔船皆停留不出	微枝折毁,人向前行,感觉阻力甚大	62～74	34～40	17.2～20.7
9	7.0	10.0	汽船航行困难	建筑物有小损(烟囱顶部及平屋摇动)	75～88	41～47	20.8～24.4
10	9.0	12.5	汽船航行颇危险	陆上少见,见时可使树木拔起或建筑物损坏较重	89～102	48～55	24.5～28.4
11	11.5	16.0	汽船遇之极危险	陆上很少见,有则必有重大损毁	103～117	56～63	28.5～32.6
12	14		海浪滔天	陆上绝少见,摧毁力极大	118～133	64～71	32.7～36.9
13					134～149	72～80	37.0～41.4
14					150～166	81～89	41.5～46.1
15					167～183	90～99	46.2～50.9
16					184～201	100～108	51.0～56.0
17					202～220	109～118	56.1～61.2

(五)降水

降水是指从天空降落到地面上的液态或固态(经融化后)的水。降水观测包括降水量和降水强度的观测。

降水量是指某一时段内的未经蒸发、渗透、流失的降水,在水平面上积累的深度。以毫米(mm)为单位。

降水强度是指单位时间的降水量，通常测定 5 分钟、10 分钟和 1 小时内的最大降水量。降水强度的划分如下：

小雨：是指降水强度较小的雨。其 12 小时内的雨量≥0.1 毫米且≤4.9 毫米的雨；或者 24 小时内的雨量≥0.1 毫米且≤9.9 毫米的雨。

中雨：是指降水强度中等的雨。其 12 小时内的雨量≥5.0 毫米且≤14.9 毫米的雨；或者 24 小时内的雨量≥10.0 毫米且≤24.9 毫米的雨。

大雨：是指降水强度大的雨。其 12 小时内的雨量≥15.0 毫米且≤29.9 毫米的雨；或者 24 小时内的雨量≥25.0 毫米且≤49.9 毫米的雨。

暴雨：是指降水强度比较大的雨。其 12 小时内的雨量≥30.0 毫米且≤69.9 毫米的雨；或者 24 小时内的雨量≥50.0 毫米且≤99.9 毫米的雨。

大暴雨：是指降水强度很大的雨。其 12 小时内的雨量≥70.0 毫米且≤140.0 毫米的雨；或者 24 小时内的雨量≥100.0 毫米且≤250.0 毫米的雨。

特大暴雨：是指降水强度特别大的雨。其 12 小时内的雨量>140.0 毫米的雨；或者 24 小时内的雨量>250.0 毫米的雨。

（六）雪

雪是指从天空降落到地面上的固态的水。雪的观测包括降雪量、积雪深度和雪压的观测。降雪量是指雪融化成水的降水量。

积雪深度也简称为雪深，是指从积雪表面到地面的垂直深度，以厘米（cm）为单位。当气象站四周视野地面被雪（包括米雪、霰、冰粒）覆盖超过一半时要观测雪深。

雪压指是单位面积上的积雪重量，以克/平方厘米（g/cm^2）为单位。当雪深达到或超过 5 厘米时要观测雪压。

雪等级的划分如下：

小雪：是指降雪强度较小的雪。下雪时，其 12 小时内雪量≥0.1 毫米且≤0.9 毫米的降水量的雪；或者 24 小时内雪量≥0.1 毫米且≤2.4 毫米的降水量的雪。

中雪：是指降雪强度中等的雪。下雪时，其 12 小时内雪量≥1.0 毫米且≤2.9 毫米的降水量的雪；或者 24 小时内雪量≥2.5 毫米且≤4.9 毫米的降水量的雪。

大雪：是指降雪强度较大的雪。下雪时，其 12 小时内雪量≥3.0 毫米且≤5.9 毫米的降水量的雪；或者 24 小时内雪量≥5.0 毫米且≤9.9 毫米的降水量的雪。

暴雪：是指降雪强度很大的雪。下雪时，其 12 小时内雪量≥6.0 毫米的降水量的雪；或者 24 小时内雪量≥10.0 毫米的降水量的雪。

（七）蒸发量

蒸发是指一定时段内，水面（含结冰时）的水分经蒸发而散布到大气中的相变过程，气象站测定的蒸发量是水面（含结冰时）蒸发量，是指一定口径的蒸发器中，在一定时间间隔内因蒸发而失去的水层深度，以毫米（mm）为单位。

（八）能见度

能见度用气象光学视程表示。气象光学视程是指白炽灯发出色温为 2700 K 的平行光束的光通量，在大气中削弱至初始值的 5%所通过的路径长度。因此水平能见度是指视力正常的人在当时天气条件下，能够从天空背景中看到和辨认出目标物（黑色、大小适度）的最大水平距离；夜间则是能看到和确定出一定强度灯光（假定总体照明增加到正常白天水平）的最大水平距离，其等级的划分如表 1-3 所示。

表 1-3　能见度等级划分表

等级	能见距离 s（米）	不能见距离 s（米）
0	s＜50	s≥50
1	50≤s＜200	s≥200
2	800≤s＜500	s≥500
3	500≤s＜1000	s≥1000
4	1000≤s＜2000	s≥2000
5	2000≤s＜4000	s≥4000
6	4000≤s＜10000	s≥10000
7	10000≤s＜20000	s≥20000
8	20000≤s＜50000	s≥50000
9	s≥50000	

（九）辐射

气象站的辐射测量，包括太阳短波辐射与地球长波辐射两部分。太阳短波辐射主要包括垂直于太阳入射光的直射辐射 S、水平面太阳直接辐射 S_L、太阳辐射经过大气散射或云的反射形成的散射辐射 $E_d\downarrow$、总辐射 $E_g\downarrow$、短波反射辐射 $E_r\uparrow$ 等；地球长波辐射主要包括大气长波辐射 $E_L\downarrow$、地面长波辐射 $E_L\uparrow$。

（十）日照

日照是指太阳在一地实际照射的时数。在一给定时间，日照时数定义为太阳直接辐照度达到或超过 120 瓦・米$^{-2}$的那段时间总和，以 24 小时为单位。日照时数也称实照时数。

（十一）地温

下垫面温度和不同深度的土壤温度统称地温，以摄氏度（℃）为单位。下垫面温度包括裸露土壤表面的地面温度、草面（或雪面）温度及最高、最低温度。

浅层地温包括离地面 5、10、15、20 厘米深度的地中温度。

深层地温包括离地面 40、80、160、320 厘米深度的地中温度。

地温以摄氏度（℃）为单位，取 1 位小数。

冻土是指含有水分的土壤因温度下降到 0℃或以下而呈冻结的状态。

（十二）云

云是悬浮在大气中的小水滴、过冷水滴、冰晶或它们的混合物组成的可见聚合体；有时也包含一些较大的雨滴、冰粒和雪晶。其底部不接触地面。

云的观测主要包括：判定云状、估计云量、测定云高。

（十三）天气现象

天气现象是指发生在大气中、地面上的一些物理现象。它包括降水现象、地面凝结现象、视程障碍现象、雷电现象和其他现象等，这些现象都是在一定的天气条件下产生的。

1. 降水现象

(1)雨——滴状的液态降水,下降时清楚可见,强度变化较缓慢,落在水面上会激起波纹和水花,落在干地上可留下湿斑。

(2)阵雨——开始和停止都较突然、强度变化大的液态降水,有时伴有雷暴。

(3)毛毛雨——稠密、细小而十分均匀的液态降水,下降情况不易分辨,看上去似乎随空气微弱的运动飘浮在空中,徐徐落下。迎面有潮湿感,落在水面无波纹,落在地上只是均匀地润湿,地面无湿斑。

(4)雪——固态降水,大多是白色不透明的六出分枝的星状、六角形片状结晶,常缓缓飘落,强度变化较缓慢。温度较高时多成团降落。

(5)阵雪——开始和停止都较突然、强度变化大的降雪。

(6)雨夹雪——半融化的雪(湿雪),或雨和雪同时下降。

(7)阵性雨夹雪——开始和停止都较突然、强度变化大的雨夹雪。

(8)霰——白色不透明的圆锥形或球形的颗粒固态降水,直径 2～5 毫米,下降时常呈阵性,着硬地常反跳,松脆易碎。

(9)米雪——白色不透明的比较扁、长的小颗粒固态降水,直径常小于 1 毫米,着硬地不反跳。

(10)冰粒——透明的丸状或不规则的固态降水,较硬,着硬地一般反跳。直径小于 5 毫米。有时内部还有未冻结的水,如被碰碎,则仅剩下破碎的冰壳。

(11)冰雹——坚硬的球状、锥状或形状不规则的固态降水,雹核一般不透明,外面包有透明的冰层,或由透明的冰层与不透明的冰层相间组成。大小差异大,大的直径可达数十毫米。常伴随雷暴出现。

2. 地面凝结现象

(1)露——水汽在地面及近地面物体上凝结而成的水珠(霜融化成的水珠,不记露)。

(2)霜——水汽在地面和近地面物体上凝华而成的白色松脆的冰晶;或由露冻结而成的冰珠。易在晴朗风小的夜间生成。

(3)雨凇——过冷却液态降水碰到地面物体后直接冻结而成的坚硬冰层,呈透明或毛玻璃状,外表光滑或略有隆突。

(4)雾凇——空气中水汽直接凝华,或过冷却雾滴直接冻结在物体上的乳白色冰晶物,常呈毛茸茸的针状或表面起伏不平的粒状,多附在细长的物体或物体的迎风面上,有时结构较松脆,受震易塌落。

3. 视程障碍现象

(1)雾——大量微小水滴浮游空中,常呈乳白色,使水平能见度小于 1.0 千米。高纬度地区出现冰晶雾也记为雾,并加记冰针。根据能见度雾分为三个等级:

雾:能见度 0.5 千米至小于 1.0 千米

浓雾:能见度 0.05 千米至小于 0.5 千米

强浓雾:能见度小于 0.05 千米

(2)轻雾——微小水滴或已湿的吸湿性质粒所构成的灰白色的稀薄雾幕,使水平能见度大于等于 1.0 千米至小于 10.0 千米。

(3)吹雪——由于强风将地面积雪卷起,使水平能见度小于 10.0 千米的现象。

(4)雪暴——大量的雪被强风卷着随风运行,并且不能判定当时天空是否有降雪。水平能见度一般小于1.0千米。

(5)烟幕——大量的烟存在空气中,使水平能见度小于10.0千米。城市、工矿区上空的烟幕呈黑色、灰色或褐色,浓时可以闻到烟味。

(6)霾——大量极细微的干尘粒等均匀地浮游在空中,使水平能见度小于10.0千米的空气普遍混浊现象。霾使远处光亮物体微带黄、红色,使黑暗物体微带蓝色。

(7)沙尘暴——由于强风将地面大量尘沙吹起,使空气相当混浊,水平能见度小于1.0千米。根据能见度沙尘暴分为三个等级:

沙尘暴:能见度0.5千米至小于1.0千米

强沙尘暴:能见度0.05千米至小于0.5千米

特强沙尘暴:能见度小于0.05千米

(8)扬沙——由于风大将地面尘沙吹起,使空气相当混浊,水平能见度大于等于1.0千米至小于10.0千米。

(9)浮尘——尘土、细沙均匀地浮游在空中,使水平能见度小于10.0千米。浮尘多为远处尘沙经上层气流传播而来,或为沙尘暴、扬沙出现后尚未下沉的细粒浮游空中而成。

4. 雷电现象

(1)雷暴——为积雨云云中、云间或云地之间产生的放电现象。表现为闪电并有雷声,有时亦可只闻雷声而不见闪电。

(2)闪电——为积雨云云中、云间或云地之间产生放电时伴随的电光。但不闻雷声。

(3)极光——在高纬度地区(中纬度地区也可偶见)晴夜见到的一种在大气高层辉煌闪烁的彩色光弧或光幕。亮度一般像满月夜间的云。光弧常呈向上射出活动的光带,光带往往为白色稍带绿色或翠绿色,下边带淡红色;有时只有光带而无光弧;有时也呈振动很快的光带或光幕。

5. 其他现象

(1)大风——瞬时移动速度达到或超过17.0米/秒(或目测估计风力达到或超过8级)的风。

(2)飑——突然发作的强风,持续时间短促。出现时瞬时风速突增,风向突变,气象要素随之亦有剧烈变化,常伴随雷雨出现。

(3)龙卷——一种小范围的强烈旋风,从外观看,是从积雨云(或发展很盛的浓积云)底盘旋下垂的一个漏斗状云体。有时稍伸即隐或悬挂空中;有时触及地面或水面,旋风过境,对树木、建筑物、船舶等均可能造成严重破坏。

(4)尘卷风——因地面局部强烈增热,而在近地面气层中产生的小旋风,尘沙及其他细小物体随风卷起,形成尘柱。很小的尘卷风,直径在2米以内,高度在10米以下的不记录。

(5)冰针——飘浮于空中的很微小的片状或针状冰晶,在阳光照耀下,闪烁可辨,有时可形成日柱或其他晕的现象。多出现在高纬度和高原地区的严冬季节。

(6)积雪——雪(包括霰、米雪、冰粒)覆盖地面达到气象站四周能见面积一半以上。

(7)结冰——指露天水面(包括蒸发器的水)冻结成冰。

二、气象要素观测

气象要素观测是气象工作的基础。由于近地面层的气象要素存在着空间分布的不均匀性和随时间变化的脉动性,因此近地面层的地面气象观测资料必须具有代表性、准确性、比较性。

(一)气象要素观测的代表性

气象要素观测资料不仅要反映测点的气象状况，而且要反映测点周围一定范围内的平均气象状况。地面气象观测在选择站址和仪器性能、确定仪器安装位置时要充分满足观测记录的代表性要求。

(二)气象要素观测的准确性

气象要素观测资料要真实地反映实际气象状况。地面气象观测使用的气象观测仪器性能和制订的观测方法要充分满足本规范规定的准确度要求。

(三)气象要素观测的比较性

不同地方的地面气象观测站在同一时间观测的同一气象要素值，或同一个地面气象观测站在不同时间观测的同一气象要素值能进行比较，从而能分别表示出气象要素的地区分布特征和随时间变化的特点。地面气象观测在观测时间、观测仪器、观测方法和数据处理等方面要保持高度统一。

三、灾害性天气

灾害性天气是指严重威胁人民生命财产安全，极易造成人员伤亡、财产损失的天气。具有明显的破坏性。由于不同的行政区域受到地理位置、地形特征和气候背景的影响，其灾害性天气的类型也有所差异，例如重庆就基本不受台风和沙尘暴灾害性天气的危害。因此下面以重庆市为例，介绍重庆市行政区域内发生的主要灾害性天气。

(一)暴雨灾害性天气

暴雨灾害性天气是指 12 小时降水量达到 30.0 毫米以上或 24 小时降水量达到 50.0 毫米以上的降雨天气过程，具有“集中性”和“强度大”等特性。

(二)暴雪灾害性天气

暴雪灾害性天气是指 12 小时内降雪量将达 4 毫米以上，或者已达 4 毫米以上且降雪持续的天气过程。

(三)寒潮灾害性天气

寒潮灾害性天气是指 24 小时内最低气温下降 12℃以上，最低气温小于或等于 0℃，陆地平均风力可达 6 级(风速 10.8 米/秒)以上；或者已经下降 12℃以上，最低气温小于或等于 0℃，平均风力达 6 级以上，并可能持续的天气过程。

(四)大风灾害性天气

大风灾害性天气是指瞬时风力达 7 级(风速 13.9 米/秒)以上的强风天气现象，具有“瞬时性”的特征。

(五)高温灾害性天气

高温灾害性天气是指日最高气温达到或超过 35℃的天气现象。

(六)干旱灾害性天气

干旱灾害性天气是指某时段由于降水和蒸发的收支不平衡导致蒸发量大于降水量的天气过程。

(七)雷电灾害性天气

雷电灾害性天气是指积雨云强烈发展阶段产生的闪电鸣雷天气现象，是云内、云空、云层之间和云地之间的电位差增大到一定程度后的放电天气现象。常伴有大风、暴雨、冰雹等灾害天气。

(八)冰雹灾害性天气

冰雹灾害性天气是指坚硬的球状、锥状或形状不规则的固态降水天气现象，通常伴随大风、暴雨灾害天气出现。

(九)霜冻灾害性天气

霜冻灾害性天气是指由于强冷空气活动致使地面气温下降到0℃以下的天气现象。

(十)浓雾灾害性天气

浓雾灾害性天气是指悬浮于近地面层空气中的大量水滴或冰晶微粒，使水平能见度降到500米以下的天气现象。

(十一)霾灾害性天气

霾灾害性天气是指有利于大量极细微的尘粒均匀浮游空中，使水平能见度小于10千米，影响空气质量的天气现象。

(十二)道路结冰灾害性天气

道路结冰灾害性天气是指由于强冷空气活动致使道路路表温度低于0℃，造成道路结冰影响交通安全的天气现象。

(十三)森林火险灾害性天气

森林火险灾害性天气是指连续3天出现4级以上森林火险气象等级，且未来两天以上还将出现4级以上森林火险气象等级，可能引发森林火灾的天气过程。

四、气象灾害

(一)气象灾害的定义

依据《气象灾害防御条例》的规定，气象灾害是指台风、暴雨(雪)、寒潮、大风(沙尘暴)、低温、高温、干旱、雷电、冰雹、霜冻和大雾等所造成的灾害，而气象因素引发水旱灾害、地质灾害、海洋灾害、森林草原火灾等称为气象因素引发的衍生、次生灾害。并且气象灾害和气象因素引发的衍生、次生灾害具有广泛性、频率高、持续时间长、群发性、连锁性、损失重等特征。由于不同的行政区域受到地理位置、地形特征和气候背景的影响，使其气象灾害的定义及其种类也有所差异，例如重庆就没有台风造成的灾害，因此重庆市气象局、重庆市人民政府应急管理办公室、重庆市安全生产监督管理局、重庆市公安消防局的有关专家结合地理位置、地形特征和气候背景，依据重庆市的《气象灾害标准》(DB50/T270-2008)制定的《气象灾害敏感单位安全气象保障技术规范》(DB50/368-2010)给出的重庆气象灾害定义如下：

气象灾害是指暴雨、暴雪、寒潮、大风、高温、干旱、雷电、冰雹、霜冻、浓雾、霾、道路结冰、森林火险等灾害性天气造成人员伤亡和财产损失的灾害。

(二)气象灾害的种类

根据气象灾害的成因、性质及其危害人民生命财产的特点,将气象灾害划分为7大类20种之多,如果细分,再加上诱发的其他灾害,可达数十种甚至上百种(表1-4)。

表1-4　气象灾害种类和特点

天气现象	气象灾害种类			
	总称	种类	灾害	引发的灾害
暴雨大雨	洪涝	暴雨洪水	山洪暴发、河水泛滥、城市积水	泥石流、山崩、滑坡
		雨涝	内涝、渍水	
久晴 少雨 高温	干旱	干旱	农业、林业、草原的旱灾、工业、城市农村缺水	森林、草原、城市火灾,作物病虫害
		干热风	干旱风、焚风	
		高温、热浪	酷热型高温、人体疾病、灼伤、作物逼熟	某些疾病流行
狂风暴雨	热带气旋(台风)	热带风暴台风	狂风、暴雨、洪水	巨浪、风暴潮
冷空气 寒潮 霜冻 雨凇 结冰 大雪 吹雪等	冷冻	冷害	由于强降温和气温低造成作物、牲畜、果树受害	
		冻害	霜冻,作物、牲畜冻害,水管、油管冻坏,铁轨断裂	交通事故
		冻雨	电线、树枝、路面结冰	陆上交通事故、断电
		冰害	河面、湖面、海面封冻,雨雪后路面结冰	交通事故、阻碍航运,凌汛
		雪害	暴风雪、积雪	交通事故、雪崩
雷雨 大风 冰雹 龙卷	风暴	雹害	毁坏庄稼、破坏房屋	
		风害	倒树、倒房、翻车、翻船	沙暴、巨浪、风暴潮
		龙卷风	局部毁灭性灾害	
		雷电	雷击伤亡毁损电器等设备	火灾、断电
阴雨	连阴雨	连阴雨(淫雨)	对作物生长发育不利、粮食霉变等	作物病虫害
雾、酸雨、上空风切变等	其他	浓雾	人体疾病、交通受阻、电网污闪	交通事故、断电
		低空风切变	飞机失事	航空事故
		酸雨	破坏人类生活环境和生态环境	生态环境恶化
		高空急流	飞机失事、飞行事故	航空事故

五、气象信息

(一)气象信息的内涵

气象部门使用各种探测手段,所获取的气象数字、符号、图形及其加工的产品,包括各种气象历史资料、天气实况资料、图表、气象预报、气象分析、气候资源评估、天气展望、决策建议、跟踪服务等均为气象信息。气象信息也像其他信息一样具有提供认识的依据、实践的指南、实现有序的保证、开辟资源的条件和激发智慧的源泉五方面作用。

(二)气象信息的基本类型

气象信息可以按照不同的方法分类,一般有以下两种。

1. 按照信息产生的时刻分类,气象信息可分为:一类是实时气象信息,即收集的当前一段时间的天气特征信息，以及基于这些信息随即进行分析、加工、处理后形成的气象信息，通常是保存在快速联机存储设备上、从现在向前推算一定期限的气象信息。另一类是历史气象信息，以及基于这些信息进行分析、加工、处理后形成的气象信息，通常是保存在磁盘、光盘、磁带等存储介质上的、过去较长埋藏的气象信息。

2. 按照信息来源分类，气象信息也可分为：一类是观测信息，即气象综合探测系统通过各种手段采集的气象要素信息。另一类是气象产品信息，即根据不同的方法和数学模型，对上述观测信息进行分析、处理后形成的气象信息。

（三）气象信息的主要特点

气象信息既有一般信息的共同特征，又有自己的鲜明特点，主要表现在以下八个方面：

一是采集分散，即采集气象信息的站点遍布全球，高度分散；

二是处理集中，即气象信息是通过高速通信手段集中起来进行加工处理；

三是数据量大，即观测站点多、观测时次多，不断形成大量新的气象信息；

四是数据量的峰值高，即在每次观测时次后形成新信息数据量的高峰；

五是实时应用，即各种天气预报方法都需要应用最新、最接近预报制作时刻的气象观测信息；

六是批量调用，即制作一次天气预报需要使用某一大范围区域的全部气象信息；

七是同时使用，即同一气象信息同时被众多气象用户使用；

八是相对独立性，即气象观测信息、数值预报产品信息、气象图形产品信息和其他天气预报信息有着相对的独立性；当然，它们之间存在着本质上的联系，但这种联系是隐含的，要通过一定的物理模型、复杂运算或者综合分析才能揭示出来。

六、气象服务

（一）气象服务的类型

气象服务主要分为决策气象服务、公众气象服务和专业气象服务三大类型。

1. 决策气象服务

决策气象服务是指为党政领导机关提供的气象服务。服务的对象是党中央、国务院、国家防总和各级党政机关；服务产品主要是提供给国家和各级政府的宏观决策者或领导机构，因此对全国和各地的国民经济正常运行具有举足轻重的作用，并且在涉及国家安全、社会稳定和宏观经济发展等重要问题上，气象服务也已成为不可缺少、不可替代的现代科学管理决策依据之一；服务内容应适应需求，突出决策气象服务重点，具有针对性，并根据天气实况及趋势预测，进行综合分析，提出合理化建议。

2. 公众气象服务

公众气象服务是通过各种媒体为社会公众提供的气象服务，公众气象服务的对象是社会，是广大的老百姓。公众气象服务是为提高防灾减灾能力，保护人民生命财产安全，为人民谋福利的重要措施，是公益性气象服务的重要体现。公众气象服务一方面要从规范社会公众的防灾减灾行为着手，使全社会在气象灾害到来之际都有自觉、科学规范的防灾行动；另一方面，要从提高全民生活水平着手，广泛制作更加贴近生活和实际的气象服务产品。

3. 专业气象服务

专业气象服务主要指为重大社会活动、重大社会事件以及重大工程开展的气象保障、趋利避害、评估等服务。服务的对象包括政府有关职能部门、活动的组织者、经济行业及其他合作伙伴等。专业气象服务除提供各种服务产品外，还应包括直接为防灾减灾服务的人工影响局部天气措施和减灾适用技术等。

（二）气象服务的基本原理

气象服务基本原理是：根据已知的气象条件对某气象控制系统的制约关系和实施具体气象控制工程的要求，及时提供气象控制信息，为实施有效的气象控制工程提供依据。

从气象服务原理看，气象信息服务的基本方法是：

1. 尽可能准确、定量地掌握气象因子对该服务对象系统的制约关系，并进一步提炼出为具体实施气象控制工程所需要的气象控制因子。

2. 运用适宜的气象科学技术方法，在基本气象科技信息的基础上制作出具有专业针对性、满足实施气象控制工程精度要求的气象控制信息。

3. 运用现代信息技术，及时、准确地把气象控制信息传递给气象控制工程子系统。根据气象服务基本原理，理想的气象服务应该是动态的服务，这就要求气象控制信息子系统具有接收和处理反馈信息功能，能够及时从气象控制对象和气象控制工程子系统获取必要的反馈信息，根据这些反馈信息和及时获取的气象源信息，制作有针对性的气象控制信息，并及时传递给气象控制工程子系统。

从气象服务原理可见，不仅实时获得高质量的气象源信息非常重要，用户系统的实时反馈信息对于制作有针对性的气象服务产品也非常重要。没有这种反馈信息，就无法制作有针对性的气象控制信息。

（三）气象服务的质量

为了确保业务质量，任何业务部门都必须制定科学的质量标准。气象部门作为科技型、基础性社会公益服务部门，气象服务应当建立起自己的科学的服务质量标准。根据气象服务基本原理，气象服务的质量标准应当包括以下几方面的内容：

1. 针对性

所谓针对性是指气象服务产品是否明确针对气象控制工程系统在实施气象控制时的需要。如果不具备气象控制工程系统所要求的针对性，虽然所提供的气象服务产品精度很高，包装也非常漂亮，但是对于气象控制工程系统而言仍然毫无价值。因此，气象服务的针对性应该是气象服务质量的首要标准。

2. 有效性

在专门建立了气象服务产品的针对性指标之后，作为指标体系中的气象服务产品的有效性是指气象服务产品有多少新的有效的信息量，信息的有效性问题是信息论的基础性问题。

3. 及时性

气象服务的及时性是指所提供的气象服务是否能够满足气象工程控制的时间性要求。根据气象服务基本原理，最理想的气象服务对象是气象控制论系统，对于气象控制论系统的服务应该是动态的服务。只有及时掌握了有针对性的有效气象控制信息，才有可能适时实行有效的动态控制。如果不具备及时性，信息的针对性虽然很强，信息的有效性也很好，对于系统控制来讲却已是“马后炮”，无用武之地了。提高气象服务的及时性，主要的是要提高信息加工和传递的效率，这是气象服务手段现代化的重要内容。

上述关于气象服务质量标准的“三性”是层级性的指标。针对性是第一层级的指标；有效性是第二层的；及时性是第三层的。他们都有“一票否决性”。例如，某化工生产系统对湿度很敏感，但是气象服务实体却只是提供一般的天气预报服务产品，这种预报对于该化工企业就缺乏针对性，很难根据这种预报采取相应的控制措施；又例如，某省某农场正进入收获期，需要有无冰雹的预报，以便决策是否提前收获。气象服务产品提供的是“我省北部局部地区有冰雹”，虽然这种预报对象——“有无冰雹”对于该农场来说是有针对性的，但是由于这种预报做得太粗，对这个农场来说有效性可能就比较差。

(4)气象服务模型

气象服务模型如图 1-3 所示。

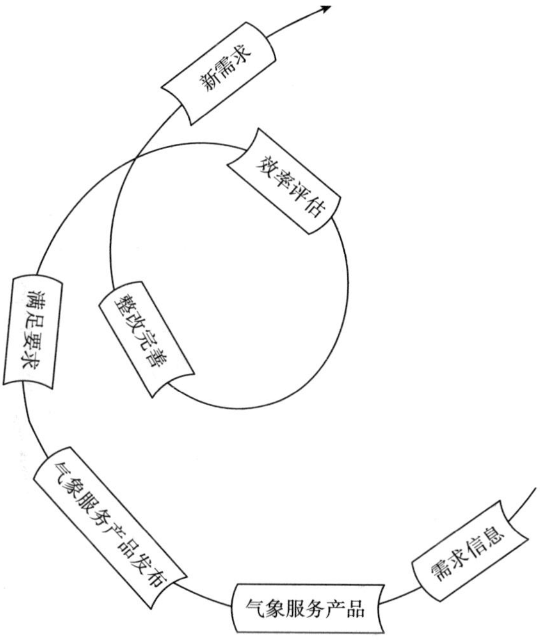

图 1-3　气象服务的螺旋模型示意图

图中“需求信息”是指随着经济社会发展，社会公共安全、国家安全、经济行业生产安全对气象服务的需求。“气象服务产品”是指气象灾情和气象要素的实时监测信息、气候预测预估信息、天气预警预报信息、气象资料情报信息等各种气象服务产品，要求具有科学性和准确性。“气象服务产品发布”是指通过各种通信方式和媒体，在第一时间将气象服务产品传输给政府决策部门、安全生产单位、社会公众，要求具有及时性和简明性。“需求满足”是指气象服务产品在公共安全、国家安全、经济行业生产安全中产生发挥了作用，产生了良好的社会、经济、安全、生态效益，政府满意、群众满意、企业满意。“效益评估”是指将气象服务情况与实际情况进行对比分析，发现差距，完善服务。“整改完善”是指不断加强气象业务能力建设，完善气象服务体系，努力实现气象服务产品的 100%准确率和气象服务的 100%满意率。“新需求”是指气象服务必须坚持以人为本，把人民群众利益作为一切工作的出发点和落脚点，不断满足政府决策部门、社会公众、企业对气象服务日益增长的需求，让气象事业成果惠及全国人民的物质和文化生活水平的提高。正如图1-3所示，整个气象服务过程是气象动态控制工程的重要组成部分，是一个从需求信息——气象服务产品——气象服务产品发布——需求满足——效益评估——整改完善到新需求的动态发展螺旋上升过程。

第三节　气象对安全生产的影响

生产经营活动形成的安全生产风险是人类实践活动形成的基础性、普遍性、现实性的社会风险源，人类在生产经营活动中经历了一次又一次重大安全生产事故，接受了血的教训，在不断总结经验的基础上，终于充分认识到只有生产经营系统的本质安全，才能真正消除生产经营活动的安全生产风险，杜绝安全生产事故。虽然本质安全是对生产经营系统安全性能提出的一种理想化的要求，绝对的本质安全是不存在和无法实现的，只能逐步或无限地趋近于本质安全，是安全生产的奋斗最终目标。因此生产经营系统的本质安全是贯彻落实习近平总书记关于“要始终把人民生命安全放在首位，以对党和人民高度负责的精神，完善制度、强化责任、加强管理、严格监管，把安全生产责任制落到实处，切实防范重特大安全生产事故的发生”的具体实践，是实现“安全第一、预防为主、综合治理，消除安全生产风险，杜绝安全生产事故”最高目标的具体实践。而生产经营系统的本质安全必须具备生产经营人员安全可靠、生产经营的设施设备系统安全可靠、生产经营的环境安全可靠、生产经营的安全管理可靠等安全生产“人、机(生产系统设施设备)、环(环境)、管(规范管理)”四大安全要素，但这四大安全要素，常常受到气象危险因素的影响，制约了生产经营单位本质安全的创建，有时甚至还引发安全生产事故，因此气象对安全生产的影响实质是气象危险因素对“人、机(生产设施设备系统)、环(环境)、管(规范管理)”四大安全要素的影响。为此本节重点分析气象对生产经营人员安全可靠性、生产经营的设施设备系统安全可靠性、环境安全可靠性和安全管理可靠性的影响。

一、气象对生产经营人员安全可靠性的影响分析

人是生产经营活动中最活跃的因素，是创建生产经营单位本质安全的主体，生产经营活动人员要有很高的安全意识和胜任岗位要求的劳动技能，无论在何种作业环境和条件下，作业现场是否有人监督指导，都必须自觉地遵守各种规章制度，杜绝现场作业过程的“三违”行为，确保现场生产经营过程中的安全受控、可控、在控，才能最终实现生产经营单位的本质安全。但任何生产经营活动场所的工作人员都生存在地球大气环境之中，大气给人类带来必不可少的生存条件，同时大气运动形成的气象要素也直接影响人类生活的各方面。温度、湿度、太阳辐射、风、大气压、离子的平衡、污染、降雨量、空气的透明度、电磁的波动等对人的性格都存在显著的影响。如南方气候温和、湿润，河道纵横，植物四季常青，这种温和潮湿、相对平衡的气候有利于精神放松，使南方人具有较浓的理性色彩，头脑冷静，不易冲动，心境安静平和，感情细腻，对外界变化敏感，并工于心计，因此有较多文人雅士和商人产生于南方；北方冬季漫长而寒冷，气候干燥，风大雨少，这种严酷而多变的环境，导致北方人喜喝烈性酒，容易急躁，感情色彩较浓。他们心情开朗直爽，动作粗犷，对外界感觉不太敏锐，历史上北方出现了许多开国君主、将才武士，以及草莽英雄。又如降雨量是对人情绪的影响也比较直接和明显，连续的阴雨天使人烦恼消沉，情绪低落；暴风雨来临之前，人们会有一种激越振奋之感，这同空气中带电粒子大

量增加有关，闪电使负离子增多，人就感到欢欣；大气中正电子增加会将人体负离子带走使平衡失调。

气象要素不仅对人性格产生影响，有些气象要素的剧变还能使人的协调能力降低，动作失误增加，而生产经营活动是一个庞大群体活动，在这种情况下极易引发安全生产事故。例如，当高温天气导致生产经营场所环境温度大于或等于皮肤温度 32℃时，人体通过传导、辐射、对流、蒸发等过程与周围环境进行热量交换散热发生困难，只能通过出汗蒸发来散热。大量出汗可引起人体内失水失盐，若不及时补充，会导致电解质平衡紊乱，出现肌肉痉挛、四肢抽搐等现象。有时在高温环境中，机体散热困难，无法通过散热维持热平衡，体内即会蓄积余热。当余热蓄积到一定程度时，体温则会逐渐升高，出现呼吸与脉搏加快、头昏眼花、恶心耳鸣、皮肤湿冷、血压下降、晕厥或神志模糊、心力衰竭等中暑症状，重者发生昏倒甚至死亡。这些高温中暑症状极易导致生产经营人员协调能力降低，动作失误，引发安全生产事故。其典型案例如下：

典型案例：2015 年 6 月 30 日 15 时 24 分左右，深圳福田区梅林路 22 号公路段的深圳地铁 9 号线梅村站施工现场，因高温天气导致工人中暑而昏倒引发 1 人死亡的安全生产事故（图 1-4）。

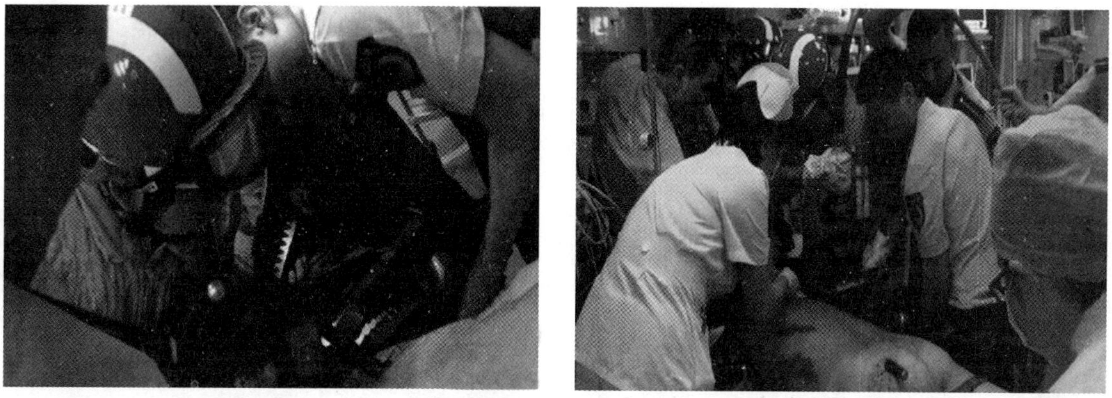

图 1-4　2015 年 6 月 30 日，高温天气导致工人中暑引发安全生产事故抢救现场

2015 年 6 月 30 日 15 时 24 分，位于福田区梅林路 22 号公路段的深圳地铁 9 号线梅村站施工现场，工人正在施工作业，拆除一架 3 米多高的楼梯。一名 50 多岁的严姓施工人员由于高温中暑而昏倒，从楼梯高处坠到一处深 2～3 米并有不少竖立的钢筋基的基坑，其身体遭基坑底部两根竖立的钢筋插入，一根从肋骨刺入，另一根则长约 2 米，从臀部插入自右胁下方穿出。事故发生后，施工单位立即启动了应急救援措施，并立即联系深圳市第二人民医院参与应急救援。随深圳市第二人民医院救护车参与第一时间抢救的张医生到达现场时，见伤者身体被两根钢筋刺入，位于胸、腹部的贯穿伤引致较大量出血。张医生说“钢筋不能当场拔出，否则就会血液喷涌。”16 时 03 分，深圳梅林中队接到警情称，深圳市第二人民医院急救中心有一男子被一条长 2 米直径 22 毫米的建筑钢筋斜插在身上，需要把裸露的钢筋剪断方便实施手术，因此深圳梅林消防中队出动两辆消防车赶到深圳市第二人民医院参与对伤者的救治工作。深圳梅林消防中队中队长助理曾榆钧表示，“到达现场后见情况紧急，患者已经奄奄一息。为使医生能尽快抢救伤者，消防与武警队员们快速用液压剪将钢筋前后固定住，并将其剪断。由于钢筋比较粗，为避免造成二次伤害，我们剪得比较缓慢。整个剪除钢筋的过程持续 10 多分钟。”受伤工人由于伤势严重，于 7 月 1 日凌晨去世。施工单位鉴于此事故，开展了全线检查所

有在高温天气进行户外作业工人的健康状况，增加倒班次数，上班由 8 小时减少为 6 小时，同时还采取加大现场防暑降温力度的措施，以确保高温天气的安全生产。

上述案例说明了气象对生产经营人员安全可靠性的影响，导致人的行为失误引发安全生产事故是完全可能的，因此开展生产经营人员气象科普宣传，提升生产经营人员自我防护意识和防护能力，强化气象对生产经营人员安全可靠性保障，是安全生产中减少和避免事故高发，实现生产经营单位本质安全的重要前提之一。

二、气象对生产经营设施设备系统安全可靠性的影响分析

生产经营的设施设备系统是本质安全的重要基础。要求生产过程的设施设备系统始终保持在运行状态稳定，不发生设备或保护误动、拒动情况，设备安全可靠，可控在控，没有意外等不安全事故。但任何生产经营活动场所的设施设备系统都处在地球大气环境之中，受到大气运动形成的危险气象要素的直接影响，这些影响完全可能导致生产过程的设施设备系统出现异常停电、异常短路、异常带电、产生火花或电弧放电、电气火灾、爆炸等故障，从而降低生产经营的设施设备系统安全可靠性，极易造成设备损坏或（和）人员伤亡等安全生产事故。例如雷电灾害天气通过雷电放电的电效应、热效应、电磁效应、机械效应、电弧效应降低生产经营的设施设备系统安全可靠性，引发安全生产事故。其典型案例如下：

典型案例：2011 年 7 月 23 日 20 时 30 分，温州动车因雷击温州南站列控中心采集驱动单元后引发追尾脱轨坠落的特别重大铁路交通安全事故（图 1-5）。

图 1-5　2011 年 7 月 23 日，温州动车因雷击引发追尾脱轨坠落特别重大铁路交通安全事故现场

2011 年 7 月 23 日 19 时 30 分左右，雷击温州南站沿线铁路牵引供电接触网或附近大地，通过大地的阻性耦合或空间感性耦合在信号电缆上产生浪涌电压，通过多次雷击浪涌电压和直流电流共同作用，LKD2-T1 型列控中心设备采集驱动单元采集电路电源回路中的保险管 F2（额定值 250 伏、5 安培）熔断。采集数据不再更新，错误地控制轨道电路发码及信号显示，使行车处于不安全状态。雷击也造成 5829 AG 轨道电路发送器与列控中心通信故障。使从永嘉站出发驶向温州南站的 D3115 次列车超速防护系统自动制动，在 5829 AG 区段内停车。由于轨道电路发码异常，导致其三次转目视行车模式起车受阻，7 分 40 秒后才转为目视行车模式以低于 20 千米/小时的速度向温州南站缓慢行驶，未能及时驶出 5829 闭塞分区。因温州南站列控中心未能采集到前行 D3115 次列车在 5829 AG 区段的占用状态信息，使温州南站列控中心管辖的 5829 闭塞分区及后续两个闭塞分区防护信号错误地显示绿灯，向 D301 次列车

发送无车占用码，导致20时30分05秒，D301次列车在583千米831米处以99千米/小时的速度与以16千米/小时速度前行的D3115次列车发生追尾。事故造成D3115次列车第15、16位车辆脱轨，D301次列车第1至5位车辆脱轨（其中第2、3位车辆坠落瓯江特大桥下，第4位车辆悬空，第1位车辆除走行部之外车头及车体散落桥下；第1位车辆走行部压在D3115次列车第16位车辆前半部，第5位车辆部分压在D3115次列车第16位车辆后半部），动车组车辆报废7辆、大破2辆、中破5辆、轻微小破15辆，事故路段接触网塌网损坏、中断上下行线行车32小时35分，造成40人死亡、172人受伤，直接经济损失19371.65万元。

上述案例也说明了气象对生产经营的设施设备系统安全可靠性的影响，导致生产经营设施设备系统和保护误动、拒动引发安全生产事故是完全可能的，因此开展生产经营的设施设备系统气象安全生产事故隐患排除治理，提升生产经营的设施设备系统防御灾害天气水平，强化气象对生产经营的设施设备系统安全可靠性的保障，是安全生产中减少和避免事故的高发，实现生产经营单位本质安全的重要科技基础之一。

三、气象对生产经营环境安全可靠性的影响分析

生产经营的环境是本质安全的重要支撑。而生产经营活动中涉及的人员和生产设施设备系统，都不可避免地处在特定的物质环境和社会环境中，不良的环境因素对生产经营单位本质安全构成直接的影响。如果环境安全可靠，适应安全生产的要求，生产经营单位本质安全就极大地提高，如果环境不适宜，就容易引发产经营单位安全生产事故。但是任何生产经营的环境都处在地球大气环境之中，受到大气运动形成的气象危险因素的直接影响，这些影响完全可能导致生产经营的环境安全性能降低和（或）改变、甚至破坏生产经营的环境，使生产经营的环境达不到生产经营活动需要的国家、行业标准规范要求，形成危及生产经营活动开展的安全隐患，从而降低了生产经营环境的安全可靠性，极易造成设备损坏或（和）人员伤亡等安全生产事故。例如，大雾灾害天气通过雾滴聚集阻挡人们的视线形成低能见度，降低了公路行车环境安全畅通的可靠性，极易引发交通安全事故。其典型案例如下：

典型案例：2012年6月3日，江苏沈海高速公路因突发团雾造成特大交通事故（图1-6）。

图1-6　2012年6月3日，江苏沈海高速公路盐城段因为大雾导致特大交通事故现场

2012年6月3日5时20分至5时40分，江苏沈海高速公路盐城段K1013至1017区间因突发团雾，事故发生时能见度最多不超过10米，达不到高速公路车辆通行需要的国家、行业标准规范要求，形成危及车辆安全行使的安全隐患，显著降低了高速公路行车环境安全畅通的可靠性，造成近60辆车发生追尾，造成11人遇难、30多人受伤，其中5人重伤的特大交通事

故。并且在追尾车辆当中，有一辆装有危险化学品"苯"的槽罐车还发生了侧翻，污染了环境。

上述案例再次说明了气象对生产经营环境安全可靠性的影响，导致生产经营的环境安全性能降低和(或)改变、甚至破坏生产经营的环境，使生产经营的环境达不到生产经营活动需要的国家、行业标准规范要求，形成危及生产经营活动开展的安全隐患，从而引发安全生产事故是完全可能的，因此开展生产经营环境的气象安全隐患排除治理，提升生产经营环境防御灾害天气的水平，强化气象对生产经营的环境安全可靠性的保障，是安全生产中减少和避免事故高发，实现生产经营单位本质安全的重要科技支撑之一。

四、气象对生产经营安全管理可靠性的影响分析

生产经营的安全管理是生产经营单位创建本质安全的根本保障。安全管理让人更好地对生产经营活动涉及的"人、机(生产系统设施设备)、环(环境)"等安全要素进行系统研究，制定更合理、健全的安全管理措施，构建良好安全管理体系，确保生产经营的安全管理可靠，从而对人员、生产设施设备系统、环境起到良好的保护、促进作用，使生产经营单位的自身安全生产步入良性循环的轨道。而任何安全管理都离不开管理者对生产经营活动每个部分、各个环节与各部门、各岗位的安全管理制度科学制定与组织实施、安全管理的正确决策与监督执行等，从而确保生产经营单位的安全保障体系、安全监督体系健全，制度完整，各部门、各岗位安全责任制落实到位，安全管理机制有效运作，管理无死角，管理性违章行为无处遁形。但是当管理者对气象科学知识了解程度不够，对气象科学技术影响经济社会发展的了解程度不够，对气象要素影响生产经营人员安全可靠性、生产经营的设施设备系统安全可靠性、生产经营的环境安全可靠性的认识不足，就完全可能导致管理者的安全管理出现失误，使生产经营的安全管理可靠性降低，甚至引发安全生产事故。例如，暴雨灾害天气形成的降雨或者降雨引发的洪水、山洪、泥石流可通过煤矿的井口直接进入煤矿地下生产作业场所或(和)洪水、山洪通过煤矿所在地孔隙或岩层裂隙等各种渗透通道进入地下生产作业场所，从而影响煤矿作业环境，煤矿工人身体健康，增加生产成本和安全工作难度，并且还可能损害煤矿生产系统机器设备，甚至造成煤矿被淹没而导致的巷道塌方、矿工被困、人员伤亡、煤矿损毁等煤矿水灾害事故。若煤矿生产安全管理者对暴雨灾害天气引发煤矿透水事故的风险认识不足，发出错误的防范暴雨灾害天气引发煤矿透水事故的决策命令，就完全可能因为错误决策引发煤矿安全生产事故。其典型案例如下：

典型案例：2010 年 8 月 10 日吉林省通化市宏远煤矿因暴雨导致河水水位暴涨漫堤灌井，造成 18 人死亡的重大事故，就是一个煤矿生产安全管理者对暴雨灾害天气引发煤矿透水事故的风险认识不足，做出错误的防范暴雨灾害天气引发煤矿透水事故的决策命令而引发煤矿安全生产事故的典型案例。

事故经过：2010 年 8 月 9 日，吉林省通化市二道江区普降暴雨，大罗圈沟河流域降雨量达到 116.2 毫米，8 月 9 日 16 时 30 分半大罗圈沟河河水水位暴涨，生产矿长孙锡斌安排值班矿长张玉金将当班人员分成两部分，一组到井下撤设备，一组在地面抢险护坝。接班后，主井侧先后有 10 人入井，副井侧有 3 人在井下排水；8 月 9 日 23 时 30 分，矿井实际负责人朱文录在主井办公室安排了孙锡斌、张玉金零点班工作主要还是回撤设备，同时要求四点班工人连勤作业；8 月 9 日 23 时 38 分，按照安排张玉金带领零点班 8 人入井，加上先期四点班连勤的 6 人，在主井＋287 米撤设备。8 月 10 日 1 时左右，孙锡斌和张玉金协助该矿钩工高玉华相继升井，

至此主井侧下共有 18 人，副井侧井下共有 3 人；8 月 10 日 1 时 22 分，河水开始漫堤，地面人员便分别向主井、副井井下打电话通知撤人；7～8 分钟以后，井下打点开始提车，当矿车提至距主井门口 20 米左右时，站在井门口焦急等待井下工人升井的人已经看到灯光了，这时井门口左侧已经报废的风硐与主井相交接的碹墙被河水冲击倒塌，矿车突然受阻停了下来，随后 3 万余立方米的河水夹杂着泥石冲入井下，矿井被淹；最终造成正在主井侧准备升井的 18 名工人被洪水冲回井下遇难(图 1-7)，直接经济损失 2363.8 万元。

图 1-7　2010 年 8 月 10 日，吉林省通化市宏远煤矿“8·10”淹井事故抢救现场

事故的主要原因是煤矿生产安全管理者对暴雨灾害天气引发煤矿透水事故的风险认识不足，无视“汛期受水害威胁矿井停止井下作业，撤出井下所有人员”的指令和要求，严重违反了《煤矿防治水规定》第 49 条明确规定：矿井应当建立暴雨洪水可能引发淹井事故灾害紧急情况下及时撤出井下人员的制度，明确启动标准、指挥部门、联络人员、撤人程序等；当发现暴雨洪水灾害严重可能引发淹井时，应当立即撤出作业人员到安全地点。作为受水害威胁矿井，理应执行防治水的有关规定，在汛期撤出井下所有作业人员而不是非法生产。

这个案例又一次说明了气象对生产经营的安全管理可靠性的影响主要是通过对生产经营的安全管理者的影响，使安全管理者做出错误决策，从而引发安全生产事故是完全可能的。因此提升生产经营的安全管理者的气象科学素养，增强安全管理者对危险气象要素影响生产经营人员安全可靠性、生产经营的设施设备系统安全可靠性、生产经营的环境安全可靠性的认知水平，强化气象对生产经营的安全管理可靠性的保障，是安全生产中减少和避免事故高发，实现生产经营单位本质安全的重要科技保障之一。

第二章　气象安全生产

第一节　气象安全生产的基本概念与类型

一、气象安全生产的基本概念

气象安全生产是指在生产经营活动中，为了防范气象危险因素（包含灾害性天气和危险气象要素）直接造成或诱发的安全生产事故，避免人员伤害和财产损失而采取相应事故预防和控制的工程性措施与非工程性措施，以保证从业人员的人身安全和生产经营活动得以顺利进行的相关活动。

例如，1989 年 8 月 12 日山东青岛市黄岛油库因雷击爆炸造成特别重大安全生产事故就是一起在生产经营活动中气象安全生产工作不到位，采取相应的气象安全生产事故预防和控制的工程性措施与非工程性措施不到位、不落实，从而造成特别重大安全生产事故的典型案例。

（一）事故经过

1989 年 8 月 12 日 9 时 55 分，山东青岛市黄岛地区中国石油天然气总公司管道局胜利输油公司所属东（营）黄（岛）输油管线末站一座 2.3 万立方米原油储量 5 号半地下式混凝土油罐在雷雨中因雷电起火。到下午 2 时 35 分，青岛地区西北风，风力增至 4 级以上，几百米高的火焰向东南方向倾斜。燃烧了 4 个多小时，5 号罐里的原油随着轻油馏分的蒸发燃烧，形成速度大约每小时 1.5 米、温度为 150～300℃的热波向油层下部传递。当热波传至油罐底部的水层时，罐底部的积水、原油中的乳化水以及灭火时泡沫中的水汽化，使原油猛烈沸溢，喷向空中，撒落四周地面。下午 3 时左右，喷溅的油火点燃了位于东南方向相距 5 号油罐 37 米处的另一座相同结构的 4 号油罐顶部的泄漏油气层，引起爆炸。炸飞的 4 号罐顶混凝土碎块将相邻 30 米处的 1 号、2 号和 3 号金属油罐顶部震裂，造成油气外漏。约 1 分钟后，5 号罐喷溅的油火又先后点燃了 3 号、2 号和 1 号油罐的外漏油气，引起爆燃，整个老罐区陷入一片火海。失控的外溢原油像火山喷发出的岩浆，在地面上四处流淌。大火分成三股，一部分油火翻过 5 号罐北侧 1 米高的矮墙，进入储油规模为 300000 立方米全套引进日本工艺装备的新罐区的 1 号、2 号、6 号浮顶式金属罐的四周，烈焰和浓烟烧黑 3 号罐壁，其中 2 号罐壁隔热钢板很快被烧红；另一部分油火沿着地下管沟流淌，汇同输油管网外溢原油形成地下火网；还有一部分油火向北，从生产区的消防泵房一直烧到车库、化验室和锅炉房，向东从变电站一直烧到装船泵房、计量站、加热炉。火海席卷着整个生产区，东路、北路的两路油火汇合成一路，烧过油库 1 号大门，沿着新港公路向位于低处的黄岛油港烧去。大火殃及青岛化工进出口黄岛分公司、航务二公司四处、黄岛商检局、管道局仓库和建港指挥部仓库等单位。18 时左右，部分外溢原油沿着地面管沟、低洼路面流入胶州湾。大约 600 吨油水在胶州湾海面形成几条十几海里长、几百米宽的污染带，造成胶州湾有史以来最严重的海洋污染。管道局和青岛市的救火车无力应付，山东省消防大军远途赶来参加青岛港的灭火工作（图 2-1）。大火足足烧了 104 小时，仍难以济事，因为风向不利，从海岸方向吹向大陆，救火车无法接近，幸亏后来风向转变，灭火大军得以接近火场，奋力把大火扑灭，否则整个海港可能出现的后果不堪设想。在灭火过程中有 14 名消防官兵和 5 名油库职工共 19 人献出了生命，66 名消防队员和 12 名油库职工共 78 人受伤。此次大火烧掉 3.6 万吨原油，油库区沦为一片废墟。损失超过 7000 万元。

图 2-1　1989 年 8 月 12 日，黄岛油库遭雷击起火爆炸现场

（二）事故原因

1. 事故的直接原因

黄岛油库特大火灾事故的直接原因：是由于非金属油罐本身存在的缺陷，遭受对地雷击，产生的雷电感应火花引爆油气。

2. 事故的间接原因：

一是黄岛油库区储油规模过大，生产布局不合理。黄岛面积仅 5.33 平方千米，却有黄岛油库和青岛港务局油港两家油库区分布在不到 1.5 平方千米的坡地上。而且一旦发生爆炸火灾，首先殃及生产区，必遭灭顶之灾。这不仅给黄岛油库区的自身安全留下长期重大隐患，还对胶州湾的安全构成了永久性的威胁。

二是混凝土油罐先天不足，固有缺陷不易整改。黄岛油库 4 号、5 号混凝土油罐始建于 1973 年。这种混凝土油罐内部钢筋错综复杂，透光孔、油气呼吸孔、消防管线等金属部件布满罐顶。在使用一定年限以后，混凝土保护层脱落，钢筋外露，在钢筋的捆绑处、间断处易受雷电感应，极易产生放电火花。

三是混凝土油罐只重储油功能，大多数因陋就简，忽视消防安全和防雷避雷设计，安全系数低，极易遭雷击。1985 年 7 月 15 日，黄岛油库 4 号混凝土油罐遭雷击起火后，为了吸取教训，分别在 4 号、5 号混凝土油罐四周各架了 4 座 30 立方米高的避雷针，罐顶部装设了防感应雷屏蔽网，因油罐正处在使用状态，网格连接处无法进行焊接，均用铁卡压接。这次勘查发现，大多数压固点锈蚀严重。经测量一个大火烧过的压固点，电阻值高达 1.56 欧姆，远远大于 0.03 欧姆的规定值。

四是消防设计有误，设施落后，力量不足，管理工作跟不上。黄岛油库是消防重点保卫单位，实施了以油罐上装设固定消防设施为主，两辆泡沫消防车、一辆水罐车为辅的消防备战体系。5 号混凝土油罐的消防系统，为一台每小时流量 900 吨、压力 7840 百帕的泡沫泵和装在罐顶上的 4 排共计 20 个泡沫自动发生器。这次事故发生时，油库消防队冲到罐边，用了不到 10 分钟，刚刚爆燃的原油火势不大，淡蓝色的火焰在油面上跳跃，这是及时组织灭火施救的好时机。然而装设在罐顶上的消防设施因平时检查维护困难，不能定期做性能喷射试验，事到临头时不能使用。油库自身的泡沫消防车救急不救火，开上去的一辆泡沫消防车面对不太大的火势，也是杯水车薪，无济于事。库区油罐间的消防通道是路面狭窄、凹凸不平的山坡道，且为无环形道路，消防车没有掉头回旋余地，阻碍了集中优势使用消防车抢险灭火的可能性。油库原有 35 名消防队员，其中 24 人为农民临时合同工，由于缺乏必要的培训，技术素质差，在 7 月 12 日有 12 人自行离库返乡，致使油库消防人员严重缺编。

五是油库安全生产管理存在漏洞。自 1975 年以来，该库已发生雷击、跑油、着火事故多起，幸亏发现及时，才未酿成严重后果。原石油部 1988 年 3 月 5 日发布了《石油与天然气钻井、开发、储运防火防爆安全管理规定》。而黄岛油库上级主管单位胜利输油公司安全科没有将该规定下发给黄岛油库。这次事故发生前的几小时雷雨期间，油库一直在输油，外泄的油气加剧了雷击起火的危险性。油库 1 号、2 号、3 号金属油罐设计时，是 5000 立方米，而在施工阶段，仅凭胜利油田一位领导的个人意志，就在原设计罐址上改建成 10000 立方米的罐。这样，实际罐间距只有 11.3 米，远远小于安全防火规定间距 33 米。青岛市公安局十几年来曾 4 次下达火险隐患通知书，要求限期整改，停用中间的 2 号罐。但直到这次事故发生时，始终没有停用 2 号罐。此外，对职工要求不严格，工人劳动纪律松弛，违纪现象时有发生。8 月 12 日上午雷雨时，值班消防人员无人在岗位上巡查，而是在室内打扑克、看电视。事故发生时，自救能力差，配合协助公安消防灭火不得力。

上述案例表明：生产经营单位在生产经营活动中，凡是气象安全生产工作不到位，相应的气象安全生产事故预防和控制的工程性措施与非工程性措施不到位、不落实，防范气象安全生产事故的科技支撑不力，领导和基层管理者防范气象安全生产事故的气象科学素养低，极易造成气象安全生产事故。

二、气象安全生产的基本类型

根据气象危险因素造成气象安全生产事故的作用机理不同，气象安全生产可分为恶劣天气安全生产和危险气象要素相关的安全生产两类。而汛期安全生产是指汛期期间的气象安全生产。因此恶劣天气安全生产、危险气象要素相关的安全生产、汛期安全生产均属于气象安全生产范畴，其基本概念如下。

（一）恶劣天气安全生产

恶劣天气安全生产是指在生产经营活动中，为了防范灾害天气独立作用下直接造成的安全生产事故，避免造成人员伤害和财产损失而采取相应事故预防和控制的工程性措施与非工程性措施，以保证从业人员的人身安全和生产经营活动得以顺利进行的相关活动。

例如，2005 年 4 月 21 日由于雷电灾害天气独立作用下直接造成重庆东溪化工有限公司爆炸，导致 19 人死亡、12 人受伤的特大安全生产事故就是一起在生产经营活动中气象安全生产工作不到位，采取相应的气象安全生产事故预防和控制的工程性措施与非工程性措施不到位、不落实，从而导致灾害性天气独立作用下直接造成的安全生产事故的典型案例。

1. 事故概况

(1)重庆市东溪化工有限公司情况

重庆市东溪化工有限公司(原东溪化工厂)位于重庆市綦江县古南镇二社边缘，东北距綦江县城6.5千米，北距渝黔铁路1.3千米，东南距鸡公嘴水库3.2千米，东北距东渡中学1.3千米。厂区周围无其他工厂、重要建筑物及构筑物。厂区为典型的丘陵地形地貌，南高北低地形，年雷暴日50天左右。该厂始建于1987年，1988年8月正式投产，主要产品为工业炸药，核定能力年产4000吨。公司占地面积为1.11×10^5平方米，现有职工220余人，其中技术人员16人。

重庆市东溪化工有限公司乳化炸药生产技术改造项目是国防科学技术工业委员会以委爆字〔2000〕98号文《关于重庆东溪化公司调整工业炸药生产品种》的批复，由中国兵器工业规划研究院设计，淮北爆破技术研究所、南京理工大学分别提供胶状和粉状乳化炸药生产技术及专用设备。该生产工房是乳化(含粉状乳化)炸药制药工房(装药包装工序与原铵锑炸药生产线装药包装共用)，位于企业生产区南面山坡下，东南两面环山，西北两面设有防护土堤，高度约4.5米。工房长43米，局部高15米，建筑面积1660平方米，内部布置粉状、胶状乳化炸药制药装备，配料和粉乳喷粉部分为局部3层楼。硝酸铵破碎、水相制备、油相制备、输送泵、乳化器为共用设备，交替组织生产；胶状乳化炸药从冷却工序开始为间断式，利用凉药盘冷却基质；制药工房设计定量为2吨，设计定员为26人(项目概况详见兵器工业规划设计研究院《重庆东溪化公司乳化炸药生产线技术改造项目初步设计》)。2003年11月通过重庆市民爆器材管理办公室组织的验收并投入使用；2004年兵器工业安全技术研究所进行了安全评价报告，评价结论为达标级。2005年2月获得国防科工委颁发的安全生产许可证。于2005年4月21日22时25分许，乳化炸药制药工房发生爆炸(图2-2)，到事故发生为止，累计生产乳化炸药约1500吨。

图2-2　2005年4月21日，乳化炸药制药工房发生爆炸现场

(2)爆炸事故破坏情况

1)人员伤亡情况

爆炸事故共造成31人伤亡。其中死亡12人，失踪7人，轻伤12人。

2)建构筑物破坏情况

经现场勘查，乳化炸药制药工房全部被摧毁，房屋解体、倒塌。工房外部分廊道垮塌。在乳化炸药制药工房距东面外墙轴线14.3米，距北面外墙轴线1.2米处，形成一个口径长9.8

米、宽6.8米、深约2.7米的椭圆形爆坑。部分构件被抛向四周，东面91米处发现水罐盖，在东北方约55米处，发现一严重变形水相罐体，在西面39米处发现一约8平方米屋面板。大块构件主要分布在现场的东南、西南角，南面山坡的不同距离上也散落了一些较小的建筑物构件。北面土堤局部受损，土堤外运输廊道全部垮塌。南北方向为冲击波主要扩散方向，东南面山体有明显冲击波破坏迹象，四周阔叶树木树叶脱落，距爆坑约60米以内的部分树干(直径35～45厘米)折断或连根拔出，厂部办公室少数玻璃破碎。

3)设备设施破坏情况

乳化炸药制药工房内所有设备全部遭到破坏。硝铵破碎设备与平台分离，钢架解体，水、油相溶解罐及水、油储罐均受到严重破坏，罐体与罐盖分离，部分电机转子与定子分离。乳化器转子飞向西南面山坡45米处，制粉塔破碎成0.1～0.5平方米的碎片。药粉输送管道解体，受到严重破坏。水管、汽管、电线(电缆)管网全部解体成0.5～3米的小段。东面2个避雷线铁塔受损，西面2个避雷线铁塔从离地2～3米处断裂、倒塌。邻近厂房内设备基本完好，少数电气设施轻微受损。

4)事故破坏分布情况

土堤内：房屋彻底垮塌，结构件全部解体，设备设施全部破坏，东南面护坡被毁山体局部滑坡，防护土堤局部损坏，靠近土堤外面的廊道全部倒塌，东南、正南面所有围墙全部倒塌，绝大部分钢筋混凝土构件和设备支撑架塌落在土堤内。

距爆坑50米的范围内：TNT球磨工房房盖开裂、墙体出现10～20毫米宽裂缝，大部分木门窗脱落、折断，玻璃碎落，少数人员受轻伤，该范围内散落有几十块大块飞散物和设备部件，最重的一块钢板约有300千克。

距离爆坑中心50～100米范围内：工房墙面掉落，个别工房的墙体出现5～8毫米宽(长1～2米)裂纹，散落有50～300千克的大块飞散物数十件，建筑物部分门窗损坏，大部分玻璃破碎，在冲击波泄爆正面方向上的树枝、避雷针等被折断。

距离爆坑中心100～150米范围内：东北角锅炉房石棉瓦坠掉地面，建筑物木门开裂，部分玻璃破碎，冲击波泄爆正面的树木倾斜、少量被折断，散落有10～50千克的大块飞散物数十件。

距离爆坑中心150～200米范围内：建筑物少量玻璃破碎，散落有数件0.5～10千克的飞散物。

5)其他情况

2005年4月23—24日现场清理过程中，在原工房西南角和附近现场清理出一批袋装已破乳的“乳化炸药”和乳化基质，经技术组派员核实，共计约2.28吨。

2. 需要事故调查鉴定评估解决的问题

根据“4·21”爆炸事故专家组中炸药专业专家对爆炸现场的相关资料和爆炸事故的后果分析结论，必须开展胶状乳化基质爆炸是否是雷电引爆的调查、鉴定、评估工作，回答爆炸时是否有雷电天气，该工厂是否在雷击区；爆炸车间是否有防雷设施，防雷设施是否合格，是哪种雷电危害方式造成了此次爆炸事故等问题。为事故定性和防止类似事故提供科学依据和技术支撑。

3. 爆炸事故原因调查鉴定评估

爆炸事故发生后，重庆市气象局立即启动重庆市雷电灾害应急预案，胡怀林副局长率队于2005年4月22日凌晨00时50分冒雨摸黑徒步两千米在第一时间到达事故现场，22日02时10分，市长王鸿举召开了事故现场办公会(图2-3)。王鸿举市长指示：组成专家组，立即调查事故原因。会后，重庆市政府立即成立了以周慕冰副市长为指挥长的“4·21”特大爆炸事故处置现场指挥部，重庆市气象局胡怀林副局长为抢险救援组成员，李良福、李家启为事故调查分析专家组成员。

图 2-3　2005 年 4 月 22 日 02 时 10 分，重庆市市长王鸿举召开事故现场办公会

4 月 22 日 05 时，根据重庆市气象局胡怀林副局长的指示，及时部署事故调查处置工作，决定：从 22 日 08 时，重庆市气象局业务科技处、气象台、装备中心、市防雷办、防雷中心、綦江县气象局实行联动机制，重庆市气象台继续启动一时一报专题气象服务。同时，现场成立了重庆市气象局重庆市东溪化工有限公司“4·21”特大爆炸事故调查工作组，重庆市气象局副局长胡怀林任组长，市防雷办主任、业务科技处处长李良福、市防雷中心主任李家启任副组长，下设以下五个工作小组：综合协调组（胡怀林、李良福负责）、技术分析组（李良福、李家启、覃彬全负责）、事故现场勘测组（李家启、李良福、许伟负责）、走访调查组（李建平、陈宏、覃彬全负责）、后勤保障组（杜祥均、汤德本负责）。

4 月 22 日 07 时，胡怀林副局长率领工程技术人员冒大雨进入爆炸事故现场，并且是事故调查组成员单位首家第一时间进入爆炸事故现场（图 2-4）。根据爆炸事故现场调查分析的要求，各组立即进行爆炸事故现场调查取证、爆炸事故现场和该公司防雷设施安全性能全面复测、事故现场人员走访取证等工作。

图 2-4　2005 年 4 月 22 日 07 时，重庆市气象局事故调查组首家第一时间进入爆炸事故现场

（1）雷暴天气形势分析

对 2005 年 4 月 21 日雷暴天气预报资料和雷达、自动气象站、闪电定位系统实况资料（图 2-5）以及通过电视、手机短信息平台、96121 电话、12121 电话提取雷暴天气预报发布资料进行调查分析，得到的结论是：重庆市气象台、綦江县气象局及时发布了雷暴天气消息，并且及时通过电视、手机短信息平台、96121 电话、12121 电话方式向社会、单位和个人发布；2005 年 4 月 21 日 22 时 20—40 分重庆东溪化工有限公司所在区域处于强雷暴天气活动区。

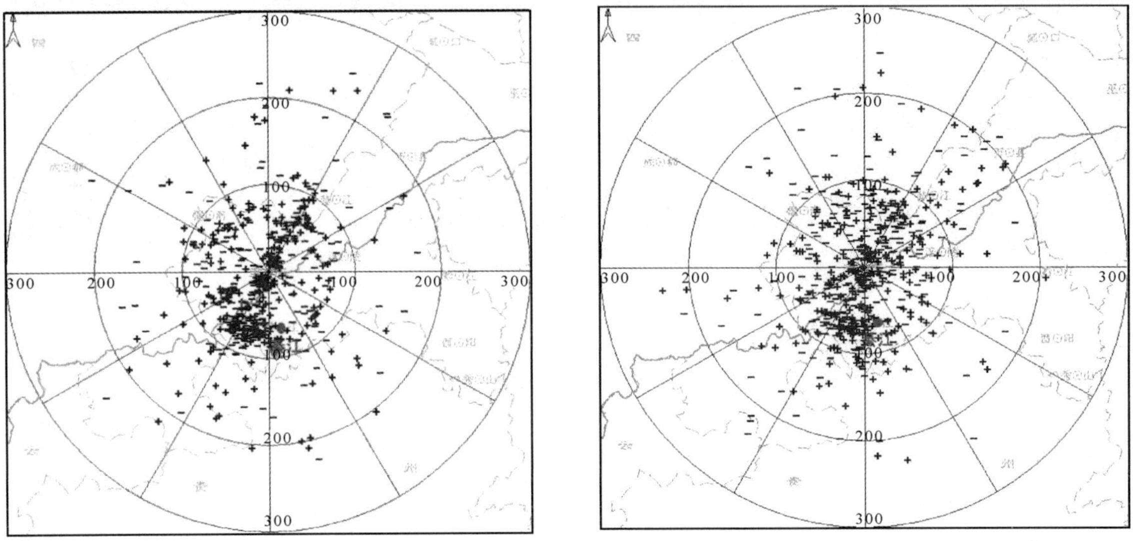

这是2005年4月21日22时20分至22时25分的闪电次数平面分布图　　这是2005年4月21日22时25分至22时30分的闪电次数平面分布图

图 2-5　重庆市东溪化工有限公司所在地闪电定位系统实况资料

（2）乳化车间防雷设施情况调查分析

根据国家有关技术规范对乳化车间设计资料、现场勘测资料和綦江县气象防雷中心检测资料进行分析，得到乳化车间防雷设施符合国家规范的结论，尤其是在防御直击雷方面采取了 3 道防线：一是设置独立的架空避雷线，二是车间房顶安装避雷带，三是乳化车间建筑物采用了钢筋混凝土框架结构的法拉第笼网。并且车间建筑物高度仅为 12～15 米，独立架空避雷线接地电阻为 1.8 欧，乳化车间防雷抗静电接地电阻 1.0 欧。

（3）事故发生时间走访取证情况

根据走访的医生、伤员、群众等 32 人得知爆炸发生的时间在 22 时 25 分左右，而此时正是强雷暴天气发生时间。

（4）雷击对乳化车间可能产生的危害性分析

防雷装置的安装是最大限度地防止或减少雷电灾害损失，不可能 100％地杜绝雷击灾害。虽然东溪化工厂防雷设施是完善的，但是该事故不能排除雷击爆炸的可能。雷击对乳化基质产生危害的可能性如下：

1）雷电在空中或其他地方放电，引起空间电磁场变化，当金属部件之间接触不良时可能会产生局部放电形成电火花。

2）雷电击中避雷针或架空避雷线泄流入地，引起高电位反击和空间电磁场变化，当金属部件之间接触不良时可能会产生局部放电形成电火花。

3)由于乳化车间防雷设施符合国家规范，具有防直击雷的架空避雷线作为防雷的第一道防线，在车间屋顶设置有避雷带作为防雷的第二道防线，并且该车间是框架结构的建筑物，框架结构中具有网状钢筋作为防雷的第三道防线。因此，直击雷很难突破这些雷电防护设施直接击入车间内引爆胶状乳化炸药基质。但根据国家现行有关规范[GB50089-98 第 12.7.1 条，GB50057-94(2000 年版)有关条款]，避雷针或架空避雷线保护范围存在雷电(I<5.4 千安)的绕击现象，这种现象是一种小概率事件，即雷电有可能绕过避雷针或架空避雷线直接击在乳化车间的建筑物上，击在车间屋顶的避雷带或建筑物钢筋网上引起空间电磁场变化，当金属导体之间接触不良时可能会产生局部放电形成电火花。

4)雷击在金属管道或输电线路，以雷电波的形式进入室内，可能造成供电设备损坏，并在配电箱产生火花或引起配电箱爆炸。

5)球雷直接窜入车间内，引起爆炸。球雷的出现是小概率事件，其形成机理不清楚，目前中外尚无有效设施对其防护，但是原化工部早在 20 世纪 90 年代就将它纳入化学工业雷击灾害之一。

(5)雷电引爆胶状乳化炸药基质的可能性分析

在“4·21”爆炸事故专家组中炸药专业专家对爆炸现场的相关资料和爆炸事故的后果分析结论(此次爆炸是胶状乳化基质首先引爆而不可能是粉状炸药首先引爆)的基础上，爆炸事故专家组中炸药专业与防雷专业专家，就雷电引爆胶状乳化炸药基质的可能性进行了反复讨论论证。

首先对可能造成重庆市东溪化工有限公司制药工房爆炸的各种雷击因素进行归纳、分层，然后采用事故致因理论、气象因素事故因果模型和排除法就可能造成重庆市东溪化工有限公司制药工房爆炸的各种雷击因素进行分析排除。通过认真分析、反复推敲、不断求证，最后排除了雷电空间放电引起空间电磁场变化、雷电直击架空避雷线、雷电直击制药工房建筑物或击入乳化制药工房或发生直击雷(I<5.4 千安)绕击现象击在制药工房建筑物上、雷电波入侵 4 种因素，而球雷窜入制药工房引爆胶状乳化炸药基质的可能性不能排除。

最后，专家组一致认为：虽然直击雷(温度高达 10^4℃数量级、雷电峰 $I=200$ 千安，脉冲波头时间 $T_1=10$ 微秒)的高温、爆炸的冲击波能引起胶状乳化炸药基质的爆炸，但由于防雷设施合格，直击雷不可能直接击在车间建筑物上引起建筑物倒塌或击入车间内，因此本次事故与直击雷无关，而最大可能性是球雷直接窜入车间内引起胶状乳化炸药基质爆炸。

(6)球雷的相关资料

1)防雷专家王时煦对球雷的论述

主审中国第一部《建筑物防雷设计规范》(GBJ57-83)、第二部《建筑物防雷设计规范》(GB50057-94)的建筑物防雷泰斗王时煦先生在《综论建筑物防雷》中对球雷的特性作了详细的论述。

王时煦认为：雷击就是严重的自然灾害之一。但就中国而言，过去防雷设计在整个建筑设计中所占的比重很小。电气设计人员不重视，其他专业的设计人员更不重视，但雷击所造成的损失却无法轻视。如 1989 年山东黄岛油库遭受雷击并引起大火，损失惨重。20 世纪 80 年代以前，中国没有建筑物防雷规范，建筑电气设计人员只能凭自己的认识设计避雷针。

在国际建筑物防雷标准(IEC/TC-81)和中国的《建筑物防雷设计规范》中，均没有对球雷的防护作出规定。根据王时煦的调查，北京地区的球雷事故还是不少的，球状闪电约占闪电统计总数的8%～13.7%。尽管中外科技人员对球状闪电的形成机理尚无一致的认识，但对其性质、状态和危害还是比较清楚的。

球雷(即球状闪电)是一种橙色或红色的类似火焰的发光球体，偶尔也有黄色、蓝色或绿色的。大多数火球的直径在10～100厘米。球雷多在强雷暴时空中普通闪电最频繁的时候出现。球雷通常沿水平方向以1～2米/秒的速度上下滚动，有时距地面0.5～1米，有时升起2～3米。它在空中飘游的时间可由几秒到几分钟。球雷常由建筑物的孔洞、烟囱或开着的门窗进入室内，有时也通过不接地的门窗铁丝网进入室内。最常见的是沿大树滚下进入建筑物并伴有嘶嘶声。球雷有时自然爆炸，有时遇到金属管线而爆炸。球雷遇到易燃物质(如木材、纸张、衣物、被褥等)则造成燃烧，遇到可爆炸的气体或液体则造成更大的爆炸。有的球雷会不留痕迹地无声消失，但大多数均伴有爆炸声且响声震耳。爆炸后偶尔有硫黄、臭氧气味。球雷火球可辐射出大量的热能，因此，它的烧伤力比破坏力要大。

下面是一个典型的球雷实例：1982年8月16日，钓鱼台迎宾馆两处同时落球雷，均为沿大树滚下的球雷。一处在迎宾馆的东墙边，一名警卫战士当即被击倒，该战士站在2.5米高的警卫室前，距落雷的大树约3米，树高20多米。球雷落下的瞬间，他只感到一个火球距身体很近，随后眼前一黑就倒了。醒来后，除耳聋外并无其他损伤。但该警卫室的混凝土顶板外檐和砖墙墙面被击出几个小洞，室内电灯被击掉，电灯的拉线开关被击坏，电话线被击断，估计均为电磁感应的电动力所致。另一处在迎宾馆院内的东南区，距警卫室约100米，也是沿大树滚下。距树2米处有个木板房(仓库)，该房在3棵14～16米高大槐树包围之中，球雷沿东侧的大树滚下后钻窗进屋，窗玻璃外有较密的铁丝网，但没有接地，铁丝网被击穿8个小洞，窗玻璃被击穿两个小洞。球雷烧焦了东侧木板墙和东南房角，烧毁了室内墙上挂的两条自行车内胎，烧坏了该室的胶盖闸，室内的照明电线也被烧断。

2)球雷的其他有关资料

另据有关资料表明，球雷可分为移动的或不移动的两种。移动的球雷，一般速度不快，约2米/秒。它或者取决于气流的速度，随气流飘移；或者能独立移动，这与球雷当时所处的电场有关。移动的球雷还有“附壁效应”，即周围有建筑物、墙壁、树木之类物体时，常能沿着这些物体飘行。移动的球雷还能穿过缝隙，溜进室内，穿堂过屋。不移动的球雷常固定在避雷针上、金属屋顶的尖端边缘处或高大烟囱的上部，这时它就发出白光。移动或不移动的球雷可以互相转化，不移动的球雷挣脱了它的附着物，就会成为移动的；移动的球雷有时附着在某个物体上，便成为不移动的。大的球雷还会分裂成数个较小的火球。

另据有关资料表明，球雷具有很高的温度，落到金属上，会使金属熔化甚至汽化；落到水里，水也会被烧热。温度可达上千摄氏度，一般可燃物遭受雷击会立即引起火灾。

另据有关资料表明，在最近20年里已获得超过1万次这样的证据，因此科学家现在深信球形闪电的存在。但仅有1%的人声称见过球形闪电。

另据有关资料表明，它不辐射热量，但是能熔化玻璃，能穿透玻璃窗进入房间。还能击穿厚厚的预制板。

另据有关资料表明，球雷大多数在强雷暴时空中普通闪电最频繁的时候出现；有时也会出现在无雷雨的天气里，但大多发生在高山或潮湿地带。

另据有关资料表明，球雷一般直径为几厘米到几十厘米，但在高空也有直径几米到几十米的。

另据国际上有关专家观测拍摄的球雷外形图(图 2-6)及其移动路径(图 2-7)如下：

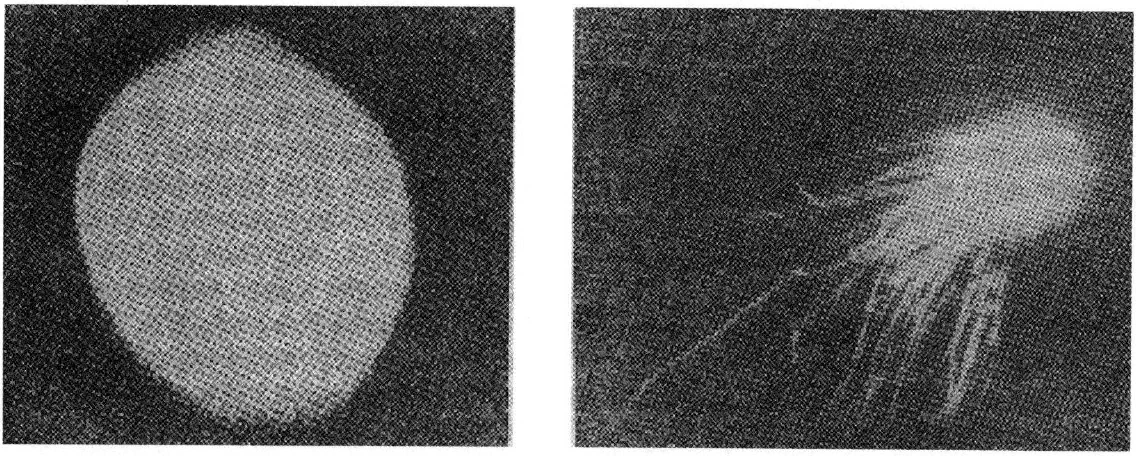

图 2-6　球雷外形图

球闪路径(Wolf, 1956)　　　　球闪入室(Dqvidov, 1958)

图 2-7　球雷移动路径

3)球雷的典型灾害事例

①山西省气象局大同基准站每天 24 小时人工观测，承担着 7 次天气预报任务，同时还担负太阳辐射、沙尘暴监测、自动站观测任务。2004 年 5 月 15 日 15 时 08 分，大同基准站周围多个“球状雷”先后落地炸响，基准站仪器设备遭到雷击，造成供电系统、自动站计算机系统、网络传输系统、沙尘暴监测系统全部瘫痪，致使自动站数据采集传输一度中断。据统计，直接损失达 15000 元。

大同国家基准站 2003 年 5 月安装了防雷设施。设在办公室顶部的 2 支避雷针作为直击雷保护，可覆盖整个自动站机房；对自动站机房的电源、信号系统以及机房建筑物还安装了综合防雷设施，进行了多级保护，防雷设备均符合技术要求。由于现有防雷设施对“球状雷”的防御能力几乎为零，因此还是不可避免地遭到此次雷击。

②2004 年 9 月 4 日晚天洋坪农贸市场商住楼遭遇球雷袭击，球雷穿过窗户，进入室内，将内墙击出坑状并将放于水缸案板的水瓢击穿(图 2-8)。

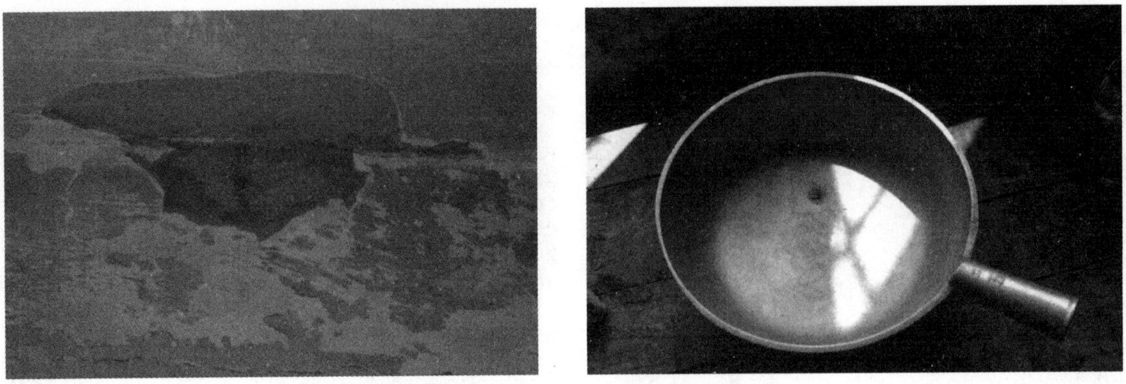

图 2-8　2004 年 9 月 4 日，雷击现场图

③1983 年 8 月 15 日，北京市东郊炼焦化工厂，因球形雷烧毁高 4.4 米、直径 6 米、体积 100 立方米的酒精罐 2 个；同日，北京东郊十八里店公社铸造厂落球雷烧爆 10 吨汽油罐 2 个以及 2 吨柴油罐 2 个。

④北宋著名科学家沈括在《梦溪笔谈》中，记述了一次球形闪电的实况，描述了雷暴运行的过程。球形闪电自天空进入“堂之西室”后，又从窗间檐下而出，雷鸣电闪过后，房屋安然无恙，只是墙壁窗纸被熏黑了。令人惊奇的是屋内木架子以及架内的器皿杂物（包括易燃的漆器）都未被电火烧毁，相反，镶嵌在漆器上的银饰却被电火熔化，其汁流到地上，钢质极坚硬的宝刀竟熔化成汁水。令人费解的是，用竹木、皮革制作的刀鞘却完好无损。

⑤2004 年 7 月 20 日 04 时前后，长沙市黄材镇井冲村栗山组一团火球从村民袁腊华家卧室的窗户钻入，击中了熟睡中的袁腊华及其妻子，二人被烧成高度重伤，毛发全被烧掉，头部、面部、躯干和双手手掌、手臂被烧得面目全非，靠外睡的袁妻更是被火雷冲击波抛到了地上，袁腊华当场口吐鲜血；球雷的雷电冲击波还震坏衣柜，衣柜内的衣服洒落一地；球雷并没有马上消失，而是在房屋内快速地跳跃移动，穿过了数堵砖墙，在袁母的床前地面上转了几圈后穿过砖墙窜到屋后的猪圈内，击死 4 头猪。从砖墙上的孔来看，球雷的直径大约 10 厘米，就连厚厚的预制板也被击穿 3 个大洞。

⑥根据《Nature》刊载，有科学家观测到在一次强雷暴期间由云中落下一个发光火球，它漂移了相当一段距离后停留一会，然后继续漂移，直至最后击中码头，并发生爆炸，爆炸将码头上的一根木桩震裂成许多细条。科学家 Zimmerman(1970)根据码头的木桩被球雷炸成碎片，估算出 1 个球雷的能量量级在 10^5 焦以上。

4)球雷的相关特性

①在国际建筑物防雷标准(IEC/TC-81)和中国的《建筑物防雷设计规范》中，均没有对球雷的防护作出规定。

②近 20 年里已获得超过 1 万次这样的证据，因此科学家现在深信球形闪电的存在。但仅有 1%的人声称见过球形闪电，以北京地区为例，球状闪电约占闪电统计总数的 8%～13.7%。

③球雷大多数在强雷暴时空中普通闪电最频繁的时候出现；有时也会出现在无雷雨的天气里，但大多发生在高山或潮湿地带。

④球雷一般直径为几厘米到几十厘米，但在高空也有直径几米到几十米的。

⑤球雷通常沿水平方向以 1～2 米/秒的速度上下滚动，有时距地面 0.5～1 米，有时升起

2～3 米，它在空中飘游的时间可由几秒到十几分钟。

⑥球雷常由建筑物的孔洞、烟囱或开着的门窗进入室内，有时也通过不接地的门窗铁丝网进入室内。

⑦最常见的是沿大树滚下进入建筑物并伴有嘶嘶声。

⑧球雷有时自然爆炸，有时遇到金属管线而爆炸。球雷遇到易燃物质（如木材、纸张、衣物、被褥等）则造成燃烧，遇到可爆炸的气体或液体则造成更大的爆炸。

⑨球雷能熔化玻璃，能穿透玻璃窗进入房间。还能够击穿厚厚的水泥板和砖墙。

⑩球雷具有很高的温度，温度可达上千摄氏度；落到金属上，会使金属熔化甚至汽化；落到水里，水也会被烧热。并且球雷可将木桩震裂成碎片，科学家估算出 1 个球雷的能量的量级在 10^5 焦以上。

（7）乳化车间遭受球雷袭击的可能性分析

根据上述分析，结合事故发生地所处的地理位置、气候背景以及爆炸时的雷雨天气实况，可以得出以下结论：首先，雷雨天气和乳化车间所处位置比较潮湿有利于球雷的形成；其次，乳化车间四周有较多的树木，并且车间建筑物四壁有较多的开放式门窗（窗 45 个、门 24 个），为球雷窜入车间提供了有利的通道；根据胶状乳化炸药基质的特性以及事故后果判断，球雷本身的高温和球雷爆炸的冲击波将会引起胶状乳化炸药基质的爆炸。

另外，重庆市东溪化工有限公司“4·21”特大爆炸事故调查技术组（图 2-9）的治安小组和生产工艺小组还排除了“人为破坏”和“生产工艺”方面引发爆炸的可能性。

重庆市东溪化工有限公司“4·21”特大爆炸事故
技术组调查分析报告专家组

姓　名	单　位	专家组职务	职　称	职　务	签　字
钟彦亚	重庆市民爆器材协会	组　长	高级工程师 国家注册安全工程师	秘书长	钟彦亚
叶毓鹏	中国爆破器材行业协会	副组长	教　授		叶毓鹏
杨祖一	国防科工委民爆服务中心	成　员	教授级高工 国家注册安全工程师 公安部重特大爆炸事故调查专家	处　长	杨祖一
张兴明	国家民爆质检中心	成　员	博士　　工程师		张兴明
费秧根	重庆市公安局治安总队	成　员	工程师		费秧根
吴明胜	重庆市八四五化工有限责任公司	成　员	高级工程师	总经理	[illegible]
唐　胜	重庆市八四五化工有限责任公司	成　员	高级工程师	总工程师	[illegible]
李良福	重庆市防雷安全工作委员会办公室	成　员	教授级高级工程师 国家注册安全工程师	主　任	李良福
李家启	重庆市防雷中心	成　员	工程师	主　任	李家启
杨民刚	煤科总院爆破技术研究所	成　员	研究员	副所长	杨民刚
黄学会	煤科总院爆破技术研究所	成　员	高级工程师	主　任	黄学会
杜华善	煤科总院爆破技术研究所	成　员	研究员	主　任	杜华善
邓祥才	重庆南桐化工厂	成　员	高级工程师	副厂长	邓祥才

图 2-9　专家组成员及签字表

因此，2005 年 4 月 26 日，重庆市东溪化工有限公司“4·21”特大爆炸事故调查技术组根据防雷技术小组对球雷的相关资料进行收集、调研和分析的结果，以及事故发生地所处的地理位置、气候背景、爆炸时的雷雨天气实况，一致认为：①雷雨天气和乳化制药工房所处位置比较潮湿有利于球雷的形成；②该工房四周有较多的树木，并且建筑物外墙有较多的开放式门窗(窗 45 个、门 24 个)，为球雷窜入工房提供了有利的通道。根据乳化炸药基质的特性以及事故后果判断，球雷本身的高温和球雷爆炸的冲击波将会引起乳化炸药基质的爆炸。

通过上述分析，重庆市东溪化工有限公司"4・21"特大爆炸事故调查技术组对本次爆炸事故得出技术原因结论如下：球雷直接窜入工房内引起乳化炸药基质爆炸的可能性最大，不能排除；雷击爆炸导致人员伤亡事故扩大的原因是雷电灾害天气临近重庆市东溪化工有限公司所地，工厂仍然生产而没有停产撤离人员。

所以事故的直接原因是雷电独立作用直接造成爆炸。间接原因是未能参照国际电工委员会第 81 技术委员会制定并颁布的《雷击损害风险的评估(Assessment of the risk of damage due to lightning)》(IEC61662-1995，说明：我国当时还没有雷电灾害风险评估的技术标准和要求建设项目必须进行雷电灾害风险评估规定)，进行"生产工房是乳化(含粉状乳化)炸药制药工房"建设项目雷电灾害风险评估，未能知道雷电灾害天气是其最大的风险源，没有制定科学可靠的防范雷电灾害天气引发安全生产事故的应急预案，未在雷电灾害天气来临重庆东溪化工有限公司所地之前，停产撤离人员。

上述案例表明：该公司若在 2000 年申请建设生产工房是乳化(含粉状乳化)炸药制药工房时，参照《雷击损害风险的评估(Assessment of the risk of damage due to lightning)》(IEC61662-1995)，进行"生产工房是乳化(含粉状乳化)炸药制药工房"建设项目雷电灾害风险评估，就能知道雷电是可独立作用直接造成爆炸事故的最大的风险源，就会科学制定防范雷电造成爆炸事故的应急预案，及时采取相应的事故预防和控制的工程性措施与非工程性措施，在雷电灾害天气来临重庆东溪化工有限公司所在地之前，就会停产撤离人员，也许就不会造成大量的人员伤亡。因此提升生产经营单位防范灾害天气独立作用下直接造成的安全生产事故风险能力，充分发挥气象科技的支撑与保障作用具有重要现实意义和安全意义。

(二)危险气象要素相关的安全生产

危险气象要素相关的安全生产是指在生产经营活动中，为了防范危险气象要素与其他安全因素耦合作用下诱发的安全生产事故，避免造成人员伤害和财产损失而采取相应事故预防和控制措施的工程性措施与非工程性措施，以保证从业人员的人身安全和生产经营活动得以顺利进行的相关活动。

例如，2015 年 8 月 12 日天津港"8・12"瑞海公司危险品仓库因高温(天气)诱发火灾爆炸造成特别重大生产安全责任事故，就是一起在生产经营活动中气象安全生产工作不到位，采取相应的气象安全生产事故预防和控制的工程性措施与非工程性措施不到位、不落实，从而造成危险气象因素(高温)与其他安全因素耦合作用下诱发安全生产事故的典型案例。

1. 事故经过

(1)事故发生的时间和地点。

2015 年 8 月 12 日 22 时 51 分 46 秒，位于天津市滨海新区吉运二道 95 号的瑞海公司危险品仓库(北纬 39°02′22.98″，东经 117°44′11.64″)运抵区("待申报装船出口货物运抵区"的简称，属于海关监管场所，用金属栅栏与外界隔离。由经营企业申请设立，海关批准，主要用于出口集装箱货物的运抵和报关监管)最先起火，23 时 34 分 06 秒发生第一次爆炸，23 时 34 分 37 秒发生第二次更剧烈的爆炸。事故现场形成 6 处大火点及数十个小火点，8 月 14 日 16 时 40

分，现场明火被扑灭（图 2-10）。

图 2-10　2015 年 8 月 12 日，天津港“8・12”瑞海公司危险品仓库高温（天气）诱发火灾爆炸事故现场

（2）事故现场情况。

事故现场按受损程度，分为事故中心区（图 2-11）、爆炸冲击波波及区（图 2-12）。

图 2-11　事故中心区航拍图

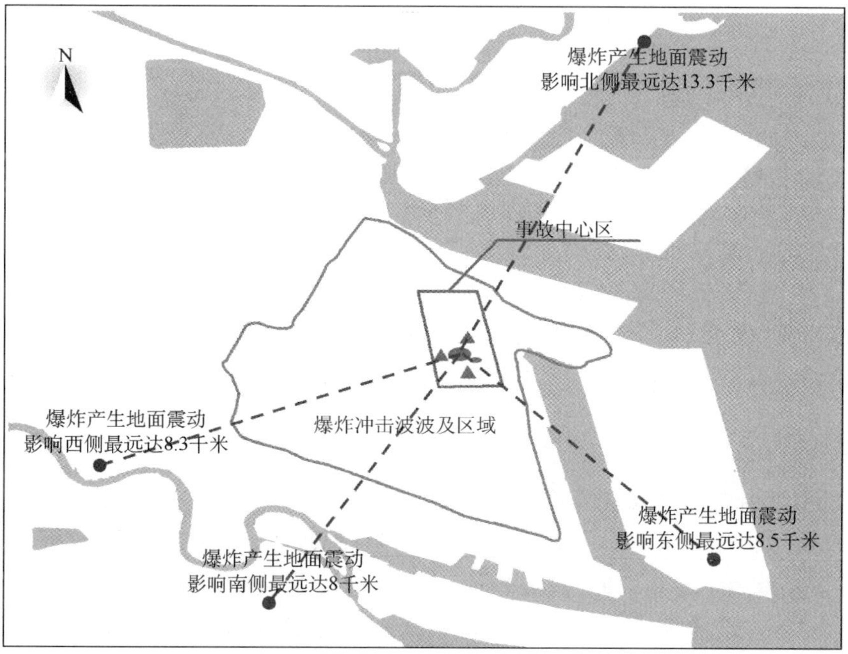

图 2-12　爆炸冲击波波及区示意图

事故中心区为此次事故中受损最严重区域，该区域东至跃进路、西至海滨高速、南至顺安仓储有限公司、北至吉运三道，面积约为54万平方米。两次爆炸分别形成一个直径15米、深1.1米的月牙形小爆坑和一个直径97米、深2.7米的圆形大爆坑。以大爆坑为爆炸中心，150米范围内的建筑被摧毁，东侧的瑞海公司综合楼和南侧的中联建通公司办公楼只剩下钢筋混凝土框架；堆场内大量普通集装箱和罐式集装箱被掀翻、解体、炸飞，形成由南至北的3座巨大堆垛，一个罐式集装箱被抛进中联建通公司办公楼4层房间内，多个集装箱被抛到该建筑楼顶；参与救援的消防车、警车和位于爆炸中心南侧的吉运一道和北侧吉运三道附近的顺安仓储有限公司、安邦国际贸易有限公司储存的7641辆商品汽车和现场灭火的30辆消防车在事故中全部损毁，邻近中心区的贵龙实业、新东物流、港湾物流等公司的4787辆汽车受损。

爆炸冲击波波及区分为严重受损区、中度受损区。严重受损区是指建筑结构、外墙、吊顶受损的区域，受损建筑部分主体承重构件(柱、梁、楼板)的钢筋外露，失去承重能力，不再满足安全使用条件。中度受损区是指建筑幕墙及门、窗受损的区域，受损建筑局部幕墙及部分门、窗变形、破裂。

严重受损区在不同方向距爆炸中心最远距离为：东3千米(亚实履带天津有限公司)，西3.6千米(联通公司办公楼)，南2.5千米(天津振华国际货运有限公司)，北2.8千米(天津丰田通商钢业公司)。中度受损区在不同方向距爆炸中心最远距离为：东3.42千米(国际物流验放中心二场)，西5.4千米(中国检验检疫集团办公楼)，南5千米(天津港物流大厦)，北5.4千米(天津海运职业学院)。受地形地貌、建筑位置和结构等因素影响，同等距离范围内的建筑受损程度并不一致。

爆炸冲击波波及区以外的部分建筑，虽没有受到爆炸冲击波直接作用，但由于爆炸产生地面震动，造成建筑物接近地面部位的门、窗玻璃受损，东侧最远达8.5千米(东疆港宾馆)，西侧最远达8.3千米(正德里居民楼)，南侧最远达8千米(和丽苑居民小区)，北侧最远达13.3千米(海滨大道永定新河收费站)。

(3)人员伤亡和财产损失情况。

事故造成165人遇难(参与救援处置的公安现役消防人员24人、天津港消防人员75人、公安民警11人，事故企业、周边企业员工和周边居民55人)，8人失踪(天津港消防人员5人，周边企业员工、天津港消防人员家属3人)，798人受伤住院治疗(伤情重及较重的伤员58人、轻伤员740人)；304幢建筑物(其中办公楼宇、厂房及仓库等单位建筑73幢，居民1类住宅91幢、2类住宅129幢、居民公寓11幢)、12428辆商品汽车、7533个集装箱受损。

截至2015年12月10日，事故调查组依据《企业职工伤亡事故经济损失统计标准》(GB6721-1986)等标准和规定统计，已核定直接经济损失68.66亿元人民币，其他损失尚需最终核定。

(4)环境污染情况。

通过分析事发时瑞海公司储存的111种危险货物的化学组分，确定至少有129种化学物质发生爆炸燃烧或泄漏扩散，其中氢氧化钠、硝酸钾、硝酸铵、氰化钠、金属镁和硫化钠6种物质的重量占到总重量的50%。同时，爆炸还引燃了周边建筑物以及大量汽车、焦炭等普通货物。本次事故残留的化学品与产生的二次污染物逾百种，对局部区域的大气环境、水环境和土壤环境造成了不同程度的污染。

1)大气环境污染情况。事故发生3小时后,环保部门开始在事故中心区外距爆炸中心3～5千米范围内开展大气环境监测。8月20日以后,在事故中心区外距爆炸中心0.25～3千米范围内增设了流动监测点。经现场检测与专家研判确定,本次事故关注的大气环境特征污染物为氰化氢、硫化氢、氨气和三氯甲烷、甲苯等挥发性有机物。

监测分析表明,本次事故对事故中心区大气环境造成较严重的污染。事故发生后至9月12日之前,事故中心区检出的二氧化硫、氰化氢、硫化氢、氨气超过《工作场所有害因素职业接触限值》(GBZ2-2007)中规定的标准值1～4倍;9月12日以后,检出的特征污染物达到相关标准要求。

事故中心区外检出的污染物主要包括氰化氢、硫化氢、氨气、三氯甲烷、苯、甲苯等,污染物浓度超过《大气污染物综合排放标准》(GB16297-1996)和《天津市恶臭污染物排放标准》(DB12/059-95)等规定的标准值0.5～4倍,最远的污染物超标点出现在距爆炸中心5千米处。8月25日以后,大气中的特征污染物稳定达标,9月4日以后达到事故发生前环境背景值水平。

采用大气扩散轨迹模型、气象场模型与烟团扩散数值模型叠加的空气质量模型模拟表明,事故发生后,在事故中心区上空约500米处形成污染烟团,烟团在爆炸动力与浮力抬升效应以及西南和正西主导风向的作用下向渤海方向漂移,13～18小时后逐步消散。这一模拟结果与卫星云图显示的污染烟团在时间和空间上的变化吻合。对天津主城区和可能受事故污染烟团影响的地区(北京、河北唐山、辽宁葫芦岛、山东滨州等区域)事故发生后3天内6项大气常规污染物(二氧化硫、二氧化氮、一氧化碳、臭氧、PM10、PM2.5)的监测数据进行分析,并模拟了事故发生后18小时内污染烟团扩散对上述区域近地面大气环境的影响,均显示污染烟团基本未对上述区域的大气环境造成影响。

本次事故对事故中心区外近地面大气环境污染较快消散的主要原因是:事故发生地位于渤海湾天津市东疆港东岸线的西南侧,与海岸线直线距离仅6.1千米;在事故发生后污染烟团扩散的24小时内,91.2%的时间为西南和正西风向,在以后的9天内,71.3%的时间为西南和正西风向。事故发生地的地理位置和当时的气象条件有利于污染物快速飘散。

2)水环境污染情况。本次事故主要对距爆炸中心周边约2.3千米范围内的水体(东侧北段起吉运东路、中段起北港东三路、南段起北港路南段,西至海滨高速;南起京门大道、北港路、新港六号路一线,北至东排明渠北段)造成污染,主要污染物为氰化物。事故现场两个爆坑内的积水严重污染;散落的化学品和爆炸产生的二次污染物随消防用水、洗消水和雨水形成的地表径流汇至地表积水区,大部分进入周边地下管网,对相关水体形成污染;爆炸溅落的化学品造成部分明渠河段和毗邻小区内积水坑存水污染。8月17日对爆坑积水的检测结果表明,呈强碱性,氰化物浓度高达421毫克/升。

天津市及有关部门对受污染水体采取了有效的控制和处置措施,经处理达标后通过天津港北港池排入渤海湾。截至当年10月31日,已排放处理达标污水76.6万吨,削减氰化物64.2～68.4吨,折合121～129吨氰化钠。相关部门后期对由于雨雪水和地下水的补给,导致爆坑内仍有少量污水,采用抽取外运及工程隔离等处置措施。

由于海水容量大,事故处置过程中采取的措施得当,并从严执行排放标准,本次事故对天津渤海湾海洋环境基本未造成影响。在临近事故现场的天津港北港池海域、天津东疆港区外海、北塘口海域约30千米范围内开展的海洋环境应急监测结果显示,海水中氰化物平均浓度为 0.00086 毫克/升，远低于海水水质Ⅰ类标准值 0.005 毫克/升。此外，与历史同期监测数据相比，挥发酚、有机碳、多环芳烃等污染物浓度未见异常，浮游生物的种类、密度与生物量未见变化。

事故发生后，在事故中心区外 5 千米范围内新建了 27 口地下水监测井，监测结果显示：24 口监测井氰化物浓度满足地下水Ⅲ类水质标准；3 口监测井(2 口位于爆炸中心北侧 753 米处，1 口位于爆炸中心南侧 964 米处)氰化物超过地下水Ⅲ类水质标准，同时检出硫酸盐、三氯甲烷、苯等本次事故的相关污染物。近期超标地下水监测井的监测结果表明，污染浓度有逐步下降的趋势。初步分析，事故中心区外局部 30 米以上地下水受到污染，地表污染水体下渗、地下管网优势通道渗流是地下水受污染的主要原因。事故中心区及其附近地下水的污染范围与成因仍在进一步勘查确认中。

3)土壤环境污染情况。本次事故对事故中心区土壤造成污染，部分点位氰化物和砷浓度分别超过《场地土壤环境风险评价筛选值》(DB11/T 798-2011)中公园与绿地筛选值的 0.01～31.0 倍和 0.05～23.5 倍，苯酚、多环芳烃、二甲基亚砜、氯甲基硫氰酸酯等有检出，目前仍在对事故中心区的土壤进行监测。事故对事故中心区外土壤环境影响较小，事故发生一周后，有部分点位检出氰化物。一个月后，未再检出氰化物和挥发性、半挥发性有机物，虽检出重金属，但未超过《场地土壤环境风险评价筛选值》中公园与绿地的筛选值；下风向东北区域检测结果表明，二噁英类毒性当量低于美国环保局推荐的居住用地二噁英类致癌风险筛选值，苯并[a]芘浓度低于《场地土壤环境风险评价筛选值》中公园与绿地的筛选值。

4)特征污染物的环境影响。事故造成 320.6 吨氰化钠未得到回收。经测算，约 39%在水体中得到有效处置或降解，58%在爆炸中分解或在大气、土壤环境中气化、氧化分解、降解。事故发生后，现场喷洒大量过氧化氢等氧化剂，极大地促进了氰化钠的快速氧化分解。但是，截至 10 月 31 日，事故中心区土壤中仍残留约 3%不同形态的氰化钠，以及少量不易降解、具有生物蓄积性和慢性毒性的化学品与二次污染物。

5)事故对人的健康影响。本次事故未见因环境污染导致的人员中毒与死亡的情况，住院病例中虽有 17 人出现因吸入粉尘和污染物引起的吸入性肺炎症状，但无实质损伤，预后良好；距爆炸中心周边约 3 千米范围外的人群，短时间暴露于大气环境污染造成不可逆或严重健康影响的风险极低；未采取完善防护措施进入事故中心区的暴露人群健康可能会受到影响。

6)需要开展中长期环境风险评估。由于事故残留的化学品与产生的污染物复杂多样，需要继续开展事故中心区环境调查与区域环境风险评估，制定实施不同区域、不同环境介质的风险管控目标，以及相应的污染防控与环境修复方案和措施。同时，开展长期环境健康风险调查与研究，重点对事故中心区工作人员与住院人员开展健康体检和疾病筛查，监测、判断本次事故对人群健康的潜在风险与损害。

2. 事故原因

(1)事故的直接原因

1)最初起火部位认定

通过询问事发当晚现场作业员工、调取分析位于瑞海公司北侧的环发讯通公司的监控视频、提取对比现场痕迹物证、分析集装箱毁坏和位移特征，认定事故最初起火部位为瑞海公司危险品仓库运抵区南侧集装箱区的中部。

2)起火原因分析认定

①排除人为破坏因素、雷击因素和来自集装箱外部引火源。公安部派员指导天津市公安机关对全市重点人员和各种矛盾的情况以及瑞海公司员工、外协单位人员情况进行了全面排查,对事发现场的所有人员逐人定时定位,结合事故现场勘查和相关视频资料分析等工作,可以排除恐怖犯罪、刑事犯罪等人为破坏因素。

现场勘验表明,起火部位无电气设备,电缆为直埋铺设且完好,附近的灯塔、视频监控设施在起火时还正常工作,可以排除电气线路及设备因素引发火灾的可能。

同时,运抵区为物理隔离的封闭区域,起火当天气象资料显示无雷电天气,监控视频及证人证言证实起火时运抵区内无车辆作业,可以排除遗留火种、雷击、车辆起火等外部因素。

②筛查最初着火物质。事故调查组通过调取天津海关 H2010 通关管理系统数据等,查明事发当日瑞海公司危险品仓库运抵区储存的危险货物包括第 2、3、4、5、6、8 类及无危险性分类数据的物质,共 72 种。对上述物质采用理化性质分析、实验验证、视频比对、现场物证分析等方法,逐类逐种进行了筛查:第 2 类气体 2 种,均为不燃气体;第 3 类易燃液体 10 种,均无自燃或自热特性,且其中着火可能性最高的一甲基三氯硅烷燃烧时火焰较小,与监控视频中猛烈燃烧的特征不符;第 5 类氧化性物质 5 种,均无自燃或自热特性;第 6 类毒性物质 12 种、第 8 类腐蚀性物质 8 种、无危险性分类数据物质 27 种,均无自燃或自热特性;第 4 类易燃固体、易于自燃的物质、遇水放出易燃气体的物质 8 种,除硝化棉外,均不自燃或自热。实验表明,在硝化棉燃烧过程中伴有固体颗粒燃烧物飘落,同时产生大量气体,形成向上的热浮力。经与事故现场监控视频比对,事故最初的燃烧火焰特征与硝化棉的燃烧火焰特征相吻合(图 2-13、图 2-14)。同时查明,事发当天运抵区内共有硝化棉及硝基漆片 32.97 吨。因此,认定最初着火物质为硝化棉。

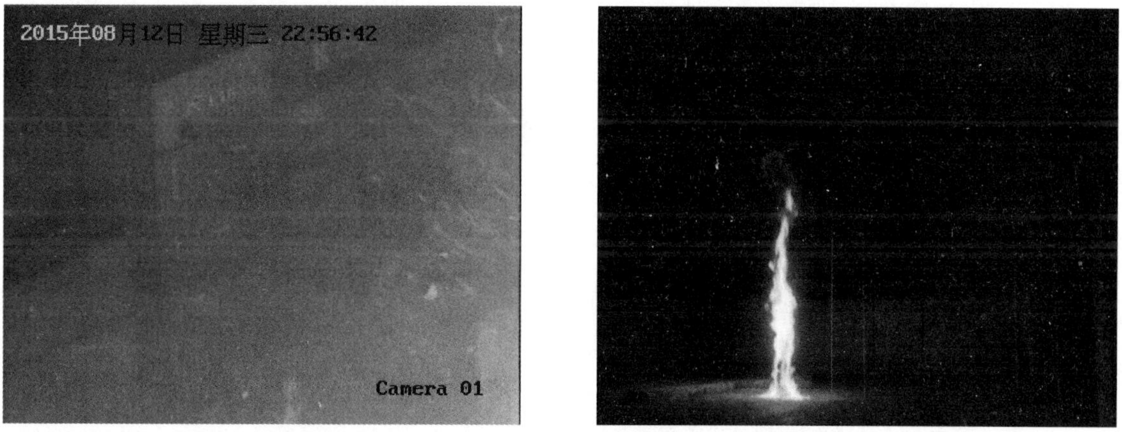

瑞海1号监控视频　　40千克桶装硝化棉燃烧实验

图 2-13　硝化棉燃烧产生固体颗粒燃烧物对比

③认定起火原因。硝化棉($C_{12}H_{16}N_4O_{18}$)为白色或微黄色棉絮状物,易燃且具有爆炸性,化学稳定性较差,常温下能缓慢分解并放热,超过 40℃时会加速分解,放出的热量如不能及时散失,会造成硝化棉温升加剧,达到 180℃时能发生自燃。硝化棉通常加乙醇或水作湿润剂,一旦湿润剂散失,极易引发火灾。

环发4号监控视频

40千克桶装硝化棉燃烧实验

图 2-14　硝化棉燃烧产生大量气体形成热浮力对比

实验表明，去除湿润剂的干硝化棉在 40℃时发生放热反应，达到 174℃时发生剧烈失控反应及质量损失，自燃并释放大量热量。如果在绝热条件下进行实验，去除湿润剂的硝化棉在 35℃时即发生放热反应，达到 150℃时即发生剧烈的分解燃烧。

经对向瑞海公司供应硝化棉的河北三木纤维素有限公司、衡水新东方化工有限公司调查，企业采取的工艺为：先制成硝化棉水棉（含水 30%）作为半成品库存，再根据客户的需要，将湿润剂改为乙醇，制成硝化棉酒棉，之后采用人工包装的方式，将硝化棉装入塑料袋内，塑料袋不采用热塑封口，用包装绳扎口后装入纸筒内。据瑞海公司员工反映，在装卸作业中存在野蛮操作问题，在硝化棉装箱过程中曾出现包装破损、硝化棉散落的情况。

对样品硝化棉酒棉湿润剂挥发性进行的分析测试表明：如果包装密封性不好，在一定温度下湿润剂会挥发散失，且随着温度升高而加快；如果包装破损，在 50℃下 2 小时乙醇湿润剂会全部挥发散失。

事发当天最高气温达 36℃（图 2-15），实验证实，在气温为 35℃时集装箱内温度可达 65℃以上。

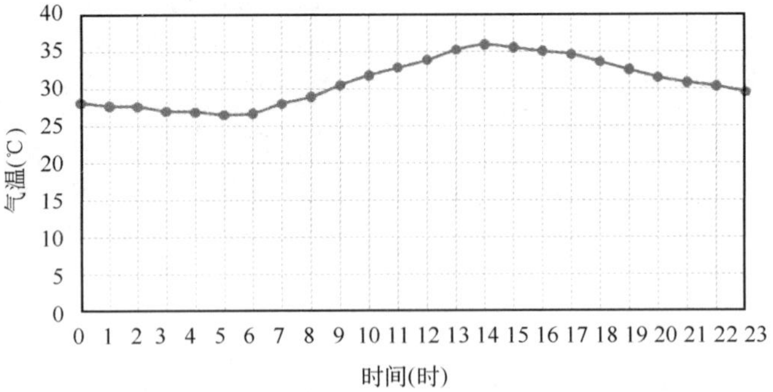

图 2-15　2015 年 8 月 12 日天津港所在地气温日变化图

以上几种因素耦合作用引起硝化棉湿润剂散失，出现局部干燥，在高温环境作用下，加速分解反应，产生大量热量，由于集装箱散热条件差，致使热量不断积聚，硝化棉温度持续升高，达到其自燃温度，发生自燃。

3)爆炸过程分析

集装箱内硝化棉局部自燃后,引起周围硝化棉燃烧,放出大量气体,箱内温度、压力升高,致使集装箱破损,大量硝化棉散落到箱外,形成大面积燃烧,其他集装箱(罐)内的精萘、硫化钠、糠醇、三氯氢硅、一甲基三氯硅烷、甲酸等多种危险化学品相继被引燃并介入燃烧,火焰蔓延到邻近的硝酸铵(在常温下稳定,但在高温、高压和有还原剂存在的情况下会发生爆炸;在110℃开始分解,230℃以上时分解加速,400℃以上时剧烈分解、发生爆炸)集装箱。随着温度持续升高,硝酸铵分解速度不断加快,达到其爆炸温度(实验证明,硝化棉燃烧半小时后达到1000℃以上,大大超过硝酸铵的分解温度)。23时34分06秒,发生了第一次爆炸。

距第一次爆炸点西北方向约20米处,有多个装有硝酸铵、硝酸钾、硝酸钙、甲醇钠、金属镁、金属钙、硅钙、硫化钠等氧化剂、易燃固体和腐蚀品的集装箱。受到南侧集装箱火焰蔓延作用以及第一次爆炸冲击波影响,23时34分37秒发生了第二次更剧烈的爆炸。

据爆炸和地震专家分析,在大火持续燃烧和两次剧烈爆炸的作用下,现场危险化学品爆炸的次数可能是多次,但造成现实危害后果的主要是两次大的爆炸。经爆炸科学与技术国家重点实验室模拟计算得出,第一次爆炸的能量约为15吨TNT当量,第二次爆炸的能量约为430吨TNT当量。考虑期间还发生多次小规模的爆炸,确定本次事故中爆炸总能量约为450吨TNT当量。

最终认定事故直接原因是:瑞海公司危险品仓库运抵区南侧集装箱内的硝化棉由于湿润剂散失出现局部干燥,在高温(天气)等因素的作用下加速分解放热,积热自燃,引起相邻集装箱内的硝化棉和其他危险化学品长时间大面积燃烧,导致堆放于运抵区的硝酸铵等危险化学品发生爆炸。

(2)事故的间接原因

事故的间接原因也就是指发生此次事故暴露出企业、中介及技术服务机构、地方监管部门、中央监管部门和地方政府的主要问题,若这些问题提早解决,也许本次事故不会发生。

1)瑞海公司导致事故发生的间接原因

瑞海公司违法违规经营和储存危险货物,安全管理极其混乱,未履行安全生产主体责任,致使大量安全隐患长期存在。

①严重违反天津市城市总体规划和滨海新区控制性详细规划,未批先建、边建边经营危险货物堆场。2013年3月16日,瑞海公司违反《城乡规划法》第9条、第40条、《安全生产法》第25条、《港口法》第15条、《环境影响评价法》第25条、《消防法》第11条、《建设工程质量管理条例》(国务院令第279号)第11条、《国务院关于投资体制改革的决定》(国发〔2004〕20号)第2条第3款、《港口危险货物安全管理规定》(交通运输部令2012年第9号)第5条等法律法规的有关规定,违反《天津市城市总体规划》和2009年10月《滨海新区西片区、北塘分区等区域控制性详细规划》(津滨管字〔2009〕115号)和2010年4月《滨海新区北片区、核心区、南片区控制性详细规划》(津滨政函〔2010〕26号)关于事发区域为现代物流和普通仓库区域的有关规定,在未取得立项备案、规划许可、消防设计审核、安全评价审批、环境影响评价审批、施工许可等必需的手续的情况下,在现代物流和普通仓储区域违法违规自行开工建设危险货物堆场改造项目,并于当年8月底完工。8月中旬,当堆场改造项目即将完工时,瑞海公司才向有关部门申请立项备案、规划许可等手续。2013年8月13日,天津市发改委才对这一堆场改造工程予以立项。而且,该公司自2013年5月18日起就开展了危险货物经营和作业,属于边建设边经营。

②无证违法经营。按照有关法律法规，在港区内从事危险货物仓储业务经营的企业，必须同时取得《港口经营许可证》和《港口危险货物作业附证》，但瑞海公司在2015年6月23日取得上述两证前实际从事危险货物仓储业务经营的两年多时间里，除2013年4月8日至2014年1月11日、2014年4月16日至10月16日期间依天津市交通运输和港口管理局的相关批复经营外，2014年1月12日至4月15日、2014年10月17日至2015年6月22日共11个月的时间里既没有批复，也没有许可证，违法从事港口危险货物仓储经营业务。

③以不正当手段获得经营危险货物批复。瑞海公司实际控制人于学伟在港口危险货物物流企业从业多年，很清楚在港口经营危险货物物流企业需要行政许可，但正规的行政许可程序需要经过多个部门审批，费时较长。为了达到让企业快速运营、尽快赢利的目的，于学伟通过送钱、送购物卡(券)和出资邀请打高尔夫、请客吃饭等不正当手段，拉拢原天津市交通运输和港口管理局副局长李志刚和天津市交通运输委员会港口管理处处长冯刚，要求在行政审批过程中给瑞海公司提供便利。李志刚滥用职权，违规给瑞海公司先后五次出具相关批复，而这种批复除瑞海公司外从未对其他企业用过。同时，瑞海公司另一实际控制人董社轩也利用其父亲曾任天津港公安局局长的关系，在港口审批、监管方面打通关节，对瑞海公司得以无证违法经营也起了很大作用。

④违规存放硝酸铵。瑞海公司违反《集装箱港口装卸作业安全规程》(GB11602-2007)第4.4条和《危险货物集装箱港口作业安全规程》(JT397-2007)第5.3.1条的规定，在运抵区多次违规存放硝酸铵，事发当日在运抵区违规存放硝酸铵高达800吨。

⑤严重超负荷经营、超量存储。瑞海公司2015年月周转货物约6万吨，是批准月周转量的14倍多。多种危险货物严重超超量储存，事发时硝酸钾存储量1342.8吨，超设计最大存储量53.7倍；硫化钠存储量484吨，超设计最大存储量19.4倍；氰化钠存储量680.5吨，超设计最大储存量42.5倍。

⑥违规混存、超高堆码危险货物。瑞海公司违反《港口危险货物安全管理规定》(交通运输部令2012年第9号)第35条第2款和《危险货物集装箱港口作业安全规程》(JT397-2007)第5.3.4条的规定以及《集装箱港口装卸作业安全规程》(GB11602-2007)第8.3条的规定，不仅将不同类别的危险货物混存，间距严重不足，而且违规超高堆码现象普遍，4层甚至5层的集装箱堆垛大量存在。

⑦违规开展拆箱、搬运、装卸等作业。瑞海公司违反《危险货物集装箱港口作业安全规程》(JT397-2007)第6.1.4条，在拆装易燃易爆危险货物集装箱时，没有安排专人现场监护，使用普通非防爆叉车；对委托外包的运输、装卸作业安全管理严重缺失，在硝化棉等易燃易爆危险货物的装箱、搬运过程中存在用叉车倾倒货桶、装卸工滚桶码放等野蛮装卸行为。

⑧未按要求进行重大危险源登记备案。瑞海公司没有按照《危险化学品安全管理条例》(国务院令第591号)第25条第2款、《港口危险货物安全管理规定》(交通运输部令2012年第9号)第36条第2款、第38条和《港口危险货物重大危险源监督管理办法》(交水发〔2013〕274号)第2条第1款、第11条第1款等有关规定，对本单位的港口危险货物存储场所进行重大危险源辨识评估，也没有将重大危险源向天津市交通运输部门进行登记备案。

⑨安全生产教育培训严重缺失。瑞海公司违反《危险化学品安全管理条例》(国务院令第591号)第44条和《港口危险货物安全管理规定》(交通运输部令2012年第9号)第17条第3款的有关规定，部分装卸管理人员没有取得港口相关部门颁发的从业资格证书，无证上岗。该

公司部分叉车司机没有取得危险货物岸上作业资格证书，没有经过相关危险货物作业安全知识培训，对危险品防护知识的了解仅限于现场不准吸烟、车辆要带防火帽等，对各类危险物质的隔离要求、防静电要求、事故应急处置方法等均不了解。

⑩未按规定制定应急预案并组织演练。瑞海公司未按《机关、团体、企业、事业单位消防安全管理规定》(公安部令第 61 号)第 40 条的规定，针对理化性质各异、处置方法不同的危险货物制定针对性的应急处置预案，组织员工进行应急演练；未履行与周边企业的安全告知书和安全互保协议。事故发生后，没有立即通知周边企业采取安全撤离等应对措施，使得周边企业的员工不能第一时间疏散，导致人员伤亡情况加重。

2)天津港(集团)有限公司导致事故发生的间接原因

天津港(集团)有限公司在履行监督管理职责方面玩忽职守，个别部门和单位弄虚作假、违规审批，对港区危险品仓库监管缺失。

①天津港(集团)有限公司未履行港区安全生产管理职责，未统筹协调港区企业的危险货物安全管理工作；对天津港公安局及其消防支队防火工作督促指导不力；违反天津市城市总体规划和滨海新区控制性详细规划，对其下属的天津港建设公司帮助瑞海公司骗取规划许可、集团规划建设部规划许可初审把关不严格，对质量监督站违规办理工程质量监督手续问题失察；港区内长期违反直装直取规定堆存硝酸铵类货物，导致事故危害扩大。

②天津港建设公司弄虚作假，将瑞海公司规划许可申请材料中拟建项目“危品库”修改为“仓库”，却保留申请材料所附平面图中“危品库”标注，帮助瑞海公司以欺骗手段取得规划许可。

③天津港(集团)有限公司规划建设部违反《天津市规划建设项目审批业务管理指导手册》的规定，发现瑞海公司危险货物堆场改造项目规划设计方案、规划许可申报表与所附平面图在拟建项目这一关键信息上表述不一致(规划许可证中建设项目为“仓库一”“仓库二”，许可证所附平面图中却标注为“危品库一”“危品库二”)时，仍出具同意的初审意见。

④天津港建设工程质量安全监督站对瑞海公司未进行施工招标投标且未取得施工许可建设危险货物堆场的行为，没有予以制止；违反原建设部《建设工程质量监督机构监督工作指南》(建建质〔2000〕38 号)第 1 条的规定，违法进行建设工程质量安全监督。

⑤天津港公安局对所属消防支队疏于防火监督检查，未按规定对港区危险品仓库实施监管失察失管；对港区危险货物储存底数不清，未按规定实施消防监督检查；未对辖区内危险品仓库的火灾预防工作进行专题研究部署。

⑥天津港公安局消防支队在瑞海公司未提供建设工程规划许可的情况下，违反《建设工程消防监督管理规定》(公安部令第 119 号)第 15 条第 2 款的规定，错误地依据天津市规划局文件，出具消防设计审核意见书，进行消防设计验收时未查验消防设计审核意见书中提及的危品库一(甲类)有关防爆措施情况；未按规定实施日常消防监督检查，虽多次到瑞海公司，但从未进入危险货物堆场中的海关监管区，也未发现并纠正集装箱阻塞消防通道问题。

3)中介及技术服务机构导致事故发生的间接原因

中介及技术服务机构弄虚作假，违法违规进行安全审查、评价和验收等。

①天津中滨海盛科技发展有限公司与天津中滨海盛卫生安全评价监测有限公司作为同一法人单位，违反《安全评价机构监督管理规定》(国家安全生产监督管理总局令第 22 号)第 21 条第 3 款、第 23 条第 4 项的规定，同时承接瑞海公司的安全预评价和安全验收评价，且安全预

评价报告和安全验收评价报告弄虚作假，故意隐瞒不符合安全条件的关键问题，出具了“基本符合国家有关法律法规和标准规范要求”的结论。

②天津水运安全评审中心在对瑞海公司危险货物堆场改造项目安全条件、安全设施设计专篇、安全设施验收审查活动中，审核把关不严，致使不具备安全生产条件的瑞海公司堆场改造项目通过审查。特别是在安全设施验收审查环节中，采取打招呼、更换专家等手段，干预专家审查工作。

③天津市化工设计院在瑞海公司危险货物堆场改造项目设计中，违反天津市城市总体规划和滨海新区控制性详细规划，违反《建设工程勘察设计管理条例》（国务院令第 293 号）第 25 条第 1 款的规定，在瑞海公司没有提供项目批准文件和规划许可文件的情况下，违规提供施工设计图文件；违反《集装箱港口装卸作业安全规程》（GB11602-2007）第 4.4 条和《危险货物集装箱港口作业安全规程》（JT397-2007）第 5.3.1 条以及《危险化学品安全管理条例》第 24 条的规定，在《安全设施设计专篇》和总平面图中，错误设计在重箱区露天堆放第五类氧化物质硝酸铵和第六类毒性物质氰化钠。火灾爆炸事故发生后，该院组织有关人员违规修改原设计图纸。

④天津市交通建筑设计院管理制度不完善，审核审查程序不严，违规向天津港建设公司出借规划编制资质。

⑤天津市环境工程评估中心在评估瑞海公司危险货物堆场改造项目的环境影响评价报告过程中，未按照《建设项目环境影响技术评估导则》（HJ616-2011）第 4 条、第 5.1.2 条、第 6.14 条的规定进行现场考察，未发现瑞海公司危险货物堆场改造项目未批先建问题；未对环境影响评价报告中的公众参与意见进行核实，未发现瑞海公司提供虚假公众参与意见问题；未认真审核环境影响评价报告书，未发现环境影响评价报告没有全面采纳专家评审会合理意见问题。

⑥天津博维永诚科技有限公司在对瑞海公司危险货物堆场改造项目放线测量、墨线复核、竣工测量过程中，违反《天津市城乡规划条例》第 45 条和第 56 条第 2 款、《天津市建设工程规划许可证后管理规定》（规法字〔2011〕302 号）第 13 条、《天津市建筑工程规划测量成果编制标准》（规监字〔2012〕423 号）第 2.3.2 条和第 2.3.3 条、《关于取消规划验线审批事项调整规划放线流程有关问题的通知》（规业字〔2010〕109 号）的相关规定，在瑞海公司未取得堆场改造规划许可的情况下进行放线测量；在墨线复核中弄虚作假，未去现场实测，竣工验收后采用倒推数据的方式补作墨线复核实测报告。

4）地方监督管理部门导致事故发生的间接原因

①天津市交通运输委员会（原天津市交通运输和港口管理局）滥用职权，违法违规实施行政许可和项目审批；玩忽职守，日常监管严重缺失。

A、违法违规审批许可。违反《港口法》第 24 条、《港口经营管理规定》（交通运输部令 2009 年第 13 号）第 12 条第 1 款、《港口危险货物安全管理规定》（交通运输部令 2009 年第 9 号）第 18 条第 4 项和第 19 条第 2 款的规定，在明知瑞海公司未取得安全评价审批、环境影响评价审批、安全设施专项验收等法定审批许可手续，不具备港口危险货物作业条件的情况下，以批复形式违法批准瑞海公司从事港口危险货物经营；违反《关于做好〈港口经营管理规定〉实施工作的通知》（交水发〔2010〕46 号）第 2 条第 5 项的规定，于 2014 年 5 月 4 日以批复的形式批准瑞海公司港口危险货物经营试运营资质，没有同时核发《港口经营许可证》和《港口危险货物作业附证》，且试运营时间提前至同年 4 月 16 日；在瑞海公司 2014 年 10 月 17 日至 2015 年 6 月 22 日试运营资质到期、处于无证违法经营状态的情况下，违反《港口法》第 22 条第 1 款和《港口危险货物安全管理规定》第 20 条第 2 款的规定，以换证方式代替新证审批，于 2015 年 6 月 23 日向瑞海公司颁发《港口经营许可证》和《港口危险货物作业附证》；对给瑞海公司核发《港口经营许可证》《港口危险货物作业附证》和给予瑞海公司危险货物经营资质批复的信息，未按照《港口法》第 22 条第 2 款、《政府信息公开条例》（国务院令第 492 号）第 9 条第 1 项④和《港口经营管理规定》第 12 条第 1 款⑤的规定向社会公开。

B、违法违规审查项目。明知瑞海公司危险货物堆场改造项目未批先建，没有按照《港口法》第 46 条、《危险化学品安全管理条例》第 76 条第 2 款、《港口危险货物安全管理规定》第 52 条的规定，对瑞海公司的违法违规行为进行查处，未及时制止并督促整改；对中滨海盛安全评价公司、天津市化工设计院等机构出具的不符合法律法规、标准且与实际不符的安全评价报告、安全设施设计专篇、初步设计以及天津水运安全评审中心组织的评审结果，没有严格依据有关法律法规和技术标准进行审查把关，致使瑞海公司未批先建和违反有关法律法规及技术标准的危险货物堆场改造项目得以验收通过。

C、日常监管严重缺失。没有严格履行监管职责，没有依据《港口法》第 48 条第 1 款第 1 项、《港口经营管理规定》第 36 条第 1 款第 1 项、《港口危险货物安全管理规定》第 54 条的规定对瑞海公司无证经营危险货物的行为予以查处；没有严格依照《危险化学品安全管理条例》第 25 条第 2 款、《港口危险货物安全管理规定》第 36 条第 2 款规定落实港口重大危险源管理制度，建立重大危险源管理台账，督促瑞海公司按照有关规定进行重大危险源备案；疏于安全监督检查，未按照《港口危险货物安全管理规定》第 48 条第 1 款规定实施监督检查，没有发现瑞海公司违反《港口危险货物安全管理规定》第 35 条第 2 款和《危险货物集装箱港口作业安全规程》（JT397-2007）第 5.3.4 条以及《集装箱港口装卸作业安全规程》（GB11602-2007）第 8.3 条的规定，超高码放、超量存放危险货物集装箱，以及危险货物集装箱间距不足、货品混放等问题，尤其没有发现瑞海公司违反国家标准《集装箱港口装卸作业安全规程》（GB11602-2007）第 4.4 条和行业标准《危险货物集装箱港口作业安全规程》（JT397-2007）第 5.3.1 条有关爆炸品和硝酸铵类危险货物集装箱应直装直取、不准在港内存放的规定，在港区堆场内存放大量硝酸铵类货物的问题，未及时查处和督促整改，导致事故损失和影响扩大。

②天津海关系统违法违规审批许可，玩忽职守，未按规定开展日常监管。

A、违法违规审批许可。在审批瑞海公司设立海关监管场所和变更监管场所面积申请时，没有根据《海关实施行政许可法办法》（海关总署令第 117 号）第 28 条第 1、2 款和《海关监管场所管理办法》（海关总署令第 171 号）第 7 条第 1 款第 1 项第 2 项、第 11 条规定，审查瑞海公司的工商营业执照的经营范围，未发现瑞海公司超出工商营业执照经营范围申请从事危险货物经营业务的问题；违反《海关监管场所管理办法》第 9 条第 1 款规定，在未做出批准设立海关监管场所决定之前已经进行了单项验收；违反《海关监管场所管理办法》第 9 条第 2 款规定，在未颁发《注册登记证书》的情况下，违规提前给瑞海公司开通发送运抵报告权限，允许其提前经营危险货物。

B、未按规定开展日常监管。没有根据《海关实施行政许可法办法》第 57 条第 1 款第 4 项的规定，及时查处瑞海公司在无证期间违法从事危险货物报关申报业务的行为，未撤销其海关监管场所注册登记；对瑞海公司违规发送危险货物运抵报告的行为，未按照天津海关 2011 年第 6 号公告第 3 条第 3 款规定，责令瑞海公司自查整顿，继续在系统或业务流程上接受瑞海公司运抵报告传输，放纵其违法违规经营；未对瑞海公司违反《海关监管场所管理办法》第 17 条第 2 款堆放危险货物的行为进行纠正;未执行《海关行业标准管理办法(试行)》(海关总署令第 140 号)第 5 条第 2 款的规定,没有监督检查和制止瑞海公司海关监管场所内存放大量应直装直取的危险货物及危险货物堆场作业和货场堆码、间隔存放不符合国家强制性标准《集装箱港口装卸作业安全规程》(GB11602-2007)第 4.4 条、第 8.3 条及《危险货物集装箱港口作业安全规程》(JT397-2007)第 5.3.1 条的行为。

③天津市安全监管部门玩忽职守,未按规定对瑞海公司开展日常监督管理和执法检查,也未对安全评价机构进行日常监管。

A、天津市安全监管局未认真履行危险化学品综合监管职责,未指导协调督促相关部门共同开展港区危险化学品监管工作;未按职责对安全评价机构中滨海盛安全评价公司监督管理。

B、滨海新区安全监管局未认真履行危险化学品综合监管和属地监管职责、未按规定对下属第一分局和派出机构安监站进行督促检查;组织开展专项整治行动和安全生产检查工作不力,对瑞海公司长期违法储存危险化学品的安全隐患失察。

C、滨海新区安全监管局第一分局未对瑞海公司进行安全生产检查,明知该公司从事危险化学品存储业务,仍作为一般工贸行业生产经营单位进行监管。

D、天津港集装箱物流园区安全生产监督检查站作为天津市滨海新区安监局的派出机构,日常检查发现瑞海公司从事危险化学品存储业务后,未查验瑞海公司危险化学品经营资质和相关证照,也未对危险化学品作业现场进行安全检查。

④天津市规划和国土资源管理部门玩忽职守,在行政许可中存在多处违法违规行为。

A、天津市规划局对滨海新区规划和国土资源管理局建设项目规划许可工作中存在的违法违规问题失察;对滨海新区规划和国土资源管理局违反《行政许可法》第 24 条规定委托天津港(集团)有限公司对港区内建设项目进行规划许可初审的行为未予制止;未纠正滨海新区违反天津市城市总体规划问题;未纠正滨海新区控制性详细规划中按照工业用地标准②将仓储用地容积率由上限控制调整为下限控制的问题。

B、滨海新区规划和国土资源管理局严重违反天津市总体规划和滨海新区控制性详细规划,违反《天津市规划建设项目审批业务管理指导手册》的规定,在给瑞海公司危险品堆场改造项目发放的建设项目规划许可证和所附平面图中对建设项目关键信息表述不一致,导致瑞海公司在非危险品物流用地中早已建成的危险品仓库最终取得规划许可并通过规划竣工验收;违反《行政许可法》第 24 条的规定,违法委托天津港(集团)有限公司对港区内建设项目进行规划许可初审;未按照住房和城乡建设部《建设用地容积率管理办法》(建规〔2012〕22 号)第 9 条的规定,违反程序调整瑞海公司危险货物堆场改造项目所在地块的规划条件,按照工业用地标准将滨海新区控制性详细规划中仓储用地容积率由上限控制调整为下限控制。

在审批瑞海公司危险货物堆场改造项目规划许可时,未按照《危险化学品经营企业开业条件和技术要求》(GB18265-2000)第 6.1.1 条的规定对危险品仓库与周边居民区、交通干线的安全距离进行审查;未按照天津市规划局、滨海新区规划和国土资源管理局对外公布的相关工作规范要求进行现场踏勘,未发现瑞海公司危险货物堆场改造项目在申请规划许可时已经建成并投入运营的问题。

对《城乡规划法》第 64 条和《天津市规划局关于加强天津市城乡规划监督检查工作的通知》(规监字〔2012〕454 号)规定的日常区域巡查职责落实不到位,未发现瑞海公司危险品堆场改造项目未批先建的问题。

⑤天津市市场和质量监督部门对瑞海公司日常监管缺失。

A、天津市市场和质量监督管理委员会未按照《特种设备安全法》第 57 条第 1 款和《特种设备安全监察条例》(国务院令第 549 号)第 4 条③的规定，对天津港区内特种设备使用单位进行监督检查，致使天津港区内作业的特种设备长期未按规定在特种设备安全监督管理部门登记并接受日常监管。未按职责对滨海新区市场和质量监督管理局工作指导检查，对其存在的问题失察。

B、滨海新区市场和质量监督管理局未按照《特种设备安全法》第 57 条第 1 款和《特种设备安全监察条例》(国务院令第 549 号)第 4 条的规定，对瑞海公司进行特种设备的安全监督检查，未及时发现并依法处理瑞海公司使用的部分叉车和集装箱正面吊未依法办理使用登记，特种设备及其操作人员、管理人员处于管理空白状态，存在无证上岗的问题。未严格履行本部门“三定方案”中的“市场主体的登记注册工作并监督管理，承担依法查处取缔无照经营的责任”的职责，未严格执行《公司登记管理条例》(国务院令第 451 号)第 20 条第 2 款第 8 项、《公司法》第 10 条的规定，在瑞海公司工商登记注册时未发现登记住所不具备企业开展经营活动的条件和住所证明材料无日期等不符合法定要求的问题；对瑞海公司的日常监管缺失，未及时发现并处理瑞海公司异地无照经营的违法行为。

⑥天津海事部门培训考核不规范，玩忽职守，未按规定对危险货物集装箱现场开箱检查进行日常监管。

A、天津海事局在组织“船载危险货物申报员”和“集装箱装箱现场检查员”培训考核工作中，存在培训签到表代签、考核试卷无评分标准、判分随意的问题。未按规定对所属北疆海事局和东疆海事局工作督促指导，对相关人员开箱检查瑞海公司船载危险货物集装箱工作不规范等问题失察。

B、北疆海事局、东疆海事局未按规定对瑞海公司船载危险货物集装箱开箱检查，存在现场检查记录表中执法文书号、箱号等要件记录不全、一张表填写多个集装箱检查结果等问题。

⑦天津市公安部门未认真贯彻落实有关法律法规，未按规定开展消防监督指导检查。

A、天津市公安局未认真贯彻落实国家消防法律法规，未对天津港公安消防工作实施业务监督指导。

B、天津市公安局消防局未认真贯彻国家消防法律法规，未正确执行《铁路、交通、民航系统消防监督职责范围协调会议纪要》[(89)公消发字第 292 号]第 6 条规定，未对天津港公安局消防支队的消防安全工作进行业务指导。

C、天津市滨海新区公安局没有按照《消防法》和《天津市消防条例》规定落实属地管辖，未研究落实《铁路、交通、民航系统消防监督职责范围协调会议纪要》[(89)公消发字第 292 号]第 6 条规定，未对天津港公安局的消防安全工作进行业务指导。

⑧天津市滨海新区环境保护局未按规定审核项目，未按职责开展环境保护日常执法监管。对天津市环境工程评估中心未依据《建设项目环境影响技术评估导则》(HJ616-2011)第 4 条、第 5.1.2 条、第 6.14 条的规定进行现场考察、未核实环境影响报告书中的公众参与意见以及环境影响报告书是否全面落实专家评审意见等情况进行审查，即审批通过瑞海公司危险货物堆场改造项目环境影响报告书。未严格执行《环境保护法》第 36 条、《环境影响评价法》第 31 条的规定，疏于日常环境保护执法监管，未发现并处罚瑞海公司未申请环境影响评价即开工建设的问题。

⑨天津市滨海新区行政审批局未严格执行项目竣工验收规定。

未严格执行《建设项目竣工环境保护验收管理办法》(国家环境保护总局令第 13 号)第 15 条第 3 款、第 16 条第 2 项、第 17 条第 1 款的规定,在设计单位、施工单位、环境保护验收监测报告编制单位未参与的情况下,对瑞海公司危险货物堆场改造项目组织竣工环境保护验收,并在事故应急池容量批建不符的情况下,通过验收。

5)地方政府导致事故发生的间接原因

天津市委、天津市人民政府和滨海新区党委、政府未全面贯彻落实有关法律法规,对有关部门和单位安全生产工作存在的问题失察失管。

①天津市委、天津市人民政府未全面认真贯彻落实安全生产责任制以及党的安全生产方针政策和国家安全生产、港口管理、公安消防等法规政策,对天津港危险化学品安全管理统筹协调不到位,对天津港(集团)有限公司履行政府管理职能的问题负有责任,对天津市交通运输委员会等部门和滨海新区党委、政府安全生产工作督促指导不力,对有关部门、单位违反天津市城市总体规划行为失察失管,对城市规划执行、交通运输、公安消防、安全生产工作等方面存在的问题失察失管。

②滨海新区党委、政府未认真贯彻落实国家安全生产、规划、交通等法规政策,未认真组织开展天津港港口危险化学品安全隐患排查治理工作,对滨海新区规划和国土资源管理局等所属部门违反市、区域规划行为失察失管,对城市规划执行、安全生产工作等方面存在的问题失察失管。

6)中央监督管理部门导致事故发生的间接原因

①交通运输部未认真开展港口危险货物安全管理督促检查,对天津交通运输系统工作指导不到位。

交通运输部未依照法定职责认真组织开展港口危险货物安全管理督促检查,对天津市交通运输委员会港口管理工作和天津港公安局消防工作指导不到位。

②海关总署未认真组织落实海关监管场所规章制度,督促指导天津海关工作不到位。海关总署组织实施海关监管场所规章制度不到位,对天津海关监管场所审批及日常监管工作的指导和督促检查不到位。

上述案例表明:生产经营活动中,凡是企业、中介及技术服务机构、地方监管部门、中央监管部门和地方政府等按照法律法规和技术标准要求,应采取防范危险气象要素与其他安全因素耦合作用下诱发安全生产事故发生的工程性措施与非工程性措施不到位、不落实,防范气象安全生产事故的科技支撑不力,领导、基层管理者、工程技术人员防范气象安全生产事故的气象科学素养低,极易造成气象安全生产事故。

(三)汛期安全生产

汛期安全生产是指汛期期间的气象安全生产。由于汛期期间暴雨、大风、雷电、冰雹、高温、干旱、森林火险等灾害天气频繁,导致各类气象安全生产事故的易发、高发,明显多于非汛期气象安全生产事故,因此汛期安全生产从气象安全生产单独提出并强调,它仍然属于气象安全生产范畴。由于全国各地的入汛日期是根据每年自 3 月 1 日起,凡连续 3 日累积雨量 50 毫米以上雨区的覆盖面积达到 15 万平方千米,并且任一代表站发生超过警戒水位(表 2-1),则当日确定为入汛日期。一般每年 9 月 30 日后,很难有满足入汛条件降水天气过程,而每年自 3 月 1 日至 4 月 30 日达到入汛条件降水天气过程也不多。因此全国每年主汛期主要集中在 5

月 1 日至 9 月 30 日，而各地每年汛期可在此基础上，根据本地气候、地形、河流的实际情况进行前后延长。因此汛期安全生产主要是指每年 5 月 1 日至 9 月 30 日的气象安全生产。下面以煤矿汛期安全生产为典型案例，来说明我国汛期安全生产的严峻形势。

表 2-1　我国南方入汛代表站一览表

序号	水系	河名	站名	警戒水位(米)	站　址
1	湘江	湘江	全州	149.00	广西壮族自治区桂林市全州县
2		湘江	老埠头	102.00	湖南省永州市零陵区
3		湘江	祁阳	83.00	湖南省永州市祁阳县
4		湘江	归阳	44.00	湖南省衡阳市祁东县
5		湘江	衡阳	56.50	湖南省衡阳市石鼓区
6		湘江	衡山	49.00	湖南省衡阳市衡山县
7		湘江	株洲	40.00	浙江省株洲市芦淞区
8		湘江	湘潭	38.00	湖南省湘潭市雨湖区
9		潇水	道县	45.00	湖南省永州市道县
10		潇水	双牌	129.60	湖南省永州市双牌县
11		洣水	甘溪	51.50	湖南省衡阳市衡东县
12		洣水	衡东	50.50	湖南省衡阳市衡东县
13		涟水	湘乡	47.00	湖南省湘潭市湘乡市
14	资水	资水	桃江	39.20	湖南省益阳市桃江县
15	沅水	沅江	沅陵	109.29	湖南省怀化市沅陵县
16		酉水	石堤	79.93	重庆市秀山县
17	澧水	澧水	石门	58.50	湖南省常德市石门县
18	赣江	赣江	栋背	68.30	江西省吉安市万安县
19		赣江	泰和	60.50	江西省吉安市泰和县
20		赣江	吉安	50.50	江西省吉安市吉州区
21		赣江	峡江	41.50	江西省吉安市峡江县
22		贡水	葫芦阁	140.00	江西省赣州市会昌县
23		贡水	峡山	109.00	江西省赣州市于都县
24		贡水	赣州	99.00	江西省赣州市章贡区
25		梅川	汾坑	130.00	江西省赣州市于都县
26		桃江	居龙滩	109.00	江西省赣州市赣县
27		章水	坝上	99.00	江西省赣州市黄金区
28		禾水	上沙兰	59.00	江西省吉安市吉安县
29	信江	信江	贵溪	34.00	江西省贵溪市雄石镇
30		信江	梅港	26.00	江西省上饶市余干县
31	饶河	乐安河	虎山	26.00	江西省乐平市鸬鹚乡
32	钱塘江	衢江	龙游	42.69	浙江省衢州市龙游县
33		衢江	洋港	33.13	浙江省金华市兰溪市
34		兰江	兰溪	27.64	浙江省金华市兰溪市

续表

序号	水系	河名	站名	警戒水位(米)	站　址
35	钱塘江	富春江	桐庐	10.67	浙江省杭州市桐庐县
36		富春江	富阳	7.65	浙江省杭州市富阳市
37		钱塘江	闻家堰	7.06	浙江省杭州市萧山区
38		钱塘江	之江	7.00	浙江省杭州市萧山区
39		金华江	金华	34.67	浙江省金华市婺城区
40	沙溪	沙溪	沙县	106.50	福建省三明市沙县
41	富屯溪	富屯溪	洋口	109.30	福建省南平市顺昌县
42		金溪	将乐	147.00	福建省三明市将乐县
43	建溪	建溪	七里街	95.00	福建省南平市建瓯市
44	闽江	闽江	竹岐	9.80	福建省福州市闽侯县
45	九龙江	北溪	浦南	12.00	福建省漳州市芗城区
46	西江	北流河	金鸡	31.20	广西壮族自治区梧州市藤县
47		桂江	平乐	99.00	广西壮族自治区桂林市平乐县
48		桂江	京南	22.00	广西壮族自治区梧州市苍梧县
49		贺江	信都	50.70	广西壮族自治区贺州市八步区
50		贺江	南丰	35.00	广东省肇庆市封开县
51	北江	北江	韶关	53.00	广东省韶关市武江区
52		北江	英德	26.00	广东省清远市英德市
53		北江	清远	12.00	广东省清远市清城区
54		北江	三水	7.50	广东省佛山市三水区
55	梅江	梅江	横山	50.00	广东省梅州市梅县
56	汀江	汀江	上杭	180.00	福建省龙岩市上杭县
57		汀江	溪口	11.00	广东省梅州市大埔县

虽然《煤矿防治水规定》自 2009 年 12 月 1 日起正式施行，但 2010 年以来，灾害性天气引发的煤矿气象安全生产事故时有发生，煤矿气象安全生产工作的形势仍然十分严峻。

例如，2011 年 7 月 2 日广西来宾合山市合山煤业有限责任公司八矿河里樟村井因暴雨引起采空区地面塌陷造成井下溃浆溃水，造成 20 人死亡，直接经济损失约 1841 万元的重大安全生产事故，就是一起煤矿汛期安全生产工作存在薄弱环节的典型案例。

1. 事故经过

2011 年 6 月 28 日—7 月 1 日 8 时，矿区降雨量达 281.6 毫米，其中 6 月 29 日一天降雨量就达 144 毫米。强降雨致使矿区出现 13 个塌陷坑，面积从 14 平方米至 1000 平方米不等，并且都与井下沟通，形成给井下充水的直接通道；7 月 2 日 8 时，当班共 71 人下井，12 时 10 分，在－140 米水泵房内等待班中餐时，突然听到从－280 米主、副井下山方向接连传来 3 声巨响，这些巨响是由于井田区域强降雨，造成采空区上覆土层塌陷(图 2-16)，大量泥浆经过采空区，冲破－200 米石门密闭溃入井下；事故发生后立即启动应急措施，49 人迅速安全升井，但仍有 22 人被困井下遇难。

图 2-16 2011 年 7 月 2 日，强降雨造成矿井采空区上覆土层塌陷事故的地面塌方现场

2. 事故原因

主要是 6 月 28 日以来合山市持续暴雨，降雨量达 281.6 毫米，造成该矿井地面严重积水，泥土松动，引起采空区上部约一亩地面塌方，导致该矿井巷道发生垮塌，大量泥浆经过采空区，冲破－200 米石门密闭溃入井下；以及该矿在暴雨后，仅检查了井下，忽视了地面塌陷坑可能造成的危害，盲目入井作业，7 月 1 日 8 时停雨，11 时就恢复生产，恢复生产仅仅只有 3 小时就发生事故。井田区域强降雨，造成采空区上覆土层塌陷，大量泥浆经过采空区，冲破－200 米石门密闭溃入井下，导致事故发生。

该案例表明煤矿汛期生产经营活动中，对防范汛期灾害性天气引发煤矿汛期安全生产事故隐患排查整治不到位，尤其是暴雨期间对煤矿生产经营活动可能发生煤矿汛期安全生产事故的风险认识不足，没有按照《煤矿防治水规定》采取相应的煤矿汛期安全生产事故预防和控制的工程性措施与非工程性措施。

又如，2012 年 7 月 21 日贵州凯里暴雨引发山体崩塌造成煤矿工棚人员逃离中 1 死 3 伤的安全事故，也是一起煤矿汛期安全生产工作存在薄弱环节的典型案例。

1. 事故经过

2012 年 7 月 21 日的前几天贵州省黔东南州凯里市湾水镇持续降雨，导致该镇江口村上江口组汪家屯岩于 7 月 21 日晚 22 时许发生山体崩塌，大量石块如雨点般从悬崖上滚落向煤矿工棚左侧(图 2-17)；当时，煤矿的所有工作人员都已休息，事发时工棚左侧首先响起了“轰隆隆”的巨响，地面还出现了轻微的震动，响声将躺在工棚里休息的 10 多名工友及家属惊醒了，大家纷纷跑出；工友杨某某的妻子张某，事发当晚带着两个孩子睡在工棚最左侧的房间里，听到响声她以为发生了地震，立即拉着孩子们往工棚右侧逃去。谁知才跑了二十米左右，石块便从上方的崖口滚下来，母子 3 人应声倒下，张某小儿子的背部被石块砸中，身负重伤，还被巨石推到了路坎下，当场昏死过去，因抢救无效死亡，而张某及其大儿子头部、双腿等部位受伤；另有一名工友在事发时也沿着张某母子 3 人逃跑的线路逃离，结果也被飞泻而下的石块击伤。而多数工友及家属朝工棚前方的斜坡逃跑，均有惊无险；杨某某与另一名工友吃饭时多喝了几杯，结果双双醉倒在工棚里不省人事没有逃跑，由于工棚上方的悬崖很高，而且没有任何的崖口挡住了巨石，使工棚毫发未损，故“安心”睡大觉的杨某某与另一名工友也没有受伤。

图 2-17　2012 年 7 月 21 日，暴雨引发山体崩塌造成煤矿工棚人员逃离 1 死 3 伤的安全事故现场

2. 事故原因

持续降雨造成山体崩塌是事故的直接原因。煤矿对持续降雨可能造成山体崩塌的地质灾害认识不到位，没有制定避灾应急撤离线路，导致张某带着两个孩子在山体崩塌时选择错误的避灾应急撤离线路也是事故的重要原因。

上述灾害天气引发煤矿汛期安全生产事故的典型案例，表明我国在煤矿汛期安全生产工作中还存在薄弱环节，主要表现在以下几方面：

一是汛期安全生产工作重视不够。各地要高度重视汛期安全生产工作，进一步加强汛期安全生产工作，充分认识做好汛期安全生产工作的重要性、紧迫性，切实加强领导、落实责任，督促煤矿企业抓好汛期安全检查和隐患排查治理，逐项排查可能引发水害事故的各类隐患。煤矿企业要切实加强领导，落实安全生产主体责任，常态化地组织开展汛期隐患排查治理工作的检查、再查、落实，要针对煤矿企业自身特点，全面、深入、细致地开展排查，对生产系统、设备、设施等进行全面、彻底检查，搞好除险加固和隐患治理消除工作，落实好各项煤矿汛期安全生产事故防范措施，做到煤矿汛期安全生产事故隐患治理方案、责任、时限、经费和预案“五落实”，能整改的立即整改，能除险加固的立即除险加固，一时难以整改或施工的要加强防控，防止因灾害天气等各类自然灾害引发生产安全事故。

二是《煤矿防治水规定》执行不到位。煤矿企业必须严格执行《煤矿防治水规定》(国家安全监管总局令第 28 号)，切实落实煤矿防治水工作主体责任，认真开展“五检查、五落实”，及时根治重大水害隐患，防范重特大水害事故。要认真落实汛期停产撤出井下人员的制度，在接到暴雨预警或连续降雨时，必须立即停止井下作业，撤出作业人员。同时，必须派专业人员 24 小时不间断进行地面巡查，及时观测矿井涌水量变化情况，遇有险情及时采取有效处置措施。对受水害威胁的煤矿企业，必须坚决执行停产决定，最大限度减少井下排水作业人员、压缩排水时间。待汛情解除，确认“雨季三防(防洪、防排水、防雷电)”隐患彻底消除后，方可恢复生产。要强化水害险情通报、应急处置联动机制。切实加强煤矿水文地质基础工作。各煤矿企业要加强水文地质基础工作，强化矿井水害预测预报，查明矿井或采区水文地质条件。落实探放水各项措施，煤矿企业、矿井的井田范围内及周边区域有老空区的，采掘前必须先进行探放水。

水文地质条件不清楚的，应当采取有效措施，查明水害情况，在水害情况查明前，严禁进行采掘活动。井下作业现场发现透水征兆时，带班领导要果断停止作业，立即撤出受水害威胁的所有作业人员。

三是汛期安全监管工作不到位。地方各级煤矿安全监管部门、煤炭行业管理部门和驻地煤矿安全监察机构，要根据辖区内煤矿安全生产实际，切实加强对各类煤矿企业的监管力度，以突出预防为主、突出加强监管、突出落实责任为重点，按照职责，认真查找本地区煤矿企业汛期安全生产工作中的薄弱环节，做好日常监管工作。要督促各煤矿企业严格落实各项防范措施，确保责任到人、措施到位、科学防范。要按照“四不放过”和“依法依规、实事求是、注重实效”的原则，对发生的煤矿汛期安全生产事故要严肃认真调查处理，加大责任追究力度，用事故教训推动工作，做到举一反三，严防同类事故再次发生。

四是汛期应急管理工作不到位。要切实加强汛期应急管理工作，地方各级煤矿安全监管部门、煤炭行业管理部门和驻地煤矿安全监察机构要加强与当地气象、水利等部门的联系，建立健全联动和协同应对灾害性天气引发煤矿汛期安全生产事故的机制，及时掌握水情及灾害天气的预测预报。要制定和完善煤矿汛期安全生产事故应急救援预案，加强应急救援预案的演练，加强救援物资设备装备的储备。要完善防汛值班制度，强化防汛值班工作，及时通报防汛工作情况。各级领导干部要坚守岗位，靠前指挥。一旦发生事故，立即启动应急救援预案在第一时间开展自救，要组织专家科学施救，防止盲目施救造成事故的扩大。各煤矿企业要切实加强应急管理和处置，建立健全应急管理规章制度，加强应急队伍建设，加大应急投入，配备必要的应急物资、装备和设施；并结合自身生产特点和作业流程，制定和完善应急预案；一旦发现险情或发生事故，要严格按照有关规程、规范和应急预案，科学制定救援方案，安全有效地组织施救，严禁违章冒险指挥，严防盲目施救。要组织开展有针对性的应急知识培训，根据生产特点和生产过程中的气象危险因素，开展经常性的应急演练，切实提高煤矿从业人员的应急意识和自救互救能力、应急处置能力。

针对上述防范煤矿汛期安全生产事故工作中的薄弱环节，国家安全生产监督管理总局在2006年、2009年、2010年三次对2004年版《煤矿安全规程》修订的基础上，又进行了第四次重新修订并于2011年1月25日颁布了新修订的《煤矿安全规程》(国家安全生产监督管理总局令第37号)，进一步强调、细化了更具有操作性的灾害性天气预警和预防机制和煤矿汛期安全生产工作。新修订的《煤矿安全规程》有关灾害性天气预警和预防机制和煤矿汛期安全生产事故防范工作的主要条款如下：

第146条　抽放瓦斯设施应符合下列要求：

(一)地面泵房必须用不燃性材料建筑，并必须有防雷电装置，其距进风井和主要建筑物不得小于50米，并用栅栏或围墙保护。

……

第160条　……矿井安全监控系统必须具备甲烷断电仪和甲烷风电闭锁装置的全部功能；当主机或系统电缆发生故障时，系统必须保证甲烷断电仪和甲烷风电闭锁装置的全部功能；当电网停电后，系统必须保证正常工作时间不小于2小时；系统必须具有防雷电保护；系统必须具有断电状态和馈电状态监测、报警、显示、存储和打印报表功能；中心站主机应不少于2台，1台备用。

第253条　煤矿企业每年雨季前必须对防治水工作进行全面检查。雨季受水威胁的矿井，应当制定雨季防治水措施，建立雨季巡视制度并组织抢险队伍，储备足够的防洪抢险物资。当暴雨威胁矿井安全时，必须立即停产撤出井下全部人员，只有在确认暴雨洪水隐患彻底消除后方可恢复生产。

第 254 条　煤矿企业、矿井应当查清矿区及其附近地面河流水系的汇水、渗漏、疏水能力和有关水利工程等情况；了解当地水库、水电站大坝、江河大堤、河道、河道中障碍物等情况；掌握当地历年降水量和最高洪水位资料，建立疏水、防水和排水系统。

煤矿企业、矿井应当建立灾害性天气预警和预防机制，加强与周边相邻矿井的信息沟通，发现矿井水害可能影响相邻矿井时，立即向周边相邻矿井进行预警。

第 255 条　矿井井口和工业场地内建筑物的地面标高必须高于当地历年最高洪水位；在山区还必须避开可能发生泥石流、滑坡等地质灾害危险的地段。

第 256 条　当矿井井口附近或者开采塌陷波及区域的地表有水体时，必须采取安全防范措施，并遵守下列规定：

……

（三）当矿井受到河流、山洪威胁时，修筑堤坝和泄洪渠，有效防止洪水侵入。

……

（六）当有滑坡、泥石流等地质灾害威胁煤矿安全时，及时撤出受威胁区域的人员，并采取防止滑坡、泥石流的措施。

第 261 条　每次降大到暴雨时和降雨后，应当有专业人员分工观测井上积水情况、洪水情况、井下涌水量等有关水文变化情况以及矿区附近地面有无裂缝、老窑陷落和岩溶塌陷等现象，并及时向矿调度室及有关负责人报告，并将上述情况记录在案、存档备查。

情况危急时，矿调度室及有关负责人应当立即组织井下撤人，确保人员安全。

第 281 条　水泵、水管、排水用的配电设备和输电线路，必须经常检查和维护。在每年雨季以前，必须全面检修 1 次，并对全部工作水泵和备用水泵进行 1 次联合排水试验，发现问题，及时处理。

水仓、沉淀池和水沟中的淤泥，应及时清理，每年雨季前必须清理 1 次。

第 297 条　开凿平硐或利用旧平硐作为爆炸材料库时，必须遵守下列规定：

……

（七）爆炸材料库上面覆盖层厚度小于 10 米时，必须装设防雷电设备。

……

第 300 条　……地面临时性爆炸材料库的内外部安全距离、照明、防火和防雷电措施、管理制度与永久性地面爆炸材料库相同。

第 354 条　架线电机车运行的轨道应符合下列要求：

（一）两平行钢轨之间，每隔 50 米应连接 1 根断面不小于 50 平方毫米的铜线或其他具有等效电阻的导线。

（二）线路上所有钢轨接缝处，必须用导线或采用轨缝焊接工艺加以连接。连接后每个接缝处的电阻，不得大于下列规定：

1.15 千克/米钢轨，0.00027 欧；

2.18 千克/米钢轨，0.00024 欧；

3.22 千克/米钢轨，0.00021 欧；

4.24 千克/米钢轨，0.00020 欧；

5.30 千克/米钢轨，0.00019 欧；

6.33 千克/米钢轨，0.00018 欧；

7.38 千克/米钢轨，0.00017 欧；

8.43 千克/米钢轨，0.00016 欧。

……

第 440 条　煤矿地面、井下各种电气设备、电力和通信系统的设计、安装、验收、运行、检修、试验以及安全等工作，可参照有关部门的规程执行；遇有与本规程相抵触的，应按本规程执行。

第 450 条　矿井必须备有井上、下配电系统图，井下电气设备布置示意图和电力、电话、信号、电机车等线路平面敷设示意图，并随着情况变化定期填绘。图中应注明：

……

（五）保护接地装置的安设地点。

第 455 条　井下高压电动机、动力变压器的高压控制设备，应具有短路、过负荷、接地和欠压释放保护。井下由采区变电所、移动变电站或配电点引出的馈电线上，应装设短路、过负荷和漏电保护装置。低压电动机的控制设备，应具备短路、过负荷、单相断线、漏电闭锁保护装置及远程控制装置。

第 459 条　井上、下必须装设防雷电装置，并遵守下列规定：

（一）经由地面架空线路引入井下的供电线路和电机车架线，必须在入井处装设防雷电装置。

（二）由地面直接入井的轨道及露天架空引入（出）的管路，必须在井口附近将金属体进行不少于 2 处的良好的集中接地。

（三）通信线路必须在入井处装设熔断器和防雷电装置。

第 482 条　电压在 36 伏以上和由于绝缘损坏可能带有危险电压的电气设备的金属外壳、构架，铠装电缆的钢带（或钢丝）、铅皮或屏蔽护套等必须有保护接地。

第 483 条　接地网上任一保护接地点的接地电阻值不得超过 2 欧。每一移动式和手持式电气设备至局部接地极之间的保护接地用的电缆芯线和接地连接导线的电阻值，不得超过 1 欧。

第 484 条　所有电气设备的保护接地装置（包括电缆的铠装、铅皮、接地芯线）和局部接地装置，应与主接地极连接成 1 个总接地网。

主接地极应在主、副水仓各埋设 1 块。主接地极应用耐腐蚀的钢板制成，其面积不得小于 0.75 平方米、厚度不得小于 5 毫米。

在钻孔中敷设的电缆不能与主接地极连接时，应单独形成一分区接地网，其接地电阻值不得超过 2 欧。

第 485 条　下列地点应装设局部接地极：

（一）采区变电所（包括移动变电站和移动变压器）。

（二）装有电气设备的硐室和单独装设的高压电气设备。

（三）低压配电点或装有 3 台以上电气设备的地点。

（四）无低压配电点的采煤机工作面的运输巷、回风巷、集中运输巷（胶带运输巷）以及由变电所单独供电的掘进工作面,至少应分别设置1个局部接地极。

(五)连接高压动力电缆的金属连接装置。

局部接地极可设置于巷道水沟内或其他就近的潮湿处。设置在水沟中的局部接地极应用面积不小于0.6平方米、厚度不小于3毫米的钢板或具有同等有效面积的钢管制成,并应平放于水沟深处。设置在其他地点的局部接地极,可用直径不小于35毫米、长度不小于1.5米的钢管制成,管上应至少钻20个直径不小于5毫米的透孔,并垂直全部埋入底板;也可用直径不小于22毫米、长度为1米的2根钢管制成,每根管上应钻10个直径不小于5毫米的透孔,2根钢管相距不得小于5米,并联后垂直埋入底板,垂直埋深不得小于0.75米。

第486条　连接主接地极的接地母线,应采用截面不小于50平方毫米的铜线,或截面不小于100平方毫米的镀锌铁线,或厚度不小于4毫米、截面不小于100平方毫米的扁钢。

电气设备的外壳与接地母线或局部接地极的连接,电缆连接装置两头的铠装、铅皮的连接,应采用截面不小于25平方毫米的铜线,或截面不小于50平方毫米的镀锌铁线,或厚度不小于4毫米、截面不小于50平方毫米的扁钢。

第487条　橡套电缆的接地芯线,除用作监测接地回路外,不得兼作他用。

第490条　矿井应按表2-2的规定对电气设备和电缆进行检查、调整。

检查和调整结果应记入专用的记录簿内。检查和调整中发现的问题,应指派专人限期处理。

表2-2　电气设备和电缆的检查、调整规定

检查、调整项目	检查周期	备　注
使用中的防爆电气设备的防爆性能检查	每月1次	每日应由分片负责电工检查1次外部
配电系统断电保护装置检查整定	每6个月1次	负荷变化时应及时整定
高压电缆的泄漏和耐压试验	每年1次	
主要电气设备绝缘电阻的检查	每6个月不少于1次	
固定敷设电缆的绝缘和外部检查	每季1次	每周应由专责电工检查1次外部和悬挂情况
移动式电气设备的橡套电缆绝缘检查	每月1次	每班由当班不尽相同或专责电工检查1次外皮有无破损
接地电网接地电阻值测定	每季1次	
新安装的电气设备绝缘电阻和接地电阻的测定		投入运行以前

第543条　电气设备应安设过流、过压、漏电、接地等保护装置,并灵敏可靠。

第545条　在大雾、烟尘等能见度低的情况下作业时,应制定安全措施。

第582条　单斗挖掘机雨天作业时,应遵守下列规定:

(一)暴雨期间,遇有水淹和片帮时,应及时将单斗挖掘机开到安全地带,并向矿调度室报告。

(二)暴雨天,电缆发生故障时,应及时向矿调度室报告。故障排除后,方可停送电。

第620条　雾天或烟尘影响视线时,应开亮雾灯或大灯,并靠边减速行驶,前后车距不得小于30米;能见度不足30米或雨雪天气危及行车安全时,应停止作业。

第621条　冬季应及时清除路面上的积雪或结冰,并采取防滑措施,前后车距不得小于50米,行驶时不准急刹车、急转弯或超车。

第 626 条　布设固定带式输送机应遵守下列规定：

……

（四）应设防护罩或防雨棚，必要时设通廊。倾斜带式输送机人行走廊地面应防滑，并设置扶手栏杆。

……

第 648 条　露天煤矿每年雨季前必须对排水设施作全面检查，制定当年的防排水计划和措施。检修防排水设施、新建的重要防排水工程必须在雨季前完工。

第 649 条　对低于当地洪水位的建筑，必须按规定采取修筑堤坝、沟渠，疏通水沟等防洪措施。

第 657 条　露天煤矿的各种电气设备、电力和通信系统的设计、安装、验收、运行、检修、试验和安全防护等工作，必须符合国家标准。

第 683 条　接触网的电杆（金属杆及钢筋混凝土杆）上所有金属结构支撑，以及距离接触网带电部分 5 米以内的其他金属结构物均应接地，接地线接在轨道上。自动闭塞的区段，接地线应通过火花间隙接在轨道上。

所有的接地线接点，均应设在便于检查的地点。

第 684 条　电气化铁路轨道应符合下列要求：

（一）轨端连接处（轨缝）电阻应不超过 3 米长同型钢轨的电阻值。

（二）两平行钢轨之间，每隔 200 米要连接 1 根断面不小于 50 平方毫米的铜线或其他等效电阻的导线；多条线路平行敷设时，每隔 400 米互相连接 1 次。

（三）连接必须牢固，连接后线路的电阻与同长度的、断面为 50 平方毫米的铜电线电阻值相等；用扁钢材连接时，截面不应小于 60×6 平方毫米。

……

第 685 条　油库、爆炸材料库等严防火花区的轨道和非电机车运行的轨道严禁用作电流回路。

用作电流回路的轨道与不作电流回路的轨道之间必须绝缘，并制定安全措施。

第 691 条　接触网防雷电装置地线应接在单轨道电路回流钢轨上，或接在双轨道电路轭流变压器中性点上。

第 695 条　采场应选用户外型电气设备，必要时应采取防护措施。所有高、低压电气设备裸露导电部分的安全防护，必须符合国家标准《严酷条件下户外电气设施》有关直接接触防护的要求。

第 699 条　接触网在下列地点必须装设防雷电装置：

（一）由变（配）电所馈出的供电线与接触网连接处。

（二）机车库进口处。

（三）平硐口。

（四）电机车运输线路上每个独立区段内。

（五）雷电活动强烈地区，采场的接触网与分支线的连接处、高压电气设备与架空线连接处。

防雷电装置宜采用角型放电间隙，接地线应接在钢轨上。

第 700 条　露天煤矿的变（配）电装置、油库、爆炸材料库、高大或易受雷击的建筑，必须装设防雷电装置，每年雨季前试验检查 1 次。

第 701 条　与接触网直接连接的电动机和整流装置，应有过负荷、过流、过压、短路等保护装置。

第 702 条　变电所(站)的输配电线及电气设备上的接地保护装置的设计、安装应符合国家标准的有关规定。

第 703 条　采场的架空线主接地极不得少于 2 组，排土场可设 1 组。主接地极应设在运输线路附近或电阻率低的地方，每组接地电阻值不得大于 4 欧，在土壤电阻率大于 1000 欧·平方毫米/米的地区，不得超过 30 欧，移动设备与架空线的接地线之间的金属外壳的接触电压不得大于 50 伏。

第 704 条　变压器中性点不直接接地时，高压、低压电气设备必须设接地保护，并应在变压器低压侧设自动切断电源检漏装置。低压电力系统的变压器中性点直接接地时，必须设接零保护。

第 705 条　50 伏以上的交流电气设备和内绝缘损坏可能带有触电危险的电气设备的金属外壳、构架等，必须设保护接地。

第 706 条　采场内电气设备的接地装置应符合下列要求：

(一)高压架空线的接地线应使用截面大于 35 平方毫米的钢绞线，并应设在架空线横担下 0.5 米处。

(二)移动变电站和用电设备应采用橡套电缆的专用接地芯线接地或接零，并应配备相应的地线监测系统。

第 707 条　电气设备的接地部分必须用单独的接地线与接地装置相连接，不得将多台电气设备的接地线串联接地。

严禁用金属管道以及电缆铅护套作为接地极。

第 708 条　低压接零系统的架空线路的终端和支线的终端应重复接地，交流线路零线的重复接地必须用人工接地体，不得与地下金属管网有联系。

所有接地线与电气设备、仪器外壳的连接以及与接地极的连接，应当焊接或用可靠的方式连接。

第 709 条　重新安装或移动后的电气设备，运行前必须测量其接地电阻。

爆破作业结束后，必须检查爆破区内的接地装置。

第 710 条　每月应至少检查 1 次采场排土场的网，每年至少测量 1 次接地网的总电阻值。

第 714 条　变电所(站)、整流站、绞车房等重要场所，以及在中型采掘运输设备应配备通信设备。

通信设备应不受接触网、高压线、雷雨放电和杂散电流的影响。

第 724 条　电气设备和线路的安全保护装置，使用前必须进行校准。

更换熔断器时应切断电源。在打雷或下雨时更换熔断器，必须采取安全措施。

第 726 条　在 1650 伏以下的接触网上带电作业时，必须制定安全措施，并遵守下列规定：

……

(四)雨、雪、雾天严禁作业。

……

第 729 条　由普(配)电所至有爆炸危险的工房(库房)的 380 伏/220 伏级配电线路，必须采用金属铠装电缆，并在地下敷设。

电缆埋地长度不应小于15米。电缆的入户端金属外皮或装电缆的钢管应接到防雷电接地装置上。在电缆与架空线的连接处应装设防雷电装置。防雷电装置、电缆金属外皮或钢管和绝缘铁脚应连在一起并接地，其冲击接地电阻不应大于10欧。

第730条 低压配电应采用380伏/220伏五线制系统。

第731条 有爆炸危险场所中的金属设备、管道和其他导电物体，均应有可靠的接地，其防静电的接地电阻不得大于100欧。该接地装置与电气设备的、防雷电的接地装置共用，此时接地电阻值取其中最小值。根据具体情况，还应采用其他的防静电措施。

上述煤矿汛期安全生产的分析表明，全国各生产行业和领域都应该向煤矿一样，针对本行业和领域汛期安全生产特点，建立健全本行业和领域生产经营活动中防范汛期安全生产事故的体制机制和相关技术规范，采取科学、有效的汛期安全生产事故预防和控制的工程性措施与非工程性措施，充分发挥气象科技对本行业和领域汛期安全生产的科技支撑和保障作用，本行业和领域汛期安全生产的严峻形势才有望得以好转。

第二节 气象安全生产事故

一、气象安全生产事故的基本概念

气象安全生产事故是指能够预见或者能够防范可能发生气象危险因素，却因生产经营单位防范措施不落实、应急救援预案或者防范救援措施不力，导致气象危险因素直接或间接造成人身伤亡、财产损失的事故。因此气象安全生产事故属于安全生产事故范畴，是责任性事故，必须失职追责。其典型案例如下。

（一）防范灾害性天气不力导致的气象安全生产事故典型案例

前面第一章第三节第二部分论述的“7·23”温州动车因雷击温州南站列控中心采集驱动单元后引发追尾脱轨坠落的特别重大铁路交通安全事故，就是一起典型的防范灾害性天气不力导致的气象安全生产事故典型案例。根据安监总局公布的《“7·23”甬温线特别重大铁路交通事故调查报告》，对防范灾害性天气不力导致的气象安全生产事故的责任人员和责任单位提出以下处理建议。

1. 建议免于追究责任人员

马骋（通号集团总经理、党委副书记，通号股份董事长、党委副书记）对事故发生负有主要领导责任，鉴于其因病去世，建议免于责任追究。

2. 建议给予党纪、政纪处分人员

（1）刘志军（铁道部原部长、党组书记）和张曙光（铁道部原副总工程师、运输局局长、运输局党总支书记）2人，对事故发生负有主要领导责任，鉴于其涉嫌严重经济问题，建议另案一并处理。

（2）陆东福（铁道部副部长、党组成员）、季学胜（铁道部科学技术司司长、党总支书记）、徐啸明（广州铁路（集团）公司董事长、党委书记）、何华武（中共党员，铁道部总工程师）、耿志修

(中共党员，铁道部安全总监兼副总工程师)、张骥翼(京福铁路(安徽)公司董事、总经理、党工委书记兼上海铁路局副局长)、刘朝英(中共党员，铁道部运输局基础部副主任)、覃燕(中共党员，铁道部运输局基础部副主任)、唐抗尼(铁道部运输局客运专线技术部基础技术处处长、党支部宣传委员)、穆建成(中共党员，铁道部科学技术司综合处处长)、袁湘鄂(中共党员，铁道部运输局基础部信号处副处长)、张季良(中共党员，铁道部运输局客运专线技术部基础技术处副处长)、马彦[中共党员，京福铁路(安徽)公司副总经理，合武铁路(安徽)有限公司原总经理]、缪伟忠(通号集团副总经理、党委常委)、荣亚清(中共党员，通号集团天津工程分公司副总经理，通号集团合武线项目部经理)、陈红(通号集团质量管理部部长)、张海丰(通号设计院董事长、党委副书记)、宋晓风(通号设计院副总经理、党委委员，通号集团经营中心副主任)、张苑(通号集团副总工程师，通号设计院董事、总工程师)、马丽兰(中共党员，通号设计院副总工程师兼总工程师室主任)、吴镝(中共党员，通号设计院市场经营处副处长，通号设计院合武线项目部经理)、李志兵(中共党员，通号设计院总工程师室副主任)、陈锋华(通号设计院副总工程师，列控所所长、党支部书记兼纪检委员)、罗松(通号设计院副总工程师)、叶峰(通号设计院列控所高级工程师)、龙京(上海铁路局原局长、党委副书记)、李嘉(上海铁路局原党委书记)、王峰(上海铁路局常务副局长、党委常委)、赵峻(上海铁路局副局长、党委常委)、何胜利(中共党员，上海铁路局原副局长)、何晓(中共党员，上海铁路局总调度长，协助路局分管运输的副局长)、褚少明(上海铁路局运输处处长、党支部书记)、徐汉强(上海铁路局运输处副处长、调度所主任、党委副书记)、承迎庆(上海铁路局调度所党委书记兼纪委书记、副主任)、周强(上海铁路局调度所主任助理、党委委员)、王军(中共党员，上海铁路局调度所第三班值班主任)、邓雪松(中共党员，上海铁路局调度所第三班值班副主任)、张华(上海铁路局调度所行车调度室列车调度员)、杨向明(上海铁路局调度所行车调度室列车调度员)、赵丽建(上海铁路局宁波车务段段长、党委副书记)、楼文浩(上海铁路局宁波车务段党委书记、副段长)、吕庆祥(温州南站站长、党支部副书记)、章伟光(温州南站党支部书记、副站长)、臧凯(中共党员，温州南站车站值班员)、陈伟革(上海铁路局电务处处长、党支部书记)、王顺方(上海铁路局杭州电务段段长、党委副书记)、陈鹏英(上海铁路局杭州电务段党委书记、副段长)、徐炯(中共预备党员，杭州电务段温州车间主任)、王晓(杭州电务段温州车间党支部书记、车间值班干部)、陈旭军(杭州电务段温州车间助理工程师、车间值班人员)、丁良余(杭州电务段瓯海信号工区副工长、工区值班人员)、滕安赐(杭州电务段瓯海信号工区信号工、温州南站电务应急值守人员)共 52 人，根据对事故发生负有不同的责任，建议给予相应的党纪、政纪处分。

3. 建议责成相关单位和主要负责人做出深刻检查

建议责成铁道部和铁道部部长盛光祖同志分别向国务院做出深刻检查；建议责成通号集团向国务院国资委做出深刻检查。

4. 建议对 LKD2-T1 型列控中心设备研发单位依法进行整顿

建议由国务院国有资产管理委员会组织对通号集团、通号股份及其下属通号设计院依法进行整顿，重新组建通号设计院列控所，切实加强科研生产和产品质量管理，确保提供的产品安全可靠。

5. 建议对相关单位和人员进行行政处罚

建议有关地方、部门依据相关法律法规的规定，对相关单位及其主要责任人给予规定上限的行政处罚。

(二)防范危险气象要素不力导致的气象安全生产事故典型案例

本章第一节论述的"8·12"瑞海公司危险品仓库因高温(天气)诱发火灾爆炸造成特别重大生产安全责任事故,就是一起典型的防范危险气象要素不力导致的气象安全生产事故典型案例。根据安监总局公布的《天津港"8·12"瑞海公司危险品仓库特别重大火灾爆炸事故调查报告》,对防范危险气象要素不力导致的气象安全生产事故的责任人员和责任单位按照有关法律法规和党纪政纪规定,提出以下处理意见。

公安机关对24名相关企业人员依法立案侦查并采取刑事强制措施[瑞海公司13人,中介和技术服务机构11人]。

检察机关对25名行政监察对象依法立案侦查并采取刑事强制措施(正厅级2人,副厅级7人,处级16人;交通运输部门9人,海关系统5人,天津港(集团)有限公司5人,安全监管部门4人,规划部门2人)。

事故调查组另对123名责任人员提出了处理意见。建议对74名责任人员(省部级5人、厅局级22人、县处级22人、科级及以下25人)给予党纪政纪处分(撤职处分21人、降级处分23人、记大过及以下处分30人);对其他48名责任人员,建议由天津市纪委及相关部门予以诫勉谈话或批评教育;1名责任人员在事故调查处理期间病故,建议不再给予其处分。

事故调查组建议对事故企业和有关中介及技术服务机构等5家单位分别给予行政处罚。

事故调查组建议对天津市委、市政府通报批评,并责成天津市委、市政府向党中央、国务院做出深刻检查;建议责成交通运输部向国务院做出深刻检查。

建议给予处理的具体人员如下:

(1)瑞海公司

于学伟(中共党员,瑞海公司董事长)、董社轩(中共党员,瑞海公司副董事长兼执行董事)、只峰(瑞海公司总经理、法定代表人)、尚庆森(瑞海公司副总经理)、曹海军(中共党员,瑞海公司副总经理)、郭向滨(中共党员,瑞海公司安保部部长)、宋齐(瑞海公司财务总监)、李亮(曾任瑞海公司法定代表人及董事)、刘振国(中共党员,瑞海公司副总经理)、田旺(曾任瑞海公司副总经理)、周志刚(瑞海公司操作部业务员)、李雅翔(瑞海公司出口装箱部副经理)、杨默(曾任瑞海公司办公室主任)共13人,因涉嫌刑事犯罪,被天津市人民检察院第二分院批准逮捕。

(2)天津港(集团)有限公司

1)郑庆跃[天津港(集团)有限公司党委副书记总裁]、李洪锋[中共党员,天津港(集团)有限公司总裁助理]、郑树国[中共党员,天津港(集团)有限公司安监部副部长,南疆安全监督站常务副站长]、刘伟[天津港(集团)有限公司招商二部部长]、顾育农(中共党员,天津港公安局局长)共5人,因涉嫌刑事犯罪,被天津市人民检察院决定逮捕。

2)张丽丽[天津市委委员,天津港(集团)有限公司党委书记、董事长,天津港发展控股有限公司董事会主席,天津港海外控股有限公司董事]、袁宝童[天津港(集团)有限公司党委委员、副总裁,天津港股份有限公司董事]、李伟[天津港(集团)有限公司党委委员、总工程师,天津港股份有限公司董事]、刘欣[中共党员,天津港(集团)有限公司副总工程师、规划建设部部长,南港指挥部副总指挥、办公室主任]、胡肖峰[中共党员,天津港(集团)有限公司规划建设部建设管理科科长]、邹立(天津港建设公司党总支书记、总经理,天津港滨工程招标咨询中心总经理)、侯建飞(中共党员,天津港建设公司副总经理)、陈蕊(中共党员,天津港建设公司项目二部科员)、王世明[中共党员,天津港(集团)有限公司建设工程质量安全监督站站长]、张月(天津港公安局消防党支部组织委员、消防支队副支队长)、王洪顺(中共党员,天津港公安局消防支队防火建审科副科长)、崔振河(天津港公安局消防党支部纪检委员、消防支队四大队大队长)、夏艳青(中共党员,天津港公安局消防支队六大队科员)共13人,根据对事故发生负有不同的责任,建议给予相应的党纪、政纪处分。

3)王存杰[天津港(集团)有限公司党委副书记、天津港海外控股有限公司董事]、黄永志(中共党员,天津港公安局消防支队防火建审科科员)、宁大海(中共党员,天津港公安局消防支队防火建审科科员)共3人,根据对事故发生负有的责任,建议给予诫勉谈话。

4)王婧(天津港建设公司项目一部科员),根据对事故发生负有的责任,建议给予批评教育。

(3)交通运输部门

1)武岱(中共党员,天津市交通运输委员会主任)、李志刚(中共党员,原天津市交通运输和港口管理局副局长)、么铁柱(中共党员,天津市交通运输委员会副主任)、冯刚(中共党员,天津市交通运输委员会港口管理处处长)、高永吉(中共党员,天津市交通运输委员会综合规划处副处长)、董建韡(中共党员,天津市交通运输委员会港口管理处副处长)、杨宝清(中共党员,天津市交通运输委员会港口管理处调研员)共7人,因涉嫌刑事犯罪,被天津市人民检察院决定逮捕。

2)吴秉军(天津市交通运输委员会党委委员、副主任)、李国民(天津市交通运输委员会党委委员、副主任)、姜幼学[中共党员,天津市交通运输委员会安全监督处(应急管理办公室)处长]、程锦(中共党员,天津市交通运输委员会综合规划处处长)共4人,根据对事故发生负有不同的责任,建议给予相应的党纪、政纪处分。

3)张连选(中共党员,天津市政协人口资源环境和城市建设委员会副主任)和沈毅(天津市市容和园林管理委员会党组书记、主任)2人,根据对事故发生负有的责任,建议给予诫勉谈话。

4)赵学峰(中共党员,天津市交通运输委员会行政审批处副主任科员),根据对事故发生负有的责任,建议给予批评教育。

(4)海关系统

1)王家鹏(中共党员,天津海关副关长)、潘军(中共党员,天津海关监管通关处副处长)、刘俊倩(中共党员,天津新港海关关长)、孙革志(中共党员,天津新港海关副关长)、柴政(中共党员,天津新港海关物流监控处副处长)共5人,因涉嫌刑事犯罪,被天津市人民检察院决定逮捕。

2)刘来久(天津海关党组成员、副关长)、于树刚(中共党员,天津保税区海关调研员)、周慧明(中共党员,天津海关监管通关处物流管理科科长)、李承春(天津海关监管通关处党支部书记、处长)、薄晓晖(天津新港海关物流监控处物流管理科党支部书记、科长)共5人,根据对事故发生负有不同的责任,建议给予相应的党纪、政纪处分。

3)冷连松(中共党员,天津海关监管通关处副处长)、孙阳(中共党员,天津新港海关物流监控处港区监控科主任科员兼副科长)、高斌(中共党员,天津新港海关物流监控处港区监控科科长)、张勇(中共党员,天津新港海关物流监控处副处长)共4人,根据对事故发生负有的责任,建议给予诫勉谈话。

4)王新虎(天津海关技术处防伪检查科科长)、杨卉(天津海关监管通关处物流管理科主任科员）、胡健彪（天津新港海关物流监控处物流管理科主任科员）、杨津哲（天津新港海关物流监控处物流管理科主任科员兼副科长）共 4 人，根据对事故发生负有的责任，建议给予批评教育。

此外，天津海关原党组书记、关长李佩林，在任职期间未认真履行职责，贯彻落实海关监管场所有关法律法规不到位，对天津海关相关职能部门及新港海关的指导督促不到位，对天津海关和新港海关违规审批瑞海公司海关监管场所、未认真开展日常监管的问题失察。对上述问题负有重要领导责任，原建议给予党内严重警告、降级处分，鉴于其在事故调查处理期间病故，依据《中国共产党纪律处分条例》第三十七条规定，不再给予处分。

(5)安全生产监督管理部门

1)高怀友（九三学社社员，天津市安全监管局副局长）、肖映红（中共党员，天津市安全监管局监督管理三处处长）、曹春波（中共党员，天津市滨海新区安全监管局局长）、邓卫东（中共党员，天津市滨海新区安全监管局第一分局局长、天津港集装箱物流园区安全生产监督检查站站长）共 4 人，因涉嫌刑事犯罪，被天津市人民检察院决定逮捕。

2)魏青松（天津市安全监管局党组书记、局长）、杨文弥（天津市安全监管局机关党委第二党支部书记、规划与科技处处长）、顾国强（天津市滨海新区安全监管局党组成员、副局长）、陈德刚（中共党员，天津市滨海新区安全监管局危险化学品安全监督管理处副处长）、申林立（天津市滨海新区安全监管局机关党委第一党支部书记、第一分局主任科员）、于洪江（天津市滨海新区安全监管局第一分局党组成员、副局长）、杨生军（中共党员，天津市滨海新区安全监管局第一分局安全生产监督科（安全生产应急救援科）科长）、李敬（中共党员，天津市滨海新区安全监管局第一分局安全生产协调科科长）、李鹏（天津港国际物流发展有限公司党总支委员、副总经理，兼任天津港集装箱物流园区安全生产监督检查站常务副站长）共 9 人，根据对事故发生负有不同的责任，建议给予相应的党纪、政纪处分。

3)高家明（天津市安全监管局党组成员、副局长）、王强（中共党员，天津市安全监管局监督管理二处处长）、张杰荪（中共党员，天津市安全监管局监督管理三处副处长）、于学民（天津市滨海新区安全监管局党组成员、副局长）、仝聚和（中共党员，天津市滨海新区安全监管局事故调查处副处长）、崔建平（中共党员，天津港国际物流发展有限公司安全监察部经理，兼任天津港集装箱物流园区安全生产监督检查站办公室主任）共 6 人，根据对事故发生负有的责任，建议给予诫勉谈话。

4)王凤山（九三学社社员，天津市滨海新区安全监管局危险化学品安全监督管理处处长）和李莹（群众，天津港国际物流发展有限公司安全监察部副经理，兼任天津港集装箱物流园区安全生产监督检查站办公室副主任）2 人，根据对事故发生负有的责任，建议给予批评教育。

(6)规划部门

1)朱立明（中共党员，天津市滨海新区规划和国土资源管理局副局长）和李云（中共党员，天津市滨海新区规划和国土资源管理局建设项目处处长兼行政审批处处长）2 人，因涉嫌刑事犯罪，被天津市人民检察院决定逮捕。

2)严定中（天津市委候补委员，天津市规划局党组书记、局长）、霍兵（天津市规划局副局长、天津市滨海新区规划和国土资源管理局局长）、冯志庚[中共党员，天津市滨海新区规划和国土资源管理局执法监察处(信访处)处长]、康俊刚[中共党员，天津市滨海新区规划和国土资源管理局执法监察处(信访处)副调研员]、马强（天津市滨海新区规划和国土资源管理局建设项目处主任科员)、曹宇(中共党员,天津市建筑设计院设计六所干部)、王森(中共党员,天津市渤海规划设计研究院建筑所科员)共7人,根据对事故发生负有不同的责任,建议给予相应的党纪、政纪处分。

3)郑嘉轩(天津市城乡建设委员会党委委员、副主任)、鲁承斌(天津市规划局党组成员、副局长)、孙银(中共党员,天津市规划局建设项目管理处处长)、张义明(中共党员,天津市滨海新区规划和国土资源管理局执法监察处主任科员)共4人,根据对事故发生负有的责任,建议给予诫勉谈话。

4)张占佳(九三学社社员,天津市规划局地名管理处处长)和李新武(天津滨海新区城建档案馆工程部职员)2人,根据对事故发生负有的责任,建议给予批评教育。

(7)环境保护部门

1 给予党纪政纪处分人员

1)王维斌(天津市滨海新区发展改革委员会党组成员、副主任)、白冰冰[民进成员,天津市滨海新区行政审批局(行政服务中心)投资项目处处长]、刘恩林(天津市滨海新区环境局党委委员、副局长、工会主席)、胡万里(中共党员,天津市滨海新区环境局总量控制处处长)共4人,根据对事故发生负有不同的责任,建议给予相应的党纪、政纪处分。

2)黄春农(中共党员,天津市滨海新区环境局行政审批处副处长)。根据对事故发生负有的责任,建议给予诫勉谈话。

(8)公安和消防部门

1)顾玉健(天津市公安局党委委员、副局长)、张亮(天津市公安局副局长,滨海新区区委常委、政法委副书记、公安局局长)、乔旭(中共党员,天津市公安消防总队副总队长)、王以革(中共党员,天津市公安消防总队防火监督部部长)共4人,根据对事故发生负有不同的责任,建议给予相应的党纪、政纪处分。

2)尤胜站(天津市宝坻区公安消防支队党委副书记、支队长)和刘山瀛(天津市滨海新区公安局党委委员、副局长)2人,根据对事故发生负有的责任,建议给予诫勉谈话。

(9)工商和质检部门

1)李荣强(天津市市场和质量监督管理委员会党委委员、副主任,天津市滨海新区市场和质量监督管理局党委书记、局长)、苑纳新(天津市滨海新区市场和质量监督管理局党委委员、副局长)、潘维生(中共党员,天津市滨海新区市场和质量监督管理局质量管理处处长)共3人,根据对事故发生负有不同的责任,建议给予相应的党纪、政纪处分。

2)张文树(中共党员,天津市滨海新区市场和质量监督管理局副局长)、郑博文(中共党员,天津市滨海新区市场和质量监督管理局消费者权益保护处处长)、张卫东(中共党员,天津市滨海新区市场和质量监督管理局认证认可处处长)、杨文利(中共党员,天津市滨海新区市场和质量监督管理局特种设备安全监察处副处长)、仇福河(中共党员,天津市滨海新区市场和质量监督管理局特种设备安全监察处主任科员)、张东风(中共党员,天津市滨海新区市场和质量监督管理局行政审批处主任科员)共6人,根据对事故发生负有的责任,建议给予诫勉谈话。

(10)海事部门

1)隋旭东(中共党员,天津海事局办公室主任),因涉嫌刑事犯罪,被天津市人民检察院决定逮捕。

2)刘福生(天津海事局党组副书记、局长)、丰磊(天津海事局危管防污处党支部书记、处长)、孙清(天津北疆海事局党委书记、局长)、李庆刚(天津东疆海事局党委书记、局长)共 4 人,根据对事故发生负有不同的责任,建议给予相应的党纪、政纪处分。

3)杨新宅(天津海事局党组成员、副局长)、李祎东(中共党员,天津海事局危管防污处副处长)、王仲良(天津北疆海事局党委委员、副局长)、李永涛(中共党员,天津北疆海事局危管防污处副处长)、高侃(中共党员,天津海事局法规规范处副处长)、郑启波(中共党员,天津东疆海事局危管防污处处长)共 6 人,根据对事故发生负有的责任,建议给予诫勉谈话。

(11)中介评估机构和设计单位

1)赵伯扬(中共党员,天津中滨海盛卫生安全评价监测有限公司总经理)、曾凡强(天津中滨海盛卫生安全评价监测有限公司安全评价师)、雷全川(天津中滨海盛卫生安全评价监测有限公司常务副总经理)、孙金霞(中共党员,天津中滨海盛卫生安全评价监测有限公司安全评价师)、刘润柱(天津中滨海盛卫生安全评价监测有限公司副总经理、总工程师)、宋维敏(交通运输部天津水运工程科学研究院天津水运安全评审中心副主任)、吴学强(中共党员,曾任天津港中化石化码头有限公司总经理)、唐跃民(中共党员,天津市东方泰瑞科技有限公司副总工程师)、徐凤霞(中国农工民主党党员,天津东方泰瑞科技有限公司咨询与信息化部部长)共 9 人,因涉嫌刑事犯罪,被天津市人民检察院第二分院批准逮捕;王梦海(天津中滨海盛卫生安全评价监测有限公司安全评价师)和朱超祥(天津滨海安全评价师事务所评价师)2 人,因涉嫌刑事犯罪,被天津市公安局取保候审。

2)朱建华(交通运输部天津水运工程科学研究院党委委员、副院长兼天津水运安全评审中心主任)、戴文惠(天津市化工设计院党委副书记、院长,天津市化工科技信息研究所所长)、刘伟国(中共党员,天津市化工设计院总工程师)、田丽焕(天津市化工设计院工艺设计室党支部书记、主任)、阎蕾(天津市化工设计院综合党支部组织委员、民建工程部副主任)、张进宝(天津市第一运输公司党委书记、总经理兼天津市交通建筑设计院院长)、万宁(天津市环境工程评估中心党支部书记、主任)、魏子章(曾任天津市环境工程评估中心评估部副总工程师)、蔡明(中共党员,天津市滨海新区城建档案馆馆长,滨海新区规划和国土地理信息中心主任,天津博维永诚测绘科技有限公司总经理)共 9 人,根据对事故发生负有不同的责任,建议给予相应的党纪、政纪处分。

3)沈伟(天津市化工设计院党委书记、副院长,天津市化工科技信息研究所副所长、赵光琪(中共党员,天津市化工设计院民建工程部主任)、李宗晟(中共党员,天津市化工设计院副院长,天津市化工科技信息研究所副所长)、赵德元(中共党员,天津市交通建筑设计院返聘专家)共 4 人,根据对事故发生负有的责任,建议给予诫勉谈话。

(12)地方党委、政府

1)宗国英,天津市委常委、滨海新区区委书记。贯彻落实党的安全生产方针政策不到位,未认真按照"党政同责、一岗双责"的要求,督促天津市滨海新区政府及有关职能部门履行安全生产监管职责,对上述问题负有重要领导责任,建议给予党内严重警告处分。

2)孙文魁,天津市人民政府党组成员、副市长。贯彻落实国家港口管理、安全生产法律法规不到位,对分管部门监督管理不力,对天津市交通运输委员会存在的严重失职渎职问题失察,对上述问题负有重要领导责任,建议给予降级处分。

3)何树山,天津市人民政府党组成员、副市长。贯彻落实国家安全生产法律法规和决策部署不到位,组织、指导、督促开展安全生产监管工作不到位,对天津市安全监管局存在的失职渎职问题失察，对上述问题负有重要领导责任，建议给予记大过处分。

4)张勇，天津市委委员，滨海新区区委副书记，滨海新区政府党组书记、区长。未认真履行职责，贯彻落实党的安全生产方针政策和国家有关法律法规不到位，对滨海新区相关职能部门的安全生产工作督促检查不到位。对上述问题负有重要领导责任，建议给予党内严重警告、降级处分。

5)孙涛，天津市滨海新区政府党组成员、副区长，分管规划国土工作。未认真履行职责，贯彻落实党的安全生产方针政策和国家有关法律法规不到位，对分管部门及其工作人员履行职责情况督促检查不到位，对分管部门违规审批瑞海公司危险货物堆场改造项目规划许可的问题失察。对上述问题负有重要领导责任，建议给予党内严重警告、降级处分。

6)金东虎，天津市滨海新区政府党组成员、副区长，分管安全生产工作。未认真履行职责，贯彻落实党的安全生产方针政策和国家有关法律法规不到位，对分管部门及其工作人员履行职责情况督促检查不到位，组织开展“打非治违”专项行动不到位。对上述问题负有主要领导责任，建议给予撤销党内职务、撤职处分。

7)张铁军，天津市滨海新区政府党组成员、副区长，兼滨海新区行政审批局(行政服务中心)局长(主任)。履行职责不到位，贯彻落实党的安全生产方针政策和国家有关法律法规不到位，对分管部门及其工作人员履行职责情况督促检查不到位。对上述问题负有重要领导责任，建议给予记过处分。

(13)国务院相关部委

1)王金文，中共党员，交通运输部水运局副巡视员，因涉嫌刑事犯罪，被天津市人民检察院决定逮捕。

2)何建中，交通运输部党组成员、副部长，分管水运、交通公安等工作。指导督促分管部门对港口危险货物安全管理督促检查不到位，指导督促分管部门对天津市交通运输委员会港口管理工作和天津港公安局消防工作指导不到位，对上述问题负有重要领导责任，建议给予记大过处分。

3)鲁培军，海关总署党组副书记、副署长，分管监管司等。指导督促分管部门组织实施海关监管场所规章制度不到位，指导督促分管部门对天津海关监管场所审批和日常监管工作的监督检查不到位，对上述问题负有重要领导责任，建议给予记过处分。

4)李天碧，中共党员，交通运输部水运局局长。督促落实港口危险化学品安全管理工作不到位，对天津市交通运输委员会港口管理工作业务指导和督促检查不到位。对上述问题负有重要领导责任，建议给予记大过处分。

5)李国平，中共党员，交通运输部公安局局长。履行港航公安领导职责不到位，对基层港航公安消防业务指导督促不到位，对天津港公安局及其消防支队队伍建设的管理工作不到位。对上述问题负有重要领导责任，建议给予记过处分。

6)徐道文，中共党员，海关总署监管司司长。组织实施海关监管场所规章制度不到位，对天津海关监管场所审批和日常监管工作的监督检查不到位。对上述问题负有重要领导责任，建议给予记过处分。

建议给予行政处罚的单位如下：

(1)事故企业

依据《安全生产法》吊销瑞海国际物流有限公司有关证照并处罚款，企业相关主要负责人终身不得担任本行业生产经营单位的主要负责人(天津市人民政府负责)。

(2)中介和技术服务机构

1)中滨海盛安全评价公司

依法没收中滨海盛安全评价公司瑞海项目评价的违法所得,并处违法所得五倍的罚款(天津市人民政府负责);撤销中滨海盛安全评价公司的甲级安全评价资质,依法吊销中滨海盛安全评价公司参与瑞海项目预评价、验收评价有关人员的安全评价执业资格(安全监管总局负责)。

2)天津市化工设计院

依法吊销天津市化工设计院的化工石化医药行业工程设计资质(住房和城乡建设部负责)。

3)天津市交通建筑设计院

依法处天津市交通建筑设计院3万元罚款(天津市人民政府负责)。

4)天津博维永诚科技有限公司

没收天津博维永诚科技有限公司在瑞海项目违法测绘所得,并处标准测绘费百分之一百的罚款(天津市人民政府负责)。

其他具体建议如下:

(1)建议责成天津市分管建设规划的副市长尹海林,天津市市长助理、天津市公安局党委书记、局长赵飞向天津市人民政府做出深刻检查。

(2)建议责成安全监管总局深刻总结教训,改进工作。

(3)对司法机关已立案侦查人员中属中共党员或行政监察对象的,待司法机关做出处理后,由当地纪检监察机关或负有管辖权的单位及时给予相应的党纪政纪处分。

二、气象公共安全事故的基本概念

气象公共安全事故是指能够预见或者能够防范可能发生的灾害性天气、危险气象要素等气象危险因素,因非生产经营单位防范措施不落实、应急救援预案或者防范救援措施不力,导致气象危险因素直接或间接造成人身伤亡、财产损失的事故。气象公共安全事故属于公共安全事故范畴,它与气象安全生产事故的区别是事故发生在非生产经营单位的公共事务活动中,其相同点是防范灾害性天气、危险气象要素异常可能引发事故的措施不落实、应急救援预案或者防范救援措施不力造成事故发生或事故损失扩大,同样是明显的责任性事故,必须失职追责。其典型案例如下。

例如,2005年6月10日黑龙江省沙兰镇因为暴雨形成的凶猛洪水,导致沙兰镇中心小学被洪水淹没造成105名学生死亡的暴雨灾害事故,就是一起气象安全事故典型案例。

(一)事故经过

2005年6月10日12时50分,黑龙江省沙兰镇沙兰河上游突降暴雨,暴雨引发山洪,汹涌的洪水夹杂着沙石泥浆向下游咆哮而去。洪水到达地势低洼的沙兰镇,暴涨的洪水冲出河槽,直接冲进沿河而建的沙兰镇中心小学校园(该小学位于镇子口,建在一大片低洼的平地之上,校园并不大,教室是两排垂直排列的平房,学校共有12个小学班级、两个学前班,学生来自沙兰镇和周边的几个村庄),沙兰镇中心小学校园的围墙在咆哮的洪水面前不堪一击,顷刻间便轰然倒塌,洪水接着扑向两排教室,在短短的几分钟被洪水淹没使教室水位高达2.2米,当时正在上课的352名学生和31名教师，全部被困水中，造成学生105人死亡的暴雨灾难性事故(图2-18)。

图2-18　2005年6月10日，遭洪水淹没的沙兰镇中心小学

（二）事故原因

1. 事故的直接原因

事故的直接原因是黑龙江省沙兰镇沙兰河上游突降暴雨，流域内平均降雨强度为41.0毫米每小时，局部最大降雨强度为120毫米每小时，并且本次暴雨灾害天气过程形成的降雨主要集中在沙兰河流域的和盛水库至沙兰镇之间，并且暴雨走向从上游向下游，从西北向东南方向移动，与沙兰河洪水传播方向相同，使洪峰流量在向下游传播过程中节节增高，增强洪峰流量的破坏性。

2. 事故的间接原因

事故的间接原因主要有以下几方面：

(1)河道行洪能力严重不足。沙兰镇1996年至2010年城镇建设规划，仍然挤占行洪区。两岸城镇建设缩窄了沙兰河的行洪断面。镇内河道两岸有堤防控制，河宽不足50米，最大行洪能力为400立方米每秒，本次洪峰流量为850立方米每秒，超过最大泄洪能力450立方米每秒，河道行洪能力严重不足(图2-19)。

图2-19　两岸城镇建设缩窄了沙兰河的行洪断面及河道淤积

(2)桥梁严重阻水。沙兰镇中心小学下游20米处一号桥为平板桥，共5孔，每孔宽8米，共40米宽，最大过水能力为250立方米每秒；而这次来水的洪峰流量为850立方米每秒，是桥洞过水能力的3.4倍，再加上桥的过水断面由于漂浮物堵塞和泥沙淤积影响，此桥严重阻水，下泄能力十分有限(图2-20)。

图 2-20　漂浮物堵塞桥孔

(3)河道比降大,洪水传播快。和盛水库至沙兰镇河道平均比降为 6‰,落差为 84 米,流域坡度大,汇流条件好,坡面径流可以迅速汇集到河道中(图 2-21),加快了洪水的传播速度。

图 2-21　沙兰镇上游地区的植被状况

(4)土壤侵蚀量大,大量泥沙在沙兰镇附近河道淤积。因和盛水库与沙兰镇之间的暴雨区内,两岸坡地的土壤侵蚀程度相当严重(图 2-22),大量泥沙顺坡汇入沙兰河主河道,至沙兰镇河道展宽,比降减小,特别是沙兰镇两座桥与被堵塞漂浮物的严重阻水作用,使得大量泥沙在河道内落淤,加剧了洪水越堤外泄。

图 2-22　坡耕地侵蚀情况

(5)沙兰镇对暴雨灾害性天气形成的气象安全事故风险认识不足。即使 1989 年沙兰镇两所学校都曾进过水,小学进水 10 厘米左右,中学进水达 1 米深。为此,宁安市和沙兰镇政府曾筹划将两所学校同时迁出洼地，异地新建。在争取国家支持后和全乡集资等对中学进行了异地新建，而中心小学资金由于筹集比较困难，加之学校地处镇中心，教师上班和学生就学都比较方便，群众不愿意迁移，致使这一计划没有得到落实。2002 年省里拨款 74 万元，地方筹资 30 万元，对学校进行了翻修，垫高了操场，但是学校仍然一直处于低洼地，给事故发生埋下隐患。

(6)沙兰镇的防灾避险预案制定不科学。预案主要措施集中在筹集物资和抢险上，并没有人员疏散的办法。沙兰镇的防灾避险预案只明确王家村准备 3000 个编织袋，具体用途是预防该村拦河坝决堤，却没有“逃跑”的措施。

(7)干部群众缺乏气象灾害防范意识。10 日 12 时 50 分开始降雨至 14 时 40 分，洪水从上游到达沙兰镇时，雨已经下了一个多小时。但是上游的三个村屯没有人报告暴雨形成的凶猛洪水的预警信息，这说明沙兰镇没有建立气象灾害预警信息传递机制和落实防御气象灾害责任。

上述案例表明属于公共安全范畴的气象安全事故的防范，不仅要强化非生产经营单位及其上级管理部门、当地方政府的气象安全事故预防和控制的工程性措施与非工程性措施，而且还必须强化这些单位、部门、政府的领导、管理人员、人民群众的气象科学素养和防范气象安全事故意识，切实提升他们对单位、部门和当地的气象安全事故风险认知水平，加大公共财政对气象安全事故防范工程建设保障力度，才能杜绝气象安全事故防范措施不落实、应急救援预案或者防范救援措施不力的现象发生，才能确保人民群众人民生命财产安全。

另外，由于引发气象公共安全事故与气象安全生产事故的原因完全相同，仅仅是事故发生单位是否是生产经营单位的差异，都是对能够预见或者能够防范可能发生的灾害性天气、危险气象要素等气象危险因素引发造成人身伤亡或者直接经济损失的事故风险，制定科学、有效的事故风险监测预警、事故处置等一系列工程性与非工程性防范措施和应急救援预案，因此气象公共安全事故与气象安全生产事故的防范措施应急救援预案基本相同，其事故风险管理也基本相似，而本书研究的重点是对事故风险管理，故将气象公共安全事故风险管理与实践纳入了气象安全生产事故风险管理与实践的范畴一并研究，所以本书的气象安全生产事故风险管理与实践的研究成果包含气象公共安全事故风险管理与实践研究成果，完全适用于气象公共安全事故风险管理。

三、气象安全事故的基本概念

气象安全事故是指能够预见或者能够防范可能发生的灾害性天气、危险气象要素等气象危险因素，因生产经营单位或(和)非生产经营单位防范措施不落实、应急救援预案或者防范救援措施不力，导致气象危险因素直接或间接造成人身伤亡、财产损失的事故。因此气象安全事故既可能是生产经营单位在生产经营活动中的气象安全生产事故，又可能是非生产经营单位在公共事务活动(也即非生产经营活动)中的气象公共安全事故，或者是二者兼而有之；既可能属于安全生产事故范畴，也可能属于公共安全事故范畴、还可能同时属于安全生产事故和公共安全事故范畴。所以气象安全事故是气象安全生产事故、气象公共安全事故的总称，它仍然是责任性事故，必须失职追责。其典型案例在前面已经列举介绍，这里就不单独举例说明。

四、气象自然灾害事故的基本概念

气象自然灾害事故是指不能预见或者不能抗拒的灾害性天气、危险气象要素等气象危险因素直接或间接造成人身伤亡、财产损失的事故。气象自然灾害事故属于自然灾害事故范畴，它与气象安全生产事故、气象公共安全事故的区别是引发事故的灾害性天气、危险气象要素等气象危险因素是不能预见或者不能抗拒，因此只有在防御气象自然灾害事故中，按照现行的法律法规和技术规范要求，根据人类对气象自然灾害事故风险的认知水平，应用最先进的科学技术手段对其进行防御和处置，就可尽职免责；但凡因防御气象自然灾害事故措施不落实、应急救援预案或者防范救援措施不力造成气象自然灾害事故风险转变为气象自然灾害事故的、气象自然灾害事故损失扩大的、在气象自然灾害事故后恢复重建不到位引发社会事件的，其气象自然灾害事故性质就转变为责任性事故，必须失职追责，其典型案例如下。

例如，2015 年 6 月 1 日 21 时约 32 分，一艘从南京驶往重庆的“东方之星”客轮，在长江中游湖北监利水域因突发罕见的强对流天气（飑线伴有下击暴流）带来的强风暴雨袭击，导致客轮翻沉造成 442 死亡的特别重大灾难性事件，就是一起气象自然灾害事故的典型案例。

（一）事故经过

根据气象、船舶有关情况的调查和船舶模拟试验和“东方之星”轮 AIS、GPS 轨迹资料，现场勘查记录及获救船员、旅客、事发水域附近船舶船员陈述，其事发经过如下：

2015 年 5 月 28 日 13:00，“东方之星”轮由南京港五马渡码头开航上行。5 月 29 日至 5 月 31 日，途中分别停靠安徽安庆港、江西湖口石钟山、江西九江港、湖北武汉港。

2015 年 6 月 1 日 5:00，停靠湖北赤壁。11:44，“东方之星”轮由赤壁续航前往荆州港，当时天气多云、风力 2 级，能见度在 10 千米以上。21:03，“东方之星”轮航行至“天字一号”附近水域（长江中游航道里程约 297.5 千米），航速约 14 千米/小时。17:30，大副刘先禄、舵工李明万、水手黎昌华在窑咀（长江中游航道里程约 236 千米）接替大副谭健、舵工黄超、水手徐义庆操作船舶，航速约 14 千米/小时；当时天气多云、风力 2 级，能见度在 6 千米左右。21:03，“东方之星”轮航行至“天字一号”附近水域（长江中游航道里程约 297.5 千米），航速约 14 千米/小时；此时前方远处有闪电，随后开始下小雨。21:18，“东方之星”轮行驶至大马洲水道 3 号红浮（长江中游航道里程 301.0 千米）附近，遭遇了飑线天气系统，风向由偏南风转为西北风，风雨开始加大。21:19，“东方之星”轮船长在房间听见风雨声加大，进入驾驶室；此时，当班大副刘先禄正在雷达显示器后指挥驾驶，舵工李明万在操舵，水手黎昌华站在车钟旁协助瞭望；船长向当班大副了解基本情况后，接手指挥。21:21，风雨加大，瞬时极大风速达 24.6 米/秒左右（风力 10 级），能见度严重下降，船长命令大副减速，左微舵，欲转向顶风至右岸一侧水域抛锚，航速 12.0 千米/小时；21:22，“东方之星”轮舵工逐步操舵至左满舵；航速 7.5 千米/小时。21:23，“东方之星”轮航速逐渐下降至 2.2 千米/小时；随后，航速逐步下降为 0 千米/小时。21:24，在强风作用下，船舶逐步向右后方后退；后退速度 4.0 千米/小时。21:25，后退速度 5.6 千米/小时；船长察觉到船在后退，命令大副加车。21:26，后退速度减缓至 5.0 千米/小时；此时该轮所处水域突遇下击暴流袭击，风力进一步加大，瞬时极大风速达 32～38 米/秒（风力 12～13 级）。21:28，休班大副程林、谭健进入驾驶室。21:29，在车舵作用下，后退速度减缓至 4.0 千米/小时。21:30，在强风暴雨作用下，船舶偏转，风舷角加大，船舶处于失控状态，后退速度增加至

6千米/小时。随后，船舶突然向右倾斜并开始进水。21:31，船舶主机熄火，迅速向右横倾。约21:32，“东方之星”轮翻沉（图2-23），AIS与GPS信号消失。

图2-23　2015年6月1日，“东方之星”轮翻沉事故现场

该轮翻沉于湖北省荆州市监利县长江中游大马洲水道3号红浮正横，横距约600米，长江中游航道里程300.8千米处（29°42′39″N，112°55′32″E），后漂移900多米至长江中游大马洲水道左岸一侧，长江中游航道里程约299.9千米，距左岸水沫线约130米处（29°42′05″N，112°55′28″E）。

（二）事故调查与分析

1. 事故所在地天气情况分析

由中国工程院两位院士牵头国内外气象专家组成的气象调查分析团队，在综合分析气象卫星、天气雷达、闪电定位、地面自动气象观测、现场勘查航拍资料和当事人谈话笔录的基础上，还原了事发前后的天气情况，并形成如下结论：

（1）事发前后天气情况

6月1日21:00至22:00，“东方之星”轮航行水域上空出现飑线天气系统，该系统伴有下击暴流、龙卷风、短时强降雨等局地性、突发性强对流天气，客轮倾覆水域遭受强风暴雨袭击。（注：飑线是由许多单体雷暴云连在一起并侧向排列而形成的强对流云带。下击暴流是指一种雷暴云中局部性的强下沉气流，到达地面后会产生一股直线型大风，越接近地面风速越大，最大地面风力可达15级）

21:00至21:17，“东方之星”轮航行水域为偏南风，风力总体不大，瞬时极大风速为6.3～10.2米/秒（风力4～5级）；约21:18，“东方之星”轮航行水域受到飑线天气系统影响，风力开始加大，风向转为西北风，21:18至21:25，瞬时极大风速达24.6米/秒左右（风力10级）；约21:26，“东方之星”轮航行水域遭受下击暴流影响，影响时间约6分钟，在此期间，风力进一步加大，瞬时极大风速达32～38米/秒（风力12～13级）。

21:00至22:00，“东方之星”轮倾覆水域出现了短时强降雨天气并伴有雷电，1小时累计降雨量达94.4毫米，其中1分钟最大降雨量达2.6毫米。（注：24小时降雨量超过50毫米为暴雨，超过100毫米为大暴雨）

（2）飑线天气系统情况

据卫星和雷达监测资料分析研判，6月1日16:00开始，在湖北中部偏南地区有对流云团生成，并向东略偏南方向移动，21:15至21:55对流云团发展到最强盛阶段（图2-24）。

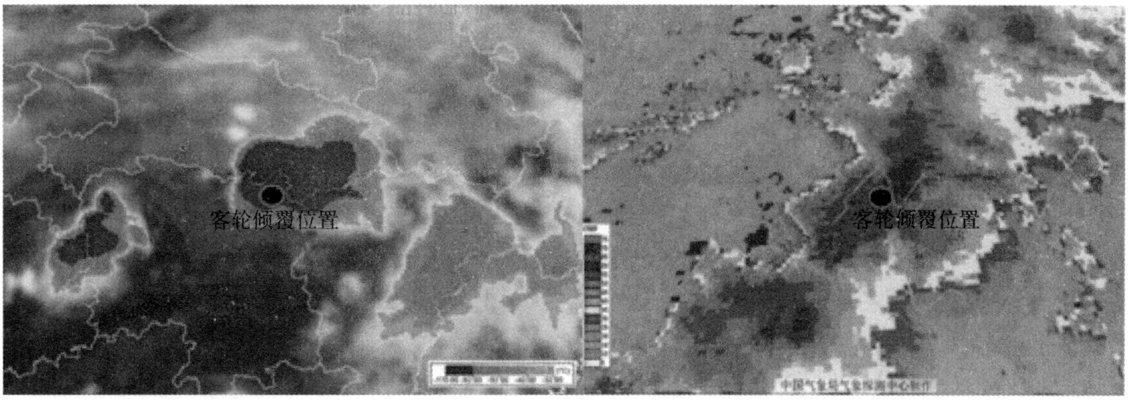

图 2-24　2015 年 6 月 1 日 21:30 卫星红外云图(左)及雷达回波强度图(右)

在该对流云团下,“东方之星”轮航行水域上空出现了飑线天气系统,飑线宽度 20～30 千米,长度 80～100 千米,其雷达回波强度超过 45 dBZ,过境影响时间为 21:18 至 21:55。

(3)下击暴流情况

据岳阳多普勒天气雷达(距事发地点 50 千米)观测资料分析,21:26:32,雷达测到的 700 米高度上的径向风速在不到 6 分钟之内由 12 米/秒增大至 17～20 米/秒,据气象专家综合雷达观测、现场灾情调查及当事人和目击者谈话笔录分析判断,“东方之星”轮倾覆水域遭遇下击暴流影响。

根据国内外研究表明,下击暴流引起的风速随高度降低而快速增大,根据模型推算地面瞬时极大风速约 32～38 米/秒(12～13 级)。另外,根据气象专家现场调查和航拍得到的大量照片和影像资料分析,“东方之星”轮倾覆水域两岸 5 千米范围内出现了多处遭受大风损毁区域,许多直径大小不一的树木被拦腰折断,成片树林和玉米倒伏,其中腰坦(距“东方之星”轮倾覆位置 0.6 千米右岸)直径为 20 厘米的树木被拦腰吹断,也进一步印证了瞬时极大风力为 12～13 级(可以试验证明多大的风速可将直径为 20 厘米的树木被拦腰吹断,而不是“也进一步印证了瞬时极大风力为 12～13 级”的逻辑推理)。据当时雷达径向风速度图(图 2-25)分析表明,该下击暴流约从 21:26 开始,21:32 左右减弱,持续影响时间约 6 分钟。

(4)客轮倾覆前遭遇下击暴流影响的主要证据

目前,多普勒天气雷达是探测下击暴流的主要手段。在雷达回波上,下击暴流主要表现为以下特征:①大多数下击暴流常发生在弓形回波突起处和钩状回波的钩内(或钩的周围);②低空(1 千米高度以下)雷达径向速度上有明显辐散特征,中高层有明显辐合特征;③雷达强度回波质心下降。据岳阳多普勒天气雷达观测分析,6 月 1 日 21:15 左右,弓状回波在监利南部开始形成,并向东移动,21:20 左右弓状回波突起处逼近“东方之星”轮倾覆位置上空,21:26 左右影响“东方之星”轮倾覆位置,在低空 700 米高度(雷达 0.5°仰角观测)突然出现了水平尺度 2～4 千米的强风区,最大径向风速达到 17～20 米/秒;通过雷达垂直剖面观测,“东方之星”轮倾覆位置上空 1 千米以下具有较强的辐散特征,在其上空 1.6 千米和 2.4 千米高度上,有明显气流辐合;从 21:26:32 至 21:32:16,超过 50 dBZ 的强雷达回波从 5 千米高度下降至 700 米高度,回波质心明显下降。上述三个方面的情况均具有雷达识别下击暴流特征。

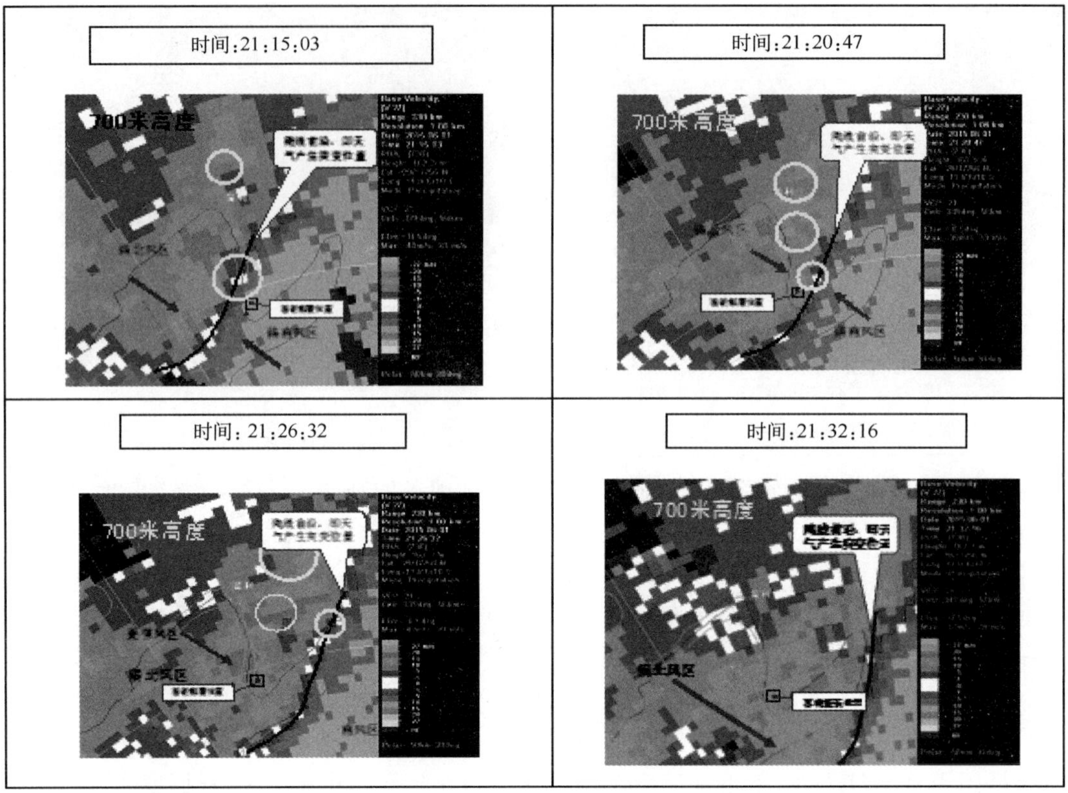

图 2-25　2015 年 6 月 1 日 21:15—21:32 岳阳雷达径向风速度图(0.5°仰角)

另据专家现场勘查和航拍资料表明,“东方之星”轮倾覆水域右岸树木倒伏方向主要为东南方向,朝向较为一致。据多位当事人和目击者回忆,遭遇大风影响后风向无明显变化,这些均符合下击暴流产生的地面直线型大风迹象。

综合上述雷达回波特征和地面灾情调查判断,“东方之星”轮倾覆水域出现了下击暴流。该下击暴流在“东方之星”轮倾覆位置及其附近的江面上产生了呈直线型的向外辐散强风区,“东方之星”轮正好处于强风区的影响范围内,主导风向为西北风。

(5)降雨情况。事发前后,“东方之星”轮航行水域出现了强降雨天气,并伴有闪电。根据距“东方之星”轮倾覆位置 1.5 千米的湖南岳阳友谊机埠自动气象站实测资料和雷达资料分析,从 21:04 开始出现降雨,21:18 开始增大,21:24 降雨强度达到最大,22:07 降雨基本结束。21:00 至 22:00,“东方之星”轮倾覆水域累计降雨量达 94.4 毫米。

2. 事件发生时间分析

沉船打捞出水后,根据现场勘查,驾驶室石英钟时间定格在 21:33,机舱石英钟时间定格在 21:32。另据生还的旅行社工作人员张辉陈述:“约 21:23 与妻子通电话,大约通话 5 分钟。通话被旅行社同事姜庚打断,说旅客房间进了雨水,急忙通知楼层服务员帮助客人处理,接着进到 221 房间。后来姜庚也到 221 房间,这个时候地板向上越来越高,有水漫进来了,从地板翘起来到船舶翻覆大约有 30 秒的时间”。经调取张辉及其妻子通话记录查证,最后中断通话时间为 21:29:44。通过 AIS 和 GPS 轨迹查证,“东方之星”轮最后一个 AIS 信号和 GPS 信号的时间分别为 21:31:49、21:32:02。按照船载 AIS 和 GPS 系统信号发射规则,“东方之星”轮发出下一个 AIS 数据点和 GPS 数据点的时间分别为 21:32:19、21:32:22。AIS 和 GPS 系统的天线一旦没入水中，将无法发出信号。

通过以上物证及相关分析认为：约 21:31，为船舶向右横倾时间；约 21:32，为船舶翻沉时间。

3. 人员逃生和获救情况

共有 12 人生还（船员 6 人，乘客 6 人），其中 7 人自游上岸、5 人被救上岸。根据调查询问，逃生获救经过如下：

船舶倾覆后，船长张顺文在水里摸到驾驶室左舷窗户钻出水面，游到船尾抓住舵叶，随后顺流游上左岸。上岸后，在下游方向遇到自游上岸的轮机长杨忠权、大副谭健和程林；随后 4 人沿岸边寻找其他可能自救人员，后来遇到重庆航道工程局施工作业船舶“鄂黄冈货 2177”，张顺文借助施工人员手机向岳阳海事局和重庆东方轮船公司报告了船舶翻沉情况。

轮机长杨忠权事发时在机舱平台靠近左侧门处，船突然向右边倾斜时顺手抓住附近铁架，后被进水从机舱左侧门冲出，然后爬上船底，在船继续下沉时离船游向左岸上岸。

大副谭健在该船突然向右边倾斜时摔倒，被水流冲出水面，后游至船底，在该船继续下沉时离船游向左岸上岸。

大副程林在该轮突然向右边倾斜时，抓住雷达扶手，摸到左侧一个窗户洞钻出水面，顺水下淌并游上左岸。

客运部小卖部服务人员余正伟到三楼甲板收衣服推开舱门时，该轮突然向右倾斜将其甩入江中，后自游上岸。

值班机工陈书涵在船舶倾斜进水时，被困于机舱，6 月 2 日被潜水员救出。

旅客吴建强在船舶向右倾斜后，用手推开窗户浮出水面，趴在船底，后自游上岸。

旅客胡坚跃在船舶向右倾斜时，在三楼过道处被水流冲出舷外，抓住 2 个救生圈漂流，后抓住一座航标的锚链，与旅客谢龙海一起被海巡艇救助上岸。

旅客谢龙海在船舶向右倾斜后，被水流冲出窗户，出水后抓住乘客胡坚跃的救生圈，后一起漂流并抓住一座航标的锚链，被海巡艇救助上岸。

旅行社工作人员姜庚在船舶右舷倾斜时拿到救生衣，从窗户钻出水面，顺水下漂约两个小时，被一艘船舶救起。

旅行社工作人员张辉在船舶右舷倾斜时爬出窗户，后顺水漂流至岳阳水域自行上岸。

旅客朱红美在船舶翻覆后被水流冲至被服间舱室，6 月 2 日被潜水员救出。

由于事件发生于夜间，室外狂风暴雨，且船舶倾斜后顷刻翻沉，绝大部分船员、旅客都在舱室内，很难逃出。

4. 事发信息报告情况

6 月 1 日 22:10，岳阳海事局指挥中心接“铜工化 666”轮报告，称在“天宇 1 号”附近水域发现有 2 名落水人员；

22:12，岳阳海事局指挥中心通知监利海事处和华容海事处立即出艇救助，并联系周围施工船参与救助落水人员；

23:09，岳阳海事局向长江海事局总值班室报告人员落水险情信息；

23:22，岳阳海事局指挥中心接监利海事处报告，“东方之星”轮可能出事，之后多次与重庆东方轮船公司和监利海事处等联系确认；

23:35,岳阳海事局指挥中心负责人向岳阳海事局负责人报告,可能是"东方之星"轮发生翻沉,随后立即组织过往船舶及其他社会救助力量参与救助;

23:40,岳阳海事局负责人与获救的"东方之星"轮船长通话,确认"东方之星"轮已遇险翻沉,随即向岳阳、监利两地人民政府报告;随后,重庆东方轮船公司从岳阳海事局获悉"东方之星"轮已翻沉;

23:47,监利海事处窑监执法大队在陶市河口救起 2 名落水人员,确认为"东方之星"轮上的 2 名旅客;

23:54,岳阳海事局向长江海事局报告"东方之星"轮翻沉;

6 月 2 日 00:10,"东方之星"轮船长张顺文向重庆东方轮船公司值班员报告船舶翻沉,该公司随后启动了应急预案,并向万州区人民政府报告。

00:45,长江海事局将事件信息上报长江航务管理局;

00:55,长江海事局将事件信息上报湖北省人民政府值班室;

01:00,长江海事局将事件信息上报中国海上搜救中心;

01:15,中国海上搜救中心将事件信息电话报告交通运输部和国务院总值班室。

5."东方之星"轮周围船舶动态情况

"东方之星"轮在大马洲水域共与五艘船舶会过船。

(1)"长航江宁"轮:该轮为滚装船,装载 682 辆汽车,自武汉上行开往重庆。21:03,"长航江宁"轮航行至"天字一号"附近水域(长江中游航道里程约 299 千米),船长发现闪电打雷,进入驾驶室,在雷达屏上发现前方约 1500 米处显示雨的杂波,于是命令当班二副慢车,航速由 16 千米/小时开始下降。21:07,"东方之星"轮与"长航江宁"轮联系,"长航江宁"轮(航速 10 千米/小时)告诉其本船已慢车,准备在前面稳船观察天气,如天气不好就在前面红浮处抛锚。21:15,"东方之星"轮(航速 14 千米/小时)告诉"长航江宁"轮(航速约 7.0 千米/小时)拟从其右舷驶过。21:20,"东方之星"轮(航速 13.5 千米/小时)在大马洲水道 3 号红浮附近(长江中游航道里程约 301 千米)从"长航江宁"轮(航速 3 千米/小时)右舷驶过。随后,"长航江宁"轮受风影响,开始向江心偏移。21:21 至 21:28,受强风影响,"长航江宁"轮在大马洲水道 3 号红浮正横 300 米附近水域用车用舵顶风,船舶前后左右移动。其中 21:24 至 21:28,"长航江宁"轮向右后方后退,后退方向与"东方之星"轮相同时段的后退方向一致。21:29 至 21:31,船长加车至双车进三顶风(实际输出功率为 1100 千瓦,该轮全速为四档),船位向其左后方缓慢移动。21:32,下击暴流开始减弱,船舶逐渐驶向右岸一侧。21:39,在大马洲 3、4 号红浮连线处抛锚。

(2)"翔渝 9 号"货船:该船载货 3700 吨,自重庆丰都下行开往武汉,21:23 当船舶行驶至大马洲 4 号红浮时,当班二副发现天气不好,便通知船长进入驾驶台;21:24 该船与"东方之星"轮右舷会过;21:26 与"长航江宁"轮右舷会过,21:40 在"长航江宁"轮下游约 500 米处抛锚。

(3)"港盛 1010"货轮:该船装载 4120 吨矿石,自重庆涪陵下行开往江苏泰州。约 21:18 与"东方之星"轮在大马洲 3 号红浮右舷会过。约 21:25,船舶行驶至大马洲 2 号红浮时,当班大副感觉天气非常恶劣,便通知船长上驾驶台,此时雷达无法正常显示。后约于 22:40 在韩家洲抛锚停泊,距"东方之星"轮翻沉地点下游约 10 千米。

(4)"东怡 99"货船:该船装载电石渣 1400 吨,自湖北枝城下行开往湖北汉川。约 21:21 与"东方之星"轮在大马洲 3 号红浮附近右舷会过;约 21:25,当班大副看到外面下暴雨,便通知船长上驾驶台;后约于 22 时在洪水港附近抛锚,距"东方之星"轮翻沉地点下游约 10 千米。

(5)“铜工化666”液货船:该船空载,自湖北宜都下行开往安徽铜陵。约21:22当班船长驾驶船舶与“东方之星”轮在大马洲3号红浮附近右舷会过,后约于21:40在“东方之星”轮翻沉地点下游约5千米的大马洲左岸附近抛锚。

6.“东方之星”轮与附近船舶的对比情况

21:00至22:00,上行的“长航江宁”轮、“东方之星”轮,下行的“翔渝9号”轮航经大马洲水道时,均突遇暴风雨袭击。由于各船舶排水量、吃水、上层建筑型式、风压稳性衡准数等方面的差异(表2-3),在江里所处区域位置不同,导致了不同的结果。

表2-3　相关船舶主要数据对比表

船舶	航区	排水量(吨)	型深(米)	吃水(米)	上层建筑型式	风压倾侧力臂	风压稳性衡准数
“东方之星”客轮	B级	890.6	3.10	2.16	封闭式	0.173	1.014
“长航江宁”滚装船	A级	2904.6	4.10	2.65	贯穿式	0.123	1.233
“翔渝9号”货船	A级	4637.4	4.90	4.10	横向受风面积小		

注:1. 风压倾侧力臂$\propto\frac{受风面积矩}{排水量}=\frac{受风面积\times形心高}{排水量}$:风压倾侧力臂越小,说明风面积产生的相对倾侧力影响越小,船舶抗风能力越强。

2. 根据船舶抗风浪标准由高到低,内河航区分为A、B、C级;“东方之星”轮的核定航区为B级,实际遭受21.52米/秒(9级)横风时,丧失稳定性;“长航江宁”轮的核定航区为A级,在B级航区遭受33.35米/秒(12级)横风时,丧失稳定性。

“长航江宁”轮在减速准备锚泊前突遇强风暴雨并受到较大的影响,船长采取了稳船操作措施,也有受强风暴雨作用出现下漂、后退的航迹,船位一直在附近水域上下游弋。但其受风面为贯穿通透式,实际排水量是“东方之星”轮的3.3倍,吃水比“东方之星”轮深0.49米,“长航江宁”轮的核定航区为A级,在B级航区遭受33.35米/秒(12级)横风时,丧失稳定性,而“东方之星”轮的核定航区为B级,在遭受21.52米/秒(9级)横风时,即丧失稳定性。

“翔渝9号”轮为重载下行船,航速快,且为右侧船尾来风,受风面积小,加之实际排水量是“东方之星”轮的5.2倍,吃水比“东方之星”轮深1.94米,风压稳性衡准数超过20,船舶抗风能力远远超过“东方之星”轮。

7. 船员求救与警报情况

船长对遭遇的极端恶劣天气及其风险认知不足,未向外发出求救信息,未向全船发出警报,也没有组织弃船及疏散旅客等措施。

综合上述调查认定,“东方之星”轮翻沉事件是一起由突发罕见的强对流天气(飑线伴有下击暴流)带来的强风暴雨袭击导致的特别重大灾难性事件。“东方之星”轮航行至长江中游大马洲水道时突遇飑线天气系统,该系统伴有下击暴流、短时强降雨等局地性、突发性强对流天气。受下击暴流袭击,风雨强度陡增,瞬时极大风力达12~13级,1小时降雨量达94.4毫米。船长虽采取了稳船抗风措施,但在强风暴雨作用下,船舶持续后退,船舶处于失控状态,船艏向右下风偏转,风舷角和风压倾侧力矩逐步增大(船舶最大风压倾侧力矩达到船舶极限抗风能力的2倍以上),船舶倾斜进水并在一分多钟内倾覆。

(三)事故原因

1. 事故的直接原因

强对流天气(飑线伴有下击暴流)带来的强风暴雨袭击是造成“东方之星”客轮翻沉特别重大灾难性事件的直接原因。

2. 事故的间接原因

(1)调查组还查明,“东方之星”轮抗风压倾覆能力不足以抵抗所遭遇的极端恶劣天气。该轮建成后,历经三次改建、改造和技术变更,风压稳性衡准数逐次下降,虽然符合规范要求,但基于“东方之星”轮的实际状况,经试验和计算,该轮遭遇 21.5 米/秒(9 级)以上横风时,或在 32 米/秒瞬时风(11 级以上),风舷角大于 21.1°、小于 156.6°时就会倾覆。事发时该轮所处的环境及其态势正在此危险范围内。

(2)船长及当班大副对极端恶劣天气及其风险认知不足,在紧急状态下应对不力。船长在船舶失控倾覆过程中,未向外发出求救信息,也未向全船发出警报。

(3)重庆东方轮船公司管理制度不健全、执行不到位。违规擅自对“东方之星”轮的压载舱、调载舱进行变更,未向万州区船舶检验机构申请检验;安全培训考核工作弄虚作假,对客船船员在恶劣天气情况下应对操作培训缺失,对船长、大副等高级船员的培训不实,新聘转岗人员的考核流于形式;日常安全检查不认真,对船舶机舱门等相关设施未按规定设置风雨密关闭装置、床铺未固定等问题排查治理不到位;船舶日常维护保养管理工作混乱;未建立船舶监控管理制度、配备专职的监控人员,监控平台形同虚设,对所属客轮未有效实施动态跟踪监控,未能及时发现“东方之星”轮翻沉。

(4)重庆市有关管理部门及地方党委政府监督管理不到位。重庆市港口航务管理局(重庆市船舶检验局)、万州区港口航务管理局(万州船舶检验局)未严格按照要求进行船舶检验,未发现重庆东方轮船公司违规擅自对船舶压载舱和调载舱进行变更,机舱门等相关设施未按规定设置风雨密关闭装置、床铺未固定等问题;对船舶检验机构日常管理不规范,对验船师管理不到位;对公司水路运输许可证初审把关不严,对公司存在的安全生产管理制度不健全、执行不到位、船员培训考核不落实等问题监督检查不力。万州区交通委对万州区港口航务管理局安全监督管理工作指导和监督不到位;万州区国资委未认真落实“一岗双责”,对公司未严格开展安全监督检查,对公司存在的培训考核弄虚作假、安全管理制度不健全等问题督促检查不到位。万州区委区政府对万州区交通委等相关部门的安全生产督促检查不到位,对辖区水上交通安全工作指导不力。

(5)交通运输部长江航务管理局和长江海事局及下属海事机构对长江干线航运安全监管执法不到位。长江航务管理局未有效落实航运行政主管部门职责,办理水路运输许可证工作制度不健全,审查发放水路运输证照把关不严;长江海事局、重庆海事局、万州海事处对重庆东方轮船公司安全管理体系审核把关不严,未认真履行对航运企业日常安全监管职责,日常检查中未发现企业和船舶存在的安全隐患和管理漏洞等问题。岳阳海事局未严格落实交通运输部、长江海事局对客轮跟踪监控的要求,未建立跟踪监控制度,值班监控人员未认真履行职责,对辖区内“东方之星”轮实施跟踪监控不力,未及时掌握客轮动态和发现客轮翻沉。

上述案例分析表明:虽然造成气象自然灾害事故的直接原因是指能预见或者不能抗拒的灾害性天气、危险气象要素。但凡在防御气象自然灾害事故中,没有按照现行的法律法规和技术规范要求,根据人类对气象自然灾害事故风险的认知水平,应用最先进的科学技术手段对其进行防御和处置,以及防御气象自然灾害事故措施不落实、应急救援预案或者防范救援措施不力,造成气象自然灾害事故风险转变为气象自然灾害事故的、气象自然灾害事故损失扩大的、引发社会事件的,其气象自然灾害事故性质就转变为责任性事故,必须失职追责。

因此,国务院“东方之星”号客轮翻沉事件调查组根据此次“东方之星”轮翻沉事件造成重大人员伤亡，社会影响大，以及进一步深入调查中发现企业、行业管理部门和地方党委政府及其相关部门日常管理中存在一些问题，而这些问题是事故发生的间接原因，是气象自然灾害事故风险转变为气象自然灾害事故、气象自然灾害事故损失扩大化、引发社会事件的重要因素，对有关人员和单位提出了以下处理建议以及防范和整改措施建议。

1. 对有关人员及单位的处理建议

(1)建议免于追究责任人员

刘先禄，重庆东方轮船公司“东方之星”轮当班大副。在驾驶船舶航行过程中，对极端恶劣天气及其风险认知不足，紧急状态下应对不力。鉴于其已在事件中死亡，建议免予追究责任。

(2)建议给予党纪、政纪处分人员

1)张顺文，重庆东方轮船公司“东方之星”轮船长。对天气情况重视不够，在进入驾驶室接手船舶指挥后，对极端恶劣天气及其风险认知不足，未能及早察觉船舶后退态势，在船舶失控倾覆过程中，未向外发出求救信息并向全船发出警报，紧急状态下应对不力。根据《中华人民共和国船员条例》第二十四条“船长在保障水上人身安全与财产安全、船舶保安、防治船舶污染水域方面，具有独立决定权，并负有最终责任”的规定，建议给予吊销船长适任证书、解除劳动合同处分。由司法机关对其是否涉嫌犯罪进一步调查。

2)覃玉平(中共党员，重庆东方轮船公司安全技术部副主任兼体系办主任)、胡明安(中共党员，重庆东方轮船公司劳动人事部主任)、陈元建(中共党员，重庆东方轮船公司运输部经理)、郭兆安(中共党员，重庆东方轮船公司修造船厂厂长)、姜毅(中共党员，重庆东方轮船公司总船长兼安全技术部主任)、胡红伟(重庆东方轮船公司党委委员兼工会主席)、姜曌(重庆东方轮船公司总经理兼党委书记)、秦萍(中共党员，岳阳海事局船舶交通管理中心值班长)、李长涌(中共党员，岳阳海事局指挥中心主任)、杜国平(岳阳海事局党委委员、副局长)、万毅(中共党员，万州海事处龙宝执法大队监督员)、付翔(中共党员，万州海事处海事监管科工作人员)、冯国勇(中共党员，万州海事处新田海巡执法大队副队长)、周全(中共党员，重庆巫山海事处综合办公室副主任)、廖小奇(万州海事处党委委员、副处长)、管大志(重庆朝天门海事处党委书记、处长)、贺尔军(中共党员，重庆海事局船舶监督处处长)、李禄文(重庆海事局副巡视员)、邱健华(重庆海事局党委书记、局长)、黄钢(中共党员，长江海事局指挥中心副主任)、谢西洲(中共党员，长江海事局船舶监督处处长)、桓兆平(长江海事局党委委员、副局长)、王茹军(长江海事局党委书记、局长)、谢勇(中共党员，长江航务管理局运输管理处副调研员)、朱汝明(长江航务管理局党委委员、副局长)、王学文(重庆市万州区港口航务管理局船检科助理工程师，验船师)、马兵(重庆市万州区港口航务管理局船检科工程师，验船师)、况大坤(中共党员，重庆市万州区港口航务管理局船舶检验科科长)、陈定科(中共党员，重庆市万州区港口航务管理局运输管理科科长)、刘袁(重庆市万州区港口航务管理局党委委员、副局长)、蒋明(重庆市万州区港口航务管理局党委书记、局长)、黄昌顿(中共党员，重庆市港口航务管理局运输管理处副处长)、谷磊(中共党员，重庆市港口航务管理局船舶检验处处长)、张虞骏(重庆市港口航务管理局党委委员、副局长)、汪伯涛(重庆市港口航务管理局党委副书记、局长)、邬德高(中共党员，重庆市万州区国资委发展与安全科科长)、付英权(重庆市万州区国资委党委委员、副主任)、范红林(重庆市万州区国资委党委书记、主任)、杨晓峰(重庆市万州区交通委员会党委书记、主任)、赵光平(重庆市万州区政府党组成员、副区长)、白文农(重庆市万州区委副书记，区政府党组书记、区长)、王显刚(重庆市委常委、万州区委书记)共43人，根据对事故发生负有不同的责任，建议给予相应的党纪、政纪处分。

责成重庆市人民政府按照有关规定对重庆东方轮船公司进行停业整顿，并落实对该公司姜毅、郭兆安、陈元建、胡明安、覃玉平 5 人的撤职处分；由交通运输部按照有关规定落实对张顺文、姜毅吊销船长适任证书，对马兵、王学文吊销验船师资质的处分。

2. 防范和整改措施建议

为切实贯彻落实习近平总书记和李克强总理等中央领导同志的重要指示批示精神，深刻总结吸取教训，牢固树立安全发展观念，健全完善相关法制体制机制，编织全方位、立体化的公共安全网，进一步加强长江等内河航运安全工作，提出以下建议：

(1)进一步严格恶劣天气条件下长江旅游客船禁(限)航措施。交通运输部门要及时发布并严格实施长江旅游客船恶劣天气条件下禁(限)航规定，遇以下情况船舶不得开航或要采取其他有效避险措施：一是气象部门预报或船舶发现出发港有 7 级以上(含 7 级)或超过船舶抗风等级的大风，船舶必须采取有效避(抗)风措施，船舶不得开航；二是气象部门预报船舶途经水域有 7 级以上(含 7 级)大风或超过船舶抗风等级的大风，船舶必须采取提前停航等避风措施；三是船舶出发港能见度不足 1000 米时，船舶禁止进出港口；船舶航行途中下行能见度不足 1500 米或上行能见度不足 1000 米时，船舶必须尽快择地抛锚停航。

(2)提高船舶检验技术规范要求，完善船舶设计、建造和改造的质量控制体制机制。交通运输部门要研究完善内河船舶检验技术规范，提高内河客船抗风能力等安全性能。对涉及船舶稳性和尺度的改建、改造应当严格控制和审批。研究提高船舶检测检验机构准入门槛。工业信息化等主管部门应建立健全船舶设计能力评估和规范机制，完善船舶建造企业生产条件规范体系，推进企业船舶设计、建造能力水平的动态评估制度，进一步提高船舶设计、建造企业规范化水平。

(3)进一步加强长江航运恶劣天气风险预警能力建设。气象部门要针对中小尺度强对流天气强度大、突发性强、致灾重等特点，进一步加大科研投入，加强监测预警方法研究，提高监测预警能力。适应长江航运安全保障需求，进一步加强长江沿岸天气雷达、自动气象观测站网建设，并加强船舶自动气象探测系统建设，提高恶劣天气预测预警能力。完善气象部门与海事部门信息快速共享机制，强化短时临近预警信息的快速发布，健全长江水上交通安全广播电台甚高频气象广播、手机短信等多种接收方式，确保海事监管机构和航行船舶及时准确获取灾害性天气预报预警信息。制定《气象灾害防御法》，进一步提高全社会防御气象灾害的能力。

(4)加强内河航运安全信息化动态监管和应急救援能力建设。交通运输部门要进一步健全完善水上交通动态监控相关措施，大力推进 AIS、VTS 等水上交通管理动态监控系统建设和应用，充分发挥信息技术在提高安全防范和应急反应能力方面的重要作用。建立重点客运船舶动态监控系统，合理安排值班人员，加强重点船舶、重点水道、极端天气值班值守。地方政府和交通运输部门要进一步加强长江应急救援体系建设，加大投入，增加设置长江搜救站点，强化救援队伍建设，配备结构合理、性能高效的救援装备，提高应急反应能力，做到及时发现，快速反应，科学施救，保障有力。

(5)深入开展长江航运安全专项整治。交通运输部门要进一步严格航运尤其是客运市场准入，加强客船运输经营人资质动态跟踪管理，严格经营资质年度考核和不定期资质现场抽查，强化对水运经营人和客船进入市场后的监管。加快内河老旧客船升级换代，优化客船运力结构，提高客船安全性。进一步加强长江等内河航行安全管理，严禁旅游客船在恶劣天气条件下航行，加大现场监督执法力度，及时发现并纠正船舶违法违章行为。

（6）严格落实企业主体责任，全面加强长江旅游客运公司安全管理。长江旅游客运公司要按照《安全生产法》和水上交通管理的法律法规及规章制度，建立健全公司安全管理体系和企业安全生产责任体系，全面落实企业主体责任；更加完善本公司船舶限航、停航、抛锚及预警的制度规定；加强企业员工尤其是船员的培训考核，针对不同船舶、不同航线、不同险情，定期组织针对性船岸应急演练，不断提高船舶和岸上应急反应能力；利用企业 CCTV、GPS、AIS 等手段，对公司所属旅游客船进行 24 小时不间断监控，加强船舶驾驶台资源管理，强化船舶航行动态管理，确保及时发现和解决船舶航行中存在的问题。

（7）加大内河船员安全技能培训力度，提高安全操作能力和应对突发事件的能力。交通运输部门商有关部门统筹规划航海院校和培训机构的培训教育工作，完善内河船员职业培训教育和船员考试基础设施建设，提高客运船舶船员考核培训标准。教育、人力资源社会保障部门要在船员教育培训和社会保障等方面出台优惠政策，提升内河船员职业吸引力，提高内河船员特别是船长等高级船员整体素质和业务能力。

五、气象灾害事故的基本概念

气象灾害事故是指凡因灾害性天气、危险气象要素等气象危险因素直接或间接造成人身伤亡、财产损失的事故。显然气象灾害事故与造成事故原因的灾害性天气、危险气象要素等气象危险因素是否可预见或者可抗拒无关，而重点是与造成人身伤亡、财产损失有关，气象危险因素和造成人身伤亡、财产损失是其判据。因此气象灾害事故包含气象自然灾害事故、气象安全事故（气象安全生产事故、气象公共安全事故），即气象自然灾害事故、气象安全生产事故、气象公共安全事故都属于气象灾害事故范畴。所以气象灾害事故既可能属于安全生产事故范畴，也可能属于公共安全事故范畴、还可能属于自然灾害事故范畴，是气象安全生产事故、气象公共安全事故、气象自然灾害事故的总称。其典型案例在前面已经列举介绍，这里就不单独举例说明。

第三节　气象安全生产事故类型

气象安全生产事故类型划分方式主要有按照事故发生的时间、发生行业和领域、气象原因三种方式划分。

一、依据气象安全生产事故发生时间划分的事故类型

根据气象安全生产事故发生时间的不同，气象安全生产事故类型可分为汛期气象安全生产事故和非汛期气象安全生产事故两类。

（一）汛期气象安全生产事故

汛期气象安全生产事故是指发生在每年 5 月 1 日至 9 月 30 日期间的气象安全生产事故。

例如，“6·23”重庆市长寿区晏家街道中学洗碗槽附近围墙因连日降雨导致垮塌，造成现场洗碗的 13 名学生被砸伤的事故就是一起汛期气象安全生产事故的典型案例。

事故经过：2011 年 6 月 23 日 12 时 10 分，长寿区晏家街道中学洗碗槽附近围墙外施工堆放的土堆遇雨发胀后压垮塌了 2 米多高、10 米多长的围墙，当时很多学生吃完午饭，聚集在学校食堂附近的洗碗槽一起洗碗，正在洗碗的一排同学被压在了墙下面，围墙垮塌共造成 13 名学生受伤，其中重伤 2 名(图 2-26)。

图 2-26　2011 年 6 月 23 日，重庆市长寿区晏家街道中学事故现场

根据事故调查小组调查分析表明，事故直接原因主要有两方面：一是施工单位违规施工，基坑弃土堆放不符合规范要求，距学校围墙太近，未达到规定的安全距离要求；二是连日降雨影响，导致土堆下沉，形成侧堆及土堆遇雨发胀重量增加从而造成围墙垮塌。

(二)非汛期气象安全生产事故

非汛期气象安全生产事故是指发生在每年 1 月 1 日至 4 月 30 日和 10 月 1 日至 12 月 31 日期间的气象安全生产事故。

例如，“11・16”甘肃省庆阳市正宁县榆林子镇小博士幼儿园校车因雾造成 21 人死亡事故就是一起非汛期气象安全生产事故的典型案例。

事故经过：2011 年 11 月 16 日 9 时 15 分许，甘肃省庆阳市正宁县榆林子镇小博士幼儿园一辆号牌为甘 MA4975 的运送幼儿的校车(核载 9 人、实载 64 人)，由西向东行驶至正宁县正(宁)周(家)公路榆林子镇下沟村一组砖厂门前路段时，与由东向西行驶的号牌为陕 D72231 的重型自卸货车发生正面相撞(图 2-27)，造成 21 人死亡(其中幼儿 19 人)、43 人受伤。据事后调查分析，事故原因是甘 MA4975 小客车严重超员，在大雾天气下逆向超速行驶，货车和校车司机因大雾天气影响，遇到紧急情况处置不力导致事故发生，是一起典型的由大雾灾害天气引发幼儿园校车车祸的学校安全事故。事故发生后，国务院领导同志高度重视并做出重要批示，要求依法依规严肃处理相关责任人员，切实加强校车安全管理工作；同时国务院安全生产委员会办公室强调要认真吸取事故教训，举一反三，切实搞好道路交通安全，尤其是中小学(幼儿园)校车安全工作。甘肃省省长刘伟平反思正宁校车事故时说:“我们非常痛心,并从中吸取教训,对全省安全生产进行了一次检查、督查和全面整改。”

图 2-27　2011 年 11 月 16 日,甘肃省庆阳市正宁县榆林子镇小博士幼儿园校车事故现场

二、依据气象安全生产事故发生行业和领域划分的事故类型

根据气象安全生产事故发生行业和领域的不同,气象安全生产事故类型可分为国防工业、石油化工、一般工业、一般道路交通、高速公路、铁路交通、水上交通、轨道交通、油气管道、航空、安全监管、项目投资、国土房管、规划、建设、市政、教育、文物、医疗卫生、体育、金融、通信、电力、旅游、商贸、水利、农业、林业、煤矿、非煤矿山、民用爆破器材、烟花爆竹、消防、天然气、液化石油气、危险化学品等多种行业和领域的气象安全生产事故。由于人类的任何活动都在地球大气环境之中,气象直接影响人类生活的方方面面,气象安全生产事故几乎可在所有的行业和领域发生,因此下面给出的气象安全生产事故案例,主要是受气象影响比较敏感的行业和领域、气象安全生产事故发生频率高的行业和领域及社会影响大的行业和领域的典型案例。

(一)国防工业领域的气象安全生产事故典型案例

例如,由国防科工委民爆服务中心教授级高工、国家注册安全工程师杨祖一处长参加事故调查鉴定的 2005 年 4 月 21 日由于雷电灾害天气独立作用下直接造成重庆东溪化工有限公司爆炸,导致 19 人死亡、12 人受伤的特大安全生产事故,就是一起国防工业领域的气象安全生产事故典型案例。

(二)石油化工领域的气象安全生产事故典型案例

例如,发生于 1989 年 8 月 12 日惊动了党中央、国务院,总理亲自到现场指挥抢险救灾工作的山东青岛市黄岛油库因雷击爆炸造成特别重大安全生产事故,就是一起石油化工领域的气象安全生产事故典型案例。

(三)一般工业领域的气象安全生产事故典型案例

例如,2005 年 7 月 15 日 21 时 30 分左右,重庆九龙坡区火炬大道重庆渝科、广宁、鹏程三家公司租用的近 1200 平方米厂房的屋顶上覆盖的 pvc 膜被全部撕开,1200 平方米的厂房全部暴露在雨中,不到 30 分钟,厂房内的积水就将近 5 厘米深,里面存放的钢带、钢管、切割设备等全部被雨淋湿,就连厂房的卷页门也被大风吹开,造成严重的经济损失事故,就是一起一般工业领域的气象安全生产事故典型案例。

(四)一般道路交通领域的气象安全生产事故典型案例

例如,1986年1月9日10时,重庆公交公司25路客车因大雾在重庆卫生学校门前与重庆家具八厂的渝洲牌客货相碰,造成1人死亡,14人重伤,其中5人残废的交通安全事故,就是一起一般道路交通领域的气象安全生产事故典型案例。

(五)高速公路的气象安全生产事故典型案例

例如,2001年9月4日6时30分的一场团雾,致使京沈高速公路发生近百辆车追尾相撞,34辆受损,5人死亡的交通安全事故,就是一起高速公路的气象安全生产事故典型案例。

(六)铁路交通领域的气象安全生产事故典型案例

例如,发生在2011年7月23日20时30分,惊动了党中央、国务院,总理亲自到现场指挥抢险救灾工作的温州动车因雷击温州南站列控中心采集驱动单元后引发追尾脱轨坠落的特别重大铁路交通安全事故,就是一起铁路交通领域的气象安全生产事故典型案例。

(七)水上交通领域的气象安全生产事故典型案例

例如,2003年6月19日在重庆涪陵境内长江主航道上发生的由于江面变宽后形成的江面局地蒸发雾导致两船相撞、造成涪洲10号轮突然向左翻转倾沉入江中,导致船上64人全部落水,致使29人死亡,27人失踪的特大水上交通安全事故,就是一起水上交通领域的气象安全生产事故典型案例。

(八)轨道交通领域的气象安全生产事故典型案例

例如,2011年8月22日14时47分许,南京地铁二号线孝陵卫站往苜蓿园站区间,由于21日晚间暴雨使地下水位递增,引起这一区间下马坊站往新街口方向约200米处混凝土隧道床上浮约10厘米,涉及范围约20余米,导致局部轨道抬升使列车随轨道抬升,致这一区间接触网遭损坏后断电,造成区间内两趟列车运营中断的安全事故,就是一起轨道交通领域的气象安全生产事故典型案例。

(九)油气管道领域的气象安全生产事故典型案例

例如,1990年8月18日,在离俄罗斯萨马拉(古比雪夫)不远的新布扬镇地区,乌连戈伊——彼得罗夫斯克3条并列输气管的一条路过该地区,由于暴雨之后管沟内的地层塌陷使管道破裂起火,在60大气压下巨大的火柱直达天空,其火焰高达50米,虽然没有造成人员伤亡,但造成巨大财产损失的事故,就是一起油气管道领域的气象安全生产事故典型案例。

(十)航空领域的气象安全生产事故典型案例

例如,2000年10月31日,新加坡航空006航班在象神台风的暴雨下于台北桃园国际机场起飞,起飞时撞到障碍物坠毁造成机上83人罹难的灾难事故,就是一起航空领域的气象安全生产事故典型案例。

(十一)安全监管领域的气象安全生产事故典型案例

例如,国务院天津港"8·12"瑞海公司危险品仓库特别重大火灾爆炸事故调查组,根据相关法律、条例、规章制度的规定,认定天津市安全监管部门玩忽职守,未按规定对瑞海公司开展日常监督管理和执法检查,也未对安全评价机构进行日常监管。导致安全监管部门4人被采取刑事强制措施、9人被给予党纪政纪处分、8人被给予诫勉谈话或批评教育。因此惊动了党中央、国务院，总理亲自到现场指挥抢险救灾工作的2015年8月12日天津港“8·12”瑞海公司危险品仓库因高温（天气）诱发火灾爆炸造成特别重大生产安全责任事故，就是一起安全监管领域的气象安全生产事故典型案例。

（十二）项目投资领域的气象安全生产事故典型案例

例如，1938年9月27日开建，1940年7月1日通车的美国华盛顿州塔科马海峡大桥（Tacoma Narrows Bridge，其主跨853.4米、全长1810.56米、桥宽11.9米，梁高1.3米，大桥设计可以抗60米/秒的大风），在大桥项目投资兴建时，由于对气象因素影响吊桥安全的风险认知水平有限，项目投资的可行性论证中忽视了危险气象因素引发大桥安全事故的气候可行性论证，使大桥设计没有考虑风可形成空气弹性颤振，而颤振的出现可使风对桥的影响越来越大，最终桥梁结构可像麻花一样彻底扭曲变形导致桥梁钢梁发生断裂。因此，大桥刚投入使用后的几个星期就在微风中出现了上下起伏，并在1940年11月7日早上7点，顺峡谷刮来的风激起了大桥的谐振，在持续3小时的大波动中，整座大桥上下起伏达1米多，10点时风速增加到约19米/秒，振动变得更加强烈，振幅越来越大，直至桥面倾斜到45°左右。随后，钢索吊杆逐根拉断，导致桥面钢梁折断而倒塌，坠落到峡谷之中，使该大桥建成通车不到4个月就被微风摧毁形成灾难事故，就是一起项目投资领域的气象安全生产事故典型案例。

（十三）国土房管领域的气象安全生产事故典型案例

例如，2001年5月1日重庆市武隆县县城江北西段高切坡垮塌事故，致使一幢建筑面积为4061平方米的9层楼房被摧毁掩埋，造成79人死亡、4人受伤的地质灾害事故的主要原因是垮塌建筑的项目业主及施工组织者李强，在没有任何勘察资料和没有进行设计的情况下，即进行坡地切坡施工，护坡治理工程处理不当，武隆县江北新区西段管委会在项目实施过程中，没有履行质量监督管理的职责，将不符合验收条件的工程按合格工程验收；武隆县建委对高切坡治理无有效的监督措施。武隆县建委的一些领导，接到险情报告后，没有采取首先疏散住宅楼居民的果断措施，丧失了宝贵时间，严重失职。武隆县政府在制定和实施城市规划过程中，违反了《城市规划法》的有关规定，将地质灾害事故发生地段确定为建设用地，导致了该项目的选址错误。事故的诱发因素是2001年4月30日武隆县下了一整天雨，使4月15日左右就在岩壁出现裂缝（俗称惊丝）处于快要滑坡状态的高切坡在雨水的润湿浸泡作用下，在5月1日8时20分左右发生垮塌造成人员伤亡。因此“5·1”重庆市武隆县县城江北西段高切坡塌造成人员伤亡的地质灾害事故，就是一起国土房管领域的气象安全生产事故典型案例。

（十四）规划领域的气象安全生产事故典型案例

例如，“5·1”重庆市武隆县县城江北西段高切坡塌造成人员伤亡的地质灾害事故的原因之一是武隆县政府在制定和实施城市规划过程中，违反了《城市规划法》的有关规定，将地质灾害事故发生地段确定为建设用地，导致了该项目的选址错误。为此武隆县建委和武隆县委、县政府有关人员受到开除公职、开除党籍、撤销职务、行政降级、党内严重警告、党内警告等处分，重庆市规划局对武隆县违反县城总体规划进行建设的行为失察、重庆市建设委员会对武隆县建委在实施建设工程管理方面的监督不力，由重庆市委、市政府给予通报批评。因此，“5·1”重庆市武隆县县城江北西段高切坡塌造成人员伤亡的地质灾害事故，也是一起规划领域的气象安全生产事故典型案例。

(十五)建设领域的气象安全生产事故典型案例

例如,2013 年 8 月 1 日凌晨 1 时 30 分许,因突发雷阵雨及大风极端天气,西安市东郊京都国际项目工地一塔吊被大风刮倒,砸中施工工人宿舍的活动板房造成 4 人死亡,4 人受伤的事故,就是一起建设领域的气象安全生产事故典型案例。

(十六)市政领域的气象安全生产事故典型案例

例如,2006 年 3 月 12 日上午,位于福建泉州北峰路段的一块巨大的户外广告牌被大风吹倒,压住了两辆行驶中的摩托车,造成两死两伤的事故,就是一起市政领域的气象安全生产事故典型案例。

(十七)教育行业的气象安全生产事故典型案例

例如,2005 年 9 月 14 日下午 3 时许,上千名大一新生正在湖南省第一师范学校新校区的操场上接受军训,一场雷雨突然来临,教官没有立即停止军训及时解散疏散学生,随着一道闪电划过长空,击中 1 名教官 5 名学生,造成 5 人受伤、1 女生死亡的雷击事故,就是一起教育行业的气象安全生产事故典型案例。

(十八)文物领域的气象安全生产事故典型案例

例如,2008 年 8 月 11 日 11 时左右,一声炸雷将江苏扬州重宁寺藏经楼击中引发火灾,由于藏经楼当时正处于修复期,空楼内未陈列古籍等相关文物,亦没有接待游客,工作人员发现藏经楼起火,立刻报警,消防人员迅速扑救,火情得到控制扑灭。此次雷击火灾造成藏经楼的一扇门被雷击倒,多扇窗户都有被击伤留下痕迹,一根 10 余米的木质门柱损坏严重,藏经楼内部多处被烧毁,二楼地板被烧出两个大洞等文物损失。这起事故,就是一起文物领域的气象安全生产事故典型案例。

(十九)医疗卫生领域的气象安全生产事故典型案例

2006 年 6 月 25 日 18 时 23 分至 20 时,河南省安阳市滑县境内出现雷雨大风天气并伴有强雷暴,致使该县一乡镇医院在 19 时许被雷击。医院内水泥地面被击碎了一道长缝,同时医院 CR 机 X 光机、磁饱和稳压器、16 口交换机和大部分计算机及网络设备受到雷击损坏,造成直接经济损失 30 余万元,并影响了该院的正常运转的事故,就是一起医疗卫生领域的气象安全生产事故典型案例。

(二十)体育行业的气象安全生产事故典型案例

例如,2002 年 8 月 17 日上午,王嘉铭等 6 人来到上海三甲港海滨浴场游泳。当时,雨中的天空时有雷鸣,突然一声惊雷响过,将正在海滨浴场游泳的王嘉铭、王佳被雷击中,两人被送医院抢救后,王佳康复,而王嘉铭却于次日死亡。死者父母将管理单位告上法庭,法院判决认为海滨浴场在雷击事件发生前未关注气象预报,雷阵雨来临时也未引起足够重视,并未采取告知、劝说泳客上岸的措施,因此对这起死亡事件应负主要责任。这起雷击海滨浴场造成人员伤亡事故就是一起体育行业的气象安全生产事故典型案例。

(二十一)金融行业的气象安全生产事故典型案例

例如,1996 年 6 月 6 日,重庆市农业银行大厦内计算机遭受雷击,损失 107 万元,其下属信托投资公司证券部通信网络中断数小时,引起股民恐慌的雷击事故,就是一起金融行业的气象安全生产事故典型案例。

（二十二）通信行业的气象安全生产事故典型案例

例如，2006 年 4 月 25 日 5 时 27 分，武汉铁路局所属的一家通信公司 3 条通信光缆在“京广铁路线”湖北孝昌县境内花园站至卫家店站之间 2.3 千米内的通信光缆，有 5 处因雷击故障，虽然经全力抢修，仍然造成 3 条通信光缆分别中断 7 小时 15 分、8 小时 16 分和 12 小时的事故，就是一起通信行业的气象安全生产事故典型案例。

（二十三）电力行业的气象安全生产事故典型案例

例如，2007 年 7 月 17 日重庆市南岸区鸡冠石到江北区黑石子的一条过江高压线和一条地线（避雷线）被雷电击中劈断，断线掉落长江，造成黑石子片区 10 万市民用电告急和高度超过 30 米的船在抢修期间禁止通行的事故，就是一起电力行业的气象安全生产事故典型案例。

（二十四）旅游行业的气象安全生产事故典型案例

例如，2016 年 5 月 28 日 16 时，广东江门台山市端芬镇凤凰峡旅游区游客在漂流过程中，被暴雨形成的突发山洪冲走，造成 8 人死亡，10 人受伤的安全事故，就是一起旅游行业的气象安全生产事故典型案例。

（二十五）商贸行业的气象安全生产事故典型案例

例如，1998 年 2 月 16 日，江西省抚州地区棉麻总公司储运物资公司仓库一号库房因雷击引起火灾，烧毁棉花 6021 件，烧毁砖木结构库房一栋（面积 1100 平方米），直接财产损失 1135.5 万元的事故，就是一起商贸行业的气象安全生产事故典型案例。

（二十六）水利行业的气象安全生产事故典型案例

例如，2015 年 8 月 3 日 17 时 15 分许，陕西西安市长安区王莽街道小峪河村，由于短时强降雨形成突发山洪泥石流，致使小峪河东岸几桌正在用餐的游客，被他们身后山梁上突然涌下的一股泥石流冲进河道，造成 7 人死亡、2 人失踪的事故，就是一起水利行业的气象安全生产事故典型案例。

（二十七）农业领域的气象安全生产事故典型案例

例如，2001 年 8 月 6 日 14 时 25 分前后，浙江省绍兴县海涂九一丘的绍兴绿神特种水产品有限公司鳖场因直击雷引发重大火灾事故，造成烧毁甲鱼养殖温室 21600 平方米，死亡甲鱼 55 万只，直接经济超过 500 万元的事故，就是一起农业领域的气象安全生产事故典型案例。

（二十八）林业领域的气象安全生产事故典型案例

例如，2005 年 7 月 14 日 19:25 分，一道闪电击中江津市白沙镇福建村老鹰窝一棵树木，随即引发森林火灾，造成 96 亩①森林过火，受损面积 56 亩，直接经济损失 40 万元的雷击森林火灾事故，就是一起林业领域的气象安全生产事故典型案例。

（二十九）煤矿行业的气象安全生产事故典型案例

例如，2004 年 6 月 5 日，重庆市南桐矿业公司东林煤矿新矸石山，因连日下雨发生 3 万余立方米的山体滑坡灾害，造成 14 户村民、56 人（其中过路的 7 人）受灾，11 人死亡，10 人失踪的安全事故，就是一起非煤矿山领域的气象安全生产事故典型案例。

① 1 亩＝1/15 公顷，下同。

（三十）非煤矿山领域的气象安全生产事故典型案例

例如，2008年7月18日下午2点多，福建泉州惠安县张坂镇后曾村北蔗自然村的建邦石矿场空中三道雷电叠加劈来，瞬间点燃预埋的10多个横孔、竖孔的电雷管，而这些电雷管中装有民用爆破乳化炸药，这些孔都有几米深，并装的炸药可能有好几箱，因此整片矿山发生爆炸，造成财产损失和1人死亡的事故，就是一起非煤矿山领域的气象安全生产事故典型案例。

（三十一）民用爆破器材领域的气象安全生产事故典型案例

例如，2005年6月21日11时03分，山西江阳兴安民爆器材有限公司仓库天气炎热高温引起炸药自燃爆炸，爆炸波及8个乡镇、27个村、6所学校，造成336人受伤的事故，就是一起民用爆破器材领域的气象安全生产事故典型案例。

（三十二）烟花爆竹领域的气象安全生产事故典型案例

例如，2013年6月21日17时左右，江西省抚州市金山出口烟花制造有限公司原料库因超强雷电击中引起爆炸，造成3人死亡，45人受伤，其中重伤6人的事故，就是一起烟花爆竹领域的气象安全生产事故典型案例。

（三十三）消防领域的气象安全生产事故典型案例

2006年9月3日晚10时许，位于梁平县新盛镇的重庆三奇青蒿发展有限责任公司发生火灾，引燃了车间的石油醚和堆放在附近仓库的青蒿原料，造成3人烧伤、设备损坏和火灾现场附近上千名居民转移的事故。该事故主要原因是：事故发生时，青蒿素分离生产车间气温高、湿度小（根据梁平气象局自动气象站数据2006年9月3日22时温度为31.5℃，相对湿度为58%，但车间屋面为金属屋面且无降温设备，其内部温度远高于外界温度，空气湿度也远小于外界），同时梁平县遭遇百年不遇的高温干旱，极端的气象条件导致厂房内空气和工作地坪（没有进行导电化处理）含水量的大量减少，导致工作地坪的静电导体电阻率升高，不能满足小于1×10^6欧·米的安全要求，使原来生产工艺形成的静电电荷无法通过空气流散和生产地面泄流，形成的静电电荷积聚造成盛放硅胶混合物的塑料袋因静电电压升高而与其他物体产生火花放电，引燃附近具有相当浓度的石油醚气体，引起火灾事故。因此该事故是一起消防领域的气象安全生产事故典型案例。

（三十四）天然气领域的气象安全生产事故典型案例

例如，1999年4月23日，永川市跳蹬河农贸市场商住楼因雷电波通过铺设在屋面天然气管道入侵，造成住户家的天然气灶、燃气热水器毁坏和楼道的天然气调压箱爆炸燃烧，封锁了道路，引起住户恐慌，造成72家住户联名向永川市人大、政府上告的事故，就是一起天然气领域的气象安全生产事故典型案例。

（三十五）液化石油气行业的气象安全生产事故典型案例

例如，1998年8月3日21时左右，湖北荆门市燃气总公司响岭液化石油气站的高30米避雷针塔，因其材料配置和接地装置等安装不规范，遭雷击而倒塌，并将该站输气管砸扁，几乎酿成特大安全事故，该事故造成直接经济损失约1.7万元，是一起液化石油气行业的气象安全生产事故典型案例。

（三十六）危险化学品领域的气象安全生产事故典型案例

例如，2009 年 7 月 1 日上午，湖北武汉市桥口区古田一路武汉有色金属总仓库内存放有大量漂白粉、氯化钙及硫黄等化学品，由于部分雨水渗入仓库内与漂白粉发生化学反应，产生大量有毒有害气体（氯气——此气体极易造成人体上呼吸道黏膜的损伤，吸入过多会导致人员伤亡；同时，作为强氧化剂的氯气在遇到易燃物品硫黄后，极易发生火灾。）弥漫四周，使仓库周边人民群众生命受到极大威胁。武汉消防支队接警后，迅速调集古田、宗关、吴家山、特一四个中队 14 余辆消防车 60 余名指战员参战，紧急疏散周围 200 余名群众，采取有效措施，防止险情扩散。由于处置得当，事故没有人员伤亡。显然该事故是一起危险化学品的领域的气象安全生产事故典型案例。

三、依据气象安全生产事故发生的气象原因划分的事故类型

依据引发气象安全生产事故的气象原因不同，气象安全生产事故类型可分为灾害性天气引发气象安全生产事故和危险气象要素引发气象安全生产事故 2 类。

（一）灾害性天气引发气象安全生产事故种类

由于灾害性天气种类受到地理位置、地形特征和气候背景的影响，在不同行政区域存在差异，因此参考《重庆市气象灾害预警信号发布与传播办法》（重庆市人民政府令第 224 号）和重庆市地方标准《气象灾害敏感单位安全气象保障技术规范》（DB50/368-2010）确定的重庆气象灾害敏感单位的灾害性天气种类以及结合我国灾害天气发生实际状况，我国灾害性天气主要有台风、暴雨、暴雪、寒潮、大风、沙尘暴、高温、干旱、雷电、冰雹、霜冻、大雾、霾、道路结冰、森林火险、飑线、龙卷风等 18 种灾害性天气，但由于人类对大气运动认知水平的限制，目前人类的气象科技对突发飑线和龙卷风等灾害性天气直接造成的事故还不能预见或者不能抗拒，只能减轻事故损失。所以依据引发气象安全生产事故的灾害性天气不同，灾害性天气引发气象安全生产事故可分为台风、暴雨、暴雪、寒潮、大风、沙尘暴、高温、干旱、雷电、冰雹、霜冻、大雾、霾、道路结冰、森林火险 15 种灾害性天气引发气象安全生产事故。其典型案例如下。

1. 台风灾害性天气引发气象安全生产事故案例

典型案例：1983 年发生的美国“爪哇海”号钻井船在我国海域遇台风沉没事故。

1983 年 10 月 25 日 23 时 15 分以后，由美国阿科石油公司租用在我国莺歌海石油合同区承包钻井作业的美国“爪哇海”号钻井船，遭到了十六号强台风的袭击，10 月 26 日凌晨与岸上失去通讯联系。事件发生后，我国有关方面出动了 22 艘舰船和 6 架飞机，在 6.3 万平方千米海域内进行搜寻和营救。10 月 27 日，我国二〇五号拖轮在“爪哇海”号原井位附近用测深仪测得海底有一个突出物。随后，二〇五号、二〇九号拖轮携带旁测声呐设备对突出物进行多次探测扫描。中外专家对测得的 8 条测线作了分析处理，证明突出物的形状和长度与“爪哇海”号相同。同时，我海军也组织了 4 艘舰船进行深水潜水作业。在水深 75 米处，潜水员看到了沉没的“爪哇海”号钻井船船体，船体倾斜 90 度。经潜水作业证实，“爪哇海”号已沉没在距离原钻井井位西南 275 米处。这艘钻井船失事时船上共有工作人员 81 人，其中外籍人员 46 人，中方人员 35 人。

2. 暴雨灾害性天气引发气象安全生产事故案例

典型案例：1981 年 7 月 9 日，成昆铁路列车因暴雨形成特大泥石流导致桥毁路断、客车颠

覆坠桥，造成130人死亡、146人受伤的特大事故就是暴雨灾害天气形成诱发铁路运输事故的风险，最终转变成特别重大事故的典型案例(图2-28)。

图2-28　1981年7月9日，成昆铁路列车因暴雨形成特大泥石流导致桥毁路断、客车颠覆坠桥特大事故现场

1981年7月9日凌晨1时30分许，大渡河支流利子依达沟因暴雨爆发泥石流(流速高达13.2米/秒，容重达2.32吨/立方米，且其中包含了大量的巨砾，直径8米以上者达数十块之多)，高达二十多米的泥石流“龙头”在风雨交加的黑夜中将大渡河边两山夹峙的利子依达沟口的17米高、百多米长的利子依达铁路大桥冲毁(直径三四米粗的2号钢筋混凝土桥墩，被拦腰劈断为三节，并把被拦腰劈断的桥墩和桥上的一孔31.7米预应力砼简支梁和一孔44米钢板梁冲进几十米以外的大渡河)。1时41分，由格里坪开往成都的442次直快旅客列车在尼日站与成都开往金江站(今攀枝花站)的211次快车交会之后，由尼日站开出。一分钟后，尼日站向前方乌斯河站为442次列车报点期间发现电话中断，线路不通，无法联络。1时45分，列车以时速40千米速度驶进奶奶包隧道，在转过隧道曲线之后，列车司机王明儒忽然发现隧道出口的山沟旁的护路房倒塌，以及看不到前方利子依达大桥铁轨的反光，便拉下了关键死闸和汽笛，尝试以紧急制动把列车刹停。由于从隧道通往大桥的路段是下坡段，坡度达14‰，列车未能在桥面中断位置前停下。1时46分，两台东风3型柴油机车、13号行李车、12号邮政车及3辆客车车厢(9至11号)从桥坠下，其中机车及11至13号车坠入大渡河中，9号和10号车则掉在岸边，8号硬座车厢在桥头的隧道内被强大的冲击力撞出钢轨，翻覆在隧道口外，造成130人死亡、146人受伤，另外列车7号至1号车厢被紧急制动刹停。

3. 暴雪灾害性天气引发气象安全生产事故案例

典型案例：2009年11月11日河北省永年县临洺关镇西滩头龙凤学校餐厅因暴雪垮塌造成28名学生伤亡的事故(图2-29)。

图2-29　2009年11月11日，邯郸市永年县临洺关镇龙凤学校事故现场

2009 年 11 月 11 日下午 5 时，河北省邯郸市永年县临洺关镇西滩头龙凤学校彩钢结构餐厅在暴雪中垮塌，造成在餐厅用餐的 3 名学生死亡，25 名学生受伤的惨烈后果。虽然 11 月 10 日，河北省已经因暴雪向全省各县市下发了防范灾害的紧急通知，河北省教育厅也在 11 日就防范大雪危害及冬季学校安全工作发布紧急通知，要求各级各类学校采取有效措施，避免因大雪引发的校舍安全事故，并且离龙凤学校仅仅 30 米远的一间彩钢厂房顶部的彩钢瓦已经于 11 日上午 8 时 30 分左右被大雪全部压垮。然而这些信号未能引起龙凤学校的高度重视，使学校缺乏大雪灾害天气引发学校安全事故的思想准备，没有采取任何针对性的方法措施，导致事故损失加重。

4. 寒潮灾害性天气引发气象安全生产事故案例

典型案例：2008 年 12 月 2 日陕西省定边县天气寒冷，导致该县堆子梁中学学生晚上在宿舍用炭炉取暖造成 11 名学生煤气中毒死亡和 1 名学生煤气中毒的灾害事故，就是典型的学校气象灾害防御工作缺乏超前性管理的案例。

事故现场分析表明，引起中毒的主要原因是：由于天气寒冷，学生在宿舍用炭炉取暖，在封堵炉子时，可能把燃煤块掉在了地上却没有发现，而学生床板底下就堆积着煤块。当学生入睡后，燃煤把堆放的煤块点燃，产生大量的一氧化碳有害气体，导致 11 名学生煤气中毒死亡和 1 名学生煤气中毒（图 2-30）。

图 2-30　2008 年 12 月 2 日，堆子梁中学一氧化碳中毒事故现场

事故发生后陕西省省长袁纯清要求，有关部门以此为教训，加大学校安全取暖工作力度，确保学生生命安全。同时教育部发出紧急通知要求，各地切实做好农村寄宿制学校冬季取暖安全工作。其具体要求是：一是要迅速组织力量开展寄宿制学校学生宿舍安全排查。对校内宿舍和学校集体租用的校外宿舍，特别是有燃煤取暖的宿舍，进行一次全面安全排查。在教室、宿舍、办公室等室内安装的燃煤取暖设施要以确保通风和安全为前提，必须安装有排烟管道，周围不能存放易燃物品，要保证排烟管道畅通、不漏气，同时房间应装有风斗，并经常进行检查和更换，必要时可采取深夜闭火等措施，防止一氧化碳积聚造成中毒和火灾的发生。二是要进一步落实寄宿制学校学生宿舍安全管理责任。各地要以堆子梁学校的惨痛教训为戒，按照谁主管、谁负责的原则，切实把寄宿制学校各项安全管理规定落到实处。一定要有专人负责学生宿舍夜间管理和安保工作，加强夜间值班和定时巡查。三是要采取紧急措施加强中小学校安全设施建设。今后仍需采用燃煤取暖的学校，要尽快在学生宿舍安装一氧化碳报警装置。有条件的地方要借鉴河北省等地的做法，对农村寄宿制学校取暖设施进行全面改造，采取学校

集中供暖，尽量早日取代室内燃烧煤炉取暖的方式。四是要有针对性地开展对学生的安全教育。根据寄宿制学校学生宿舍冬季燃煤取暖的现状，要让广大学生进一步掌握预防一氧化碳中毒的基本知识和方法，保持宿舍室内通风，提高学生的安全防范意识和一旦发生中毒时的应急处置能力。

众所周知，天气寒冷的冬季是燃煤取暖不当造成学生煤气中毒和火灾的易发期，教育部也曾多次就各地切实做好农村寄宿制学校冬季取暖安全工作发出通知和预警，但仍有一些学校安全意识薄弱、管理不到位、措施不落实。若事前，陕西省榆林市定边县堆子梁学校就天气寒冷的冬季是燃煤取暖易发生煤气中毒的隐患进行排查和治理，指定专人负责学生宿舍夜间管理和安保工作，加强夜间值班和定时巡查，将低温寒冷天气学校燃煤取暖易发生煤气中毒事故隐患消灭在萌芽状态，超前性做好学校由低温寒冷天气引发的衍生灾害和次生灾害防御工作，也许此次事故可以避免。

5. 大风灾害性天气引发气象安全生产事故案例

典型案例：2007 年 2 月 28 日，新疆列车因大风脱轨造成 4 名旅客死亡，2 名旅客重伤，32 名旅客轻伤，南疆线被迫中断行车的列车脱轨事故(图 2-31)。

图 2-31　2007 年 2 月 28 日，新疆列车因大风脱轨事故现场

2007 年 2 月 28 日凌晨 2 时 05 分，5807 次旅客列车行至南疆线珍珠泉至红山渠间 42 千米＋300 米处，因瞬间风速为 37.0～41.4 米/秒的大风造成列车 9 至 19 位车厢脱轨。据乘客刘宇亮讲：当他乘坐的从乌鲁木齐驶往阿克苏的 5807 次列车，行驶至珍珠泉至红山渠站区间时，突遇大风。沙尘裹挟着乒乓球大小的石子噼里啪啦打在车体上，长长的列车犹如行驶在大海中的小舟摇摇晃晃。突然，一块鸡蛋大的鹅卵石子弹般击中了他乘坐的车厢中部的窗玻璃，"哗啦"一声玻璃碴溅了一地。接着，相邻的车窗玻璃也被石头击碎。两块、三块、四块……车厢里顿时充满了刺鼻的土腥味。乘客们慌忙用棉被、大衣去堵车窗。然而大风把人吹得趔趔趄趄。没有了玻璃阻挡，灌满了风的车体犹如一张拉开的弓朝左边倾斜。乘客们虽然紧抓栏杆，双脚仍站不稳，有的被甩到了铺位中间，有的在地上打滚。饭盒、茶杯随着摇晃的车体在空中乱飞，行李架上的行李散落了一地。突然，更可怕的事情出现了：车体脱轨！乘客们的心脏失重般嗖地揪了起来，车厢左壁成了车底在沙石路基上滑行，车体和石块摩擦，溅起串串火星……被风沙打破的车窗变成了车顶，大风从车顶灌入车厢，人根本探不出头。

这场大风导致 11 节车厢出轨，造成 4 人死亡，2 名旅客重伤，32 名旅客轻伤。南疆铁路被迫中断行车。列车被吹翻的地段位于乌鲁木齐以东 120 千米左右的珍珠泉附近，这里是全国著名的"百里风区"。该地区一年中刮风天气占 2/3。风力超过 12 级的大风天气经常出现。并且早在 2001 年 4 月 13 日，一场 12 级以上的大风刮了 3 天，风速达到每秒 51 至

56 米，以致测风仪达到极限失效，停留在出事地点几十千米的珍珠泉车站的 11 节列车车厢被刮下路基。

6. 沙尘暴灾害性天气引发气象安全生产事故案例

典型案例：2014 年 4 月 23 日 9 时 30 分左右，新疆巴州轮台县至阿克苏库车县之间的库库高速公路 497 千米处，由于沙尘暴灾害天气的风力高达 10 级以上，能见度不足 5 米，导致 5 辆半挂车和 1 辆由乌鲁木齐开往库车并装载 30 人的大巴车在该路段发生追尾事故（图 2-32）。

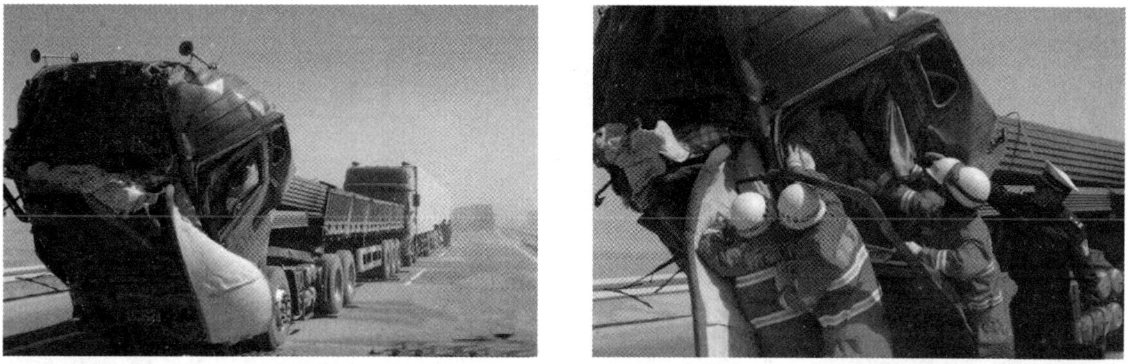

图 2-32　2014 年 4 月 23 日，新疆巴州库库高速公路因沙尘暴导致多车追尾的交通事故现场

2014 年 4 月 23 日 9 时 43 分，新疆巴州公安消防支队轮台县中队接到 119 指挥中心调度指令，立即出动 2 车 12 人于 10 时 35 分赶到事故现场抢险救援，由于一辆运输钢材的半挂车驾驶室被车上钢材牢牢压住，驾驶室严重变形，车内 1 人被困。因此消防指挥员立即协调交警部门调集一辆吊车，对车上钢材进行清理，消防人员对该驾驶室进行破拆，经消防官兵 5 个小时不懈努力，于当日 15 时 40 分将司机从驾驶室救出，但已无生命体征。该事故造成 1 人死亡，2 人重伤、28 人轻伤。

7. 高温灾害性天气引发气象安全生产事故案例

典型案例：2013 年 6 月下旬，江苏太平洋财险公司无锡分公司，接处一起汽车自燃事故就是一起高温灾害天气引发汽车安全事故的典型案例。这起面包车自燃事故发生在江苏省无锡市惠山区，当时司机发现引擎盖冒烟后迅速离开汽车，不一会儿整辆车都被大火吞噬。所幸没有人员伤亡。更幸运的是，这辆车是单位投保并已经使用 10 年，因此投保险种比较齐全，尤其该车投保了自燃险，所以车刚一出自燃事故后就很快获得了 9 万元的保险理赔款。据该保险公司人员统计，2013 年 6 月下旬以来车险出险率逐渐步入高峰期。除了常见的暴雨天气引起发动机进水、高温气候引起汽车自燃外，轮胎爆胎等引发的交通事故也开始上升，另外水箱开锅、车厢物体爆炸等也易增加汽车受损事故。仅仅 2013 年该保险公司接到了三四起自燃事故，除了这辆车外，几乎都因为没有投保车辆自燃险而无法获得理赔。由于新车自燃都在车辆生产厂家的“三包”范围内，而开了 5 年以上的汽车因电路老化就有可能发生自燃，尤其夏天高温天气发生自燃的风险特别高，但旧车自燃已经不在车辆生产厂家的“三包”范围内，其自燃事故也不在一般保险理赔范围内，需要单独办理，否则旧车自燃事故发生后，常常受到保险公司拒赔。因此保险公司提醒市民，夏季开车不仅需了解保险理赔知识，也需做好多种防范安全事故措施，建议旧车最好办理汽车自燃等自然灾害保险。

图 2-33 是北京、重庆、南宁等城市高温天气导致行驶车辆自燃的事故现场。

(a)

(b)

(c)

图 2-33　北京(a)、南宁(b)、重庆(c)高温天气导致车辆发生自燃的事故现场

8. 干旱灾害性天气引发气象安全生产事故案例

典型案例:2014 年 8 月河南大旱水库数十万斤①鱼闷死，水厂的水源受到污染，无法确保水质安全，水厂被迫停止取水，影响供水安全和当地水产养殖业正常生产经营活动，给渔民带来严重的经济损失的事件(图 2-34)。

2014 年 8 月原来，河南登封白沙水库出现鱼类大量死亡引发社会关注，从图 2-34 可以看到，水库的水位相当低，成批的死鱼在水库岸边漂浮着。造成鱼类大量死亡的原因是什么？当地政府采取了哪些措施降低渔民损失？又如何处理这些死鱼？大量的死鱼对居民的饮水安全有没有影响？

来到河南登封白沙水库，记者看到 10 平方千米的水面上，靠近湖岸一侧漂浮着大量翻着白肚的鱼，岸边围坐着一些当地的渔民。

---

①　1 斤＝0.5 千克，下同。

图 2-34　2004 年 8 月，河南登封白沙水库因干旱导致
鱼类大量死亡现场

渔民：闷死了主要是老是连阴天，河整体缺氧比较严重。

这几天，渔民们为了死鱼的事情着急上火，焦头烂额。河南省郑州市的登封市宣化镇王村养殖户周师傅指着自己的网箱哽咽地告诉记者，现在他们只得把死鱼从网箱中捞出扔掉，准备用铲车填埋，他所在的镇有 100 多个养殖户，都有不小的损失。

渔民：死了至少有两千多斤。

水库另一侧，工人们正在湖面上作业打捞死鱼，不一会儿，一条三四米长的小船就捞满返岸，看着死鱼，养了十几年鱼的渔民老张蹲坐在湖边心疼地直掉泪，他说他养的 20 多万斤的鱼已经死了近九成。

渔民老张：现在基本上都是倾家荡产，鱼死了，投资太大。哎呀都没法说，有的是回家哭了，饭都不想吃。

渔民们说，虽然损失惨重，但目前当地政府已为渔民发放补贴并正在对清理出的死鱼进行深埋无害化处理。

渔民：死鱼现在全部捞出来，政府补助，一斤一块钱，现在死鱼基本上全都挖坑填埋了。

据登封市环保局新闻发言人赵俊涛介绍，目前登封市白沙水库共有养殖户 133 户，约有 266 万千克鱼，现在湖中死鱼约有数十万斤，经调查，发现是因为干旱水中缺氧所致。

赵俊涛：出现死鱼的原因，一是旱情严重，水库多次调水水位过低，又不能得到自然的补水，现在库存大概有一千万立方米，接近死库容。第二是养殖的密度过大，加上天气闷热，导致水中的鱼严重缺氧。

虽然现在政府部门正在积极打捞死鱼，但不少市民对饮水安全有所质疑。据了解，登封市共有五个水库，持续干旱造成其中四个几近干涸，登封市居民供水需靠自备井和仅存少量水的白沙水库向水厂引水。据登封市防疫站站长王德祥介绍，死鱼事件后，自来水厂已经停用白沙水库的水，目前水质正在监测中。

王德祥：现在整个水质已经有所变化，但目前正在监测之中，结果没有出来。需要一周。如果水源要是不合格的话，看他整个污染程度和污染的指标，如果说污染比较严重的话，建议他们停止这个水源地使用。处理之后，基本上达到整个水源地标准，再开始启用水源地。当地部门表示，他们会密切关注水质变化，并采取措施确保居民饮水安全。

登封市环保局新闻发言人赵俊涛：要求防疫部门，跟踪加密监测，防止疫情发生，确保居民的饮水安全。

因此，供水企业的各部门需高度重视干旱灾害天气引发供水企业安全事故风险防范工作。

9. 雷电灾害性天气引发气象安全生产事故案例

典型案例：2011 年 8 月 13 日下午 6 点半左右，重庆索特盐化股份有限公司在重庆市万州区的真空盐项目基建工地发生一起闪电引爆了放在屋内的电雷管，造成 12 名农民工被炸伤事故。

2011 年 8 月 13 日下午 6 点，重庆索特盐化股份有限公司真空盐项目基建工地的天气从艳阳高照突然电闪雷鸣暴雨倾盆、狂风骤起、一道道闪电划过天际，蒋有权、周先德等 13 名工人们见雷阵雨袭来，一点不惊慌，一边笑闹着一边慌忙躲向施工处 20 米外的一幢废弃小楼。这幢废弃的二层小楼处在小山包的山顶上，周围空旷无物。蒋有权等 13 人他们躲在底层的客厅，正笑着谈论天气的突变，享受着雷雨带来的一丝清凉。当时蒋有权站在门左边的位置，专心地盯着门外的风雨和远近的闪电。突然，一道刺眼的闪电闪过，“咔嚓”一声巨雷，所有人被吓得一愣。“嘭”一声巨响又在小楼内炸响，所有人感到耳膜好像被震破了。蒋有权突然感到双腿剧烈的疼痛，整个面部也火辣辣的痛。此时在小楼里避雨的工人，被炸得面目全非，鲜血直流。民工们很快意识到，可能是存放在小楼里的电雷管发生了爆炸。

不远处的施工人员看到爆炸后，马上拨打了 120，很多人冒雨跑来抢救。蒋有权被人背到了公路上，又很快被送到了重庆三峡中心医院百安分院抢救，一起被送来的还有周先德。两人的伤势最重，其他 10 名伤者则被送到了重庆三峡中心医院总部救治。

蒋有权的双腿被炸的血肉模糊，脸上布满了无数小个创口，头发眉毛也被烧焦。住在同个病房的周先德的双腿以及整个背部，被缠满了纱带，血透过纱带将床单染满了血迹。另外的 10 名伤者中，1 人住在骨科病房，1 人住在普通外科病房，还有 8 人住在耳喉鼻科病房，他们的听力均受到不同程度的损伤。

发生爆炸事故现场的小楼房间里布满了血迹，爆炸的痕迹清晰可见(图 2-35)。地上数张危险品合格证显示此地曾经多次放置危险品，通过合格证得知发生爆炸的雷管叫“8 号普通瞬发电雷管”。

据爆破专家称，雷电引爆电雷管的案例早有发生，引爆的原理也很简单。电雷管是靠电流引爆，两节普通的 5 号电池就可以引爆 8 号普通瞬发电雷管。当电雷管处在易产生雷击的地点，又无防雷设施时，闪电在附近产生，会形成电磁场，电磁场的瞬间电流很强远远超过电雷管的起爆电流，电磁场的电流通过电雷就会引爆。因此，电雷管的存放库房有专门要求，必须按照防雷技术标准安装防雷设施。爆破工人遇到紧急情况时,应将电雷管放置在不可能发生雷击的地方,特别不能和人及其他金属物体放置在一起。事故发生的直接原因是闪电引爆了放在屋内的电雷管,根本原因是发生爆炸的废弃小楼处在山顶上,又无防雷设施,并且雷管和人在一起。

图 2-35 2011 年 8 月 13 日,闪电引爆了屋内的电雷管爆炸事故现场与受伤工人病房

10. 冰雹灾害性天气引发气象安全生产事故案例

典型案例:2016 年 2 月 28 日、29 日,云南德宏州因冰雹导致部分区域烟叶不同程度受灾,给烟农造成重大经济损失。

2016 年 2 月 28 日、29 日,云南德宏傣族景颇族自治州受到单点性冰雹灾害性天气影响,虽然在强对流天气影响过程中,全州 56 个人工影响天气防雹站点及时开展了防雹作业,共发射火箭弹 110 枚,有效降低了冰雹灾害的强度,但是仍然有芒市、梁河、盈江、陇川 4 县市部分区域的 13 个乡镇,702 户烟农种植的 3166.2 亩烟叶,被冰雹砸出大小密密麻麻的洞,造成不同程度的冰雹灾害,使烟农经济损失惨重。3 月 1 日,德宏傣族景颇族自治州州委副书记何汝利率队赶赴遭受冰雹灾害影响的梁河县勐养镇烟叶种植现场,实地查看烟叶灾情,指导救灾(图 2-36)。

图 2-36 2016 年 3 月 1 日,云南德宏傣族景颇族自治州领导赴遭受冰雹灾严重的烟叶种植现场指导指导救灾

同时给烟农承保的人寿财险公司德宏中心支公司第一时间介入，在政府各部门的大力支持和通力配合下，迅速开展查勘工作，很快就完成了烟叶受冰雹灾害查勘定损工作，向受灾烟农支付赔款 595861.2 元。

11. 霜冻灾害性天气引发气象安全生产事故案例

典型案例：2009 年 3 月 13 日夜间至 14 日凌晨，云南省曲靖市沾益县因霜冻灾害性天气，致使正值苗期的烤烟苗遭受霜冻危害，给烟农造成重大经济损失。

2009 年 3 月 13 日夜间至 14 日凌晨，云南省曲靖市沾益县出现低温霜冻天气，最低温度零下 3～5 摄氏度，致使该县正值苗期的 32460 池烤烟苗中 13453 池遭受霜冻危害（图 2-37），霜冻灾比率达 41%，影响大田面积 47000 亩。

图 2-37　2009 年 3 月 13—14 日，云南省沾益县被冻坏的烟苗现场

灾情发生后，沾益县委、县政府、县烟草分公司立即组织力量开展生产自救。一是根据灾情情况，及时召开烤烟苗床管理和补育苗工作紧急会议，专题研究烤烟苗床管理和补育苗工作，进一步明确责任、明确任务、合理分工、分片包干、责任到人。二是该县委书记、县长、县政协主席、分管副县长充分发挥抗灾救灾表率作用，带领相关人员深入受灾一线，开展灾情详查，指导做好减灾方案，组织发动群众采取各种措施开展生产自救。三是该县烟草分公司的领导、干部职工、科技人员，迅速深入各育苗基地，定人、定点、定池，帮助制定和落实抗灾救灾措施，引导烟农做好通风控温、病虫害防治、水分管理、防冻保温和补育苗苗床地准备，力争将灾害损失降到最低程度。四是该县烟办针对重点地区、薄弱环节，分门别类，制订下发了烟苗管理和补育苗技术方案，进一步完善了烟苗防御、防治、防控、抢救、补救、恢复生产的技术措施。五是跟踪灾情调查，及时上报上级政府和烟草部门，争取支持，确保移栽期有足够烟苗移栽。

云南省曲靖市烟草专卖局（公司）局长（经理）杨荣生接到沾益县烤烟育苗遭遇霜冻灾害汇报的第一时间（3 月 15 日），就率队赶赴遭受来到沾益县白水镇座棚育苗基地，察看受灾烟苗情况，巡查每一池苗床，询问灾情损失和指导救灾工作（图 2-38）。

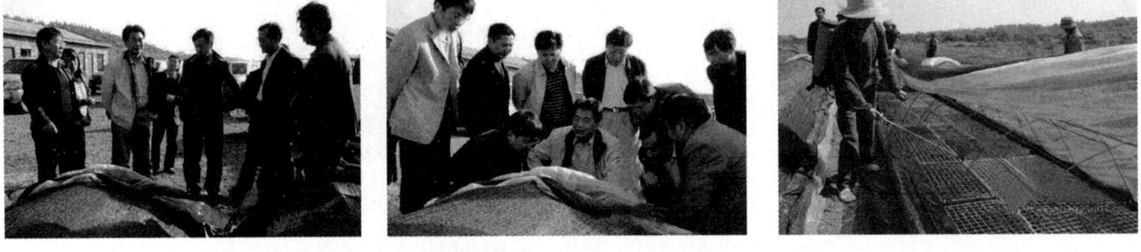

图 2-38　2009 年 3 月 15 日，云南省曲靖市烟草专卖局局长杨荣生在白水座棚育苗基地视察灾情指导救灾工作及烟农进行生产自救现场

杨荣生指出，沾益县委、县政府在这次霜冻袭击中反应迅速、采取了有力措施，确保烤烟正常生产，稳定了曲靖市烟草生产。要求下步工作中，一是要加强受灾苗管理，尽量减少灾害损失，认真做好烟苗调剂，充分使用和调剂好现有烟苗。二是切实做好苗床病虫害防治，要认真落实统防统治措施，防止灾后病害发生和蔓延。三是收集受灾烟苗的翔实资料，及时研究补救措施。四是争分夺秒做好补育苗工作，尽快制定补育苗方案，迅速组织各项补育苗物资，落实补育苗地点，以最快的速度、最好的质量抓好烤烟补育苗。

12. 大雾灾害性天气引发气象安全生产事故案例

典型案例：2006 年 1 月 28 日，河南省大部分地区因浓雾天气造成河南电网多条线路“雾闪”跳闸大面积停电事故。

2006 年 1 月 28 日，农历大年除夕，河南省大部分地区出现了多年罕见的浓雾天气，能见度小于 500 米，最严重的洛阳、郑州地区能见度不足 5 米。持续大雾中凝结大量的水汽及水汽中大量带电离子在供配电系统线路的绝缘子上形成一层水膜，由于绝缘子场强分布的严重不均匀、绝缘子在大雾的影响下其空气湿度的增加，空气击穿场强将明显降低，并且雾基本上是处于静或微风状态，雾滴与雨滴比较其运动很缓慢，雾滴也很小(微米数量级)，使雾滴起晕电压也很小，因此绝缘子在大雾影响下其端部容易首先形成电晕和局部电弧放电；而一旦击穿绝缘子第一裙，其第二裙将承受更高的电压，从而产生骨牌效应；由于交流电压过零点时电弧要熄灭，所以这种发展能否进一步演变为闪络，决定于电弧的发展速度和被电离的空气的流动情况，而雾气比较稳定，空气基本不流动导致电弧的重燃可以沿着上周波电离的通道进行，很快易形成闪络，即形成了供配电系统线路的绝缘子雾闪(图 2-39)，从而导致河南电网多条线路因“雾闪”跳闸。自当日凌晨 2 时许至 1 月 30 日下午，郑州、洛阳、濮阳、安阳、新乡、开封、许昌、漯河、三门峡等区域内，共有 10 千伏及以上线路跳闸 133 条次。其中，濮阳市台前县除夕夜全县停电。险情发生后，省电力公司高度重视，迅速在全省范围内启动电力保障应急预案，要求 18 个市供电公司和省输变电超高压运检公司经理坐镇电力调度室，有关人员 24 小时坚守工作岗位，安排抢修车辆，随时投入事故抢修状态。在省电力公司周密部署和统一指挥下，各级供电部门协调作战，各级领导和专业技术人员、事故抢修队伍冒着浓雾和

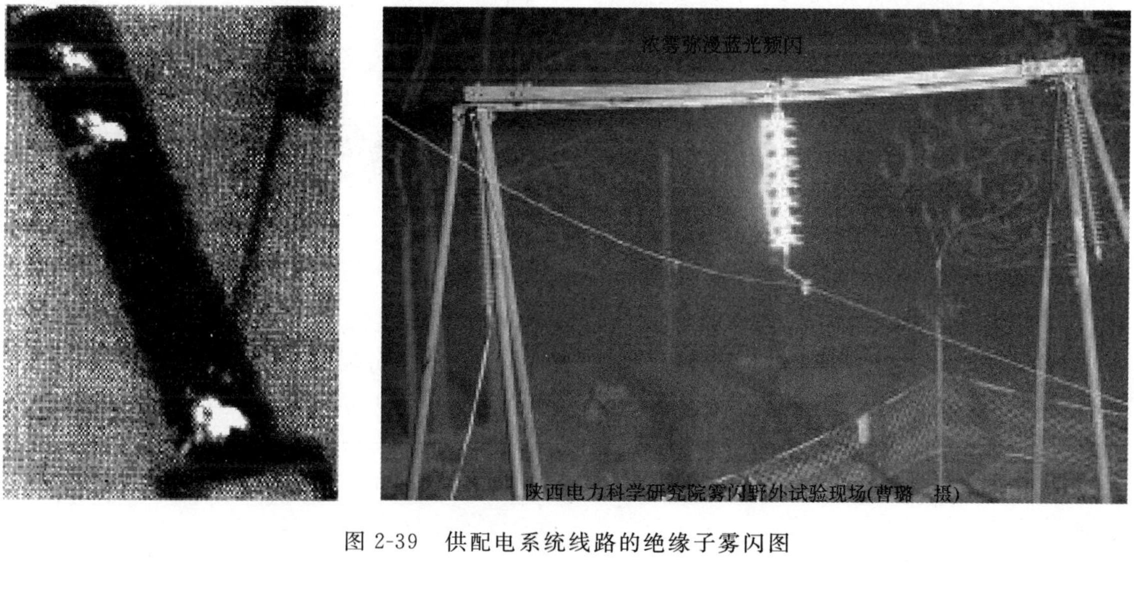

图 2-39　供配电系统线路的绝缘子雾闪图

严寒，赶赴故障现场，对受损设备进行抢修。特别是针对台前县 110 千伏线路多次跳闸致使全县供电中断的情况，省电力公司要求濮阳市供电公司和台前县电业局迅速抢修故障线路，紧急组织已建成待运行的一条 110 千伏输电线路投运送电。寒冬深夜，浓雾弥漫，同在一基杆塔上抢修排故（排查故障，下同）的人互相都看不清楚，登杆检查清扫和线路清障进展极其缓慢。濮阳市供电公司、台前县电业局两级供电部门出动抢修人员 300 多人，动用排故车辆 74 台次，经过 36 小时连续奋力抢修，顺利清除线路树障，并且清扫线路 40 千米、杆塔 179 基，更换“雾闪”绝缘子 17 串，台前县于 1 月 28 日 18 时 48 分恢复供电，35 万群众除夕当晚用电随即处于正常状态。

13．霾灾害性天气引发气象安全生产事故案例

典型案例：2015 年 11 月 9 日至 13 日，北京遭遇霾灾害性天气，导致空气污染、质量下降，影响了市民身心健康和交通安全（图 2-40）。

(a)9日7时许，北京东三环附近建筑隐没在雾-霾中

(b)10日，雾-霾中的北京鸟巢

(c)10日，雾-霾中的北京盘古大观

(d)10日15时2分，机动车开启车灯从雾-霾中的天安门广场旁驶过

图 2-40　2015 年 11 月 9 日至 13 日北京霾灾害性天气实景图

2015 年 11 月 9 日，北京遭遇霾灾害性天气，风速小、湿度大，污染物难以有效扩散，空气质量处于轻度至中度污染之间。9 日 16 时 30 分，北京市气象台发布大雾黄色预警信号，预计 9 日夜时至 10 日上午，北京将出现大雾，部分地区能见度将低于 500 米。9 日 20 时，北京东南部站点均达到了中度污染，其中通州新城为 173 微克/立方米、亦庄开发区为 171 微克/立方米。预计此次霾灾害性天气诱发的空气污染将一直持续至 13 日，严重影响了市民身心健康和交通安全。

14. 道路结冰灾害性天气引发气象安全生产事故案例

典型案例：2013 年 12 月 29 日，湖南株洲三桥因桥面道路结冰导致造成货车坠入江中和增援救护车发生侧翻的事故。

2013 年 12 月 29 日清晨 7 时许，湖南株洲一辆由西往东方向行驶的大货车路过湖南株洲三桥因桥面结冰失控，先后撞上两边栏杆，最终冲断栏杆翻下江中，司机在碰撞中摔在桥面上，其妻子随大货车直接坠入江中，桥面与水面高度约 50 米，女子随后被附近钓鱼的两名男子救出。事故发生后，株洲中心医院的救护车迅速赶到，随后一辆前来增援的救护车也发生侧翻，险些撞断栏杆(图 2-41)。

图 2-41　2013 年 12 月 29 日，湖南株洲因桥面结冰失控大货车坠江和救护车侧翻事故现场

15. 森林火险灾害性天气引发气象安全生产事故案例

典型案例：2011 年 8 月 22 日，重庆市荣昌县(2015 年 6 月 18 撤县成区)因连续几天高等级森林火险灾害性天气影响，导致四川省隆昌县发生森林火灾，其火势迅速蔓延至荣昌县安富街道境内，引发荣昌森林火灾。

2011 年 8 月 22 日凌晨 1 时许，四川省隆昌县发生森林火灾，由于最高森林火险等级(5 级)的森林火险灾害性天气影响，火势迅速蔓延，22 日凌晨 3 时左右，山火借着风势，翻过山梁，燃烧至重庆市荣昌县安富街道境内，并威胁到山脚下的一家工厂，形势十分危急。突发的森林火灾，牵动市领导的心，市长黄奇帆连夜驱车赶赴火灾现场指挥火灾扑救，市领导马正其、刘光磊、梁冬春、刘学普、王立军，77100 部队副部队长马雄、武警重庆总队总队长常建民等也赶赴一线指挥灭火。荣昌县委书记陈杰、县长谢金峰率救火应急队先期抵达现场，立即兵分三路，疏散火灾区域内的老百姓，1000 多名机关、镇、街干部和当地群众围着火团拍打火苗，还有

300名应急队队员在工厂周边拓展隔离带。同一时间，就近集结的驻渝部队、武警、消防、民兵预备役官兵已经赶赴火灾现场，投入战斗。市气象部门也及时派出了专业气象分析人员对火灾周边风向、风速、温度等进行分析，为指挥部科学指挥灭火工作提供数据参考。

没用多久，火团周边隔离带、工厂周边隔离带这两道防线基本筑就。但火灾现场地势险峻，山高坡陡，仅靠人力无法遏制火势。市森林防火指挥部又果断决定，申请航空护林直升机到现场增援，警用直升机辅助侦查灾情。

凌晨6时左右，天刚蒙蒙亮，救火工作已全面有序展开，形成了一个空中、地面、科技三位一体的灭火救灾体系(图2-42)：地上，驻渝部队、武警、消防、民兵预备役和干部群众组成的五股力量全方位投入灭火；空中，等天亮后，森林消防直升机强势增援；气象部门也万事俱备，等云层聚拢后准备实施人工降雨。

(a)荣昌森林火灾现场　(b)消防直升机在扑火现场　(c)实施人工降雨灭火现场

图2-42　2011年8月22日，"8·22"重庆市荣昌森林火灾现场

22日中午12时35分，安富森林火灾明火被扑灭；14时20分，所有余火被扑灭。此次森林火灾过火面积约300亩，整个灭火过程无人员伤亡，火场附近的军工厂安全无虞。22日傍晚7时，老天爷开眼，安富下起了淅淅沥沥的小雨，曾经被山火炙烤的土地又浸润到了清凉的雨水，森林火险灾害性天气的等级也降低了2个级别，森林火灾的气象与环境火患彻底解除了，大家也都长舒了一口气。

(二)危险气象要素引发的气象安全生产事故种类

气象观测站观测的气压、气温、湿度、风、降水、雪、蒸发、能见度、辐射、日射、地温、云、雷电以及降水、地面凝结、视程障碍、雷电等现象和其他天气现象等气象要素都是在一定的天气条件下产生的，因此危险气象要素引发的气象安全生产事故可分为气压、气温、湿度、风、降水、雪、蒸发、能见度、辐射、日射、地温、云、雷电以及降水现象(雨、阵雨、毛毛雨、雪、阵雪、雨夹雪、阵性雨夹雪、霰、米雪盘、冰粒、冰雹)、地面凝结现象(露、霜、雨凇、雾凇)、视程障碍现象(雾、轻雾、吹雪、雪暴、烟幕、霾、沙尘暴、扬沙、浮尘)、雷电现象(雷暴、闪电、极光)和其他现象(大风、飑、龙卷、尘卷风、冰积针、雪、结冰)等17种危险气象要素引发的气象安全生产事故，但由于危险气象要素中降水现象、地面凝结现象、视程障碍现象、雷电现象和其他现象等涉及的各种具体天气现象已属于在灾害性天气范畴，所以为了避免重复，并结合危险气象要素引发的气象安全生产事故实际，下面重点介绍与灾害性天气引发气象安全生产事故典型案例不一样的气压、气温、湿度、风、降水、雪、蒸发、能见度、辐射、日射、地温、云、雷电等常规的危险气象要素引发的气象安全生产事故的典型案例。

1. 气压要素引发的气象安全生产事故案例

典型案例：对气压，人们一般比较忽略，天气预报中也没有气压要素，但事实上，当气压过低、过高或短时间内气压变化过大时，都可能对人体生理和心理健康方面产生不利影响，有时会诱发疾病加重甚至死亡；同时也对生产经营活动产生影响，有时还引发气象安全生产事故案。由于气压对人体健康的不利影响不是本研究的重点，因此这里重点介绍气压变化引发吉林省通化矿区煤矿瓦斯事故的典型案例。

事故经过：1990 年 1 月 5 日吉林省通化矿区上空处于发展南下的低槽区，并配合有较强的正涡度区(500 百帕)。地面天气图上是在东北中部新生低压，其冷锋配置在高空槽区前侧，将于 13—14 时压过本区，这个天气系统移过时，反应在单点气象要素是降压升温，锋面过后又为升压降温。在这个天气系统控制中，矿区在 9 点 35 分至 13 点 47 分连续发生四次人身伤亡事故，其中 13 点 37 分八道江矿瓦斯爆炸一次。同一时间，苇塘矿也出现瓦斯超限，正准备放炮时，被领导检查及时发现制止。在此次天气过程的四个小时内死亡 5 人，重伤 3 人，轻伤 2 人。另据统计 1981 年至 1992 年通化矿区发生的瓦斯事故 66 次，死亡 124 人，伤 133 人。对应气象资料分析，多数事故发生在降压增温的天气中。如 1962 年 3 月 14 日八道江矿特大瓦斯事故、1988 年 3 月 27 日湾沟矿瓦斯事故、1990 年 1 月 5 日八道江矿瓦斯事故，燃爆时间都是在温压升降到极点之后的几个小时内。

事故原因：煤矿开采过程中由于大气压力降低时，煤体游离与吸附瓦斯的释放速度加快，同时采空区内气体压力相对增高，体积膨胀，使采空区瓦斯涌出量增加，造成瓦斯浓度增大，瓦斯超限次数增加，极易引发煤矿瓦斯事故发生。出现这种现象主要原因是矿井内封闭空间瓦斯浓度和采煤工作面瓦斯浓度都与大气压力变化密切相关，存在以下关系。

(1)矿井内封闭空间瓦斯浓度与大气压力变化的关系

若将矿井内火区或采空区等封闭空间作为研究对象，这个空间的气体会通过不同的通道，按高能向低能、高浓度向低浓度的原则与外界进行能量交换和物质交换，以趋近于动态平衡。

当封闭空间内气体的量不变时，气体参数变化符合以下公式：

$$\Delta p = nRT/\Delta V$$

式中 Δp 表示压强的变化、ΔV 表示气体体积的变化、n 表示物质的量、T 表示绝对温度、R 表示气体常数。

如果压强、温度和体积都采用国际标准单位(SI)，则 $R=8.314\ \mathrm{Pa \cdot m^3/(mol \cdot K)}$；

当气体的量发生了变化时，变化前后分别以 A、B 表示，则有

一是在相同 T、p、V 时，$n_A = n_B$(即阿佛伽德罗定律)；

二是在相同 T、p 时，体积之比＝摩尔质量的反比；

三是在相同 T、V 时，两气体的压强之比＝气体分子量的反比。

(2)矿井采煤工作面瓦斯浓度与大气压力变化的关系

矿井采煤工作面的瓦斯一部分来自开采煤层本身，另一部分来自围岩和邻近煤层。在煤层群开采时，邻近层涌出的瓦斯量占很大比例，往往会大于开采煤层本身的瓦斯涌出量，邻近层瓦斯越流速度的大小，受到邻近层的瓦斯压力、层间岩层的渗透率、采空区气体压力以及层间距等多种因素的影响。求解瓦斯在采场大气中的浓度分布时，必须掌握采场大气的流动状况。当大气压力急剧变小时候时，工作面空气压力下降时，采空区瓦斯向工作面气流中的扩散加快，采空区内的含瓦斯空气的体积膨胀，向工作面空间大量溢出。同时，大气压力急剧变小

导致煤层瓦斯压力梯度增大，瓦斯向采空区和工作面的运移和扩散速度增加，综合作用的结果能造成回风流中瓦斯浓度增加，甚至导致瓦斯超限威胁安全生产。反之，当地面大气压急剧上升时期，瓦斯浓度有可能下降，利于安全生产。

图 2-43 给出了中国矿业大学(北京)资源与安全工程学院张江石、安宇、邱海滨和兖州矿业集团有限公司兴隆庄煤矿李志伟等人在矿井气压变化与瓦斯涌出的关系分析与实证研究成果。

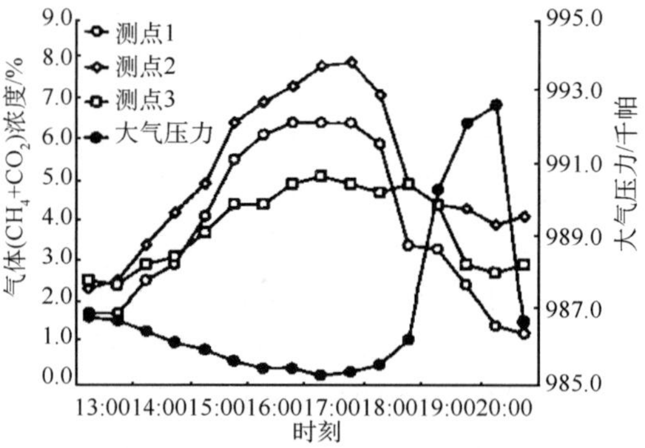

图 2-43 矿井大气压力变化与不同测点处瓦斯浓度关系对比

图 2-43 中观测点所在矿井采煤工作面概况是：(2－2)3026 综放面位于某矿井第一水平中二采区北翼三阶段。工作面为单斜构造，煤层倾角 17°，风巷标高为－380.6～－360.6 米，机巷标高－410～－390.5 米。工作面走向长度 508～560 米，倾斜长度 140 米，2－2 煤层上覆 12、13 和 21 煤层，下覆 23、31 和 33 煤层。各煤层与工作面的平均间距分别为 60、15、8、45 米和 55 米。工作面部分为 22 和 23 煤层合层，之间存在着 0.1～0.8 米的夹矸，煤层厚度 4.6～12.0 米，平均 8.7 米。工作面煤层结构较复杂，内生裂隙发育。工作面采用 U 型通风方式，机巷进风，风巷回风，风量为 600～850 立方米/分钟。观测仪器选用 JFY-2 型矿井通风参数检测仪和 CJG-10/100 型光干涉甲烷测定器等仪器进行测试；其中 CJG-10/100 型光干涉甲烷测定器采用光波干涉原理测定矿井及各种场所中的甲烷、二氧化碳等有害气体的浓度，JFY-2 型矿井通风参数检测仪可同时测定井下绝对压力、相对压力、风速、温度、湿度等参数，并具有 RS232C 串行通讯功能，可将井下存储的数据传送给计算机，便于在井上进行后续分析、处理，其测量范围及误差如表 2-4 所示。

表 2-4 JFY-2 型矿井通风参数检测仪测量范围与误差表

主要性能指标	测量范围	测量误差	分辨率
绝压(千帕)	600～1200	±1	0.1
差压(10 帕)	－400～400	±1	0.1
温度(℃)	0～40	±05	0.1
湿度(%,RH)	50～98	±4	1
风速(米/秒)	0.4～15	±0.3	0.1

实证研究的观测方法及结果是：在工作面进行测试试验时，大气压力测定地点选定在(2－2)3026 综放工作面上端头固定地点，气体测定地点分别选择在(2－2)3026 综放工作面上端头向下 20 米，工作面上端头和端头外 20 米共 3 个测点，测定时间为每 0.5 小时测定 1 次压力和相

应气体参数。工作面试验共持续 1 周，相关数据的测试时间固定在每天 13:00—21:00，每 0.5 小时测定 1 次。为减少偶然因素造成的误差，测量时，注意保持了工作面风流稳定和正常的生产状态，尽可能限制由于生产或风流波动对气体造成的影响，同时在数据处理时，将 1 周的数据进行了平均。工作面瓦斯成分中，二氧化碳较高，占气体成分的 80%以上，在衡量压力变化对气体涌出影响程度时，将甲烷浓度和二氧化碳浓度进行相加，相加的结果称为测点处的瓦斯浓度。从观测结果(图 2-43)，发现在试验期间，一般在 14:00—17:00，(2—2)3026 综放工作面上端头大气压力呈现较明显的下降，在该时间段测点处气体浓度呈现显著的提高，工作面风量不足以将其浓度稀释到规定浓度以下，上端头最高处二氧化碳和甲烷气体浓度之和接近 8%，工作面瓦斯超限也都集中发生在此期间，给安全生产造成极大的威胁。在 17:00 以后一段时期，大气压力呈现明显上升，此时，各测点处气体浓度呈下降趋势，有利于工作面瓦斯气体的控制和安全生产。同时还发现测点处气体的波动一般均滞后于大气压力变化 0.5～1.0 小时。

上述分析表明：大气压变化可以导致矿井瓦斯涌出量发生变化，影响程度因不同的矿井条件而异。当大气压力变小时，能够造成回风流中瓦斯浓度增加。反之，当大气压急剧上升时期，瓦斯浓度有可能下降，利于安全生产和矿井的瓦斯控制。并且工作面瓦斯气体的波动一般均滞后于大气压力变化 0.5～1.0 小时，这为防止大气压力急剧变化造成的可能影响提供了应对时间。

事故防范措施：煤矿开采过程中由于大气压力下降极有可能造成煤矿开采工作面瓦斯成倍增加，甚至导致瓦斯超限威胁煤矿开采安全生产，矿井在通风管理中应当重视大气压力变化造成的影响，并在了解当地气候条件，掌握大气压变化规律后，当地面大气压力发生变化时，就应及早采取以下措施：

一是加强通风。加大矿井供风量，保证井下用风地点有足够的风量和风速以冲淡、稀释瓦斯；坚持井下测风制度，及时进行风量调节，合理分配风量，提高有效风量率；加强掘进通风管理，保证局扇、风筒的质量，使工作面风量达设计要求。

二是加强瓦斯检查。认真执行巡回检查和请示报告制度，消除空班漏检现象。对于昼夜气压较大的季节，应增加瓦斯检查次数，确保及时发现瓦斯超限现象。

三是及时处理局部超限瓦斯。对瓦斯超限的不同地点，采取相应的措施；同时根据瓦斯浓度的大小，采取相应的安全措施，保证安全排放超限瓦斯。

四是消除井下明火，控制高温表面，防止瓦斯引燃。

五是减少生产强度。减少和控制煤矿开采工作面工作人员数量，增加安全监督管理人员强化安全生产宣传监督检查，及时处置安全生产隐患。

2. 气温要素引发的气象安全生产事故案例

典型案例：气温超高和极低引发的气象安全生产事故案例已经在灾害性天气引发气象安全生产事故案例中作介绍，这里重点介绍气温变化引发的气象安全生产事故的典型案例——河北钢铁集团舞阳钢铁有限责任公司大型设备基础温度裂缝事故。

中国有色金属工业第六冶金建设公司在河北钢铁集团舞阳钢铁有限责任公司特厚板轧钢厂建设中，建筑一个大型主轧机基础。该基础全长 47.95 米，宽 32.85 米，底板面积 1200 平方米，最深部位深 11.05 米，坐落在页岩地基上，基础混凝土量达 5625 立方米，强度等级为 C20；基础垫层、造型混凝土量为 1500 立方米，采用 C10；基础钢筋量为 260 吨，地脚螺栓 874 根，其中最大的 16 根螺栓直径 180 毫米，长 7.7 米。基础一次浇灌完成，拆模后未发现任何问题。

但是基础建成的 5 个月后经几次降温过程，相继发现基础长度和宽度方向出现 17 条不同程度裂缝，其中 3 条贯穿整个基础(图 2-44)。从图可知基础裂缝在长度方向较多、较严重。裂缝基本平行于短边，有明显的规律性，较严重的为贯穿性裂缝，缝宽 0.05—0.5 毫米，最宽达 0.85 毫米。有两条裂缝处于轧机机座下块体及横梁两端，是基础的要害部位，裂缝宽 0.05～0.25 毫米，但未裂透。基础短边方向裂缝较多、较零乱，无明显的规律性，大部分为发丝裂缝，多在基础表面及沟道孔洞的上角沿沟道全长出现，情况极为严重。经分析为重大典型温度裂缝事故，须在基础裂缝稳定后进行加固处理，确保大型主轧机基础安全。

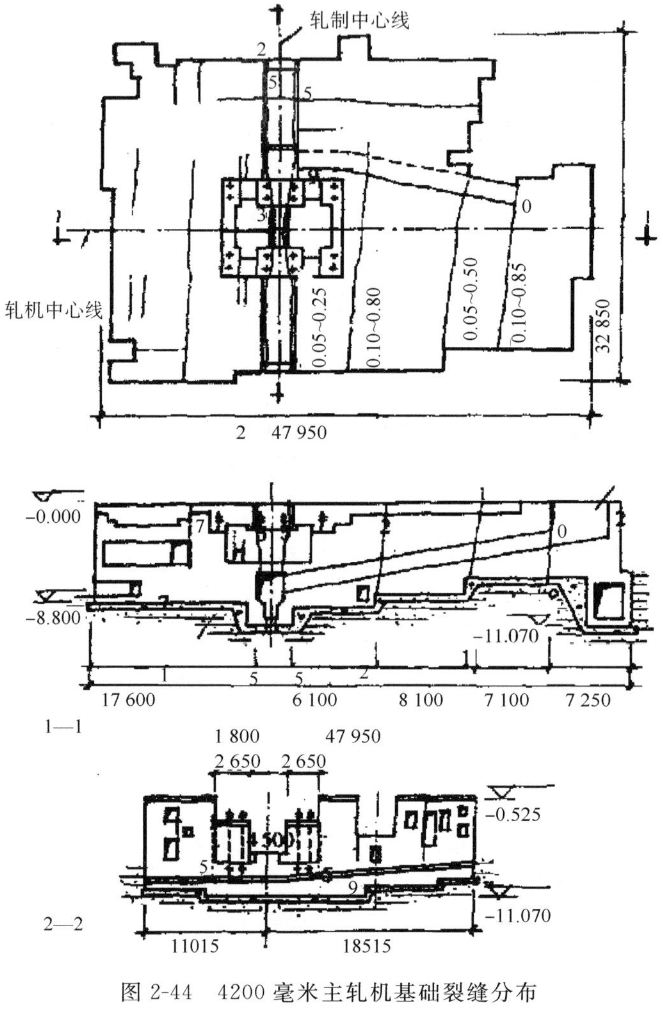

图 2-44　4200 毫米主轧机基础裂缝分布

1—1:岩石地基,2—2:4200 毫米主轧机基础;0,1,2,…,17:裂缝编号

事故原因:一是基础浇灌混凝土时正值盛暑(平均气温 28℃,最高气温 39.5℃),水泥用量大(320～337 千克/立方米),混凝土浇灌温度和水化热温度高,虽采取了拌和水中加冰屑、薄层浇筑混凝土、在基础沟道内设 10 台通风机散热等措施,实测基础内部温度仍高达 55℃。

二是基础采取敞开式施工,长时间暴露在露天,受风吹日晒,混凝土浇筑后早期未很好养护;后期降温阶段,经几次寒流袭击又未及时回填土和采取适当保温养护,使温度回降速度过快。三是本地区气候干燥风大,昼夜年季温差大,使混凝土产生较大的干缩变形和收缩应力。

恰与后期降温温度应力产生共同作用,从而产生较大的降温收缩应力。四是本基础底板标高有 18 种之多,与坚实页岩地基呈多台阶接触,被岩石地基嵌固,极强地约束了基础温度与收缩变形,造成很大的温度收缩应力。根据核算,最大温度收缩拉应力值达 5.11 牛顿/平方毫米,平均为 4.16 牛顿/平方毫米,远大于出现裂缝时(约 90 天)混凝土的极限抗拉强度(1.87 牛顿/平方毫米)。五是基础尺寸过大,构造上存在薄弱环节。内部沟道纵横交错,上下重叠,截面变化繁多,厚者达 8.47 米,薄者仅 0.25 米,各部刚度悬殊,造型极为复杂,形成许多应力集中部位,也是产生裂缝的一个因素。六是原材料选用不当。使用的石子粒度偏细,砂石含泥量过大,使混凝土抗拉强度降低。七是施工管理不善。混凝土水灰比控制不严,养护较差,时间过短,潮湿养护不够,使混凝土收缩值增大,也使裂缝增多和扩展。

由上述分析表明:裂缝原因是综合性的,其中主导因素是前 4 项,水泥水化热温度过高,回降速度过快,加上混凝土干缩,两种应力叠加,受到岩石地基极强的约束,以致产生较大的温度收缩应力而造成裂缝.是一种典型的温度收缩引起的裂缝。

事故防范措施:一是事故基础裂缝稳定后进行加固处理措施。根据裂缝的性质和受力情况及使用安全要求,分别进行不同的处理。基础 0、1、2 号裂缝所处部位及其附近受力较小.对使用无影响,但防水性能受到破坏,采取在外部粘贴环氧玻璃丝布作防水处理的措施:5 号裂缝在受力最大部位,动力负荷频繁。受力复杂,裂缝对基础刚度和整体性均有所减弱。对宽度大于 0.1 毫米的裂缝,采取用环氧注浆补缝加固的措施;裂缝等于或小于 0.1 毫米者,在外表面涂两遍环氧树脂浆液作封闭处理。在轧机中心部位 8 根大型地脚螺栓采取在 235 毫米厚二次灌浆层内增加一层 90 毫米厚的 C25 细石混凝土加固层,内配钢筋网,并用 2 根 ϕ25 毫米钢箍将大螺栓每 2 根连成一组的措施,恢复原有整体性和刚度。对其余各条裂缝,凡缝宽大于或等于 0.2 毫米者,用环氧注浆灌缝进行补强;缝宽小于 0.2 毫米者,用环氧浆液涂面进行表面封闭,防止钢筋锈蚀。这样处理后保证了设备安装和生产正常使用。二是预防裂缝措施。①在设计方面,基础底标高变化不宜过多。并应尽量避免设置深入基岩的沟槽。在基础薄弱部位应配置必要的构造温度钢筋,以提高材料极限拉伸强度;在孔洞四角应加强配置构造钢筋。以避免应力集中。②在基础与基岩混凝土垫层之间设置滑动层(平面涂刷 3～5 毫米厚沥青胶后撒砂或刷热沥青或铺贴二毡三油卷材),在垂直面键槽部位设置缓冲层(贴 30～50 毫米厚涂沥青的聚苯乙烯泡沫塑料板)以消除嵌固作用。释放约束应力。③选用中低热水泥(如矿渣水泥、火山灰质水泥或抗硫酸盐水泥)配制混凝土;适当掺粉煤灰、减水剂。以降低水泥用量、水化热量。减缓水化速度:对安装期长的基础。利用混凝上 90 天后期强度,以降低水泥用量。④注意精选粗细骨料,采用级配石子,严格控制砂、石含泥量。以减少收缩变形,提高混凝土极限拉伸强度。⑤热天拌制混凝土采取冷却骨料措施并用地下抽取的低温水或掺冰屑水拌制,降低混凝土浇灌温度。有条件时,应尽可能避开炎热季节浇筑基础混凝土,以利降低浇筑温度和水化热量;混凝土采取薄层浇筑.以加速浇筑期间热量散发。⑥加强基础浇筑后的测温和温度控制。使基础中心与表面和大气温差控制在 20～25℃:加强早期养护。采取长时间湿养护;基础四周及时回填土.避免长时间暴露。必要时可采取以下措施:在裸露表面保温养护。延缓降温和热扩散速度。防止温度、湿度的急剧变化,发挥混凝土的徐变特性。削减温度应力;同时应注意避免温度与收缩应力叠加。以防出现过大温度收缩应力而导致裂缝。

3. 湿度要素引发的气象安全生产事故案例

典型案例:空气湿度在许多方面都有重要的用途。但任何气温条件下,空气湿度太大(空气潮湿)或太低(空气干燥)对人体健康都是不利的,有时会诱发疾病加重甚至导致死亡;同时也对生产经营活动产生影响,有时还引发气象安全生产事故甚至导致人员伤亡。由于空气湿度对人体健康的不利影响不是本研究的重点,因此这里重点介绍湿度要素引发广东佛山市三水区一仓储运输公司烟花仓库爆炸事故的典型案例。

事故经过:2008 年 2 月 14 日凌晨 3 时 25 分,位于三水区西南街道金本彭坑村的广东省佛山市三水粤通仓储运输有限公司(以下简称粤通公司)占地 173 亩、仓库总面积 19960 平方米、核定存药量 80 吨的烟花爆竹仓库(其中 A 级仓库 2 栋,C 级仓库 18 栋)A2 仓库发生爆炸,4 名值班人员听到爆炸声后立即撤出现场,爆炸引燃其余 19 个仓库内储藏的湖南、江西等地 7 家烟花爆竹出口贸易公司约 1.5 万箱烟花爆竹爆炸,所有 20 个仓库被炸毁,爆炸产生的冲击波遍及方圆 4 千米,导致 1 千米外村庄部分民宅的玻璃破碎,造成直接经济损失 15 亿元,该地沦为一片废墟(图 2-45)。

图 2-45　2008 年 2 月 14 日,粤通公司烟花爆竹仓库爆炸现场

事故发生后,当地政府组织 150 余名村民疏散到安全地带,佛山市消防部门出警处置,并出动了消防坦克进行现场抢险救援,经过 30 个小时的奋战,至 16 日 9 点钟,仓库炸成一片废墟后现场才平息,幸运的是此次事故未造成人员伤亡。专家从现场发现残留的最大规格为 12 号的礼花弹外壳和造成的爆炸威力分析,该公司存在使用部分 C 级仓库违规超量储存 A 级产品的现象。

事故原因:由于粤通公司烟花爆竹仓库处在气温为 7.5～11.6℃,相对湿度为 32%～52%,无降水的大气环境中(图 2-46),根据北京理工大学时烁、赵林双针对烟花爆竹药剂本身性质、贮存条件不合要求、吸湿量过大药剂的自燃自爆而开展的“湿度对红色药热安全性的影响研究”和河北花炮监测站赵铁城、李彦荣、赵旭超等人关于“对烟花爆竹药剂吸湿率问题的分析与探讨”等研究成果表明:烟花爆竹在一定湿度环境中自身会发生化学反应放出热量,热量积累到一定程度,就会发生热自燃或热爆炸。当烟花爆竹混合药剂贮存在潮湿或不通风的环境中,贮存的时间愈长,吸湿的可能性则愈大,发生自燃自爆事故的条件就愈容易形成。当配方为高氯酸钾/硝酸锶/镁铝合金粉/聚氯乙烯/酚醛树脂的烟花爆竹红色药在干燥条件下储存,其吸湿释放的热量与储存时间无关;但在一定湿度条件下(0%～60%)储存,随湿度增加其吸湿反应热增大、热危险性增大,当湿度为 60%时,其吸湿反应热又开始降低,这是由于过量的水汽吸收了部分热量所致;同一相对湿度条件下,随预湿时间的延长,红色药的热危险性随时间的增长而增加,并且红色药在相对湿度为 60%,预湿时间为 24 小时,对应的 24 小时发生热失控的临界环境温度和自加速分解温度均最小,危险性最大。而粤通公司烟花爆竹仓库 A2 仓库爆炸前的 24 小时处在 32%～52%相对湿度大气环境中,并在爆炸前的 14 日 2 时至 3 时的大气相对湿度为 52%,最接近导致热危险性大的 60%典型值;同时由于 A2 仓库不透风,使红色药吸湿受潮的反应热热量无法通过空气传导消散。

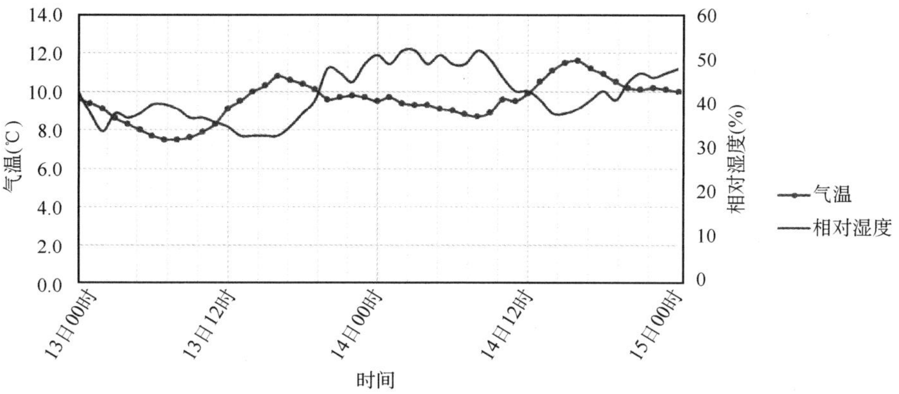

图 2-46　粤通公司所在地 2 月 13 日至 14 日大气温湿度变化曲线

因此，此次事故的直接原因是粤通公司烟花爆竹仓库 A2 仓库内储存的烟花爆竹火药吸湿受潮，产生大量的热量并聚集引起殉爆(装药的爆炸能引起与其相距一定距离的被惰性介质隔离的装药的爆炸，这一现象叫作殉爆)，而临近的 C4、C9 以及其他仓库内的产品受到 A2 仓库爆炸影响而爆炸燃烧。间接原因是：粤通仓储运输有限公司烟花爆竹仓库无围墙、不透风，部分 C 级仓库违规超量储存 A 级产品和粤通仓储运输有限公司安全生产主体责任不落实。

事故防范措施：此次出口烟花爆竹储存爆炸事故，反映出烟花爆竹在生产、经营储存等环节和安全监管中存在重大隐患，必须引起各地区、各有关部门的高度重视。为认真吸取事故教训，切实做好烟花爆竹安全工作，预防类似事故再次发生，保障人民群众生命财产安全，现就有关防范烟花爆竹储存爆炸事故工作要求如下：

一是立即组织开展烟花爆竹储存仓库安全检查。重点检查烟花爆竹批发经营仓储设施电气设备的安全性能、消防设施配备、通风及防盗、防小动物进入等措施的落实情况。强化储存作业安全管理，严禁在无围墙等不具备安全条件的仓库内储存烟花爆竹，杜绝烟花爆竹批发企业仓库超量存储，严禁将 A 级产品储存在 C 级库房内以及将收缴的非法产品、假冒伪劣产品与合格产品同库存放等现象。加强仓储设施及其周边的安全保卫工作，杜绝无关人员进入烟花爆竹储存区域。

二是持续做好烟花爆竹行业隐患排查治理工作。各地要按照有关法律法规和技术规范要求，切实加强领导，落实烟花爆竹安全监管责任，集中力量，对辖区内所有烟花爆竹从业单位认真组织开展全面、持久的隐患排查治理。尤其要着重抓好经营储存、运输的安全工作，及时整改发现的隐患，确保安全。对存在重大隐患难以治理的要停业整顿，仍达不到安全要求的要暂扣或吊销许可证。

三是进一步强化烟花爆竹产品包括出口产品质量安全性能的检验检测工作。监督烟花爆竹经营企业对购进的产品严格把关、验收，严格流向登记，杜绝采购和销售违规使用氯酸钾等禁用药物生产的烟花爆竹产品和非法、伪劣产品等现象。结合氯酸钾专项治理等工作，强化烟花爆竹产品质量检测和药物安全性能检测。加强对出口烟花爆竹产品质量的管理，监督出口产品生产企业按照氯酸钾专项治理和国家有关法律法规要求，严格禁止使用未经安全性能检测的新药物生产烟花爆竹。严肃处罚违规使用禁用药物生产烟花爆竹行为。

四是严格烟花爆竹运输、配送和零售的安全管理。严格落实烟花爆竹运输许可制度，监督运输配送车辆按照有关标准规范装载、悬挂或安装危险物品警示标志，并严格按照规定时间、路线运输烟花爆竹。加强农村集市、城乡接合部烟花爆竹销售点的监管，防止出现集中、连片经营烟花爆竹现象。重点检查落实零售点消防器材配备、周边安全距离、存放限量及安全警示标志张贴和节日期间应急值守等工作。

五是做好群众燃放安全宣传教育、管理、应急及“限放”城市的燃放收尾等工作。指导群众以安全方式燃放烟花爆竹。“限放”城市要教育群众在规定燃放时限内妥善处置持有的烟花爆竹。统一回收市民未燃放烟花爆竹的城市，要及时安全销毁或妥善储存从市民手中回收的零散烟花爆竹产品。

六是烟花爆竹药剂应严格按《烟花爆竹劳动安全技术规程》(GB11652-89)有关规定，尽量选用吸湿性小的原料作烟花爆竹药剂的配方成分，贮存烟花爆竹时，必须严格控制贮存场地的温湿度，特别是在高湿高温季节，更要加强管理。

4. 风要素引发的气象安全生产事故案例

典型案例：大风引发的气象安全生产事故人们常见，并已经在灾害性天气引发气象安全生产事故案例中作介绍，但人们却常常忽视微风引发的气象安全生产事故，因此这里重点介绍微风引发的气象安全生产事故的典型案例——甘肃河西地区超高压线路地线微风振动故障。

事故经过：甘肃河西地区超高压线路地线由于微风振动强烈，经常发生防振锤滑移、脱落等故障，严重的引起导地线断股，威胁该地区高压线路运行安全。酒泉超高压输电公司所辖330千伏输电线路在自建成投入营运行以来，常常发生因风振引起间隔棒、防振锤线夹滑移和脱落等故障，防振锤滑脱、掉落等事件一直威胁着线路的安全运行。截至2010年4月底间隔棒防振锤事件累计达562件，其中防振锤滑脱、掉落事件158件；引起导线断股危急事件3件，严重事件1件，影响了输电安全。原凉金一线(现河金一线和河凉一线)线路投运后，次年就有少量间隔棒和防振锤滑移的事件发生，此后间隔棒和防振锤滑移、断股、脱落等事件时有发生，在2008年至2011年初，共发现间隔棒和防振锤缺陷419处(图2-47)，严重威胁河金一线和河凉一线电力系统的安全生产。

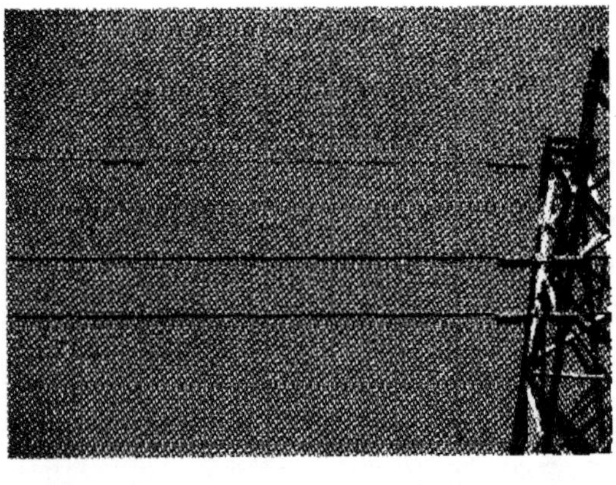

图2-47　河金一线地线防振锤发生滑移现场

事故原因：甘肃河西地区超高压线路的导线长期处于野外露天之下，在风的作用下处于高频微幅的微风振动状态。微风振动是指导线受到微风（1～3 级）吹拂时产生的周期性振动，其特点是振幅小，一般不超过导线直径的 2～3 倍；振动频率高，通常为 3～120 赫兹；微风振动持续的时间较长，一般为数小时，有时可达数天，发生最为频繁。其形成原因是：一是由于风作用于导线而产生的“卡尔曼（Karman）旋涡”造成的（图 2-48）。当风从垂直于导线轴线的方向作用于导线后，在导线的背后就会产生旋涡，即所谓的“卡尔曼（Karman）旋涡”，当风速在一定范围内变化时，旋祸会在导线背风面上下交替地产生，因而会给导线一种上下交替的作用力，引起导线的持续振动。二是风作用于导线后，由于产生卡尔曼（Karman）旋涡，导线会以一定的频率开始振动，根据导线风洞实验发现，当导线以频率 f_0 振动以后，气流将受到导线振动的控制，导线背后的旋涡将表现为很好的顺序性，其频率也为 f_0。当风速在一定范围内变化时，导线的振动频率和旋涡的频率都不变化仍保持为 f_0，也即导线与旋涡发生“同步效应”现象，也称为“锁定效应”。因此，当风作用于导线后，由于上述两种原因，导线将在垂直平面内发生谐振，形成上下有规律的波浪状往复运动（即微风振动）。在导线上最常见的微风振动波形是由两个以上不同频率驻波和行波叠加而形成的拍频（Beat）波（图 2-49）。

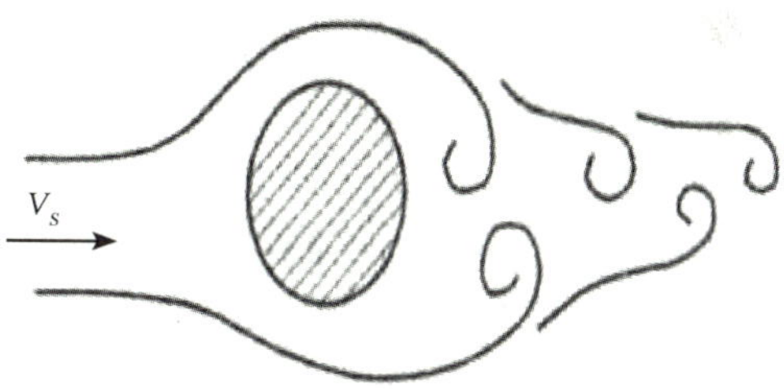

图 2-48　风吹过导线产生的“卡尔曼（Karman）旋涡”示意图

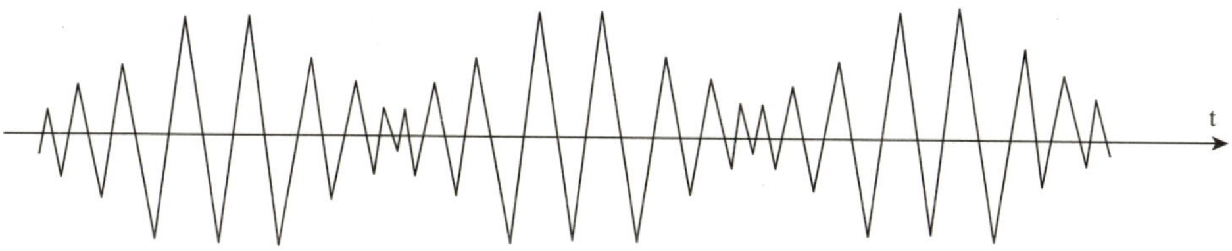

图 2-49　拍频（Beat）波形

导线微风振动的条件及其影响因素是：一是风速。一般为 0.5～10 米/秒，风速过小，能量不够，不足以推动导线上下振动；如果风速过大，气流与地面的摩擦加剧，使地面以上一定高度范畴内的风速均匀性遭到破坏，造成导线处在紊流风速中，而不能形成稳定的振动。二是风向。风向与线路成 45°～90°，20°角以下一般不发生振动。三是导线悬挂高度。导线悬挂越高，越容易发生微风振动。四是挡距。挡距小于 120 米时，很少发生振动，挡距大于 500 米时，一般常都会发生振动。五是地形。一般地形平坦的开阔地带极易发生微风振动，而树林、高山、高层建筑物等具有屏蔽触的作用，导线一般不会起发生微风振动。

事故防范措施：一是降低导、地线的平均运行张力。导、地线的平均运行张力增大，会使导、地线阻尼作用下降，致使导、地线发生疲劳断股故障。《11 千伏～50 千伏架空输电线路设计规范》（GB50545-2010）第 5.0.13 条明确规定：导、地线平均运行张力对振动影响很大，若运行中出现严重振动时，可根据现场实际情况，采取增加杆塔、减小挡距等措施降低导、地线的平均张力，以达到减少振动带来的危害；防振措施还可采取安装护线条、阻尼间隔棒、防振锤、阻尼线等措施。二是安装护线条。《11 千伏～50 千伏架空输电线路设计规范》(GB50545-2010)第 5.0.13 条规定：钢芯铝绞线平均运行张力为其拉断力的 18%～22%时，导线应采用安装护线条(导线悬垂线夹缠上一层专用的护线条)措施，以达到防止或减少振动的危害。护线条采用高强度、弹性好的铝合金制作，为安装方便，护线条与导线规格应相配套进行生产。通过护线条能加强导线在线夹附近的机械强度和刚性，从而抑制导线振动和弯曲，提高导线耐振能力。但安装护线条的减振效果不如安装防振锤、阻尼线好还时，应按照《11 千伏～50 千伏架空输电线路设计规范》(GB50545-2010)规定：钢芯铝绞线平均运行张力大于其拉断力的 22%和镀锌钢绞线平均运行张力大于其拉断力的 18%时，应采用安装防振锤(阻尼线)或安装阻尼线、防振锤加护线条等措施提高导地线耐振能力。三是安装阻尼间隔棒。在分裂导线中，一般采用安装间隔棒防止导线相互鞭击损伤。通过平原、沼泽地、丘陵及横跨河流、湖泊、海峡等平坦开阔地区的分裂导线的输电线路，应安装阻尼型间隔棒，以增强输电线路自阻尼作用，从而降低振动对导线的危害。为了使各次挡距的振动频率不同，互相干扰，从而达到减弱或消除振动的危害，阻尼型间隔棒应采用不等距安装。

5. 降水要素引发的气象安全生产事故案例

大雨、暴雨类降水引发的气象安全生产事故人们也常见，并已经在灾害性天气引发气象安全生产事故案例中作介绍，但人们却常常忽视被雨淋而引发的气象安全生产事故，因此这里重点介绍被雨淋而引发的气象安全生产事故的典型案例——广州市天河区广州市瑞兴泰化工有限公司化学品仓库由于危险化学品被雨淋而引发自燃爆炸事故。

事故经过：2006 年 5 月 10 日 16 时，广州市瑞兴泰化工有限公司在下雨潮湿的环境下，组织工人向其违法私设在广州市天河区大观路的危险化学品仓库，大量装卸遇湿会自燃的危险化学品连二亚硫酸钠($Na_2S_2O_4$，又称为低亚硫酸钠、二硫四氧酸钠，俗称保险粉、快粉)35 吨，装卸期间，该公司负责人简某感到个别包装货物开始发热，在查找原因时发现货物冒烟，随即拨打 119 报警。当晚 18 时 40 分在该化学品仓库发生爆炸，仓库上空升起一朵蘑菇云，大量保险粉燃烧产生有毒气体迅速蔓延；当晚大约 19 时 20 分，毒气味越来越浓，很多人开始感觉恶心起来，而此时又刮起了大风，当雾气冲进人群时，即时就有很多人感到不适，大多数人知道不妙，纷纷夺路而逃，大批警察和保安在现场指挥人群迅速朝奥林匹克体育中心方向疏散，有些被熏倒的人员被警察和保安及强壮的男人背起就跑，事发周边一千米范围内的所有人都安全撤离到了安全地带后，警察对周边所有交通要道进行全部封锁；当晚 20 时左右，仓库里面的保险粉又突然起火，同时仓库里停放的一台车的油罐也发生了爆炸，消防部门先后调动广州特勤大队两个中队、员村、芳村等 8 个中队，出动了全市所有的干粉消防车赶来现场扑救，当晚 21 时左右，相关部门紧急调来 7 辆装满黄沙的泥头车和几百把铁铲，百余名人员分批运沙、铲沙、灭火；当晚 22 时左右，火势基本得到控制，原来通天的火光已经基本消失，而漫天的浓烟正慢慢减弱(图 2-50)。

事故发生时，仓库储存主要有 4 种易燃易爆的化学品，其中连二亚硫酸钠 50 吨，其他 3 种为高锰酸钾、洗涤剂原料、甲基丙烯酸甲酯，共计 500 千克。事故中主要的燃烧品为连二亚硫酸钠，有 15 吨的连二亚硫酸钠被烧毁。目前仓库内还遗有 35 吨连二亚硫酸钠及其余 3 种化学品。事故发生后，广州市委常委吕强、副市长苏泽群立即赶赴现场指挥抢险工作，天河区政府也立即启动了抢险紧急预案。广州市公安、消防、安监、卫生、环保等多个部门投入了抢险工作。组织附近16000多名市民与在校学生居民(包括一个职业学院近4000学生)紧急大撤离。在撤离过程中,约74人吸入有毒气体需送院医治,其中包括一抢救人员因疲劳过度虚脱,被送进重症监护室抢救(已脱离危险)。事故造成直接经济损失84.8万元。

图2-50　2006年5月10日,瑞兴泰化工有限公司化学品仓库爆炸事故现场

事故原因:由于连二亚硫酸钠属于一级遇湿易燃物品,遇热分解,属于强还原剂。少量水或吸收潮湿空气能发热(其化学反应式:$Na_2S_2O_4 + O_2 + H_2O \rightarrow NaHSO_3 + NaHSO_4 +$ 热量),而连二亚硫酸钠遇热升温会发生分解反应释放出放出大量有毒和易燃的二氧化硫二氧化硫气体和硫黄蒸气(其化学反应式:$2Na_2S_2O_4 +$ 热量 $\rightarrow 2Na_2S_2O_3 + S + SO_2$),甚至引起爆炸。因此,仓库工作人员违反操作规程,在小时降水量不大于2.5毫米(16时至17时期间,广州市瑞兴泰化工有限公司危险化学品仓库所在的广州市天河区大观路附近10千米范围内的广州天河区五山东莞庄路312号的五山国家基本气象站、天河区天河路1号的广州天文苑气象观测站观测的降水量分别为0.7、2.0毫米,属于小雨范畴)的下雨潮湿的环境下(图2-51),大量装卸遇湿自燃的危险化学品连二亚硫酸钠,导致危险化学品接触雨水引发自燃,是造成本次危险化学品自燃爆炸事故的直接原因;而广州市瑞兴泰化工有限公司未经批准擅自在部队管辖区内营区的旁边私设危险化学品仓库,安全管理混乱,安全生产主体责任不落实,违章作业,冒险蛮干,"三违"现象严重突出、没有充分利用气象部门的降雨天气预报预警信息作为本单位生产调度决策依据等是造成本次危险化学品自燃爆炸事故的间接原因。

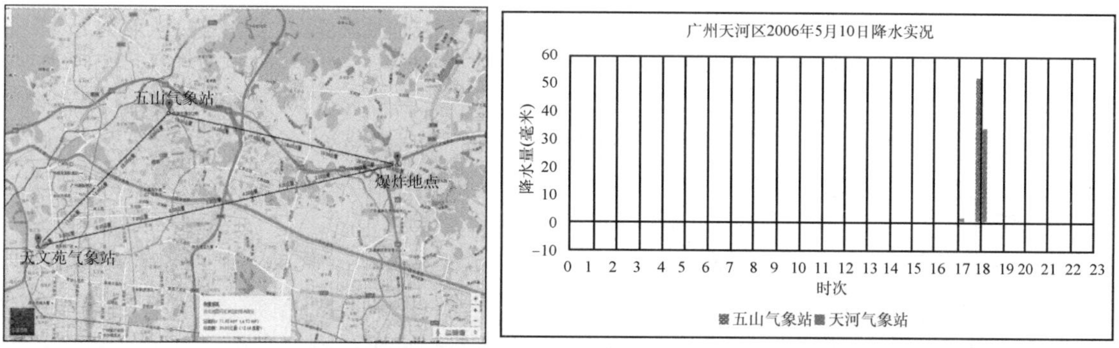

图2-51　2006年5月10日,仓库爆炸地点与五山、天文苑气象站距离及天河区降水实况图

事故防范措施:危险化学物品的仓储安全管理,与危险化学物品的生产、运输、使用等环节的安全管理同等重要,如稍有疏忽,便有可能发生安全责任事故,给人民生命财产造成损失,给环境造成污染和破坏。因此危险化学物品的仓储安全管理必须强化以下几方面事故防范措施。

一是危险化学品仓储业务的单位必须落实机构、人员责任，既要有各司其职的分工，又要有互相督促的机制。经营危险化学品仓储业务的单位，必须按照“加强和改进企业安全生产基础管理工作，强化和落实企业安全生产主体责任，建立健全企业安全生产责任体系，推动本质安全型企业的建设步伐”的要求，结合实际，设置安全生产管理机构和配备安全生产管理人员。仓储企业的第一责任人、主要责任人、直接责任人、专职安全主任等要落实到人，用制度的形式将这些岗职人员的责任范围明确下来，以各司其职，各负其责，在人员配置和人员责任范围的规定上杜绝责任空白地带。

二是持证上岗，确保队伍质素。“从业人员应当接受安全生产教育和培训，掌握本职工作所需的安全生产知识，提高安全生产技能，增强事故预防和应急处理能力”，按照国家的法律要求和结合经营危险化学品仓储业务的单位的实际情况，不管是领导还是部门管理人员或者现场作业人员，上岗前都必须参加当地安监部门开办的学习班进行正规培训，经考试合格取得有关从业上岗资格证书。持证上岗，不仅仅是为了满足法律法规的要求，更重要的是让人员队伍掌握危险化学物品仓储等环节安全生产的必备知识、技能，以在实际工作中不仅在思想上认识到安全责任的重要性，而且从知识、技能上懂得危险化学物品仓储等方面安全生产的知识和技能规范，应急救援办法。

三是严格遵守规范，确保现场作业安全。危险化学物品仓储的现场作业主要有装卸、搬运等，不同的品种有不同的工序，有不同的操作规范，务必不折不扣地遵守做到，强化危险化学物品仓储的静态、动态安全管理，尤其加强“四不两直”方式进行现场突击巡查。

四是要落实安全资金投入，仓储安全生产的“气温、干湿、防漏、防雷、消防灭火设施配置、员工防毒防腐设施配置等的硬件”设施要配套跟上，这是确保仓储安全生产的基础保障。储存不同品种的仓库，对“硬件”设施有不同的要求，做到“人防”“物防”“技防”相结合，积极有效地发挥“人”主导“硬件”设施的作用。

五是实行经营危险化学品仓储业务单位三级现场巡查制度，防患于未然。仓储安全生产的现场管理，现场巡查（检查）是非常重要的一环，建立健全并落实经营危险化学品仓储业务单位领导的到现场巡查、单位安全监管人员到现场巡查，仓管员在作业全过程进行现场监督制度，对检查发现的问题或隐患，要及时组织指定专人负责、明确整改治理要求和规定完成期限的整改。

六是科学设计应急预案和做实现场救援演练。作为一个储存危险化学物品的仓储单位，必须要有一套切合实际的应急救援预案。这套预案包括组织运用仓储单位自有的救援力量和公安消防部门等政府、社会的救援力量。预案设计要求关键是“务实有效”，主要体现在针对部位准确、反应快捷、指挥有序、功能协调和施救有效，并且应急预案制订得切合实际，必须为广大员工所掌握。

七是加强危险化学物品的台账管理。危险化学物品的台账记录必须实时做到账账相符、账单（卡）相符、账表相符、账实（实物）相符、账证（购买证、运输证等）相符，对剧毒物品还严格实行“五双”制度，如有出入或松懈，要马上查清原因并及时报告领导。

八是做好现场安全生产管理教育。要把安全教育作为危化企业的一项安全管理制度规定下来，检查发现本单位操作不规范的地方、违反规章制度的地方、存在事故隐患的地方，等等，都要及时分析其原因、分析其危险性，进行有的放矢的教育，并应尽可能开展受教育人员在本单位范围内不惜“扩大化”的即事即时的现场剖析教育和现场警醒教育。

6．雪要素引发的气象安全生产事故案例

典型案例：大雪、暴雪类降水引发的气象安全生产事故较为常见，并已经在灾害性天气引发气象安全生产事故案例中作介绍，但人们却常常忽视小雪对交通影响而引发的气象安全生产事故，因此这里重点介绍小雪对交通影响而引发的气象安全生产事故的典型案例——北京市因小雪影响交通导致全市交通瘫痪。

事故经过：2001 年 12 月 7 日，北京地区由于一场从中午 13 时开始从城南部出现降雪，逐渐向北推进，直至 17 点才渐渐停住，而晚间又有零星雪片飘落，到 22 时基本结束降雪，全市平均降雪量仅为 1～2 毫米，常见的小雪天气过程却引发了城市地面交通大面积瘫痪，整个城区的大街小巷似乎都成了阡佰相连的停车场，乘车出行的人在路上耗费的时间，比平时增长了 5 到 10 倍，造成了巨大的社会影响。从北京市交通监控指挥中心的大屏幕前观测，发现几乎所有地段都在堵车数十万辆机动车，使北京城市地面交通路网全部瘫痪(图 2-52)。

图 2-52　2001 年 12 月 7 日一场小雪致使北京的地面交通大面积瘫痪现场

例如，民航班车 7 日下午五点半从西单出发，就陷入了滚滚车海之中，汽车挪动的速度甚至以寸[①]来计算，班车终于在 8 日凌晨 1 时零 5 分驶到了首都机场，38 千米的路程，用了 7 小时 35 分钟；从中关村乘坐单位班车到市区，十几千米的路程用了 6 个小时；从宣武门“打的”到玉蜓桥，不到 10 千米的路，用了 3 个多小时；北京三九万东药业有限责任公司经理郑先生当时正好被堵在北四环一带，他的车速是：一小时一千米，“从傍晚五点钟一直堵到第二天子夜一点钟”；许多立交桥的坡度太陡，桥面一旦结冰，汽车很难爬上去，使其成了卡脖子地段，北京交警大队西城支队西四中队民警翟立家 7 日下午 3 点半到晚 9 点，他都是在推车，在推车推了 10 分钟后，他就“感觉不对劲”，他无法预期以这种手工操作的方式对堵死在那儿的车队会起多大作用，什么时候才是尽头，路边的几家饭店他挨个走了一遍，他想弄点煤渣铺在地上，但几家饭店都已经响应号召，不烧煤改烧天然气，他又盼望能截一辆货车，这样能弄点土和沙子，“哪怕垃圾也行”，也没有结果，一排排的车堵在那里，直到后来搜集到报纸和擦车的破布铺在路上，情况才出现了转机；并且路口堵车尤为严重，过路口时司机们既怕闯红灯又怕路滑，也是小心翼翼，因此延长了通行时间；并且此次一场小雪影响造成的车流阻滞引发北京全城交通大瘫痪，使交通事故还是比平时至少增加了一倍，形成影响城市正常运行和市民正常生活公共安全事件。

事故原因：由于车辆在雪覆盖的路面上行使，导致轮胎不能与路面进行直接接触而是与雪的表面进行接触，使车辆轮胎在雪覆盖的路面产生的附着力大大降低，轮胎与雪覆盖路面的附着系数受到严重削减，其附着系数很小(0.10～0.20)，而雪覆盖的路面经过一段时间持续低温

① 1 寸＝3.3333 厘米

和车辆碾压后其路表面易形成冰面，其附着系数更小(0.07～0.15)，导致车辆在雪覆盖的路面行使的制动距离增加，并且车辆的驱动轮很易打滑或空转，在上坡、起步、停车时还会出现后溜车的现象，使车辆爬越斜坡的能力下降甚至无法爬越。例如车辆以 70 千米时速行驶，在干沥青路上的制动距离为 58 米，在附着系数为 0.20 的雪路上的制动距离就增加为 117 米，在附着系数为 0.10 的冰路上的制动距离增加为 216 米，在雪覆盖坡度路面和立交桥面车辆极易空转、打滑或侧滑，这些都将严重影响车辆的操作和制动性能，使控制失灵从而危及行车安全。因此，7 日 13—22 时的小雪天气过程是造成 7 日 16 时到 8 日 2 时北京全城交通大瘫痪的直接原因；而间接原因除 7 日 16 时正是周末下班车辆出行高峰期之外，至少还有几个原因：一是首次禁止在马路上撒盐化雪后，使用更加环保的“新型的融雪剂”，但是“新型的融雪剂”不知是使用不当还是效果不理想，这种“融雪剂”似乎还难尽人意。开班车的司机师傅说，以前撒了盐，雪很快就化成水，而现在雪则结成了冰，车根本不敢开。二是一些交通枢纽设施在设计上存在严重缺陷，不但起不到疏浚交通的作用，反而成为阻塞交通的环节。例如东直门立交桥，占了很大面积修了一座立交桥，但桥却“立”而不“交”，左转弯的车要往里开，直行的车要往外开，互相抢道，谁也无法给谁让道，结果是谁也走不了。另外，许多立交桥的坡度太陡，桥面一旦结冰，汽车很难爬上去，而这次北京交通大瘫痪，很多这样的立交桥都成了卡脖子地段。三是疏导交通的措施不力。交警们的确很辛苦，深夜一两点钟仍然能见到他们的身影。但其中一些人疏导交通的能力却有待提高。例如在北二环路上就遇上了这样的情况：前面两辆轿车发生了轻微的事故，车子横在路上，车主争执不休。交警很快赶到现场后，不是先疏导交通，而是先处理事故，待打发走了两名事主之后，才让堵塞了许久的大队车辆通行。四是北京市各有关部门虽然也采取一些应急措施，但由于降雪来得突然，各部门间缺乏协调和统一指挥，各项应急措施收效甚微。

事故防范措施：一是变单一的城市交通安全运行保障为综合保障。应对城市交通安全运行突发公共安全事故时，必须破除各部门按照自己职能的设置采取单一、孤立的保障机制。建立健全城市综合城市交通安全运行保障机制，组建具有综合协调所有相关部门及时地对整个城市交通安全运行保障事件运筹帷幄的“雪天道路交通保障应急指挥部”，全面构建起城市降雪应急系统。二是变城市交通安全运行应急保障为日常保障。制定科学合理的城市交通安全运行保障综合应急预案和相关部门城市交通安全运行保障的专项应急预案，将城市交通安全运行保障系统纳入当地政府应急指挥体系范畴，并且作为重要组成部分。三是增加全民主动减灾安全出行意识。强化市民减灾安全出行系统的安全教育，切实提高市民的安全出行意识，增强驾驶员在雪天道路上车辆的操作和控制技能：①起步：在冰雪路面上起步，要注意少加油，不要让离合器经常处在半离合状态，放松离合器时要比平时稍快，起步后加油要稳，逐步提高车速。②换挡：在车辆通过冰雪路面时，应减少换挡或不换挡，减小油门，把住方向，稳住车速，最好利用车辆惯性，缓缓而过，切忌猛加或猛减油门。③转向：在冰雪路上转向时，应提前减油和减速，轻点刹车，慢慢转向。避免途中变速或停车熄火。如遇前轮溜滑，应及时松开刹车，修正方向；如遇后轮溜滑，就向溜滑一方纠正方向盘；如遇驱动轮溜滑，应及时抬起加速踏板；如遇横向溜滑，汽车进入旋转状态，不要慌乱采取措施，要等汽车停稳后重新起步。④制动：在冰雪路面上行车，忌突然刹车，因为冰雪路面上突然制动，容易引起侧滑而翻车。必须进行制动时，采取“多次制动法”，缓慢地实行多次点踩刹车，一定不能过快。需要停车时，要提前采取措施，多用换挡，少用制动，利用发动机的制动作用来控制车速。⑤增大跟车距离：尽量沿着前车的车辙行驶，一般情况下不要超车、急转弯和紧急制动，与前车保持一定距离，以免造成追尾事故，雪天刹车距离为干燥路面的 2～3 倍以上。此外，由于冰雪路面的附着性极差，最好换用雪地轮胎。⑥减速慢行：雪路面上行驶，轮胎与路面的摩擦系数减小，附着力下降，如果速度过快、转弯过急、突然加速或减速，易造成侧滑及方向跑偏，重心较高的客货车易发生翻车。尤其在山区雪路面行车时，要做到“缓加油、轻减速、慢转弯”。⑦加强车辆安全保养：冬季气温骤降，注意加强车辆安全保养，按期进行机动车检验。出行前，要注意检查车辆轮胎，营运客车一定要进行安全例检。驾驶车辆行经弯坡路段，遇路面湿滑，对前方路况不明的情形时，要稳握方向盘，轻点刹车减速。转向时适当加大转弯半径并慢打方向盘，避免车辆侧滑甩尾。

7. 蒸发要素引发的气象安全生产事故案例

典型事故：由于大气中的水分经常处于没有饱和的状态，于是无论是海洋还是陆地都缓慢进行着水分从下垫面“蒸发”而进入大气的物理过程。影响蒸发速度的主要因子有：水源、热源、饱和差、风速与湍流扩散强度等。水源是蒸发的基本条件，没有水源就不可能有蒸发，而蒸发面的温度是影响蒸发能力主要决定性因素，温度越高、蒸发速率越快，蒸发面的水分损失越多。因此气象观测的水面蒸发要素对生产经营活动的影响主要表现在因蒸发缺水而又没有自然降水补充形成干旱灾害天气导致生产经营活动损失方面，所以这里重点介绍蒸发缺水而又没有自然降水补充而引发的气象安全生产事故的典型案例——湖北荆州市水产业水产养殖水面由于蒸发缺水而又没有自然降水或其他水源补充，造成水产养殖减产损失近 15 亿元。

事故经过：2010 年 11 月至 2011 年 5 月，中国淡水渔业第一市——湖北荆州市，涉及约 147 万亩水产养殖水面由于蒸发缺水而又没有显著降水天气过程进行水资源补充发生干旱，造成精养鱼池和湖泊、水库、河沟等因蒸发缺水旱死成鱼 7 万吨、鱼种 2 万吨、虾蟹等水产品 4 万多吨，使荆州市渔业总经济损失高达 14.8 亿元。尤其是 2011 年 4 月中旬至 5 月下旬洪湖所在的荆州市监利县连续一个多月无透雨，与历史同期平均水平少 200 毫米，江河水位降至历史最低，水产主产区的河流有约 40%干涸见底，约 40%的河流水源不宜用作渔业养殖灌溉用，水产受灾面积已达 80 万亩，失水产品 2 万吨，直接经济损失达 2.8 亿元，估算暗灾损失近 7 亿元，给荆州市监利县水产业遭受重创。例如，监利县福田寺镇的专业水产养殖场渔民因鱼蟹蒸发缺水旱死之后就改养生存能力非常强的小龙虾，但没想到蒸发产养殖水面水位一降再降，最后龙虾苗也因蒸发缺水旱死，造成小龙虾大面积减产 2 万吨，渔场也因蒸发缺水导致水位下降，使渔场的 6 艘船搁浅在暴露的湖滩上，造成就拦腰折断损失 30 多万元，甚至有的以湖为家的渔民因断水断粮，不得已被转移到了岸边临时的救灾点。又如，监利县汴河镇 8 万亩稻虾套养面积损失严重，龙虾产量锐减，对比 2010 年亩产减收 500 元以上。全镇 4.5 万亩包括毛蟹、桂花鱼、黄鳝鱼以及“四大家鱼”等水产养殖面积损苗严重，90%以上的小龙虾已经绝收，部分养殖水面水产品大量死亡、外逃，有空池的危险(图 2-53)。

事故原因：水产养殖水面由于蒸发缺水而又没有自然降水或其他水源补充是造成此次水产养殖减产损失近 15 亿元的直接原因。间接原因：一是引水设施严重不足。荆州长期以来，重防洪排涝，轻引水灌溉，使其引水设施严重不足，即使湖泊、水库、塘堰、河沟水资源有限，但紧邻长江的地方还是有水可取，普遍缺乏引水设施，无法满足水产养殖引水需求；二是水产基础设施技术整改不到位。荆州市精养鱼池有近 70 万亩，由于是 20 世纪七八十年代开挖的，水电路不通，池塘淤塞老化严重，保水深度平均不足 1.2 米，池塘水容量有限，一旦自然降水或其他水源补充不及时，蒸发缺水不能保障水产养殖现象极易发生；三是应急预案制定不科学，应急处置准备不充分，抗旱用的抽水泵都是紧急从外地引进，而没有做好相应的物资储备。

图 2-53　汴河镇水产养殖户在养殖池及水产养殖的渔船停泊在干涸的河边

事故防范措施：一是强化水产养殖气象灾害风险评估，制定科学合理的应急预案做好相应的物资储备；二是按照“小改大、浅改深、低改高”、保水深度 2.5 米以上和“硬化护坡达标、排灌增氧配套”的要求，实施精养鱼池标准化升级改造工程，实现旱涝保收的目标；三是强化从长江江段提水抗旱泵站工程建设，保障水产养殖用水需求，促进水产养殖健康发展。四是开展政策性“三农”保险，强化水产养殖保险试点工作，探索建立渔民保险制度，切实提高地方和农民（渔民）发展水产业的积极性，为农民（渔民）增收提供保障。五是强化科学抗旱救灾。在因干旱导致水位较浅的池塘，采取江河引水、疏渠畅水、泵站提水、打井灌溉等多种措施，保持水位；对于不具备加水条件的塘口，增加水面漂浮植物，遮挡阳光，减少蒸发，降低水温，促使小龙虾等正常生长。同时，引导渔民采取“虾蟹混养”等多品种生态养殖进行混养、套养和轮养，增加收入，减少损失。

8. 能见度要素引发的气象安全生产事故案例

典型案例：降雨、雾、霾、沙尘暴、雪等天气影响人看清楚目标轮廓的最大距离，降低人的能见度，常常引发交通安全事故。人们常见的能见度要素引发的交通安全事故是地面道路交通和水上交通方面由于雾降低能见度而引发的交通安全事故，却常常忽视降雨降低能见度而引发的交通安全事故，尤其是在航空领域不少飞行员过分相信飞机的盲降系统而忽视了降雨降低能见度对航空安全影响而引发的气象安全生产事故，因此这里重点介绍降雨降低能见度对航空影响而引发的气象安全生产事故的典型案例——中国南方航空有限公司波音飞行员飞行着陆过程中因降雨降低能见度的影响，使其驾驶的 737-300 型飞机发生空难事故。

事故经过：1997 年 5 月 8 日，执行重庆至深圳 CZ3456 航班中国南方航空有限公司深圳公司波音 737-300 型 B-2925 号飞机 19 时 45 分自重庆江北机场起飞，预计 21 时 30 分到达深圳黄田机场，21 时 07 分与深圳机场进近管制建立联系，按正常程序向 33 号跑道进近。21 时 17 分与塔台建立联系。塔台告诉机组“五边雨比较大，看见跑道叫”。21 时 18 分 07 秒机组报告“已建立盲降”，21 时 18 分 53 秒机组报告“看到引进灯”，塔台指挥飞机“检查好可以着陆”。

在飞机过近台附近，塔台看见飞机着陆灯，但雨中灯光不清楚，地面雷达显示，飞机航迹、下滑高度正常。21 时 19 分 33 秒飞机第一次在跑道南端接地，接地后飞机跳了三跳，然后复飞，每次弹跳都是前起落架着地，并且飞机在此次(第一次)着陆时前轮接地后，左前轮爆破，碎片散落在跑道上。复飞后左转上升到 1200 米，塔台提醒机组开应答机，但二次雷达上一直没有显示。21 时 23 分 57 秒，机组报告在三边位置，要求其他飞机避让，21 时 23 分 40 秒，机组再次要求其他飞机避让，并报告"有紧急情况"，驾驶舱内出现多种警告。塔台告诉已让其他飞机避让。21 时 24 分 58 秒，机组要求落地后用消防车、救护车，塔台告诉机组都已经准备了。接着飞机又转了一圈，并报告准备向南落地，塔台同意向南落地，并告诉 737-300 型 B-2925 号飞机机组，"前面落地的机组反映北面天气好，南面五边雨大"，机组回答明白，并说"我准备落地了"，第二次由北向南反向着陆时只听见副驾驶大叫了一声："下降率太高啦!"。21 时 28 分 30 秒飞机着陆，飞机擦地并拖滑约 600 米后解体成三个部分、起火、爆炸，造成机上旅客 65 人中死亡 33 人、重伤 8 人，轻伤 20 人和空勤组 9 人中死亡 2 人、重伤 1 人、轻伤 6 人的空难事故(图 2-54)。

图 2-54　1997 年 5 月 8 日，南航"5·8"空难图

事故原因：

(1)现场勘察情况

1)第一次由南向北着陆。进跑道后，距跑道南端 388.5 米，发现第一块轮胎小碎片。距跑道南端 502 米，发现第一块金属碎片。距跑道南端 561 米，跑道中心线左侧 25 米，发现 1 条长 54 厘米、宽 28 厘米，呈撕裂状轮胎片。距跑道南端 570 米，中心线左侧 20 米处，发现前起落架左轮轮片，长 46 厘米、宽 21 厘米。距跑道南端 580.5 米，中心线附近，发现飞机主轮防滞刹车电磁活门。距跑道南端 801 米中心线附近，发现前起落架左轮轮毂内环(边缘呈不规则断裂)。以上情况说明，飞机第一次着陆时前轮接地后，左前轮爆破，碎片散落在跑道上。

从距跑道南端 388 米至 801 米的范围内，道面上有较多的铆钉(多数为剪切痕迹)，还有少量金属片、胶管、固定夹等散落物。上述情况表明，第一次着陆时，飞机结构受损。

2)飞机复飞后，第二次由北向南着陆。进跑道后，距跑道北端 427.2 米，中心线右侧 4.5 米处，有明显的机身下部擦地痕迹。在此痕迹的右前方，离机身划痕中心线右侧 4.8 米处有右发动机擦地痕迹。在机身下部擦地痕迹的左前方，离机身划痕中心线左侧 4.9 米处有左发动机擦地痕迹。距跑道北端 441 米处，道面中心线附近出现 3 条明显的擦槽，擦槽最深 2 厘米，最宽 12 厘米。经查实，这 3 条擦槽分别是前起落架左轮轴(左侧)、拖机接耳和前轮转弯作动筒触地划出的沟痕。

飞机擦地后，拖滑约600米后解体。飞机中部和右大翼后缘严重烧毁，该处距跑道北端1200米，在跑道中心线或侧105.7米附近有前起落架、襟翼片、缝翼碎片、行李架、客舱座椅等散落物；机身前段长度12米，局部破损，有翻滚但无燃烧痕迹，机头朝北，驾驶舱局部变形，仪表板及中央操纵台有大量泥浆，起落架手柄在中立位，机头下部凹陷，气象雷达天线下部向后弯曲。距跑道北端1370米，跑道中心线右侧79.4米处，有较为完整的后机身。左主起落架、右发动机散落在跑道左侧，左发动机底部磨损严重，风扇叶片部分折断，部分弯曲。右主起落架散落在跑道右侧。右主起落架内侧轮胎爆破，右发动机底部磨损严重。在约1230米×250米的范围内，飞机残骸及散落物分布在跑道中心圈以北的道面及两侧草地上。

(2)飞行组技术和身体情况

1)技术情况

机长：林友贵(左座)，男，1960年7月出生，天气标准：1/2。总飞行时间12738:08小时，其中报务员时间9084:51小时，驾驶员时间3654:12小时。

所飞过机型：TB-20(120小时)，Y-7(52:14小时)

现飞机型：波音737-300型飞行3482:04小时(单飞22小时)

1996年12月29日技术检查合格。

副驾驶：孔德新(右座)，男，1952年4月出生，天气标准：1/2。总飞行时间15537:01小时，其中机械员时间11203:25小时，驾驶员时间4334:36小时。

所飞过机型：TB-20(130小时)，夏延(36小时)

现飞机型：波音737-300型飞行4158:36小时(单飞88小时)

1996年12月25日技术检查合格。

观察员：肖荣，男，1948年7月出生，总飞行时间：5179:53小时，在波音737-300型上只进行了123:43小时的模拟机训练。最后一次技术检查时间：1997年4月18日。

2)持证情况

林友贵，驾驶员执照有效期至1997年11月，体检合格证有效期至1997年10月；

孔德新，驾驶员执照有效期至1997年7月，体检合格证有效期至1997年10月；

肖荣，驾驶员执照有效期至1998年4月，体检合格证有效期至1997年9月；

3)身体健康情况

机组成员1997年度体检结论均为飞行合格。本次飞行前机组成员均按规定进行了出勤前体检，飞行前8小时未发现机组成员饮用含酒精饮料和服药。通过舱音记录分析和向同机组乘务员了解，在飞行过程中机组成员身体无异常，排除机组空中失能。

(3)天气和通信、导航设备保障情况

深圳航站天气预报：5月8日17:00—5月9日02:00，170度风7米/秒，能见度6000米，弱的阵雨，满天云1500米，有时出现15米/秒的风，风向不定，能见有时1500米，强的雷阵雨，5～7个云量300米，3～4个量积雨云900米，满天云1200米。

16:40发出危险天气“机场警报”：

“由于受锋前雷雨的影响，我区域内今天晚上到明天上午将会出现大范围的不稳定天气发展，本站短时还将出现雷雨大风天气，请有关单位注意。”

16:50发出了订正天气预报：

170度风7米/秒，阵风15米/秒，风向不定，能见度1500米，有强雷雨，1～2个云量240

米，5～7 个云量 300 米，3～4 个量积雨云 900 米，满天云 1200 米。

18:00 发出危险天气“机场警报”：

向机场现场、空管、航空公司签派等单位通报：本场将出现雷雨大风天气，请有关单位注意，并通报即将起飞的机组。

21:00 天气实况：

290 度风 7 米/秒，能见度 1500 米，33 号跑道方向跑道视程 1400 米，中阵雨，1～2 个量积雨云 1200 米，5～7 个量云 1200 米，温度 23℃，露点 23℃，场压 1010 百帕。

21:33 特选天气报告：

240 度风 7 米/秒，能见度 2000 米，中阵雨，1～2 个量低云 210 米，3～4 个量积雨云 1200 米，5～7 个量云 1200 米，温度 22℃，露点 22℃，场压 1010 百帕。

通过听陆空通话录音，看雷达录像，查阅有关资料，确认当时的通信、导航、雷达等各种保障设备工作情况正常；天气符合机场开放标准。

(4)飞机和发动机情况

1)飞机

型号：B737-300B

制造厂：美国波音公司

注册号：B-2925

出厂序号：27288

出厂日期：1994 年 2 月 24 日，1994 年 2 月 28 日到深圳，至 1997 年 5 月 7 日飞行 8457:53 小时。

适航证号：AC0783

国籍登记证号：NR0940

电台执照号：95—477

2)发动机

型号：CFM-56-3CI

制造厂：CFMI 公司

序号：左 857792 右 857794

至 1997 年 5 月 7 日，左发飞行 8457:53 小时，右发飞行 8457:53 小时。

3)文件、资料检查

适航指令：截至 1997 年 5 月 7 日，完成所有适航指令。

时控件控制：全部时控件

均在有效期使用期限内，无超寿使用件。

保留项目：至 1997 年 5 月 8 日飞机失事前，无保留项目和保留故障。

飞机定检维护：从 1996 年 7 月 8 日至 1997 年 4 月 29 日，已完成 2C 检 1 次，1A—12A 检各 1 次，无重大故障和重大修理。

4)残骸检查

机身：除机身尾部较为完整(底部有摩擦痕迹)外，其余全部损坏。

机翼：左大翼除翼尖无严重损坏外，其余全部被烧坏，右大翼翼尖缺损，前后缘均被烧坏。

发动机：左发燃油滤、滑油滤干净正常，大部分风扇叶片折断或弯曲。右发燃油滤丢失、滑油滤干净正常，大部分叶片弯曲。两台发动机报废。

左起落架：2个主轮在位，内轮破裂、外轮完好。

右起落架：2个主轮完好，减振支柱外筒压缩到底，并撞击内筒根部，有撞击痕迹。

前起落架：收放作动筒杆断，前轮转弯作动筒拉杆折断，左轮脱落，右轮胎爆破。

通过检查和飞行数据译码分析，失事前，飞机、发动机及系统处于适航状态。燃油、滑油化验合格。

(5)飞机装载及重心情况

本次航班可用最大业务载量为14248千克。共载旅客65人(其中成人64名，婴儿1名)，重量为4616千克；装载行李58件，重量750千克；装载货物29件，重量554千克；装载邮件13件，12千克。以上共装载5932千克。与最大可用业载相比，空载8316千克。根据该机装载，无油重心应为8.5%～28%，实际为17%。起飞重量重心应为7.5%～28%，实际为17.2%，重心均处于最佳位置，符合要求。

据此证明，该机不存在商务超载和装载平衡问题。

(6)非法干扰问题

1)根据现场勘查、走访目击者后认定，本架飞机着陆前没有发现火警或火灾，可以排除起火后落地的可能性。

2)本次航班所有旅客、行李、货物都按规定进行了安全检查，没有发现任何违禁物品，排除易燃易爆危险品装机的可能。

3)经提取检材化验，没有发现飞机残骸上有炸药残留物，也没发现有爆炸后形成的痕迹。

4)经走访部分生还的空勤组成员和旅客，可以排除非法干扰航空器飞行行为的存在。

(7)目击者反映的情况

1)据当时在停机坪上接飞机的机务人员反映，飞机由南向北落地时雨很大、很密。当飞机复飞后由北向南落地时，大雨，天很黑，能见度差，飞机高度高、速度大，下沉很快。

2)据在该机前3分钟落地的深航822航班机长反映：雷达上看平州至石龙有一条“红区”(雷雨区)，宽10～20海里①。

据在该机第一次接地之后5分钟落地的国航1305航班机组反映，从雷达上看机场南头有雷雨，切入盲降后遇到大雨，800英尺②出云看见跑道，雨比较大，由于跑道积水，着陆灯光效果不好，看不清地面，只能看跑道灯的接近率来控制飞机。

3)2925机组乘务员反映：第一次接地时，坐在后舱门的3名乘务员的座椅折断，飞机中部17、18排行李架凸起呈弓形，飞机地板裂开凸起，窗户变形，部分顶板脱落，客舱内有焦味，瞬间停电，客舱后行李架部分物品掉落。

(8)原因分析

1)2925号机在五边进近过程中，决断高度之前，飞机姿态、航迹、下滑道保持均正常，但速度偏大(142.5海里/时，正常速度为136海里/时)。机组报告看见引进灯，接着又报告看到跑道。决断高度后，因为当时飞机是在大雨中飞行，机组决定“灯晚点放”并使用了排雨剂。

由于夜间飞行遇到大雨，能见度差，跑道积水，灯光效果不好，看地面不清楚。在这种情况

① 1海里＝1852米(准确值)

② 1英尺＝0.3048米(准确值)

下，机组没有果断采取复飞措施，违反规定，继续进近下降高度，失去了主动，贻误了时机，这是造成不正常着陆的主要原因，也是最终导致事故的起因。

2）当飞机过近台后高度170英尺时，驾驶舱出现"下滑道低"警告（−1.38点），随后机组修正飞机恢复到正常下滑航迹，但未减小油门，认为"速度大点没事"，N1由60％加至70％，速度从142.5海里/时增加至150海里/时。

高度50英尺进跑道后，由于"看不清地面"，机组没有及时拉杆退出下滑建立正常着陆姿态，致使飞机以153.5海里/时的速度，水平姿态，前轮、主轮同时接地（波音737飞机停机角为−0.79至−1度，根据数据记录译码数据，接地时飞机的姿态在−1.4至＋1.7之间）。飞机接地前4秒钟平均下降率9.3英尺/秒，接地时垂直过载达2.49G，并产生了第一次跳跃，使飞机受损。

飞机接地前2～3秒钟，舱音记录曾有"带住点（驾驶杆）！""带住点！"的急促喊话，说明刚刚看清道面，但为时已晚。看清道面过晚，没有保持正确的接地姿态是造成飞机重着陆跳跃的直接原因。

3）飞机第一次跳起后，高度5英尺，接地垂直过载1.9G，机组没有下决心收油门。N1转数不规则地有增有减，同时，有推杆动作。由于处置错误，致使飞机又连续产生两次跳跃。第二次跳起7英尺，接地垂直过载2.54G，第三次跳起13英尺。接连三次跳跃和超过载导致飞机结构严重损坏。

4）飞机第三次跳起后由于高度高，加之夜间雨大，机组在未判明飞机受损程序的情况下复飞。

由于操纵系统受损，复飞时，飞机以183海里/时的速度，2度小仰角离地（飞机离地后，机组感到驾驶杆很"轻""杆失去重量了"）。机组在飞机严重受损后复飞，给第二次着陆埋下了隐患。

5）复飞后，驾驶舱出现了"主警告"和多种警告（液压系统、起落架和襟翼等）。受损的飞机在空中盘旋两圈后，机组决定收北向南反向落地。由于大雨仍未停止，飞机操纵系统失灵（驾驶杆的变化量与升降舵偏转角明显不匹配，拉杆量大，升降舵的偏转角度小），尽管机组落地前将驾驶杆拉到底，但未能改变飞机大角度下俯的姿态，最后飞机仍以7.56度的下俯角，227.5海里/时的速度，每秒41英尺的下降率，带3.2度左坡度触地后解体、起火。

（9）事故结论

1）事故直接原因是：飞机在最后进近过程中遇到大雨（降低能见度），机组在看不清道面的情况下，违反规定，盲目下降；由于判断高度不准，致使飞机没有保持正确的接地姿态，造成重着陆跳跃，加之机长处置错误，是造成这次重大事故的直接原因。复飞后，由于飞机已严重受损，部分操纵系统失灵，机组控制不了飞机着陆姿态，以致飞机第二次落地时，大速度带下俯角触地，造成飞机解体失事。这是一起人为原因造成的重大责任事故。

2）事故间接原因是：一是机组作风涣散，违章飞行。本次飞行机组虽然在决断高度上看到了跑道，但在最后进近过程中遇到大雨，看不清道面，机组没有按总局"八该一反对"和公司"禁止在大雨中落地"的规定果断复飞，盲目蛮干，勉强着陆。据调查，2925号飞机机组执行此次飞行任务，飞行准备不认真。当天深圳地区天气形势为高空槽线配合锋面，雷雨强度强、面积大。机组对复杂的天气认识不足，准备不充分，没有制订具体的飞行方案。面对五边在大雨中飞行，能见度差，看不清道面这一特殊情况，机组配合不好，没有人报飞行高度、速度和有关数据，这样就使机长失去了重要的参考依据。南航深圳公司思想政治工作薄弱，飞行人员受到拜金主义、享乐主义的侵蚀，领导要求不严，飞行人员思想、作风和组织纪律方面存在问题比较突出。二是飞行技术管理松懈，机长技术素质低。在飞机着陆前能见度差，看不清道面时，机长缺少大雨中飞行经验，没有按正常操纵方法减小油门和带杆，根据跑道灯光的变化情况使飞机退出下滑姿态，当飞机跳起后，机长采取了推杆的错误动作，致使飞机越跳越高，严重受损，失去了避免事故的最后机会。经查阅机组的飞行技术档案，发现从 1994 年 10 月 11 日至 1995 年 9 月 18 日机长的技术检查记录中有 3 次“退出下滑姿态晚、着陆仰角小”的记录，这样的技术素质是不能胜任机长的。由于领导有迁就、照顾现象，技术把关不严，致使公司部分飞行人员的实际操作水平与所具有的技术标准不相符。三是安全管理不严，领导干部失职。南航深圳公司安全生产规章制度不落实，对有些重要环节缺乏有效措施。本次飞行机组搭配不合理。两名驾驶员均为其他空勤工种改学驾驶的，且单飞时间均较短(左座驾驶员单飞 22 小时；右座驾驶员单飞 88 小时)，机组整体力量弱，技术水平低，不能胜任夜间复杂气象条件下飞行任务。当日从 16:40 开始至 18:00，深圳航管站气象台连续发出了两次“危险天气警报”和一次订正天气预报，向机场有关单位通报。第一次发出“危险天气警报”时，2295 号机在深圳机场还没有起飞，但公司值班领导未能引起重视，没有及时采取有效措施。四是“安全第一”思想不牢，组织领导不力。南方航空公司上年以来安全状况不好，领导对形势认识不足，存在盲目乐观、骄傲自满情绪，未能从根本上采取措施扭转被动局面，对安全与发展、效益及其他工作的关系处理得不好，抓安全投入精力不够。公司引进飞机偏多，摊子铺得过大，布局分散，管理工作跟不上，是造成飞行人员技术素质下降的重要原因，上年深圳公司领导班子调整后，工作力度不够，对存在的安全隐患问题未能及时果断地采取措施加以解决。

事故防范措施：一是强化机组飞行人员的思想、作风和组织纪律方面建设，严禁违章飞行。二是强化飞行技术管理，切实提升机长飞行技术能力。三是强化安全生产规章制度落实和安全责任落实，实行严格的安全管理失责问责制，追究领导干部安全管理失职责任。四是严格按照“安全第一、预防为主、综合治理”的方针，切实加强安全生产的组织领导，强化安全隐患排除和及时整改治理，确保安全。

9. 辐射要素引发的气象安全生产事故案例

典型案例：虽然气象观测的太阳短波辐射是地球吸收太阳辐射总能量中很微小的部分，但这微小的太阳短波辐射能量，却是地球大气运动的主要能量源泉；地球表面在吸收太阳短波辐射的同时，又将其中的大部分能量以长波辐射的方式传送给大气；另外大气吸收地面长波辐射的同时，也以长波辐射的方式向外放射能量。因此气象观测的太阳短波辐射和地球长波辐射，主要是通过辐射能量影响大气温度差异，从而导致大气处于不同的运动状态。而大气的不同运动状态对人类生产经营活动影响存在显著的差异性，只有大气处于某种特殊的运动状态，才可能引发对人类生产经营活动不利的气象安全生产事故发生。因此这里重点介绍因地面辐射导致地面大气降温形成的地面逆温引发气象安全生产事故的典型案例——四川石油管理局川东钻探公司钻井二公司开县特大井喷的特别重大安全责任事故。

事故经过：中石油川东钻探公司“罗家 16H”井位于重庆市开县西北方向，离开县县城约 80 千米的高桥镇晓晓阳村境内。“罗家 16H”井为中石油作为水平井开采新工艺而设计的钻井，设计井斜深 4322 米，垂深 3410 米，水平移位 1586.5 米，水平段长 700 米，于 2003 年 5 月 23 日开钻，设计日产 100 万立方米，该井在日常钻探过程中运行正常。2003 年 12 月 23 日，该井钻至 4049.68 米气层，四川石油管理局川东钻探公司钻井二公司钻井 12 队开始对井钻起钻。起钻过程中按照操作规程要求：每起钻 50 米（即 3 柱钻杆）必须灌满钻井液 1 次，以保持井下液柱压力，防止溢流发生，以确保井控作业安全。但操作工违反操作规程，在起出 6 柱钻杆（100 米）后才灌注钻井液 1 次，使井压无法保持平衡产生溢流，造成 21 时 55 分井控作业失控发生井喷，随后钻杆被井内压力上顶撞击在顶驱上产生火花，使天然气着火；22 时 03 分，井口实行全关闭，虽然火焰熄灭，但井口失控，大量富含 H_2S 有毒气体的天然气从钻具水眼中喷涌而出，其喷涌高度达 30 米，硫化氢（H_2S）浓度达到 100 ppm① 以上，预计无阻流量为 400 万～1000 万立方米/天。失控的有毒气体（H_2S）随空气迅速扩散，并迅速在井口附近低洼处聚集成极高的 H_2S 浓度，引发大量的人员中毒，未能及时转移的井口附近居民及畜禽基本全部死亡（图 2-55）。

图 2-55　2003 年 12 月 23 日，开县特大井喷的特别重大安全责任事故现场

23 日 22:30 左右，钻井队在组织井控无效的情况下，组织撤离井口周围居民；22:45，井队向高桥镇政府通报情况，要求协助紧急疏散井场周围的居民。23 时左右，经四川、重庆安监部门辗转通报，重庆市政府获知井喷信息，责成开县政府立即组织抢险救灾。24 日 2 时左右，警戒线范围扩大到距井场 1200 米外范围，整个高桥镇处于危险区域；24 日 6 时左右，距离井场 5000 米外的正坝镇的硫化氢浓度达到 20 ppm，全镇人员必须撤离。24 日 15 时，井口抢险套压成功后，实行放喷管线放喷点火，喷出的天然气及其所含 H_2S 被燃烧，不再产生毒作用，硫化氢在空气中的浓度不再增加，事态才得到控制，但此时距井喷发生时间已长达 17 小时 45 分钟。25 日凌晨，大搜救开始，大搜救发现此次事故已是一个造成 243 人遇难、4000 多人受伤、6.5 万多人被疏散撤离、9.3 万多人受灾的特大灾难事故，为了确保人民生命安全，压井延迟到 27 日；27 日 11 时，压井成功。组织灾民返乡，重建家园，事故后根据有关统计表明，事故造成直接经济损失 8200 余万元、间接损失应超过 1 亿元，而对当地生态环境和老百姓身心健康的影响就比较深远了。

事故原因：

（1）现场有关人员调查取证情况

1）2003 年 12 月 20 日下午，“罗家 16H”井现场技术服务组在监测钻井作业时，地面监测仪突然接收不到安装在井下的测斜仪发出的信号。“罗家 16H”井现场技术服务组负责人王建东在重新制定钻具组合时，违章决定卸下原钻具组合中的回压阀防井喷装置。钻井队负责安全防护的人员宋涛明知王建东的决定，违反规定却没有表示异议，并且按照王建东的决定，指令他人填写了作业计划书，并宣布了卸下回压阀的指令。

① ppm：百万分率（10^{-6}），下同。

2)2003 年 12 月 23 日 19 时至 20 时，向一明在带领工人进行起钻作业时，违反“每起出 3 柱钻杆必须灌满钻井液”的规定，而是每起出 6 柱钻杆才灌注一次钻井液，致使井下液柱压力下降，导致溢流产生形成井喷。录井员肖先素，负有监测起钻柱数和钻井液灌入量的职责，因工作疏忽，不正确履行职责，未能及时发现这一严重违章行为，在发现后也没有履行职责立即报告当班司钻，致使事故隐患未能得到及时排除。

3)对卸下回压阀这一严重违章行为，井队井控工作第一责任人钻井队队长吴斌，未按规定参加班前会和审查班报表，致使回压阀被卸的重大事故隐患未能及时发现。在补签 22 日的班报表时，吴斌发现回压阀被卸的严重违章行为后，既没有立即整改，又不及时报告，使得重大事故隐患未能得到消除。事故发生后，吴斌没有按照规定安排专人监视井口的喷势情况，检测空气中硫化氢的含量，以致不能提供确定点火时机、控制有害气体进一步扩散的相关资料和数据。

4)吴华在主任工程师请示点火时，以现场情况不明为由不同意点火，但又不及时督促或指派人员查明现场情况。在接到“可能有人死亡”的汇报后，仍违反规定未安排专人对井场进行踏勘。由于吴华违反应急决策的基本原则，不能“权衡损益风险，决策当机立断”，延误了点火时机，致使大量含有高浓度硫化氢的天然气喷出时间延长并进一步扩散，造成事故扩大。

(2)大气污染扩散能力的气象因素调查取证情况

1)天气实况分析

12 月 23 日夜间，开县气温为 4.6～8.0℃，相对湿度 94%～99%，多为静风，最大风速 0.7 米/秒，风向为西北偏西，夜间最小能见度 200 米，气压维持在 996.0 百帕到 997.7 百帕之间，天气晴朗，早上有大雾。24 日白天，开县气温为 5.0～7.3℃，相对湿度 98%～99%，风力较弱，最大风速 1.4 米/秒，风向为西北偏西，能见度 2000 米左右，有轻雾，气压维持在 995.8 百帕到 998.0 百帕之间。由此可以推测，23 日夜间发生井喷时高桥镇地面气温低、空气湿度大、风力弱、能见度差、气层稳定，极不利于污染气体的扩散。

2)大气环流特点分析

12 月 23 日夜间，3000 米高空，秦岭附近为反气旋环流控制，其前部的东北气流已经到达川北地区，风速 4～8 米/秒，开县附近为弱的偏西气流，1500 米以下的大气边界层内，以开县为中心盆地东北部为气旋性环流，但风力较弱，风速仅为 2～4 米/秒。地面上我国秦岭以北地区为庞大的高气压系统所控制，开县处于高气压系统南侧的均压区，气压变化不大。较弱的近地层辐合减缓了污染空气向外流动，低层反气旋环流又抑制了污染气体向高空输送，导致井喷时产生的大量污染气体在附近堆积，局部地方污染浓度较大。

3)井喷现场地面辐射导致地面大气降温形成地面逆温影响大气污染扩散能力的分析

根据气象观测数据，由于 23 日夜间开县天空无云、天气晴朗、微风，使井喷现场地面的长波辐射无云阻挡吸收(水汽对地面长波辐射的吸收最显著)，有利于向上空发散奔向宇宙外，而无风使上层空气热量难以下传，导致地面降温迅速；同时近地面空气的晚间除受自身辐射冷却外，还受到地面的辐射冷却的双重影响，气温也不断降低，形成靠近地面气温比离开地面远的气温低的现象。因此在晴空、无云、微风的气象条件小，由于地面长波辐射和近地面大气长波辐射共同耦合作用下，最终使气温随高度增加而产生逆温，使最不利大于大气污染物扩散的大气稳定层结和污染物容量最小的混合层高度在井喷所在地形成。另外，根据气象观测数据按照国家环保局制定的有关大气污染物排放标准(GB/T13201-91)，计算的 23 日夜间开县大气稳定度为稳定的 F 级(逆温层是一个最稳定的层结，它会抑制空气的垂直对流，使悬浮在空气中的烟尘、杂质及有害气体都难以向上空扩散）和混合层高度平均为56.2米，均远低于该地历史同期平均混合层高度（319米），而最大混合层高度仅为128.8米。这些计算结论和早上有大雾的天气现象也证明了井喷所在地，由于地面辐射导致地面大气降温形成地面逆温影响大气污染扩散能力的客观事实，并且其大气稳定度为稳定的F级，混合层平均高度（56.2米）仅为该地历史同期平均混合层高度（319米）的17.6%，其大气污染物的容量和扩散能力显著下降。这是因为当出现逆温时，湍流运动减弱，十分不利于污染物的扩散，易形成空气污染。此时地面排放的污染物无法向上或者向下扩散，只能在水平方向逐渐散开。当遇到山或者高的建筑物阻挡时，该地区会形成严重污染。若是逆温层存在于近地层上方，即逆温层不是直接存在地面时，这种情况下逆温层如同一顶帽子，将污染物盖住，使污染物无法向上扩散，只能向近地层扩散。这种条件下将使地面排放源的下风向地区形成严重的污染。

上述分析表明：地面辐射导致地面大气降温形成地面逆温，也是此次事故扩大化的重要原因之一。

（3）气体理化与地理因素调查取证情况

据石油部门材料，该气井天然气中H_2S含量达151毫克/立方米以上，为高含硫气井。当地地形为深丘，村民多居住在低畦避风带，H_2S比重重（比空气），而不利于气体对流和扩散的气象条件使H_2S迅速向周边低畦地带扩散聚集形成高浓度。据井队监测资料，井喷初井口附近300米处浓度为50 ppm（约75毫克/立方米），1小时后为200 ppm，5小时后距井1000米处达300 ppm。人畜短期大量吸入高浓度H_2S，造成死亡和不同程度的中毒。

（4）居民安全素质调查取证情况

居民安全知识缺乏，早期撤离转移缺乏有效组织和安全防范常识，不知道天然气开采可能产生的H_2S危害，事故发生后未能选择正确的逃生、自救和相互救援措施。对事件危害严重性估计不足，事件早期对居民的紧急疏散转移缺乏有效的组织，使未能得到及时通知和未选择正确转移逃生路线的居民发生严重中毒而死亡。

（5）事故结论

1）事故直接原因是：一是有关人员对“罗家16H”井的特高出气量估计不足；二是高含硫高产天然气水平井的钻井工艺不成熟；三是在起钻前，钻井液循环时间严重不够；四是在起钻过程中，违章操作，钻井液灌注不符合规定；五是未能及时发现溢流征兆，这些都是导致井喷的主要因素；六是有关人员违章卸掉钻柱上的回压阀，是导致井喷失控的直接原因；七是没有及时采取放喷管线点火措施，大量含有高浓度硫化氢的天然气喷出扩散。周围群众疏散不及时，导致大量人员中毒伤亡。

2）事故间接原因如下：

一是中石油川东钻探公司“罗家16H”井在建设立项阶段，忽视了易燃易爆、有毒有害建设投资项目应依法律法规和技术规范要求，进行气候可行性论证尤其要加强气候可行性论证中关于气象危险因素引发气象安全生产事故风险评估，使其无法预知“罗家16H”气象安全生产的潜在隐患，更不可能依据污染气象条件（大气稳定度、大气混合层、低层大气风、湍流、温度等污染气象因子）确定空气中硫化氢气体是否对人员人体造成伤害、人员是否疏散、多大范围的人员疏散、疏散的路径、方向、区域，川东钻探公司及有关决策人员更不可能依据污染气象条件及时科学做出对对喷管线实施点火的果断决策和明确指令，科学、及时安排疏散避免这次灾难发生。

二是“罗家16H”井在设计时违反有关规定，井口与井场周围民宅的距离远远达不到安全标准，同时，“罗家16H”井开钻前，没有充分了解井场周围的居民住宅、学校、厂矿等详细情况，并据此制订有效的应急预案，以致在井喷失控时，不能及时通知井场周围居民迅速撤离危险区，应急疏散迟缓，应急处理指挥不协调，决策出现致命的失误。

三是四川石油管理局川东钻探公司川钻12队技术管理松懈，部分领导、技术人员素质低，决策出现致命的失误，对职工安全培训工作抓得不实，要求不严，井队职工操作技能差。一些干部职工对井控工作不重视，存在严重麻痹和侥幸心理，对于高含硫高产天然气水平井存在的风险及可能出现的严重情况，思想认识不足，没有采取有针对性的防范措施。对周边农村群众没有进行防范硫化氢中毒知识的宣传教育。群众对可能发生的生产安全事故的知情权没有得到维护。一些基层组织缺乏安全防范意识和抢险救灾组织能力，应急反应比较迟缓。

四是安全管理不严，领导干部失职。四川石油管理局及其下属单位没有针对基层作业单位多且分散的特点，建立有效的安全管理机制；没有依法在井队配备专职安全管理人员；没有及时向井队派出井控技术监督队伍；对川钻12队落实井控责任制等规章制度情况监督检查不力；川东钻探公司没有将其与川东北气矿签订的《安全生产合同》下发钻井二公司、川钻12队贯彻落实；川东北气矿及其派驻“罗家16H”井的钻井工程监督人员未切实履行安全监督职责。

五是“安全第一”思想不牢，现场管理不严，违章指挥。有关技术人员违反钻井作业的相关规程和《“罗家16H”井钻开油气层现场办公要求》，在本趟钻具组合下放时，违章指挥卸掉回压阀，井队负责人和钻井工程监督发现后没有制止、纠正。没有安排专人观察泥浆灌入量和出口变化；录井工严重失职，没有及时发现灌注泥浆量不足的异常情况，且发现后没有通知钻井人员，也不向值班领导汇报；负责人未按规定接班，对连续起钻9柱未灌满泥浆的异常情况不掌握。

六是企业在生产过程中，一些安全生产管理制度和规章流于形式，企业生产人员抱着侥幸心理，麻痹大意，使一些隐患在拖延中演变成事故。尤其是预案缺失，对安全生产和应急救援没有引起足够的重视。近些年石油天然气开采业很少发生大的事故，加上井控技术的发展，一些企业丧失防范井喷等生产事故的警惕性。四川石油管理局及其下属单位没有制订硫化氢中毒事故的应急预案，各井队也没有按规定进行过防喷演习，对“罗家16H”油气井的安全风险没有进行评估。事故发生后，井队的上级单位负责人发出的抢险救灾指令不明确，采取的措施不妥当。

七是大型企业与地方政府之间缺乏完备的应急救援配合协调机制。井喷发生后，川东钻井二公司只是向上级公司和石油管理局报告了情况，没有及时向地方政府通报，使地方政府未能及时介入应急救援工作，延误了对群众疏散行动的组织和实施。

事故防范措施：一是强化安全生产规章制度落实和安全责任落实，实行严格的安全管理失责问责制，追究领导干部安全管理失职责任。二是严格按照“安全第一、预防为主、综合治理”的方针，切实加强安全生产的组织领导，强化安全隐患排除和及时整改治理，确保安全。三是制定科学合理应急预案，强化安全培训，提升员工安全素质。四是建立完善与地方政府、部门的联动机制。五是强化易燃易爆、有毒有害建设投资项目依法律法规和技术规范进行气候可行性论证和气象危险因素引发气象安全生产事故风险评估。六是地方政府在规划建设高危行业的相关工程时，必须坚持安全设施和建设项目同时施工、同时设计、同时验收使用。七是建立以安全生产为基础的企业文化，而不只是追求企业利润。当企业的生产经营与安全、环境、健康相矛盾时，应首先执行健康第一、安全至上、环境优先的原则，严格贯彻安全生产的法律法规，倡导以人为本，注重保护人权。

10. 日照要素引发的气象安全生产事故案例

典型案例：虽然日照代表一日当中太阳光照射的时间，实质是指被照射对象一日之中从太阳辐射哪里获得多少能量，但由于被照射对象所在的地理位置、方位、朝向和自身结构部位不同，可引起被照射对象不同部位（向阳面和背阳面）获得太阳辐射能量存在显著差异，从而影响人类生产经营活动，并且农业生产、海盐生产、太阳能利用、大型建筑施工等许多人类生产经营活动不仅受到单日日照时数影响，而且还受到长序列多日累积日照时数影响，但长序列多日累积日照时数主要由生产经营活动所在地的气候因素决定，因此这里重点介绍单日日照时数对被照射对象不同部位形成的温差效应引发气象安全生产事故的典型案例——三航四公司机修厂承制的长钢扁担梁因日照温差效应梁旁弯变形停工事故。

事故经过：1983 年初，三航四公司机修厂承担了本公司预制厂预制台座改造工程配套项目——52 米长钢扁担梁的制作任务。该钢扁担梁是一种用于龙门吊抬吊长构件的专用吊具，其结构为箱形结构变截面钢梁，设计长度为 52.1 米，上下翼缘板宽度为 500 毫米，厚 20 毫米；两侧腹板厚度为 12 毫米，腹板外侧之间的距离为 480 毫米；箱梁内均匀间隔布置横隔板（高低两种规格交错布置），在纵向布置加强肋，增强整体刚度，防止局部失稳。在 52.1 米全长中，中间 41.4 米范围内为等高段，高度为 1800 毫米；两端各 5.35 米长度范围内高度逐渐减小，至两端部成圆弧包头状。钢扁担梁制作技术要求如下：钢梁全部采用 A3 钢，焊接用 J422 焊条；严格限制钢扁担梁水平方向的旁弯变形，其弯矢高不超过 15 毫米。对钢梁起拱度作如下规定：中部 11.5 米长度范围内为平直段无拱度要求，之后向钢梁两端头平缓起拱，到端部要求起拱量不小于 105.6 毫米，以期抵消钢梁吊重所产生的端部挠曲量（图 2-56）。

由于受厂房和设备条件的限制，钢扁担梁制作只能在露天施工作业。根据钢扁担梁的结构特点，故选择船机楼边的砼道路作为拼装焊接场地（图 2-57）。船机楼与甬江平行，大体为南北方向。拼焊区暴露在日照中，而且由于钢梁沿大楼方向布置，钢梁两侧腹板一侧受阳光辐射，另一侧则处于钢梁的阴影处。午后，钢梁渐为船机楼的阴影遮盖。

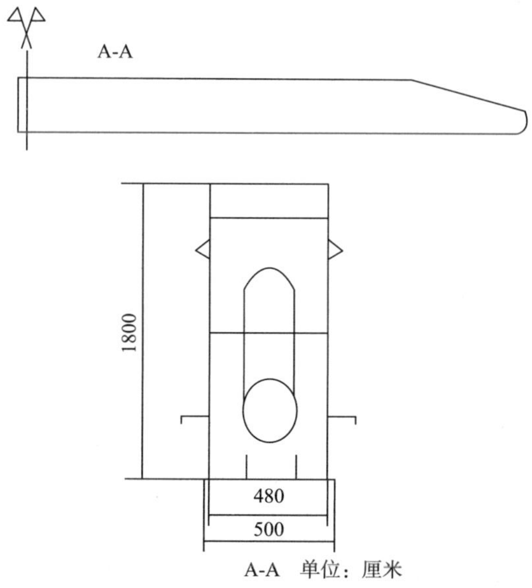

图 2-56　钢扁担梁结构示意图

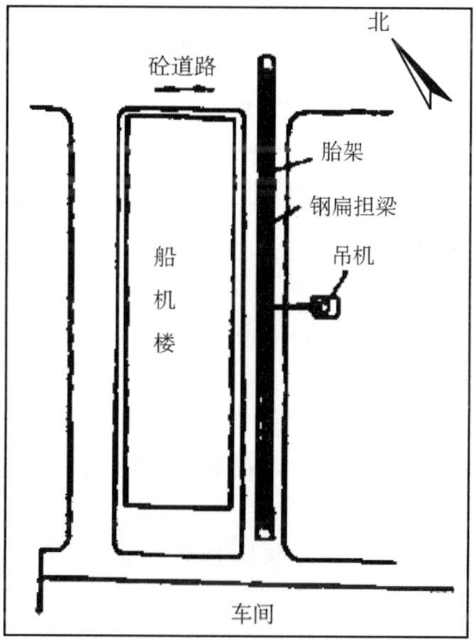

图 2-57　钢扁担梁制作施工场地平面示意图

在施工过程中，按施工方案顺利进行；拼装胎架按钢梁的型线准确、牢固地搭建起来；腹板在拼接之后再行放样，画线，切割，做坡口；内隔板采用机床加工，保证宽度尺寸和直角度；上下翼缘板在放样画线时打出中心线，作为纵向拼接及以后总装配的基准；钢扁担梁组装成形，并成功地起吊翻身，呈底面朝上状态，对上翼缘板间的角焊缝施焊。但改造工程到此，随着天气转暖，钢梁出现旁弯现象，并且变形逐渐增大，为了确保改造工程质量和改造后的龙门吊安全运行，只有停止施焊、暂停改造工程，查找原因。

事故原因：

(1)现场调查

现场用拉线法对变形量进行了测量：对上翼缘板（这时为靠近地面一侧）测其板边沿线；对下缘板（在梁的上侧）测其中心线。经实测，在 13：30 时，钢梁变形量最大，弯曲矢高达 123 毫米，随日光西移，14：00 后，船机楼的阴影逐渐遮住钢梁，变形逐渐减小，17：00 后恢复到原状。

(2)原因分析

发现上述钢梁变形问题之后，除停止施焊外，还对钢梁变形发展进行了动态观测，并分析了钢梁出现弯曲的原因

1)逻辑分析

首先，经检查纪录并现场复核分析，排除了由于下料或装配不慎而产生误差的可能性；其次，制定的焊接工艺也无明显的不妥处，现场安排 4 名焊工分两边同时从中间向两端对称施焊，所采用的焊接工艺、遵循的规范相同，焊接速度一致，均在预控指标之内，应该说不会产生明显的焊接工艺错误；最后问题集中到环境因素，因为现场系露天作业，钢梁轴线基本沿南北方向，两侧腹板接受阳光辐射的条件截然不同，而且观察到的钢扁担梁弯曲变形量随日照强度而变化，说明变形和日照有关。我们对两腹板的表面温度进行了测量。测得 13：30 时迎阳面腹板温度为 35℃，背阴面腹板温度为 15℃，两者之间温差达 20℃。可以基本确定，由于钢梁两侧腹板存在的日照温差，引起两侧腹板纵向线变形量的不同，造成钢扁担梁侧向弯曲变形。

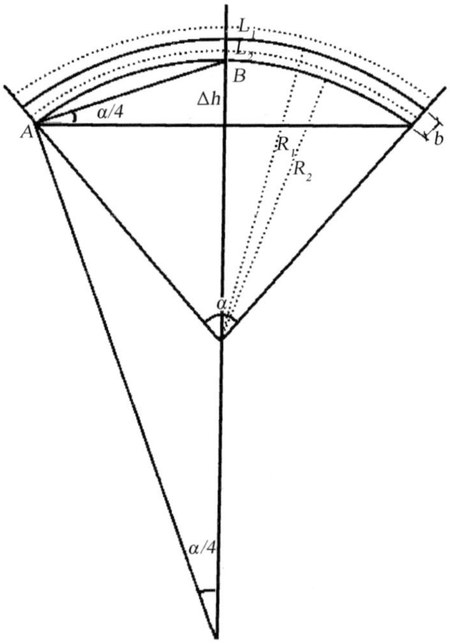

图 2-58　钢扁担梁受日照引起的温差影响变形的计算简图

2)理论分析

在逻辑分析的基础上，钢梁出现的变形量进行了理论计算，过程如下。

钢扁担梁受日照引起的温差影响，在水平面内出现旁弯曲（迎阳侧凸，背阴侧凹）后，假设两侧面为两同心圆弧曲线（图 2-58）。

设外圆弧曲率半径为 R_1，弧长为 L_1；内圆曲率半径为 R_2，弧长为 L_2，，两圆弧的圆心角为 α，则有以下几何关系：

$R_1=R_2-b$（b 为两腹板外侧间距，$b=480$ 毫米）

$L_1=R_1\cdot\alpha \quad L_2=R_2\cdot\alpha$

则有 $\Delta L=L_1-L_2=(R_1-R_2)\cdot\alpha=(R_2+b-R_2)\alpha=b\cdot\alpha$

故 $\alpha=\dfrac{\Delta L}{b}$

另外，一弦长$\overline{AB}=2R_2\cdot\sin\frac{\alpha}{4}$

矢高$\Delta h=\overline{AB}\cdot\sin\frac{\alpha}{4}=2R_2\cdot\sin^2\frac{\alpha}{4}=\frac{2L_2}{\alpha}\cdot\sin^2\frac{\alpha}{4}$

ΔL即是由于两腹板温差引起的腹板膨胀量不等所致。

$$\Delta L=L_2\cdot\Delta t\cdot\gamma$$

式中Δt为两侧腹板的温差，由现场实测$\Delta t=20$℃；γ为钢的线膨胀系数，取$\gamma=11.5\times10^{-6}$/℃；$L_2\approx L=5.21\times10^4$毫米。

代入可得$\Delta L=11.983$毫米

从而求得圆心角$\alpha=\frac{\Delta L}{b}=\frac{11.983}{480}=0.025$弧度

曲率半径$R_2=\frac{L_2}{\alpha}=5.21\times10^4/0.025=2.084\times10^6$毫米

钢梁变形后形成圆弧段的曲率半径远大于钢梁自身长度，该圆弧段所对应的圆心角很小(但不等于零)。

于是Δh的表达式可稍做变化，得到：

$$\Delta h=\frac{2L_2}{\alpha}\cdot\sin^2\frac{\alpha}{4}=\frac{2L_2}{\alpha}\cdot(\frac{\alpha}{4})^2\cdot(\frac{4}{\alpha})^2\cdot\sin^2\frac{\alpha}{4}=\frac{1}{8}L_2\cdot\alpha\cdot(\frac{4}{\alpha}\cdot\sin\frac{\alpha}{4})^2$$

考虑极限状态，$\frac{\alpha}{4}\to0$时，上式可近似地写成：

$$\Delta h=\frac{1}{8}L_2\cdot\frac{\Delta L}{b}=\frac{L}{}\cdot\frac{L}{b}\cdot\Delta L$$

或$\Delta h=\frac{1}{8}\cdot\frac{L^2}{b}\cdot\Delta t\cdot\gamma$

代入有关数据，可得$\Delta h=162.6$毫米。计算结果与实测数据基本相符。

总之，由于两腹板受日光辐射的条件不同，出现了温差，造成两腹板热膨胀量不一致，致使两侧长度出现差异(11.983毫米)。正是这个差值，导致钢梁发生了明显的旁弯变形。

上述的理论公式推导，虽然是侧弯现象的粗略分析，忽略了钢梁结构自身的刚性对两侧腹板的约束，并且假设变形后的弧形段为一圆弧段。但是该公式的计算结果也证明了钢扁担梁受日照引起的温差效应是钢扁担梁变形的直接原因。

(3)事故结论

钢扁担梁因单侧腹板受日光辐射而造成两侧腹板温差，是引起钢梁水平方向弯曲变形的事故直接原因。而工程技术人员对被日照照射的钢扁担梁不同部位形成的温差效应引发形变认识不足，导致选择露天制作场所有缺陷，制作时间调度不科学。

上述分析表明：钢结构露天制作，不可避免地会受到日光辐射，这时构件的不同部位之间会有明显的温差，从而使构件发生不容忽视的变形，严重影响正常的施工作业，甚至造成停工停产和不必要的经济损失。

事故防范措施：一是日间有阳光辐射时不允许施焊，待阳光辐射结束(17:00)后，日照影响现象明显消失，方可进行焊接作业，避免了因温差所产生的变形量和内应力在焊后残留下来，而造成质量问题。二是严格按已制定的焊接工艺施焊。遵循由中间向两端左右两侧同时对称焊接的原则，采用相同型号的焊条，相同的焊接条件，相同的焊接速度。三是施焊过程中加强对钢梁变形量的监测，如发现有变形出现，立即控制焊接方法，作适当的调整，避免出现失控的局面。四是今后钢结构制作应安排在厂房内或工棚下作业，特别是细长构件更应避免露天作业。如只能在露天作业时，则应将构件长度方向置于东西向，以避免两侧面出现明显的日照温差。

11. 地温要素引发的气象安全生产事故案例

典型案例：虽然地温代表地表面和以下不同深度处土壤温度，实质是代表地面在白天获得太阳辐射能量和夜间地面辐射能量多少的具体表示指标，因此地温的高低对近地面气温和植物的种子发芽及其生长发育，对微生物的繁殖及其活动，对人类生产经营活动等都有显著影响。而地温对植物、微生物和农、林、牧业生产经营活动影响不是本研究的重点，地温对近地面气温的影响已经地面辐射导致地面大气降温形成地面逆温中进行了专门研讨，地温对人类其他生产经营活动影响中，冻土地温的变化对冻土上的建筑设施的影响最为显著，也是目前人们关注焦点和研究的重点，因此这里重点介绍冻土地温变化对交通基础设施营运安全影响引发气象安全生产事故的典型案例——青藏公路 K369 段路基因冻土地温变化引发路基变形影响公路营运安全。

事故经过：青康公路穿越青藏高原东部，受高海拔和年平均气温低的影响，姜路岭—清水河段存在着较大面积的多年冻土，青康公路穿越多年冻土区段总计长约 300 千米，其中连续多年冻土路段长约 98 千米。该区域内季节融化层厚度为 2～3 米，多年冻土总体上处于严重退化趋势，20 世纪 60 年代至今已退化相当范围，今后 30～40 年仍将继续退化。但是在青藏公路早期修建时，由于当时的认识和公路等级及路面标准（三级砂砾路面）的限制，对多年冻土融化后而引起的道路病害问题，只按一般的道路翻浆问题对待。后来，在青藏公路沥青路面改造时，由于我国首次在多年冻土地区修建沥青路面，沥青路面对多年冻土的影响程度，以及多年冻土融化以后对路基稳定性造成的危害，当时的认识还很肤浅，对沥青路面路基下的多年冻土保护不够，随意取土对公路两侧地表破坏严重，给以后冻土路基的热融沉陷和一系列路基病害的发生发展留下了潜在的隐患。在 20 世纪 70 年代初，青藏公路改建沥青路面和 80 年代青藏公路多年冻土地区沥青路面下公路路基发生大范围热融沉陷以后，工程实践提醒人们在多年冻土地区进行各类工程建设或经济开发活动时，多年冻土生存环境保护是对青藏公路安全营运极为重要。

图 2-59 是青康公路 K369 段发育着严重的路基纵向裂缝和路基横向不均匀变形的现场，是多年冻土地区路基病害调查过程中发现的路基因冻土地温变化造成路基路面破坏形式比较典型的现场图。经过地质雷达勘探和钻探均表明，此段为厚层地下冰多年冻土段，属高温多年冻土，并且路基存在阴阳差异，因此出现了解冻土路基纵向裂缝病害发生，严重影响青藏公路安全营。

图 2-59　青康公路 K369 段路基纵向裂缝和路基横向不均匀变形现场图

事故原因：

(1)解冻土路基现场观测情况

为了对退化性多年冻土地区的青藏公路地温和变形规律的进行研究，特在青藏公路 K369＋100 段布设了详细的地温、变形监测断面，钻探布设了天然孔、左坡脚孔、左路肩孔、中心孔、右路肩孔和右坡脚孔共 6 个地温监测孔，孔深 15 米，地温探头间距 0.5 米；并沿路基走向布设了 4 条路面变形监测断面，每个断面间距 20 米，每个断面在垂直路基走向上布设了 12 个变形监测点，其中左半幅(玉树方向)布设了 7 个变形监测点，距 0.5 米；右半幅布设了 5 个变形监测点，间距 1.0 米。通过 K369＋100 段解冻土路基现场观测系统的监测资料，总结分析在全球气候变暖的背景下，退化性多年冻土地的解冻路基地温变化和解冻路基变形规律，希望为多年冻土地区道路修筑、整治和养护管理提供有益的借鉴。

(2)解冻路基地温变化规律分析

通过对青康公路 K369＋100 断面左、右路肩最大融化深度时的 2 年中同期的地温比较发现(图 2-60)。此段路基下多年冻土发生了明显的退化，而且退化速度较大，路基下多年冻土人为上限也发生一定程度的下移。相比而言，路基下深部多年冻土年际温度差异较小或基本没有差距，多年冻土退化首先更多地表现为浅部多年冻土温度上升和上限下降，不过，可以推测，随着多年冻土退化的发展，深部多年冻土的温度也将发生明显变化。而且可以说明，该段路基下多年冻土退化的原因主要是因为上部热交换条件的改变，深度地中热流对多年冻土退化没有影响，深部多年冻土的退化随深度的增加将发生滞后，并且其影响将随深度衰减。从左、右路肩地温和上限的比较可以看出，K369＋100 断面左、右路肩地温存在一定差异，左路肩年平均地温约为－0.8℃，而右路肩年平均地温约为－1℃，两者相差约 0.2℃。从路基下人为上限比较也可以看出，K369＋100 断面左、右路肩下人为上限差异明显，左路肩下人为上限约为 6 米，而右路肩下人为上限约为 4 米，两者相差约为 2 米。

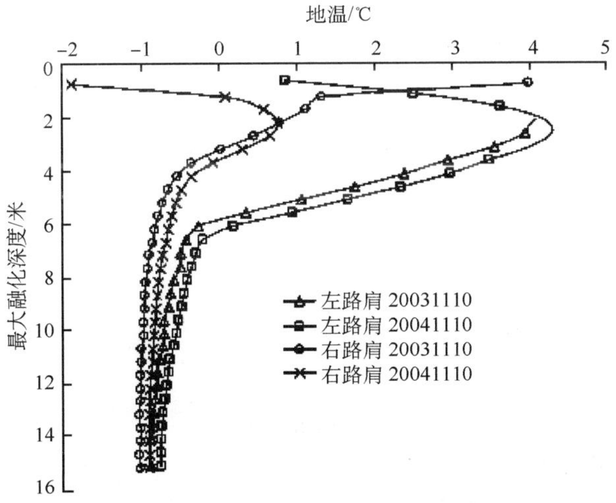

图 2-60　青康公路 K369＋100 断面左、右路肩最大融化深度时的地温

从青康公路 K369＋100 断面左、右坡面下 30 厘米深度处地温监测结果比较(图 2-61)，可知修筑公路路基后形成的路基阴阳坡面的地气热交换条件存在很大差异，左坡面全年地温均高于右坡面，且寒季左、右坡面的地温差异最大，而暖季左、右坡面的地温差异则相对较小。坡

面温度统计结果表明，K369＋100 断面左坡面 2004 年平均温度为 4.56℃，而右坡面为 0.57℃，两者相差 3.99℃。阳坡面浅地层年平均温度比阴坡面可高出 4℃左右，而且左坡面温度高主要归咎于其冬季相对较高的温度状态。

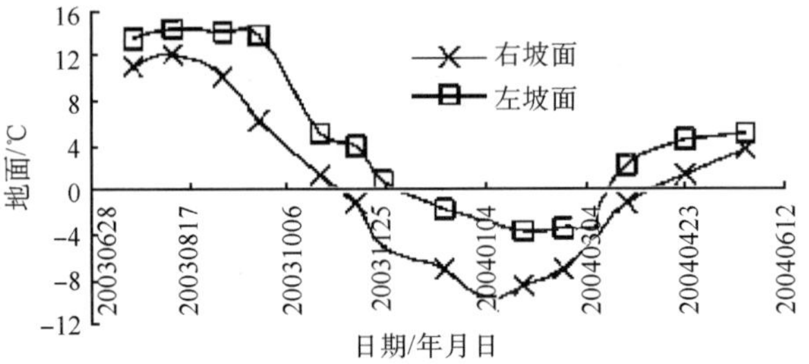

图 2-61　青康公路 K369＋100 断面左、右路肩下 30 厘米深度处地温监测结果比较图

(3)解冻路基变形规律分析

多年冻土地区路基温度场的不对称性导致路基下多年冻土上限在路基下深度差异巨大，在融化期末，上限以上土层为融化状态，而上限以下土层为冻结状态，冻融状态的变化对地基土的物理力学性质影响巨大，其压缩模量和含水性质均有较大差异，从而引发了路面变形在横向上的差异。从青康公路 K369＋100 断面横向变形图可知(图 2-62)，该段路面同期横向变形差异巨大，特别是距离左路肩 3 米范围内沉降变形非常大，此范围内路基沉降和另一部分路基沉降存在明显差异，因而导致了该段纵向裂缝的发育和发展。从青康公路 K369＋100 断面路基变形发展过程可知道(图 2-63)，在 2003 年末监测断面各点沉降变形达到最大，此段多年冻土达到最大融化深度的时间为 11 月中旬，而变形的发生有一个滞后的效应，可以认为 2003 年年末的沉降反映的是多年冻土融化引起的沉降变形。随着多年冻土路基的回冻发生了比较大的冻胀变形，此段路基各断面的冻胀都比较大，考虑到此段路基两侧积水较多，下部路基填土为细颗粒土为主，发生较大的冻胀变形也是合理的。在 2004 年 1 月份达到最大冻胀高度后，变形基本保持稳定，一直到 8 月份左右，然后开始新一轮的沉降变形过程。从上面的分析可以看出，变形的发展和路基温度场密切相关，融化期路基主要发生沉降，而冻结期路基产生了冻胀变形。总体上讲，路基全年以沉降变形为主，且路基左、右侧沉降差异较大，1 年内的沉降差异可达 4 厘米左右。

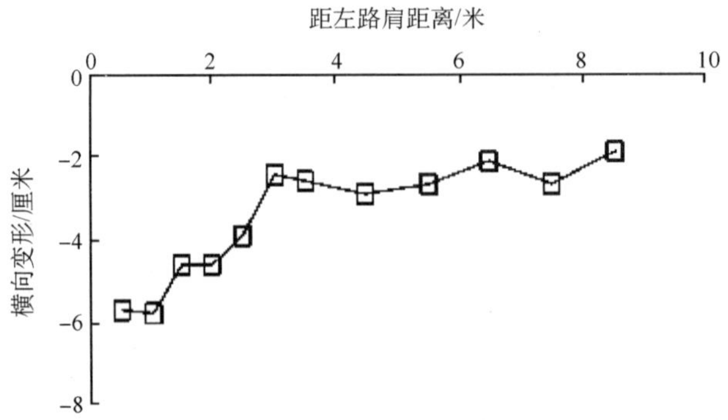

图 2-62　青康公路 K369＋100 断面横向变形图

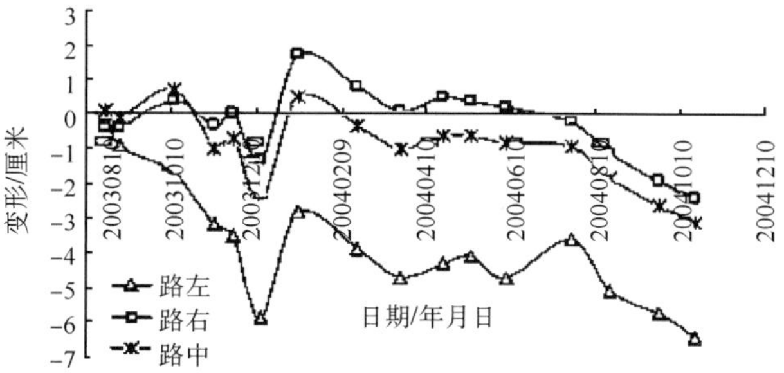

图 2-63　青康公路 K369＋100 断面路基变形发展过程

上述分析表明：多年冻土地区修建公路以后，穿越多年冻土的路段变形病害十分严重，其可能的主要原因在于路基下伏多年冻土地温升高、持续发生着融化，上限下移等显著的退化现象。而纵向裂缝的发育主要在于路基阳面的沉降变形普遍大于路基阴面，在路基本体形成了沉降差，这也表明阳面多年冻土的融化更为剧烈，路基阳面地气之间的热交换条件更加容易，促使下部土层形成热量积累。

（4）事故结论

青藏高原多年冻土地区公路路基地温、变形实测资料表明，在工程活动和气候变暖双重作用下，路基下多年冻土普遍存在着上限下降和地温升高等特征的退化，从而产生了以融沉为主的公路路基病害。多年冻土地区路基的稳定性，最终取决于路基下伏冻土的地温变化和含冰量状况，温度状况和路基路面的变形紧密相关。多年冻土地区路基温度场的不对称性导致路基下多年冻土人为上限在路基下深度差异巨大，土层冻融状态的不对称最终引发了路面变形在横向上的差异。因此气候变暖导致多年冻土地区地温升高，导致多年冻土上限下降是公路路基融沉变形、诱发路面纵向裂缝，影响公路安全营运的直接原因，而人类公路两侧地表不科学工程活动是产生公路路基病害，影响公路安全营运的间接原因。

事故防范措施：为了防止路基下多年冻土特别是高含冰量冻土的融化，使冻土路基产生较大的沉降变形而影响车辆通行和安全，主要采用各种被动和主动的工程措施去减少热量进入冻土，或者通过调控辐射、对流去降低路基下多年冻土温度，从而保证冻土路基的热稳定性和结构稳定性。其具体防范措施主要有以下两方面。

一是设计方面采取措施。在设计阶段，根据不同的工程地质条件，采取不同的设计原则。在年平均地温较低的稳定型多年冻土区，应采取保持地基冻结状态的设计原则；在年平均地温较高、含冰量较少、路基沉降量可以得到有效控制的地段，采取允许融化的原则。另外特别的冻土地温控制是冻土地区道路设计首先要解决的问题。现代规模较大的冻土地温控制技术出现在 20 世纪 60 年代，随后美国、前苏联和我国一些冻土区路基都采用了不同形式的地温控制措施。1985 年，C. E. Heuer 等提出用能量的观点进行主动和被动冻土地温控制的概念划分：被动地温控制措施在运行期间不需要人为提供动力，也没有任何持续运动的机械部件，是冻土地温控制最常用的技术；主动地温控制措施需要动力支持或温控系统中有持续运动的部件。两种措施最显著的区别在于冻结过程的人为可控制性和是否提供能量消耗。在冻土地区的道路施中，应根据具体的地质条件和工程要求，对地温控制方式进行合理的设计。

二是施工方面采取措施。在排水上，当路基所处地段冻土含冰量高时，必须保持路基的冻土处于冻结状态，排水系统与路基坡脚应保持足够距离，严禁坡脚滞水；在基底处理上，当路基的地下冰层较薄时,可将其挖出并用填料进行回填压实,再修筑路基,填料需选用保温隔水性能均较好的细粒土,同时控制好土湿度使其达到最优含水量。当基底处于排水困难的地段时应在其底部设置一层隔离层;在路基高度的设置上,要使其达到防治翻浆与不超过路基冻胀值要求的最低填土高度:在路基压实上,采用重型标准进行检验,使路基在不小于 20 吨的压路机碾压 2～3 遍后不出现任何弹簧现象为宜。

12. 云要素引发的气象安全生产事故案例

典型案例:虽然云在天空千姿百态,在阳光的照射下五彩缤纷,美丽动人,但有的云团却严重影响飞行安全。飞机误入积雨云中,易遭受雷击,受强磁场作用,指针出现摇摆不定或一直指向磁场方向现象,导致指针暂时失灵;云中强烈的上升和下沉运动会造成飞机颠簸,超过机翼承载力量,可能折断机翼,造成飞行事故。飞行员在低云中飞行,由于太阳位置不同,不同方向的云厚度也不同,使得各方向明暗不均,心理上容易产生错觉,有时会把较亮的地方当作天顶,较暗的地方误作地面,错误地使飞机倾斜飞行,造成飞行困难,容易使飞行员误判而发生飞行事故;尤其是低云降至地面又形成雾,云雾交替,经久不散,给航班安全降落和起飞带来非常大的影响和危害。由于这些云团和低云降至地面形成的雾对飞行安全的影响与和危害比较常见、比较显现,航空公司和飞行员也有一系列防范处置措施,而飞机在空中穿云飞行过程中常常发生云中水滴、冰晶在飞机外部分表面结冰现象,若处置不当极易引发飞行安全事故。因此这里重点介绍飞机穿云飞行过程中云中水滴、冰晶在飞机外部分表面团冰引发气象安全生产事故的典型案例——美鹰航空 4184 号班机因在云中待(飞行)了太长时间从而导致机体结冰,造成机上 68 人全部罹难。

事故经过:1994 年 10 月 31 日午后,美鹰航空 4184 号班机是一班从印第安纳州印第安纳波利斯前往芝加哥的美鹰航空班机,飞机起飞不久后便遭遇乱流,因此机组人员(机长奥兰多飞行小时已累计达 7867 小时,其中 ATR 机型 1548 小时;副驾驶杰夫也拥有 5176 小时飞行经验,其中 ATR 机型 3657 小时。)和空管机型沟通并上升到 16000 英尺高度,随后副驾驶杰夫设定了自动驾驶仪爬升至预定的高度。在美鹰航空 4148 号航班快要抵达芝加哥机场时,机组成员将高度下降至 1 万英尺的高度,而根据天气影响产生了流量控制,机组被批准加入在 1 万英尺高度进行等待。美鹰 4148 号航班被安排在印第安纳州州西北方向飞环形圈盘旋,等待空管员给予的降落许可(图 2-64)。终于美鹰 4148 号得到了下降至 8000 英尺高度的指令,当飞机在下降时,他们保持了 175 节的表速,襟翼保持在 15°直到表速达到 180 节,襟翼超速警报发出响声,这表明飞机在襟翼放出状态下飞行速度过快,于是副驾驶杰夫决定收回襟翼,不过却传来机身颤动的声音。飞机的操纵杆突然向右急转方向,使飞机翻转了一圈半,最后成翻转状态。飞行员试图矫正过来,效果并未奏效。飞机急速向地面俯冲而去,此时机腹翻转向上,以 65°夹角,425 英里[①]的时速撞向

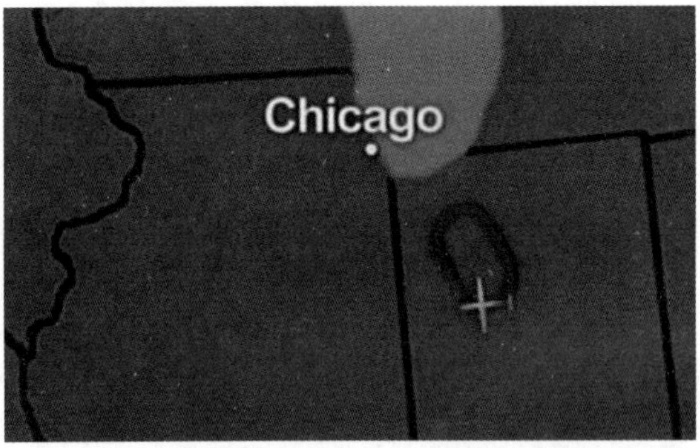

图 2-64 视频截图:排队等待降落的美鹰 4148 号航班

① 1 英里=1609.344 米(准确值),下同。

罗斯兰附近的农田上，机上 68 人全部罹难。

事故原因：

(1)调查取证情况

美国国家运输安全委员会(NTSB，National Transportation Safety Board)派遣调查员赶赴失事现场。飞机残骸混杂着航空煤油和飞机液压油呈扇形散落在农田上，调查员通过线索判断，两边机翼外侧 10 英尺的部分和水平尾翼在机体撞击地面之前就已经分离了，在飞机撞击地面之前的瞬间过载已达到了 5.2 G。飞机的两个“黑匣子”并没有受到严重破坏，它们被送往 NTSB 的实验室进行分析，在解析“黑匣子”数据的同时，调查员也在搜寻飞机其他重要部位的残骸。证据显示，飞机的这几个重要部件相距甚远，机头和驾驶舱遭到毁灭性撞击，因此调查员得知飞机是以头部先着地的形式坠毁。调查员通过仔细地观察发现飞机的姿态指示仪并没有问题，而且最终的仪表显示飞机已经处于开始拉平的状态，这个数据也和飞机实际撞击地面的位置相契合，表明当时飞行员很清楚飞机会撞向地面。调查员进一步了解飞机失事前的状态，航管中心的记录表明由于流量控制，飞机在坠毁前曾在芝加哥东南方向等待约 39 分钟。

接着调查员对飞机在等待区域的天气情况进行调查，由于当天不仅仅是美鹰 4148 号因为流量控制而盘旋等待，但是其他等待的客机最终都平安降落了。调查员通过询问其他飞机的飞行员得到了一个重要的线索——在当时的气候条件下飞机会不断地结冰，有的甚至厚达 3/4 英寸①。并且专业的气象学家表示，飞机上的积冰是飞行安全的重要隐患，冰如果附着在飞机上会改变机翼的形状，增加阻力并降低升力，从而引发其他更加严重的问题。气象记录也显示，当时一个低气压中心覆盖了印第安纳州中西部地区，有雨，云底低于 1000 英尺，能见度小于 3 英里。同时有一条中等强度冷锋自低气压中心向西南方向延伸，一条中等强度的静止锋也自低气压中心向东延伸，降水伴随着该系统在静止锋以北和冷锋以西演变为中雨和阵雨。这是一个结冰程度为轻度到中度的云环境特点。大型客机可以很轻松地飞到足够安全的高度，但是作为支线客机的 ATR-72 没有那样的条件，调查员判断美鹰 4148 号航班是在结冰条件的环境中待了太长时间从而导致机体结冰。驾驶舱话音记录器(Cockpit Voice Recorder)也显示飞行员在坠毁前 9 分钟时发现了飞机开始结冰，在坠毁前 2 分钟时还有飞行员关于飞机结冰的讨论，这证明飞行员很清楚飞机结冰的事实。因此调查员想要搞清楚飞行员采取了何种操作方式来应对。

ATR-72 型客机是由法国和意大利合资的飞机制造商 ATR 制造的双发涡轮螺旋桨短程支线客机，为 ATR-42 型的加长版，采用直线形上单翼，后掠式双梁 T 型垂直尾翼和直线形水平尾翼的设计，并拥有一套复杂的除冰系统。飞行数据记录器(Flight Data Recorder)显示，飞机在坠毁前 17 分钟，有什么东西引起了报警信号。可能是结冰感应探头检查到了飞机正在结冰，记录也显示在报警信号响起不久后，奥兰多机长便将飞机除冰系统调整到最强模式。飞机在启动除冰系统不久后，奥兰多机长也加大了油门以提高飞机的速度，进而提升空气流过机翼的速度，这能缓解飞机结冰的情况。除冰系统是否正常的工作也决定着除冰效果，调查员带着除冰系统的碎片赶赴它的生产地——位于法国的工厂，经过工程师的检测飞机的除冰系统没有问题。

美鹰 4148 号航班事故一个月后，飞行员们也表达了对 ATR 型客机适航性的抗议，并有

① 1 英寸＝25.4 毫米(准确值)，下同。

飞行员拒绝执行 ATR 型客机的飞行任务，航空公司被迫取消了一批航班。愈演愈烈的抗议让调查员重新审视了 ATR 型客机结冰的问题，调查员特意赶赴 ATR 的母公司进一步了解 ATR 型客机的问题，记录显示 ATR-42、ATR-72(ATR-42 的加长版)的飞行安全记录堪忧，历史上有 5 起飞行事故和美鹰 4148 号航班类似。其中一起发生在 1988 年 12 月，美鹰航空 4295 航班的一架 ATR-42 型客机在降落时遭遇了严重结冰的环境，飞行员并未发现飞机机翼上有结冰情况，突然飞行员听到机尾传来异响并陷入失速的状态。最终飞行员将发动机调至最大输出状态，他们才将飞机改出失速状态，此时飞机距离地面不足 1200 英尺。因此调查员怀疑会不会是飞机设计的问题。

调查员通过走访得知飞机的工程师很清楚结冰对飞机的影响，并清晰地标示除了飞机容易结冰的位置——除冰罩后方的位置。当机翼的积冰让气流无法平顺的流过机翼，如果结冰的位置在除冰罩后方，飞行员就没有办法清除掉它们。调查员发现美鹰 4148 号航班在 LUCIT 路点进行盘旋等待时，碰上了过冷云团和水滴，机身上产生了混合的毛冰和明冰。当时该区域的过冷水滴直径大于 100 微米，有些甚至达到了 2000 微米，也就是“过冷大水滴”。过冷大水滴约是雨滴大小的 1%，它们形成于风暴云内部温度接近冰点，碰到固体水滴便会结冰(图 2-65)。

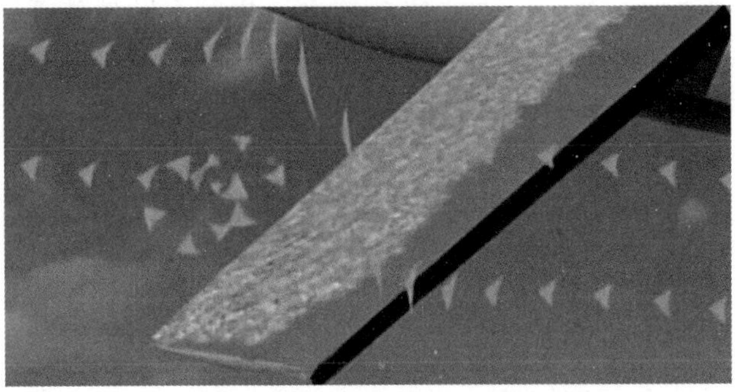

图 2-65 视频截图:除冰罩后方的结冰示意图

调查员决定进一步深入研究 ATR 型客机的问题，根据之前飞行事故的飞行数据记录器记载，他们发现美鹰 4148 号和之前事故中飞机副翼倾斜的角度都相同。不是飞行员操纵的副翼移动而是积冰产生的多余动作。这也解释了为什么美鹰 4148 号航班会突然向右偏转，机翼上的乱流强度也大到足以抬动副翼，进而导致飞机进入翻转姿态。ATR 型客机的设计是操纵杆和副翼通过线索连接在一起的，副翼的移动也牵引着操纵杆向右方向偏转。拉扯副翼的乱流的气动力高达 250 磅(113 千克)，更糟糕的是 ATR 型客机并未设计助力装置，也就是说这些力直接传导到了飞行员手上，两名飞行员联手也无法修正飞机的姿态。

NASA 研究中心科学家也参与了针对 ATR-72 型飞机翼型的结冰生成特性进行了相关实验(图 2-66)，他们确认了美鹰 4148 号航班所遇到的所有结冰情况。科学家们发现在 9 分钟内一块在机翼外侧类似“双角”形状的积冰迅速生成，积冰的堆积发展也非常严重，机翼上表面居然发生了严重的气流分离效应，在低迎角时可能导致操纵面翻转的情况发生。研究结果表明在温度升高时，飞机的积冰会向后移动，而且当降水水珠尺寸变大时，附着的积冰也会向后方移动(图 2-67、68、69)。

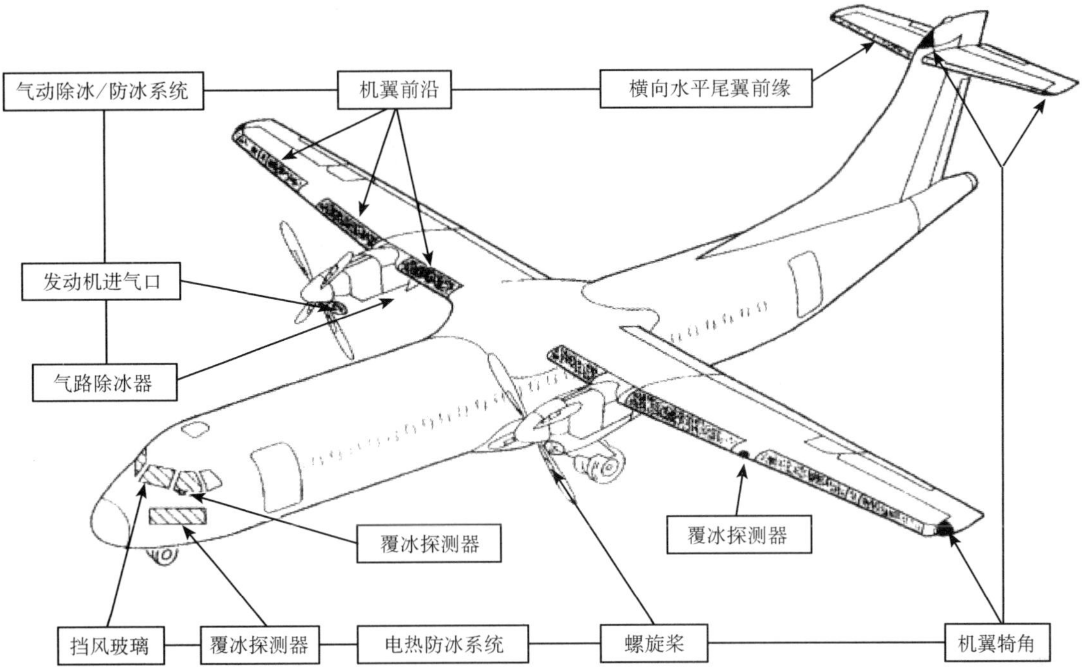

图 2-66　ATR-72 防冰系统(NTSB 提供)

图 2-67　前方为加油机模拟制造大量过冷大水滴，后方为 ATR-72 型客机(NTSB 提供)

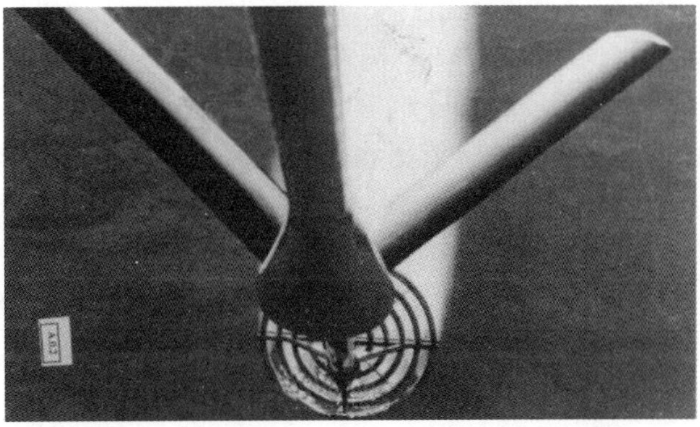

图 2-68　模拟喷出大量过冷大水滴(NTSB 提供)

图 2-69　NASA 对 ATR 客机进行的结冰测试(NTSB 提供)

调查员发现美鹰 4184 号航班在盘旋等待时,奥兰多机长发现飞机机头过高,他明白这种姿态会让乘客处于不舒服的位置,所以他决定打开襟翼的角度以降低机头的姿态。调查员决定在测试样机上重复这一动作,发现这大大影响了冰在机翼形成的位置,并加重了结冰的程度,此时机翼上的积冰已经累计达到了 1 厘米的厚度。不过积冰并未对飞机的飞行造成影响,直到空管员要求美鹰 4148 号航班下降到 8000 英尺的高度,下降时的姿态提高了飞机空速,并引发了报警器。提醒飞行员在襟翼打开时的飞行速度过快,副驾驶杰夫决定收回襟翼,这一动作再度抬起了机头。穿越积冰机翼的气流因为机头的抬升收到了扰动,这个扰动的力随即拉动了副翼,让飞机陷入了翻转的困境。

(2)事故结论

美鹰 4148 号航班在 LUCIT 路点进行盘旋等待时,碰上了过冷云团和水滴,机身上产生了混合的毛冰和明冰是造成此次空难事故的直接原因,而 ATR-72 型客机的机翼设计出现缺陷、奥兰多机长发现飞机机头过高后打开襟翼的角度以降低机头的姿态的操控、在襟翼打开时的飞行速度过快、副驾驶杰夫决定收回襟翼的操控是造成此次空难事故的间接原因。

事故防范措施:一是美国联邦航空管理局(FAA,Federal Aviation Administration)也发布公告要求此类型的客机禁止进入易结冰的环境。二是 ATR 客机的制造商加宽客机机翼的除冰罩,并重新修订了飞机的操作程序,禁止飞行员在进入积冰环境时使用襟翼或者采用自动驾驶模式。三是多数航空公司将 ATR 型客机放在温暖的南部营运。

13. 雷电要素引发的气象安全生产事故案例

典型案例:雷电的电效应、热效应、电磁效应、机械效通过直击雷危害、雷电静电感应危害、雷电的磁感应危害、雷电波入侵危害、球雷危害等方式直接造成生产经营活动的气象安全生产事故比较常见、比较显现,人们也采取了一系列的工程性和非工程性防范处置措施,取得显著成效。但是这些雷电危害方式都是一次性雷击直接引起事故的方式,危害性主要取决于雷电流与雷电压的峰值、波头时间、半值时间的大小,是雷电流波形中的 A 分量起决定作用,其危害机理是雷电大电流、高电压、电磁脉冲的危害机理,不需要其他因素的耦合效应协助就可以产生危害,其发生过程是瞬间发生,具有主导性、独立性、突发性,常常是一次性雷击引发建(构)筑物及其有关的电气、电子设施损坏导致雷电灾害事故,属于显性灾害。而雷电电弧放电效应通过于与雷击对象的荷载、大气环境等其他因素的耦合效应方式才可能造成生产经营活动的气象安全生产事故，危害性主要取决于雷电流的雷击时间和长时间雷击转移电荷量的大小，是雷电流波形中的 C 分量起决定作用，其危害机理是对建(构)筑物和电气、电子设施的承重结构金属构件局部疲劳损伤的雷电电弧放电的危害机理，需要建(构)筑物和电气、电子设施的荷载、大气环境等其他因素的耦合效应协助才可产生危害，其发生过程是缓慢发生，具有辅助性、协同性、渐进性，常常是一次雷击后延滞一定时期[小于建(构)筑物和电气、电子设施使用寿命]才引发建(构)筑物和电气、电子设施承重结构金属构件局部应力损伤和(或)疲劳损伤从而导致雷电灾害事故，属于隐性灾害事故，常常被人们忽视。因此这里重点介绍雷电电弧放电效引发的气象安全生产事故的典型案例——无锡扬名变 220 千伏扬梅 I/II 线 2k80/2k89 保护通道因雷电电弧放电效导致光纤复合架空地线 OPGW 光缆断股造成光纤通信中断事故。

事故经过：2007 年 4 月 23 日中午 12 点 40 分左右，220 千伏扬梅 I/II 线 2K80/2K89 扬名变保护通道出现通道中保护使用的 12 芯光缆共有 4 芯出现中断，220 千伏扬梅线双回路线路保护使用的光纤通道的备用通道已经全部中断，其故障点发生在离扬名变继电保护屏 278 米处的 OPGW 光缆从杆塔引下的 OPGW 光缆部分，其雷击故障点具体位置如图 2-70 所示。

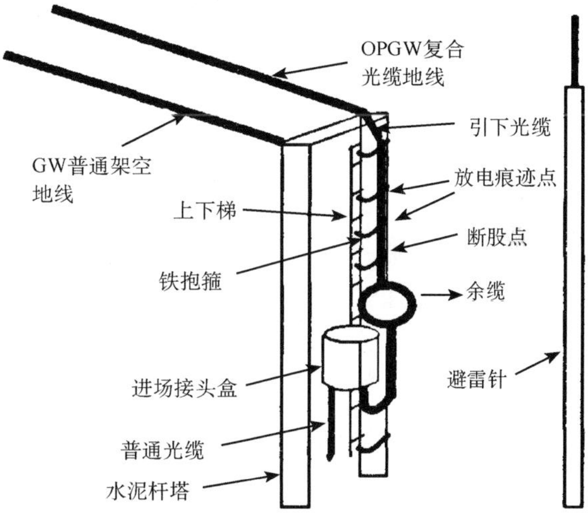

图 2-70 OPGW 光缆从杆塔引下部分示意图

事故原因：

(1)现场调查情况

扬梅 2K80/2K89 光缆 OPGW 型号规格为：OPGW-281/36(M148/R95-189)，光纤规格为 36 * G. 652，其直径为 16.1 毫米、截面积为 148 平方毫米，其结构如表 2-5 所示；同塔的分流地线为 LLBJ-95/55(钢芯铝绞线)，外径为 16.0 毫米，截面积为 152.81 平方毫米。全线 OPGW 和分流地线杆塔逐基接地。登杆对 OPGW 引下线进行检查，发现在 OPGW 引下线部分有几处放电痕迹，OPGW 出现散股现象，并在 OPGW 有熔穿不锈钢管芯的现象(图 2-71)。故障点的具体位置为 OPGW 光缆在引下线与扬名变线路构架的金属抱箍互相接触的地方。接触点放电后造成 OPGW 金属外层断股、散股和内芯 OPGW 光缆的断裂。

表 2-5 光缆结构表

层序	名称	根数	线材直径毫米
中心层	20%AS 线	1	4.10
第一层	20%AS 线	5	3.00
	AA 线	1	3.00
	SUS	1/36	3.00
第二层	20%AS 线	0	
	AA 线	13	3.00

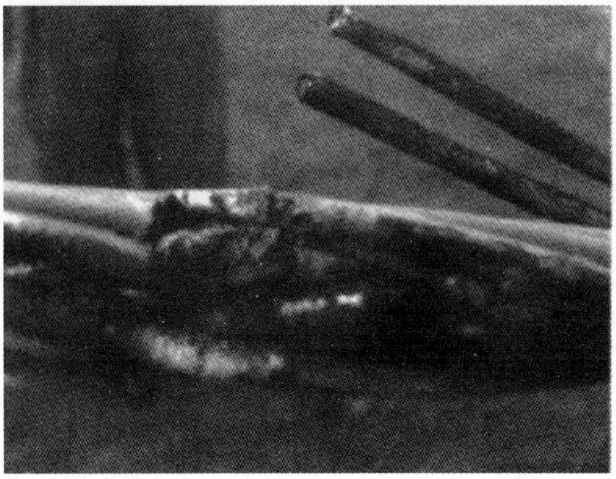

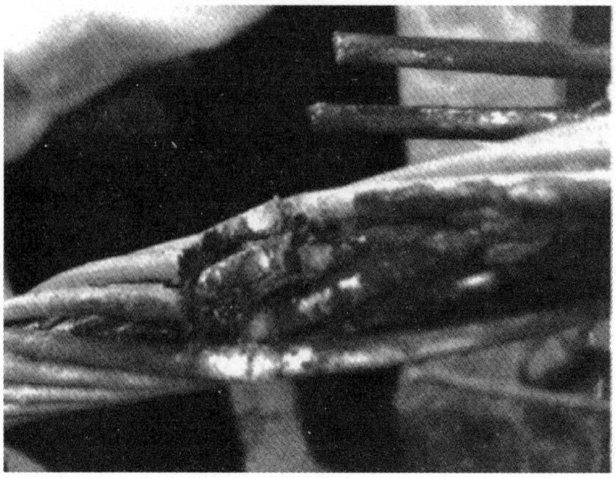

图 2-71　2007 年 4 月 23 日，无锡扬名变 OPGW 光缆断股、散股照片

(2)事故原因分析

目前大多数光缆断股损坏原因主要是直击雷引起。而扬名变光缆故障现场被熔断股的位置处于变电所内部，周围有许多避雷针都高于光缆故障点，因此直击雷引起的可能性较小，而雷电绕击的可能性也很小，所以雷电直击、绕击到光缆断股处的 2 个因素被排除。若是 OPGW 避雷线上的短时雷击和短时雷击之后的长时间雷击的雷电行波通过杆塔向大地放电的过程中碰到杆塔上的铁梯向抱箍放电；或是短时雷击和短时雷击之后的长时间雷击到变电站避雷针引起地电位反击造成地电位升高，杆塔上金属构架与 OPGW 光缆地线之间产生电位差，引起放电拉弧。但根据现场察看扬名变 OPGW 光缆断股有其独特的地理环境原因：OPGW 光缆引下线与金属构架不是固定连接，而是紧靠在一起。若是短时雷击造成事故，但根据短时雷击能量对避雷针顶部高温熔损分析和大量文献资料报道，由于短时雷击的雷电流持续时间小于等于 500 微秒，只可能产生一个表面较小的熔斑痕迹，不可能造成断股，并且扬名变故障现场断股点由于 OPGW 引下光缆是处于一种悬挂状态，风一吹就会引起摆动，只有当短时雷击发生时正好由于风摆原因，使放电点两边产生一个适当的距离，那么才能有电弧放电发生产生熔化能量很大的燃弧，温度大大超过 600℃足以把光缆外层甚至内层的股线熔断，但是短时雷击的雷电流持续时间太短，发生上述现象的可能性非常小，因此短时雷击造成事故因素可以被排除；而长时间雷击的雷电流持续时间在 0.25～1 秒，其持续电流：200～800 安，传递的电荷量在 160～240 库，当长时间雷击发生时正好由于风摆原因，使放电点两边产生一个适当的距离的可能性不能排除。并且现场发现的 OPGW 光缆与变电站内杆塔电弧放电处的杆塔上金属抱箍烧损痕迹如图 2-72 所示，从金属抱箍和钢板烧损痕迹判断，只有很大能量产生的高温才可能形成如此的烧损痕迹，而只有长时间雷击才可能提供这样大的电弧放电热量使其产生的温度足以把 OPGW 光缆外层的铝丝烧断股和把内层不锈钢缆芯烧穿，继而把部分光缆纤芯烧断。也即现场的 OPGW 光缆与杆塔上金属抱箍烧损痕迹也为当长时间雷击发生时正好由于风摆原因，使放电点两边产生一个适当的距离的可能性提供了证据。

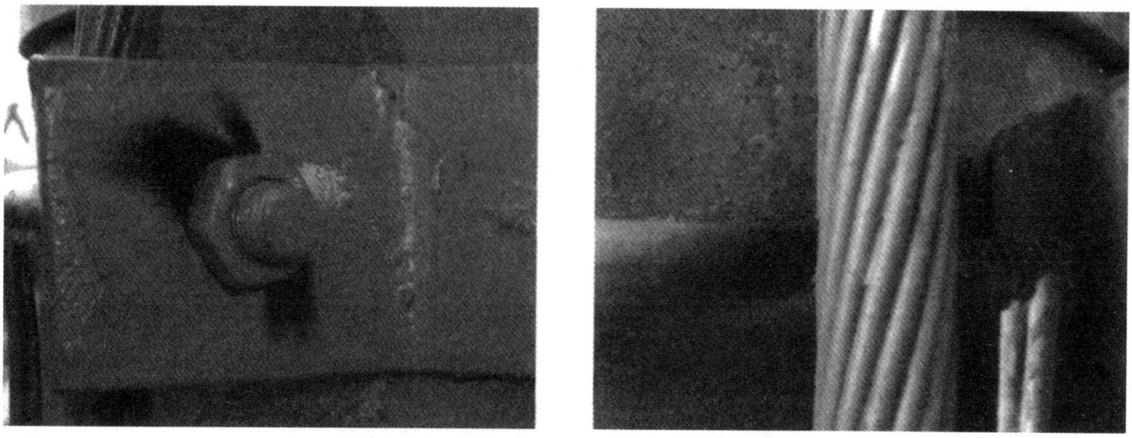

图 2-72　OPGW 光缆与杆塔上金属抱箍烧损现场

(3)事故结论

此次 OPGW 光缆雷击断股事故的直接原因是：长时间雷击发生时，正好由于 OPGW 光缆风摆导致 OPGW 光缆与变电站内杆塔电弧放电处的杆塔上金属抱箍两边产生了适当的距离形成电弧放电，造成 OPGW 光缆外层的铝丝烧断股和把内层不锈钢缆芯烧穿，继而烧断部分光缆纤芯。而 OPGW 光缆引下线与金属构架不是等电位连接、OPGW 处于一种悬挂状态未固定和风的出现是此事故的间接原因。

事故防范措施：一是 OPGW 引下线与杆塔之间用绝缘子隔离引下来，不与杆塔上金属构架直接接触；接头盒安装要牢固，防止风摆情况发生。现在有些地方只注意将光缆固定扎牢，没有注意将引下线与变电站构架绝缘。二是逐步更换使用 CCS-OPGW，这种光缆克服了电化学腐蚀缺陷，没有间隙，散热好，有效降低雷击断股损坏几率。三是 OPGW 余缆的长度应取以接头盒能放到地面熔接的长度，且两点要捆扎牢固，同时接地良好，避免产生较大电感，减小雷电泄放阻力。在条件允许的情况下，OPGW 设计时比 GJ 避雷线稍低一些．减小遭雷击的概率，GJ 避雷线每隔一定距离，设置 10 厘米左右的引雷针。

第三章　气象安全生产工作

第一节　气象工作

人类生存在地球大气环境之中，大气运动形成的气象资源给人类带来必不可少的生存条件，但大气运动形成的天气、气候事件也常常给人类的生产、生活带来影响，因此人类为“趋利避害”，充分利用气象资源，科学地处置好天气、气候事件和气象要素给生产、生活带来影响，必须采取工程性措施和非工程性措施而形成的工作称为气象工作。下面以中国气象局、重庆市气象局为例，给出国家和地方的气象工作职责。

一、中国气象局主要工作职责

中国气象局是国务院直属事业单位。它的前身是中央军委气象局，成立于1949年12月。1994年由国务院直属机构改为国务院直属事业单位后，经国务院授权，承担全国气象工作的政府行政管理职能，负责全国气象工作的组织管理。全国气象部门实行统一领导，分级管理，气象部门与地方人民政府双重领导，以气象部门领导为主的管理体制和中央和地方财政共同投入的双重财务保障体制。其主要工作职责如下：

（一）拟定气象工作的方针政策、法律法规、发展战略和长远规划；制定、发布气象工作的规章制度、技术标准和规范并监督实施；承担气象行政执法和行政复议工作。

（二）组织拟订和实施气象灾害防御规划，参与政府气象防灾减灾决策，组织指导气象防灾减灾工作；组织编制国家气象灾害应急预案，组织气象灾害防御应急管理工作；组织气象灾害监测预警及信息发布系统建设，负责气象灾害监测预警和信息发布；承担国家重大突发公共事件预警信息发布工作；负责重大活动、突发公共事件气象保障工作；组织对重大灾害性天气跨地区、跨部门的气象联防和重大气象保障；组织气象灾害风险普查、风险区划和风险评估工作；组织对国家重点工程、重大区域性经济开发项目、城乡建设的气象服务；管理人工影响天气工作。

（三）对国务院其他部门设有的气象工作机构实施行业管理，统一规划全国陆地、江河湖泊及海上气象观测、气象台站网、气象基础设施和大型气象技术装备的发展和布局，审订气象信息采集、传输、加工的质量评价方法并监督实施；组织气象技术装备保障和质量监督、气象计量监督，审核全国大中型气象项目的立项和方案。

（四）管理全国陆地、江河湖泊及海上气象情报预报警报、短期气候预测、空间天气灾害监测预报预警、城市环境气象预报、火险气象等级预报和气候影响评价的发布；组织论证并审查大气环境影响评价。

（五）组织气候变化科学相关工作；组织气候资源的综合调查、区划，指导气候资源的开发利用和保护；组织并审查国家重点建设工程、重大区域性经济开发项目和城乡建设规划的气象条件论证。

（六）组织指导气象部门的科技体制改革、组织气象领域重大科研攻关和成果的推广应用，协调气象科技开发、技术合作和技术推广；组织宣传、普及气象科学知识，提高全民气象防灾减灾和气候资源意识。

（七）管理气象外事工作，代表我国政府参与世界气象组织及其他国际气象机构的活动，开展与外国政府（地区）气象机构间的合作与交流。

（八）统一领导全国气象部门的工作；以中国气象局为主管理省级气象部门的计划财务、机构编制、人事劳动、队伍建设、教育培训和业务建设；指导地方气象事业的发展。

（九）协助地方人民政府指导地方气象职工队伍的思想政治工作和精神文明建设。

（十）承办国务院交办的其他事项。

二、省级气象局主要工作职责

根据《中华人民共和国气象法》和中央机构编制委员会印发的《地方国家气象系统机构改革方案》的有关规定，以重庆市气象局为例，介绍省级气象局的主要职责是：

（一）制定地方气象事业发展规划、计划，并负责本行政区域内气象事业发展规划、计划及气象业务建设的组织实施；负责本行政区域内重要气象设施建设项目的审查；对本行政区域内的气象活动进行指导、监督和行业管理。

（二）按照职责权限审批气象台站调整计划；组织管理本行政区域内气象探测资料的汇总、分发；依法保护气象探测环境；管理本行政区域内气象标准化工作和涉外气象活动。

（三）在本行政区域内组织对重大灾害性天气跨地区、跨部门的联合监测、预报工作，及时提出气象灾害防御措施，并对重大气象灾害做出评估，为本级人民政府组织防御气象灾害提供决策依据；管理本行政区域内公共气象服务工作；管理本行政区域内公众气象预报、灾害性天气警报以及农业气象预报、城市环境气象预报、火险气象等级预报等专业气象预报的发布。

（四）组织制订和实施本行政区域气象灾害防御规划；组织本行政区域内气象灾害防御应急管理工作；负责本行政区域内突发公共事件气象保障工作。

（五）制定人工影响天气作业方案，并在本级人民政府的领导和协调下，管理、指导和组织实施人工影响天气作业；组织管理雷电灾害防御工作，会同有关部门指导对可能遭受袭击的建筑物、构筑物和其他设施安装的雷电灾害防护装置的检测工作。

（六）负责向本级人民政府和同级有关部门提出利用、保护气候资源和推广应用气候资源区划等成果的建议；组织对气候资源开发利用项目进行气候可行性论证；参与市政府应对气候变化工作，组织开展气候变化影响评估、技术开发和决策咨询服务。

（七）组织开展气象法制宣传教育，负责监督有关气象法规的实施，对违反《中华人民共和国气象法》有关规定的行为依法进行处罚，承担有关行政复议和行政诉讼。

（八）统一领导和管理本行政区域内气象部门的计划财务、机构编制、人事劳动、科研、培训和业务建设等工作；会同各区县（自治县）人民政府对所辖气象机构实施以部门为主的双重管理；会同地方党委和人民政府做好当地气象部门的精神文明建设和思想政治工作；指导部门党建工作。

（九）承担中国气象局和重庆市人民政府交办的其他事项。

第二节 气象安全生产工作与气象安全工作

一、气象安全生产工作的科学内涵

气象安全生产工作是指为了防止或减少大气运动形成的灾害性天气、危险气象要素等气象危险因素对生产经营单位的生产经营活动的影响，科学处置气象安全生产事故风险，采取相应的工程性措施和非工程性措施，防范气象安全生产事故发生所做的工作，属于安全生产工作范畴。

二、气象公共安全工作的科学内涵

气象公共安全生产工作是指为了防止或减少大气运动形成的灾害性天气、危险气象要素等气象危险因素对非生产经营单位的非生产经营活动的影响，科学处置气象公共安全事故风险，采取相应的工程性措施和非工程性措施，防范气象公共安全事故发生所做的工作，属于公共安全工作范畴。

三、气象安全工作的科学内涵

气象安全工作是指为了防止或减少大气运动形成的灾害性天气、危险气象要素等气象危险因素对生产经营活动或(和)非生产经营单位的生产经营活动或(和)非生产经营活动的影响，科学处置气象安全事故风险，采取工程性措施和非工程性措施，防范气象安全事故发生所做的工作，属于安全生产工作或(和)公共安全工作范畴。气象安全工作与安全气象工作和生产安全工作与安全生产工作在理论上一样，没有本质区别，仅仅是人们的习惯叫法不同而以。

四、气象安全工作与气象安全生产工作的关系

气象安全生产工作与气象安全工作的区别仅仅是工作单位的性质和工作所属范畴不同。前者是生产经营单位，工作发生在生产经营活动中，属于安全生产工作范畴；后者是生产经营单位或(和)非生产经营单位，工作发生在生产经营活动或(和)非生产经营活动的公共活动事务中，属于安全生产工作或(和)公共安全工作范畴。因此气象安全工作不仅包含了防范气象安全生产事故发生的工作，而且还含了防范气象公共安全事故发生的工作，但由于防范气象安全生产事故工作与防范气象公共安全事故工作的措施、方法没有本质区别，尤其是随着国家大安全概念的提出，平安中国建设的推进，安全生产工作、公共安全工作的监督管理有着向综合监督管理发展的趋势，并且气象安全生产工作与气象安全工作的性质基本相同，因此人们常常将气象安全工作也称为气象安全生产工作。

五、国家和地方的气象安全工作职责

依据法律法规负有本行业气象安全生产监管职责的各级行业主管部门要按照“管行业必

须管安全、管业务必须管安全、管生产经营必须管安全”的要求，做到气象安全生产责任“五落实”：一是落实“党政同责”，部门党政主要负责人对气象安全生产工作负总责；二是落实领导班子成员“一岗双责”，部门领导班子成员要在各自分管领域各负其责；三是落实行业领域气象安全生产监督管理责任，健全工作机构、明确工作职责、充实专业力量；四是落实日常监督检查和指导督促职责，加强本行业领域气象安全生产监管执法，做好有关事故预防控制，发生重特大事故立即派员到现场指导参与抢险救援、事故调查等工作；五是落实气象安全生产工作考核奖惩、“一票否决”等制度，建立自我约束、持续改进的气象安全生产长效机制，按照“谁主管、谁负责”“谁审批、谁负责”的原则，督促落实企事业单位气象安全生产主体责任，健全本行业领域气象安全生产责任体系。

其他有关部门要依法律法规，切实履行气象安全生产相关工作职责，强化气象安全生产责任落实，为气象安全生产工作提供支持和保障。

进一步完善气象安全生产工作责任目标考核机制，将气象安全生产纳入安全生产工作责任目标考核范畴，强化地方各级人民政府和各有关部门气象安全生产职责落实，大力推进安全生产形势持续稳定好转。

下面以中国气象局、重庆市气象局为例，给出国家和地方的气象安全工作主要职责。

（一）中国气象局气象安全工作主要职责

根据《国务院安全生产委员会关于印发〈国务院安全生产委员会成员单位安全生产工作职责分工〉的通知》（安委〔2015〕5 号）文件精神，中国气象局气象安全工作主要职责如下：

1. 建立健全气象灾害监测预报预警联动机制，根据天气气候变化情况及防灾减灾工作需要，及时向各有关地区和部门提供气象灾害监测、预报、预警及气象灾害风险评估等信息。负责为安全生产预防控制和事故应急救援提供气象服务保障。

2. 依法履行雷电灾害安全防御的监督管理职责，组织制定有关安全生产政策措施并监督实施，依法参加有关事故的调查，指导省级气象主管机构的监督管理工作。

3. 会同有关部门指导无人驾驶自由气球和系留气球安全生产监督管理工作，组织制定有关安全生产政策措施并监督实施。负责人工影响天气作业期间的安全检查和事故防范。

4. 承办国务院交办的气象安全工作其他事项。

（二）重庆市气象局气象安全工作主要职责

根据《国务院安全生产委员会关于印发〈国务院安全生产委员会成员单位安全生产工作职责分工〉的通知》（安委〔2015〕5 号）、《重庆市人民政府关于进一步明确安全生产监督管理职责的决定》（渝府发〔2009〕80 号）文件精神和《重庆市安全生产条例》有关规定，重庆市气象局气象安全工作主要职责如下：

1. 建立健全与“气象安全生产”密切相关的气象灾害监测预报预警联动机制，根据天气气候变化情况及“气象安全生产”工作需要，及时向各有关区县（自治县）和部门提供气象灾害监测、预报、预警及气象灾害风险评估等信息。负责为“气象安全生产”事故预防控制和事故应急救援提供安全气象服务保障。负责重大灾害性天气的监测、预警预报工作，组织编制全市气象灾害防御规划、突发性气象灾害应急预案，及时发布天气预警、预报信息。负责暴雨、高温、雷电等气象灾害风险评估以及高温天气的温度预报和统计发布工作。

2. 依法履行雷电灾害安全防御的监督管理职责，组织制定有关安全生产政策措施并监督实施，依法参加有关事故的调查，指导区县（自治县）气象主管机构的监督管理工作。负责开展全市防雷工程设计审核、施工监审、竣工验收，组织防雷设施的安全检查及雷电防护装置的安全检测、雷电灾害风险评估、雷电灾害调查鉴定，依法监督检查职责范围内新建、改建、扩建建设项目的防雷工程与主体工程同时设计、同时施工、同时投入使用。

3. 负责对气象敏感单位的认定和气象灾害风险评估的管理工作，依法督促气象灾害敏感单位建立气象灾害预警信号接收制度，设置预警接收终端，制订气象灾害应急预案，做好预警信号接收和灾害防御工作。

4. 会同有关部门指导无人驾驶自由气球和系留气球安全生产监督管理工作，组织制定有关安全生产政策措施并监督实施。负责人工影响天气作业期间的安全检查和事故防范。

5. 会同相关单位做好“气象安全生产”事故调查、信息共享、影响评估、联动联防和安全气象科技攻关工作。

6. 承担中国气象局和重庆市人民政府交办的其他气象安全工作事项。

第三节　气象灾害防御工作

一、气象灾害防御工作的科学内涵

气象灾害防御工作有广义气象灾害防御工作和狭义气象灾害防御工作之分。广义气象灾害防御工作是指为防止或减少大气运动形成的灾害性天气、危险气象要素等气象危险因素对人类活动的影响，科学处置气象灾害事故风险，采取工程性措施和非工程性措施的工作。广义气象灾害防御工作与气象危险因素是否可预见、可抗拒无关，灾害是其判据，但常常被人们狭义地理解为气象自然灾害防御工作。而狭义气象灾害防御工作是指气象自然灾害防御工作，指为了防止或减少大气运动形成不能预见或者不能抗拒的灾害性天气、危险气象要素等气象危险因素对人类活动的影响，科学处置气象灾害事故风险，采取工程性措施和非工程性措施的工作。不论广义还是狭义气象灾害防御工作，其工作重点都是应用最先进的科学技术手段对其进行防御和处置、应急救援、气象灾害事故后恢复重建等，从而有效防止气象灾害事故风险转变为气象灾害事故，防止气象灾害事故损失扩大、防止气象灾害事故引发社会安全稳定事件发生。因此本节论述涉及的气象灾害防御工作是广义气象灾害防御工作。

二、国家对气象灾害防御工作的规定

根据《气象灾害防御条例》（中华人民共和国国务院令第570号）的规定，国家层面气象灾害防御工作的有关规定如下：

（一）气象灾害防御工作目的

气象灾害防御工作目的是避免、减轻气象灾害造成的损失，保障人民生命财产安全。

（二）气象灾害防御工作的原则

气象灾害防御工作实行以人为本、科学防御、部门联动、社会参与的原则。

（三）气象灾害防御工作的总要求

1. 县级以上人民政府应当加强对气象灾害防御工作的组织、领导和协调，将气象灾害的防御纳入本级国民经济和社会发展规划，所需经费纳入本级财政预算。

2. 国务院气象主管机构和国务院有关部门应当按照职责分工，共同做好全国气象灾害防御工作。

3. 地方各级气象主管机构和县级以上地方人民政府有关部门应当按照职责分工，共同做好本行政区域的气象灾害防御工作。

4. 气象灾害防御工作涉及两个以上行政区域的，有关地方人民政府、有关部门应当建立联防制度，加强信息沟通和监督检查。

5. 地方各级人民政府、有关部门应当采取多种形式，向社会宣传普及气象灾害防御知识，提高公众的防灾减灾意识和能力。

6. 学校应当把气象灾害防御知识纳入有关课程和课外教育内容，培养和提高学生的气象灾害防范意识和自救互救能力。教育、气象等部门应当对学校开展的气象灾害防御教育进行指导和监督。

7. 国家鼓励开展气象灾害防御的科学技术研究，支持气象灾害防御先进技术的推广和应用，加强国际合作与交流，提高气象灾害防御的科技水平。

8. 公民、法人和其他组织有义务参与气象灾害防御工作，在气象灾害发生后开展自救互救。对在气象灾害防御工作中做出突出贡献的组织和个人，按照国家有关规定给予表彰和奖励。

（四）气象灾害防御工作之预防工作要求

1. 县级以上地方人民政府应当组织气象等有关部门对本行政区域内发生的气象灾害的种类、次数、强度和造成的损失等情况开展气象灾害普查，建立气象灾害数据库，按照气象灾害的种类进行气象灾害风险评估，并根据气象灾害分布情况和气象灾害风险评估结果，划定气象灾害风险区域。

2. 国务院气象主管机构应当会同国务院有关部门，根据气象灾害风险评估结果和气象灾害风险区域，编制国家气象灾害防御规划，报国务院批准后组织实施。

3. 县级以上地方人民政府应当组织有关部门，根据上一级人民政府的气象灾害防御规划，结合本地气象灾害特点，编制本行政区域的气象灾害防御规划。

4. 气象灾害防御规划应当包括气象灾害发生发展规律和现状、防御原则和目标、易发区和易发时段、防御设施建设和管理以及防御措施等内容。

5. 国务院有关部门和县级以上地方人民政府应当按照气象灾害防御规划，加强气象灾害防御设施建设，做好气象灾害防御工作。

6. 国务院有关部门制定电力、通信等基础设施的工程建设标准，应当考虑气象灾害的影响。

7. 国务院气象主管机构应当会同国务院有关部门，根据气象灾害防御需要，编制国家气象灾害应急预案，报国务院批准。县级以上地方人民政府、有关部门应当根据气象灾害防御规划，结合本地气象灾害的特点和可能造成的危害，组织制定本行政区域的气象灾害应急预案，报上一级人民政府、有关部门备案。

8. 气象灾害应急预案应当包括应急预案启动标准、应急组织指挥体系与职责、预防与预警机制、应急处置措施和保障措施等内容。

9. 地方各级人民政府应当根据本地气象灾害特点，组织开展气象灾害应急演练，提高应急救援能力。居民委员会、村民委员会、企业事业单位应当协助本地人民政府做好气象灾害防御知识的宣传和气象灾害应急演练工作。

10. 大风（沙尘暴）、龙卷风多发区域的地方各级人民政府、有关部门应当加强防护林和紧急避难场所等建设，并定期组织开展建（构）筑物防风避险的监督检查。台风多发区域的地方各级人民政府、有关部门应当加强海塘、堤防、避风港、防护林、避风锚地、紧急避难场所等建设，并根据台风情况做好人员转移等准备工作。

11. 地方各级人民政府、有关部门和单位应当根据本地降雨情况，定期组织开展各种排水设施检查，及时疏通河道和排水管网，加固病险水库，加强对地质灾害易发区和堤防等重要险段的巡查。

12. 地方各级人民政府、有关部门和单位应当根据本地降雪、冰冻发生情况，加强电力、通信线路的巡查，做好交通疏导、积雪（冰）清除、线路维护等准备工作。有关单位和个人应当根据本地降雪情况，做好危旧房屋加固、粮草储备、牲畜转移等准备工作。

13. 地方各级人民政府、有关部门和单位应当在高温来临前做好供电、供水和防暑医药供应的准备工作，并合理调整工作时间。

14. 大雾、霾多发区域的地方各级人民政府、有关部门和单位应当加强对机场、港口、高速公路、航道、渔场等重要场所和交通要道的大雾、霾的监测设施建设，做好交通疏导、调度和防护等准备工作。

15. 各类建（构）筑物、场所和设施安装雷电防护装置应当符合国家有关防雷标准的规定。

对新建、改建、扩建建（构）筑物设计文件进行审查，应当就雷电防护装置的设计征求气象主管机构的意见；对新建、改建、扩建建（构）筑物进行竣工验收，应当同时验收雷电防护装置并有气象主管机构参加。雷电易发区内的矿区、旅游景点或者投入使用的建（构）筑物、设施需要单独安装雷电防护装置的，雷电防护装置的设计审核和竣工验收由县级以上地方气象主管机构负责。

专门从事雷电防护装置检测的单位应当具备下列条件，取得国务院气象主管机构或者省、自治区、直辖市气象主管机构颁发的资质证：

（1）有法人资格；

（2）有固定的办公场所和必要的设备、设施；

（3）有相应的专业技术人员；

（4）有完备的技术和质量管理制度；

（5）国务院气象主管机构规定的其他条件。

从事电力、通信雷电防护装置检测的单位的资质证由国务院气象主管机构和国务院电力或者国务院通信主管部门共同颁发。依法取得建设工程设计、施工资质的单位，可以在核准的资质范围内从事建设工程雷电防护装置的设计、施工。

16. 地方各级人民政府、有关部门应当根据本地气象灾害发生情况，加强农村地区气象灾害预防、监测、信息传播等基础设施建设，采取综合措施，做好农村气象灾害防御工作。

17. 各级气象主管机构应当在本级人民政府的领导和协调下，根据实际情况组织开展人工影响天气工作，减轻气象灾害的影响。

18. 县级以上人民政府有关部门在国家重大建设工程、重大区域性经济开发项目和大型太阳能、风能等气候资源开发利用项目以及城乡规划编制中，应当统筹考虑气候可行性和气象灾害的风险性，避免、减轻气象灾害的影响。

（五）气象灾害防御工作之监测、预报和预警工作要求

1. 县级以上地方人民政府应当根据气象灾害防御的需要，建设应急移动气象灾害监测设施，健全应急监测队伍，完善气象灾害监测体系。县级以上人民政府应当整合完善气象灾害监测信息网络，实现信息资源共享。

2. 各级气象主管机构及其所属的气象台站应当完善灾害性天气的预报系统，提高灾害性天气预报、警报的准确率和时效性。

各级气象主管机构所属的气象台站、其他有关部门所属的气象台站和与灾害性天气监测、预报有关的单位应当根据气象灾害防御的需要，按照职责开展灾害性天气的监测工作，并及时向气象主管机构和有关灾害防御、救助部门提供雨情、水情、风情、旱情等监测信息。

各级气象主管机构应当根据气象灾害防御的需要组织开展跨地区、跨部门的气象灾害联合监测，并将人口密集区、农业主产区、地质灾害易发区域、重要江河流域、森林、草原、渔场作为气象灾害监测的重点区域。

3. 各级气象主管机构所属的气象台站应当按照职责向社会统一发布灾害性天气警报和气象灾害预警信号，并及时向有关灾害防御、救助部门通报；其他组织和个人不得向社会发布灾害性天气警报和气象灾害预警信号。

4. 广播、电视、报纸、电信等媒体应当及时向社会播发或者刊登当地气象主管机构所属的气象台站提供的适时灾害性天气警报、气象灾害预警信号，并根据当地气象台站的要求及时增播、插播或者刊登。

5. 县级以上地方人民政府应当建立和完善气象灾害预警信息发布系统，并根据气象灾害防御的需要，在交通枢纽、公共活动场所等人口密集区域和气象灾害易发区域建立灾害性天气警报、气象灾害预警信号接收和播发设施，并保证设施的正常运转。

乡（镇）人民政府、街道办事处应当确定人员，协助气象主管机构、民政部门开展气象灾害防御知识宣传、应急联络、信息传递、灾害报告和灾情调查等工作。

6. 各级气象主管机构应当做好太阳风暴、地球空间暴等空间天气灾害的监测、预报和预警工作。

（六）气象灾害防御工作之应急处置工作要求

1. 各级气象主管机构所属的气象台站应当及时向本级人民政府和有关部门报告灾害性天气预报、警报情况和气象灾害预警信息。

县级以上地方人民政府、有关部门应当根据灾害性天气警报、气象灾害预警信号和气象灾害应急预案启动标准，及时做出启动相应应急预案的决定，向社会公布，并报告上一级人民政府；必要时，可以越级上报，并向当地驻军和可能受到危害的毗邻地区的人民政府通报。

发生跨省、自治区、直辖市大范围的气象灾害，并造成较大危害时，由国务院决定启动国家气象灾害应急预案。

2. 县级以上地方人民政府应当根据灾害性天气影响范围、强度，将可能造成人员伤亡或

者重大财产损失的区域临时确定为气象灾害危险区，并及时予以公告。

3. 县级以上地方人民政府、有关部门应当根据气象灾害发生情况，依照《中华人民共和国突发事件应对法》的规定及时采取应急处置措施；情况紧急时，及时动员、组织受到灾害威胁的人员转移、疏散，开展自救互救。

对当地人民政府、有关部门采取的气象灾害应急处置措施，任何单位和个人应当配合实施，不得妨碍气象灾害救助活动。

4. 气象灾害应急预案启动后，各级气象主管机构应当组织所属的气象台站加强对气象灾害的监测和评估，启用应急移动气象灾害监测设施，开展现场气象服务，及时向本级人民政府、有关部门报告灾害性天气实况、变化趋势和评估结果，为本级人民政府组织防御气象灾害提供决策依据。

5. 县级以上人民政府有关部门应当按照各自职责，做好相应的应急工作。

民政部门应当设置避难场所和救济物资供应点，开展受灾群众救助工作，并按照规定职责核查灾情、发布灾情信息。

卫生主管部门应当组织医疗救治、卫生防疫等卫生应急工作。

交通运输、铁路等部门应当优先运送救灾物资、设备、药物、食品，及时抢修被毁的道路交通设施。

住房城乡建设部门应当保障供水、供气、供热等市政公用设施的安全运行。

电力、通信主管部门应当组织做好电力、通信应急保障工作。

国土资源部门应当组织开展地质灾害监测、预防工作。

农业主管部门应当组织开展农业抗灾救灾和农业生产技术指导工作。

水利主管部门应当统筹协调主要河流、水库的水量调度，组织开展防汛抗旱工作。

公安部门应当负责灾区的社会治安和道路交通秩序维护工作，协助组织灾区群众进行紧急转移。

6. 气象、水利、国土资源、农业、林业、海洋等部门应当根据气象灾害发生的情况，加强对气象因素引发的衍生、次生灾害的联合监测，并根据相应的应急预案，做好各项应急处置工作。

7. 广播、电视、报纸、电信等媒体应当及时、准确地向社会传播气象灾害的发生、发展和应急处置情况。

8. 县级以上人民政府及其有关部门应当根据气象主管机构提供的灾害性天气发生、发展趋势信息以及灾情发展情况，按照有关规定适时调整气象灾害级别或者做出解除气象灾害应急措施的决定。

9. 气象灾害应急处置工作结束后，地方各级人民政府应当组织有关部门对气象灾害造成的损失进行调查，制定恢复重建计划，并向上一级人民政府报告。

三、地方对气象灾害防御工作的规定

由于气象灾害与气象灾害所在地的地理、地质、气候、经济社会发展、人口密度密切相关，因此下面以重庆市为例，介绍地方层面气象灾害防御工作的有关规定。

（一）气象灾害防御工作目的

气象灾害防御工作目的是防御气象灾害和气象衍生灾害，保障人民生命和财产安全，促进社会经济发展。

（二）气象灾害防御工作的总要求

1. 市和区县（自治县、市）人民政府应当加强对气象灾害防御工作的领导，将气象灾害防御工作纳入同级国民经济和社会发展计划，所需专项资金纳入同级财政预算。

2. 市和区县（自治县、市）气象主管机构负责灾害性天气的监测、预报和气象灾害等级的评估、调查、核实，气候环境评价、人工影响天气、雷电灾害防御等工作；协助有关部门做好气象衍生灾害的监测、预报和减灾工作。市和区县（自治县、市）的农业、水利、环境保护、地质、林业、消防、规划、通信、交通等有关部门按照职责分工，做好有关气象灾害防御工作。

3. 任何单位和个人都有依法参与气象灾害防御的义务。

（三）气象灾害防御工作之防御规划与设施建设工作要求

1. 市和区县（自治县、市）人民政府应当组织同级气象主管部门和其他有关部门编制本辖区气象灾害防御规划。气象灾害防御规划，应当包括气象灾害和气象衍生灾害易发区、气候与气象灾害趋势分析预测、防御目标与任务、监测站点建设、预警防御系统和设施建设、防灾减灾预案和措施、有关部门职责等内容。

2. 市和区县（自治县、市）气象主管机构根据气象灾害防御规划，编制气象灾害信息分析加工处理系统、气象灾害预报发布系统、预警标识设施、人工影响天气系统、雷电灾害防御系统等气象灾害预警防御系统建设规划，报市人民政府批准后实施。

3. 市气象主管机构根据气象灾害防御工作的需要，会同市人民政府有关主管部门和有关区县（自治县、市）人民政府编制全市气象探测设施、气象专用传输设施、大型气象专用技术装备等重要气象设施的建设规划，报市人民政府批准后实施；依法应由国务院批准的，由市人民政府审定后报国务院批准后实施。

4. 气象灾害防御系统建设规划和气象设施建设规划的调整、修改，必须报原批准机关批准。

5. 气象主管机构所属气象台站应当建立和完善气象灾害监测预警系统；建立健全气象雷达、气象卫星综合处理系统、自动气象探测、闪电定位、气象信息传输网络等气象灾害监测设施。

6. 无线电管理部门应当安排气象无线电专用频道和信道，确保气象灾害信息的传输。

（四）气象灾害防御工作之监测与预报工作要求

1. 市气象主管机构应当组织对重大灾害性天气和气象灾害的联合监测，根据防御气象灾害的需要建立跨地区、跨部门的联合监测网络。

2. 联合监测网络成员单位由市气象主管机构提出，报市人民政府审定。联合监测网络的成员单位应包括市和区县（自治县、市）气象主管机构所属气象台站，其他有关部门、单位及其所属的气象台站、观（监）测哨点。

3. 联合监测网络成员单位应当及时、准确地向市气象主管机构提供监测、预报气象灾害所需要的气象信息和雨情、水情、灾情等信息。

4. 气象主管机构所属气象台站应当加强对气象灾害发生发展规律的科学研究，提高对气象灾害的分析预测能力和预报准确率。

5. 气象主管机构应当配合有关部门开展对因气象原因引发的山体滑坡、泥石流、森林火灾、城市火灾、酸雨、大气污染等气象衍生灾害的气象监测和预警，协助做好气象衍生灾害的综合防治工作。

6. 各级气象台站监测到灾害性天气和气象灾害已经发生或者可能发生时，应立即报告同级气象主管部门。气象主管机构对气象台站报送的气象灾害信息汇总分析后，及时报告同级人民政府和上级主管部门；对于一时不能完全了解清楚的紧急重大气象灾害信息，应当边上报边核实，并根据工作进展及时上报后续情况，不得延报或瞒报。

7. 灾害性气象警报由市气象主管机构所属气象台站按职责分工发布；气象衍生灾害预报由有关单位与气象主管机构向社会统一发布；其他组织或个人不得以任何形式向社会发布。国家另有规定的，从其规定。

8. 对暴雨、雷电、大风、高温、寒潮等灾害性天气，气象主管机构应在主要车站、码头和户外旅游景点等公共场所设置社会公众预警标识，及时预报。对工农业生产和人民生活可能产生重大影响的灾害性天气警报，气象主管机构应当通过广播、电视、气象电话专线等传播媒体及时发布，广播、电视等媒体应当及时增播或者插播。

（五）气象灾害防御工作之防灾减灾工作要求

1. 市和区县（自治县、市）人民政府应当根据气象灾害防御规划，组织气象主管机构和其他有关部门制定气象灾害防御方案和应急预案。

2. 市和区县（自治县、市）人民政府根据气象主管机构提供的气象灾害预测信息，及时启动气象灾害防御方案。气象灾害发生后，应当根据损失范围和程度，及时启动相应的应急预案。

3. 气象灾害发生地的区县（自治县、市）人民政府应当组织气象主管机构和其他有关部门开展灾情调查和救助工作。重大气象灾害的灾情调查和救助工作，由市人民政府统一组织和领导。气象灾情调查结果应及时向上级人民政府和有关部门报告。不得虚报、瞒报或迟报气象灾情。

4. 市和区县（自治县、市）人民政府应加强对人工影响天气工作的领导和协调。气象主管机构负责人工影响天气作业的统一组织实施。其他有关部门应当按照职责分工，配合气象主管机构做好人工影响天气的有关工作。

5. 开展人工影响天气作业，由市和区县（自治县、市）气象主管机构制定人工影响天气作业方案，报同级人民政府批准后实施。

6. 新建、改建、扩建和已建建设项目，应当根据国家和重庆市技术标准安装相应的防雷装置。

7. 防雷装置的安装设计、施工应当符合国家和重庆市的技术规范、并接受气象主管机构的监督检查。

8. 气象主管机构应当会同有关部门指导对防雷装置的检测工作。防雷装置应定期进行检测。易燃、易爆、危险场所的防雷装置每半年检测一次。

9. 从事防雷装置检测单位必须按照国家有关法律法规和技术标准取得相应的资质。

10. 有关单位进行工程建设项目大气环境影响评价时，必须使用气象主管机构提供的或经其审查合格的气象资料。

11. 高速公路等大型交通运输基础设施建设，有关部门应会同气象主管机构将气象灾害监测预警系统建设纳入建设规划，加强气象安全保障。

第四节 气象安全生产工作与气象灾害防御工作的关系

气象灾害防御工作包含了气象自然灾害防御工作、气象安全生产工作、气象公共安全工作，气象安全生产工作是气象灾害防御工作有机组成部分。狭义的气象灾害防御工作是指气象自然灾害防御工作。气象安全生产工作与气象灾害防御工作（气象自然灾害防御工作）既有区别又有联系，工作目的都是保障人民生命财产安全，工作对象都是气象危险因素，并且在气象监测、资料收集存储、预测评估、预报预警、信息发布等气象资源方面完全共享，相互支撑、相互保障，但是在工作对象认知、工作机制、经费保障方面有着显著差异，这个差异实质是气象安全生产工作与气象自然灾害防御工作之间的差异。因此本节论述涉及的气象灾害防御工作与气象安全生产工作在工作对象认知、工作机制、经费保障方面有着显著差异，实质是气象灾害防御工作中气象安全生产工作与气象自然灾害防御工作之间的差异。

一、工作对象的认知不同

（一）气象安全生产工作对象的认知

气象安全生产工作对象的认知是能够预见或者能够防范可能发生的灾害性天气、危险气象要素等气象危险因素。受科学技术水平限制，虽然目前对气候预测、天气预报、灾害天气预警、危险气象要素预知等方面，还不能做到定时间、定地点、定强度的100%准确效率，在时间尺度、空间位置、危险程度的预测、预报、预警、预知等方面还有偏差，但气象监测、预测、预报、预警技术是能够预知、预见灾害性天气、危险气象要素在一定的时间尺度、空间位置出现的，随着风险管理技术的发展，通过气候可行性论证技术，尤其是气象安全生产事故风险评估技术在经济社会发展的运用，就能预知、预见这些灾害性天气、危险气象要素可能引发的气象安全生产事故危险程度，人们就完全能够提前采取相应事故预防和控制的工程性措施与非工程性措施，防止或减少事故发生。因此气象安全生产工作重点是做好气象安全生产事故风险管理，强化事故预防和控制的工程性措施与非工程性措施，确保人民生命财产安全。

典型案例：2005年7月9日重庆市天府矿业公司三汇煤矿一矿由于制定了《防御暴雨引起煤矿透水应急预案》，在暴雨到来之前，依据重庆市气象局北碚区气象局7月8日《煤矿安全气象服务专报》作了《煤矿水文地质临时预报通知书》，检查了排水、抽水设施和矿井通信系统，并通知井下作业工人做好随时撤离准备，并且矿领导和安监人员、相关技术人员进行24小时应急值班。因此，当7月9日1时，瓢泼大雨铺天盖地般向重庆市合川市三汇镇袭来时，位于华蓥山脚下的天府矿业公司三汇煤矿一矿因地势低洼，很快便成了四周雨水的主要汇集地。凌晨3时，华蓥山自动站1小时的降雨量就超过30毫米！（8—9日降水过程的雨量实况是：北碚75.7毫米，合川125.6毫米，离三汇一矿最近的华蓥山区域自动站215.5毫米。）雨水通过岩溶漏斗、灰岩裂隙不断涌向三汇一矿。三汇一矿按照《防御暴雨引起煤矿透水应急预案》及时启动了暴雨监测，所有矿领导和安监人员、相关技术人员到达自己应急处置岗位，做好应急处置准备工作。当凌晨4时，水情观察员向矿领导紧急汇报：“＋770、＋674两水平涌水已漫过水沟进入水面"，而此时井下正有220名工人在紧张作业。面对险情，矿领导迅速组织井下正在紧张作业的220名工人撤离。在4个小时的撤离过程中，有的矿工拧着湿透了的衣服走出来，有的矿工淌着齐胸深的水摸索着走出来，有的矿工顶着矿灯在没顶的洪水中奋力游出来，当最后一名矿工安全返回了地面时，矿井涌水量每小时已达19154立方米，高出了历年最大平均涌水量10727立方米近一倍，厚约1厘米的挡水墙钢板也被洪水冲弯变形。事后专家们说"在如此大的暴雨引起的煤矿透水事件中，220人能无一伤亡地全部撤离，创下了煤矿安全工作的奇迹。"2005年7月11日，当重庆市气象局业务处长李良福教授带领北碚区气象局、合川市气象局的同志到现场了解灾情时(图3-1)，矿领导回想起当时的情景，仍心有余悸地说"在三汇镇还从未见过如此大的暴雨，若没有《防御暴雨引起煤矿透水应急预案》《煤矿安全气象服务专报》《煤矿水文地质临时预报通知书》《矿井灾害预防处理计划》，撤离指令肯定会晚半小时下达，若真是晚半小时下达撤离指令，真不敢想象会有什么样的后果。我们要感谢气象部门及时给我们提供了暴雨天气预报信息。"如果没有《煤矿安全气象服务专报》和如此充分的准备时间及完备的应急预案，面对这场罕见的暴雨，也许华蓥山下又将发生一出人间悲剧。

图3-1　2005年7月11日，重庆市气象局向天府矿业公司三汇煤矿领导了解灾情及受灾现场图片

上述案例表明：依据目前气象监测、预测、预报、预警技术完全能够预知和预见此次暴雨在地理位置上，一定会出现在煤矿所在地区，但是无法确定是否出现在三汇煤矿一矿井口，出现时间在9日，但无法确定是9日哪个时刻下暴雨。重庆市天府矿业公司三汇煤矿的领导和工程技术人员知道，只要在三汇煤矿所在地区一定的时间尺度、空间位置范围内出现暴雨，三汇煤矿一矿就可能发生暴雨引发的煤矿安全生产事故，因此提前采取相应的事故预防和控制的工程性措施与非工程性措施，虽然财产受到损失，但是确保220人全部安全撤离，创下了煤矿安全工作的奇迹，做到了尽职免责。所以落实生产经营单位气象安全生产事故风险管理的主体责任，实现生产经营单位防范气象安全生产工程性与非工程措施和基层气象部门的气象监测、预测、预报、预警技术的有机结合、互动、共享是有效防范产经营单位气象安全生产事故的新途径。

（二）气象灾害防御工作对象的认知

气象灾害防御工作对象的认知是不能够预见或者不能抗拒可能发生的灾害性天气、危险气象要素。由于科学技术水平限制，有些危害性的灾害性天气发生频率低，其形成机理还需要进一步研究，而目前气象监测、预测、预报、预警技术还不能预知、预见灾害性天气在那个时间范围和那个地理空间出现，仅仅知道这类灾害性天气出现可造成巨大气象自然灾害。因此气象灾害防御工作重点是按照现行的法律法规和技术规范要求，根据人类对气象灾害事故风险的认知水平，应用最先进的科学技术手段对其进行防御和处置，做好应急救援预案和应急救援、恢复重建，防止气象灾害事故损失扩大化，防止气象灾害事故引发社会安全稳定事件，确保人民生命财产安全。

典型案例：2016 年 6 月 23 日下午 14 点 30 分左右，江苏省盐城市阜宁县遭遇强冰雹和龙卷风双重灾害，房屋受损严重，路边树木和电线杆倒塌，电力通信设施被破坏，部分地区电力中断，通信基站无信号，造成 99 人死亡，846 人受伤，其中 152 名重症病人全部及时得到救治（图 3-2）。

图 3-2　2016 年 6 月 23 日，阜宁龙卷风冰雹破坏现场

由于龙卷风平均只有几百米宽，最大也只有三四千米，发生时间短。想要借助相距几十千米的气象观测网络来了解龙卷风，就好像用捕大鱼的网来捞小金鱼，完全无法实现，但可以通过多普勒雷达发现龙卷风。而监测龙卷风所需要的多普勒雷达站网密度非常高，虽然多普勒雷达站覆盖面积是数百千米，由于地球是一个弯曲的球体，雷达看不到远处的低空。多普勒雷达监测远处的天空时，也只能看到中高层的天空。可是龙卷风最强烈旋转的部分是在从地面到 3 千米高度的低空，高空特征并不明显（图 3-3）。

图 3-3　地球曲度对多普勒雷达观测范围的影响示意图

因此，对于龙卷风这一低空气象现象来说，雷达的有效监控范围只有几十千米。仅仅是为了看到龙卷风，我们就需要更大密度的建立雷达站，需要更多雷达站建设经费保障。

上述案例表明：由于目前气象监测、预测、预报、预警技术还不能够预知、预见龙卷风灾害性天气在哪个时间范围和哪个地理空间出现，故此次龙卷风灾害性天气引发气象灾害事故属于不能抗拒的自然灾害事故。

二、工作机制的差异

（一）气象安全生产的工作机制

气象安全生产工作机制与安全生产工作机制一样，必须坚持“安全第一、预防为主、综合治理”安全生产方针，实行“党政同责、一岗双责、齐抓共管”的安全生产责任制，落实“安全监管部门综合监管、行业主管部门直接监管、政府属地监管”“管行业必须管安全、管业务必须管安全、管生产经营必须管安全”“安全生产和重大安全生产事故风险实行‘一票否决’”“所有企业都必须认真履行安全生产主体责任”“严格落实责任制，落实责任追究”“对于非法违法导致的事故，不仅要严肃查处事故的直接责任，也要查处地方政府相关部门的负责人的‘一案双查’”等工作机制。因此气象安全生产工作经费是各级政府财政、部门安全生产专项经费、企事业单位安全生产设施“三同时”经费和其他安全生产专门经费共同保障。

（二）气象灾害防御的工作机制

气象灾害防御工作机制必须坚持“以人为本、科学防御、部门联动、社会参与”的原则，实行“政府组织、领导和协调气象灾害防御工作，部门按照职责分工，共同做好气象灾害防御工作，公民、法人和其他组织有义务参与气象灾害防御工作，并在气象灾害发生后开展自救互救”的工作机制。因此气象灾害防御工作经费是通过“各级政府将气象灾害的防御纳入本级国民经济和社会发展规划，所需经费纳入本级财政预算；部门按照职责将本部门承担气象灾害防御工作所需经费纳入部门预算；鼓励法人和其他组织承担其义务参与气象灾害防御工作所需经费，同时鼓励有能力的公民、法人和其他组织捐赠气象灾害防御工作所需经费”等方式保障。

第四章　气象安全生产的现状分析

第一节　气象安全生产现状及存在的问题

一、气象安全生产形势严峻

安全是人类永恒的主题，是人类生存和发展的最基本的需要之一。人类生产和生活的所有活动时间与空间领域都普遍存在着安全问题。因此它与人类利益联系极为密切。人类生存、繁衍和发展离不开生产与安全。生产劳动是人类改造自然、征服自然、创造财富的社会活动，它既有给人类提供物质财富、促进社会发展的一面，也有给人类带来灾难的一面。因为在生产劳动过程中，存在着各种不安全因素和潜在的职业危害，根据灾害科学的蝴蝶效应原理、平衡效应原理、链式反应原理、不可逆反应原理和安全科学的事故因果连锁理论、能量意外释放理论，在复杂的自然和社会系统中，一个小小的非线性扰动，便会使组成安全生产的各层次中某一层发生破坏，从而导致稳定而平衡的金字塔结构被打破，造成安全事故发生。尤其是随着全球气候变化的影响，各种气象危险因素引发安全生产事故频繁发生，给气象安全生产带来了严峻的挑战，严重影响了我国经济社会科学发展、安全发展。例如，2016 年 5 月 8 日，福建三明市泰宁县开善乡因为暴雨导致山体滑坡形成泥石流，造成池潭水电厂 1 座办公楼被冲垮、1 座项目工地住宿工棚被埋压，35 人遇难、1 人失联的气象危险因素引发的安全生产事故(图 4-1)。该事故的直接原因是暴雨灾害天气，而间接原因是项目工地住宿工棚选址不科学。选择在暴雨导致山体滑坡形成泥石流的小山沟附近设置住宿工棚，是这次暴雨灾害天气引发生山体滑坡形成泥石流的地质自然灾害风险转变为气象安全生产事故，导致人员伤亡和财产损失扩大化的根本原因。

图 4-1　2016 年 5 月 8 日，泰宁县开善乡因为暴雨导致生山体滑坡形成泥石流现场

又如，2016年4月13日5时38分许，由于突发雷电大风强降雨天气，广东东莞麻涌镇大盛村的中交第四航务工程局有限公司第一工程有限公司东莞东江口预制构件厂生产作业区龙门架被大风吹倒，导致附近约200平方米的工棚坍塌，造成18人死亡，23人受伤的气象安全生产事故(图4-2)。该事故的直接原因是大风灾害天气，而间接原因是龙门架移动制动问题和工棚与龙门架安全距离不够所致，也是这次大风灾害天气引发龙门架吹倒导致人员伤亡和财产损失扩大化的根本原因。

图4-2　2016年4月13日，龙门架被大风吹倒现场

面对如此严峻的气象安全生产形势，党中央国务院高度重视。2013年7月29日，中共中央总书记、国家主席习近平同志在新华社《动态清样》关于极端天气报道上批示中强调“要组织力量对当前异常天气情况进行研判，评估其现实危害和长远影响，为决策和应对提供有力依据。”2013年6月5日，国务院总理李克强同志在主持召开国务院常务会议，研究部署进一步加强安全生产工作中强调“落实汛期防范措施，严防自然灾害引发安全事故。”另外国务院安全生产委员会办公室每年都下发有关汛期安全生产工作的通知，督导各省、自治区、直辖市及新疆生产建设兵团，国务院有关单位，有关中央企业切实加强并做好气象安全生产工作。

例如，2016年4月21日下发的《国务院安委会办公室关于开展汛期安全生产检查的通知》(安委办明电〔2016〕5号)有关汛期安全生产检查的主要工作内容是：一是责任落实情况检查。重点检查生产经营单位防汛安全生产主体责任和防汛安全生产行业监管主体责任落实情况。针对汛期安全生产工作研究部署情况，各项汛期安全生产措施和责任落实到具体环节、岗位和责任人的情况。二是汛前准备情况检查。重点检查落实应急预案、加强应急准备、组织开展安全生产防汛检查情况，针对重点行业领域开展全面、系统隐患排查治理情况，严格执行领导干部到岗带班和关键岗位24小时值班制度情况，完善自然灾害各项应急预案及演练情况，健全完善部门间应急协调联动机制情况，预测预警系统运转情况，各类灾害预警预报工作情况，应急装备、物资、队伍等各项应急准备工作情况。三是重点行业领域落实情况检查。①重点检查危险化学品生产储运、烟花爆竹企业防雷电设施的检测维护和生产线监控情况。沿江沿河及易受洪水、泥石流等自然灾害威胁的化工企业采取相应防范措施情况；油气长输管线周围存在滑坡、山洪等地质灾害及穿越地震活动断层的地区采取相应的工程防灾措施情况。②重点检查建筑施工工地、职工宿舍、临建设施等建筑和重点部位安全隐患的排查情况。对存在洪水、滑坡、垮塌和泥石流等威胁的，采取防范应对措施情况，遇雷雨、大风等极端天气时，及时撤人和停止相关作业情况。③重点检查矿山企业防洪和防治水工作情况。对位于地表河流、湖泊、水库附近或易受山洪威胁的地下矿井，其矿区及周边水文变化、水库河流、废弃矿井及老窑积水的检查情况，强降雨期间停产撤人情况，对矿井采空区、塌陷区、积水区的巡检、排查情况，露天开采矿山企业对排水设备设施全面检查情况。④重点检查尾矿库排洪设施、干滩长度、安全超高和坝体稳定性，特别是加强对危险库、无主库、停用库的巡查检查情况，在线监测并严格落实汛期 24 小时专人值守监控制度情况，落实各项安全防范措施情况。

有关汛期安全生产检查的要求是：一是要认真贯彻落实习近平总书记、李克强总理等党中央、国务院领导同志关于加强安全生产工作的重要指示批示精神，强化安全生产红线意识，强化汛期安全生产工作，落实安全防范措施，全面排查汛期生产安全事故隐患，切实保障汛期生产安全。二是各地区、各有关部门和单位要充分认识汛期安全生产工作的重要性和紧迫性，切实加强组织领导，指定专门机构和人员负责汛期安全生产工作，加强协作，全面系统地开展灾害风险隐患排查治理，做到提前部署、准备充分、预防得力。三是各地区、各有关部门和单位要及时总结汛期安全生产检查情况，分析问题，提出建议，形成总结材料，并于 2016 年 4 月 28 日前将总结材料纸质版和电子版一并报送国务院安委会办公室。

国家安全监管总局根据 2016 年汛期以来，我国强降雨天气频发，多地区面临多轮强降雨等灾害性天气的叠加风险，对危险化学品、矿山、建筑施工、交通运输等重点行业领域的安全生产工作造成了巨大压力和重大损失的实际情况，于 6 月 17 日专门向各省、自治区、直辖市及新疆生产建设兵团安全生产监督管理局，各省级煤矿安全监察局下发了《关于扎实做好强降雨天气安全生产应急准备工作的紧急通知》（安监总明电〔2016〕7 号）文件，要求切实做好强降雨天气安全生产应急处置工作，严防自然灾害引发生产安全事故。其明确提出：一是要把应对强降雨天气工作摆到重要位置。要高度重视强降雨等自然灾害对安全生产工作带来的不利影响，充分认识做好强降雨天气应急准备工作对安全生产的重要性、紧迫性和艰巨性。要按照“抢大险、救大灾”的要求，切实将各项防范工作抓紧、抓细、抓实，切实发挥作用。要突出抓好企业及作业现场应对强降雨等灾害性天气各项应急准备工作措施的落实，有效防范和应对各类事故发生。二是完善预警机制，确保响应及时、反应迅速。各单位要切实加强应急值守工作，重点领域、重点企业和重要岗位要建立严格的值班制度，坚持领导干部 24 小时值班，发现重大险情要及时处理。要在预警预报、接警处警环节落实应急联动工作机制，安全监管部门要加强与气象、水利、国土、海洋、海事等部门协调联系，密切跟踪强降雨等灾害性天气过程和洪水、泥石流、山体滑坡等重大自然灾害灾情变化，认真研判自然灾害引发生产安全事故的各类风险，及时采取有效防范措施。各类生产经营单位特别是危险化学品、矿山、建筑施工、交通运输等重点行业领域企业要加强与当地基层政府的沟通联系，企业相关应急预案与地方政府应急预案要有效衔接，确保发生险情能互通信息、及时响应。一旦发现险情，有关安全生产应急管理部门和企业要迅速反应、果断决策、有力指挥、科学施救。三是全面做好应急准备，切实提高处置能力。各单位要按照“安全投入到位、安全培训到位、基础管理到位、应急救援到位”的要求，加强应急准备基础工作，提高应对处置自然灾害引发生产安全事故的能力。①要根据本地区安全生产工作实际，针对本地区气象地理环境及主要灾害风险，做好应急物资和装备储备。特别是煤矿和非煤矿山，要对现有的应急物资和装备开展一次认真的检查测试，针对透水事故和洪涝灾害，配备各类水泵及管线、配件，确保各类应急物资和装备齐全有效。各类安全生产应急救援队伍要根据服务区域内企业的实际情况，合理调配救援装备。各级安全监管监察机构要加强对救援装备配备和物资储备工作的检查，对配备储备不到位的，要责令其停产整改。②有关部门和企业要从提高有效性、针对性和可操作性入手，进一步完善应对灾害性天气的各项预案，并通过演练持续改进。③加强应急教育培训。开展应对灾害、事故的应急知识和自救互救技能教育培训工作，并将此项工作作为长期任务深入持久开展，不断提高管理人员和从业人员的应急知识和专业素质。要充分利用各种媒体手段，全方位、多角度进行宣传。④各类安全生产应急救援队伍要进入战备状态，做好抢险救援各项准备工作，一旦发生事故，能够迅速投入抢险救援工作，把事故损失减小到最低限度。四是将扎实做好强降雨天气安全生产应急准备工作的要求传达各企业和安全生产应急救援队伍。

上述分析表明：目前我国气象安全生产形势仍然严峻，防范气象自然灾害风险向气象安全生产事故转变，加强气象安全生产事故风险管理工作，事关人民生命财产安全，事关社会安全稳定，事关改革发展大局，具有重要现实意义和长远的战略意义。

二、气象安全生产工作存在的主要问题

虽然党中央国务院高度重视气象安全生产，国务院安全生产委员会办公室每年都下发文件强调和督导汛期安全生产工作，国家安全监管总局、国家防汛抗旱总指挥部办公室、中国气象局等国务院有关部门也专门下文强调和督导汛期安全生产工作，采取一系列有效措施，进一步加强了气象安全生产工作的组织领导，应用法律手段、行政手段、经济手段、科技手段等对本行业和领域的气象安全生产事故隐患进行排查和治理，有效防止或减少了气象安全生产事故，使气象安全生产状况有了很大的改善。但总体上看，“以人为本、安全发展、科学发展”的理念在一些地方和部门、企业没有真正树立，气象安全生产中一些长期存在的突出问题仍然没有根本解决。主要表现在以下几个方面：

(一)思想认识问题

有些企业安全生产的管理者和劳动者思想理念还停留在传统的安全生产观念，忽视气象危险因素对生产环境影响而引发安全生产事故的可能性，尤其是气象危险因素对自己从事的生产经营活动影响与危害方面存在模糊认识，在生产经营活动中，对气象危险因素可能引起的安全生产事故，不采取任何防范措施，凭借感觉作决策，导致安全生产事故时有发生，给国家财产和人民生命带来严重的损失。2004 年 9 月 25 日石柱县运输公司渝 AX1086 客车通过因连续下雨形成洪水淹没的桥面被冲入河中，造成 49 人死亡、1 人失踪的特别重大交通事故就是一起忽视气象危险因素对生产环境影响而引发安全生产事故的典型案例。

事故经过：2004 年 9 月 25 日 12 时 30 分左右，重庆市石柱县运输公司渝 AX1086 川江牌中巴车从石柱县城桥墩头场出发，驶往 20 多千米外的下路镇照明村。在下路镇，接上了多名刚放学准备回家的下路中学学生。13 时 30 分左右，该车行至三树线路 16 千米＋250 米处(该处在下路镇外约 10 千米)的牛栏口桥斜坡的条石公路上时。由于一天一夜的大雨导致河面宽达 30 米以上的龙河水暴涨，连接龙河两岸的牛栏口桥已被洪水全部淹没成为一座漫水桥，桥面已在水下大约 40 厘米，除了还能看见两岸的土石公路斜斜伸进河里外，水流湍急、水烟茫茫。因此司机将车停在岸边，对众乘客说：“没事，都跑熟了的线路，一样能开过去!”说着便下车去拆车子的排气管以便涉水，乘客中一名下路镇工商所的干部下车去帮忙。此时车上的下路中学初一七班的 13 岁学生杨航看到大桥被汹涌的河水完全淹没，因为心里非常害怕，便对女售票员说给 2 元钱让他下车。但售票员置之不理，停在那里还在拉客上车。在上了 5 个乘客后，客车的过道上全站满了人，他无法挤到车门边，于是便打开车窗翻了出去。同时，三树电站的老板一家三口见状也想下车，他帮这一家三口接住递下来的一个包，随后，他们试图将 2 岁多的女儿从车窗抱下来让他接

住，但此时，客车驾驶员突然开车向河内的桥上驶去。他不得不跑上前去将递下来的包重新递了回去。客车慢慢驶上了被河水完全淹没的大桥。杨航看着河水冲在车轮上形成的水浪，他当时的心都提到了嗓子眼。但车还是慢慢地向桥中心驶去。眼看就快要驶过被河水淹没的大桥，灾难发生了：客车尾部突然栽入河中，客车在汹涌的河水中沉浮了两次，当车被冲得浮起来时，他还看到了车窗中乘客的头。但不到 1 分钟时间，除了波涛汹涌的河水外，就什么也看不到了。此次特大交通事故，造成 49 人死亡、1 人失踪、直接经济损失 700 余万元(图 4-3)。

图 4-3　2004 年 9 月 25 日，重庆市石柱县运输公司一中巴车特别重大交通事故现场

该事故的直接原因是肇事司机完全忽视一天一夜的大雨导致龙河水暴涨形成洪水淹没牛栏口桥桥面大约 40 厘米的行车安全隐患，不顾车轮在水淹桥面上由于水膜对路面附着系数的影响导致车轮与桥面附着力减小和河中心洪水流速最大使洪水对车辆的冲击力最大而形成的危险，在乘客提出危害预警的情况下，仍然盲目侥幸、冒险驾驶车辆冲上桥。事故的间接原因是石柱土家族自治县运输公司的管理混乱，交通部门任由非法车站运营以及对牛栏口桥的安全隐患失察，公安交警对肇事车辆多次超载等违规行为放任、在危险路段未设警示标志、没有预防预案，工商没有对非法经营的城南车站进行及时处理，石柱县、乡两级党委、政府履行安全职责不力。因此事故后，对涉案的 28 名责任人一一受到处分，其中包括该县县委书记和正副县长 4 人，并且石柱土家族自治县县长岳中焕引咎辞去职务。

(二)科学决策问题

有的企业工程技术人员，虽然知道气象危险因素可能引发安全生产事故，但就如何应用气象科技和气象信息指导安全生产，调整生产计划、采取有效措施，杜绝生产安全事故发生的科学决策意识非常淡薄，导致安全生产事故时有发生，给国家财产和人民生命带来严重的损失。例如，2005 年 6 月 3 日晚 20 时左右，发生在四川省凉山州木里县唐央乡昏沙村的特大森林火灾，就是一个典型的应用气象信息指导安全生产不力，进行科学决策意识淡薄的案例；而这次特大森林火灾扑救过程恰恰又是一个正确应用气象信息进行科学决策指导灭火的典型案例。

1. 特大森林火灾发生过程——应用气象信息科学决策意识淡薄的过程

(1)森林火险天气背景

凉山州木里县 3 月降水量为 22.5 毫米；4 月降水量为 6.6 毫米，春旱十分严重；5 月 1—17 日的降水量为 21.2 毫米，但降水主要集中在月初，5 日降了 16.3 毫米的中雨，此后降水稀少，11—17 日均为高温无雨天气，空气十分干燥，空气湿度平均只有 25%，此期间的森林火险等级高达 5 级，森林极易燃烧，极易引发森林火灾，须严禁野外一切用火，是极度危险的森林火险天气。

(2)应用气象信息科学决策意识淡薄

为了修建公路，在如此高的森林火险天气里，中国水电集团成都勘测设计研究院物探中心的两位工程技术人员居然在唐央乡森林中进行放炮作业，以便对卡基娃滑坡探测。这两位工程技术人员明明知道森林火险等级高达5级时放炮极易引起森林燃烧造成火灾，必须严禁野外一切用火。并且高危森林火险天气在森林里动火作业，必须到当地森林防火指挥部办公室办理有关手续，并根据当地气象部门的森林火险等级天气预报信息，指导安全生产，调整生产计划、采取有效措施，杜绝森林火灾发生。但是由于他们应用气象信息科学决策意识淡薄，按经验和感觉办事，造成了此次过火面积达27000亩的凉山州新中国成立以来最严重的特大森林火灾。

2. 特大森林火灾扑救过程——应用气象信息进行科学决策的过程

(1)启动防御森林火灾预案

特大森林火灾发生后，四川省气象部门启动《防御森林火灾预案》，组织4个人工降雨作业队，携带车载火箭、气象观测仪器，从不同方向布设作业点，包围了火场，做好人工降雨灭火的各项准备工作。同时还动用卫星、新一代天气雷达、车载雷达等现代化探测设备，组织四川省气象局科技减灾处、四川省人降办、四川省气象台科技人员组成的专家小组急赴凉山州，为扑灭森林火灾，提供《森林灭火专题天气预报》服务和人工增雨灭火工作的技术保障；并且四川省气象局林勇副局长实地指导森林灭火工作。

(2)应用气象信息科学决策

根据《木里县唐央乡森林灭火专题天气预报》和卫星、新一代天气雷达、车载雷达探测到天气实况和森林火灾发展状况的实际时资料研究分析表明，2005年6月7日中午，在凉山州东部快速移来一个弱天气系统，火场上空的云量逐渐增多，当天空云量达7成时，是人工降雨扑灭森林大火的好时机，气象科技人员果断决策，立即申请空域，经批准后于6月7日12时07—21分进行了第一次作业，火场四周下起了小雨，为乘胜追击，作业人员抓紧于13时35—45分进行了第二次大规模增雨作业，小雨得以持续并有所加大，火场实地观测雨量为5毫米(图4-4)，而在火场附近同一云区覆盖的西昌、盐源和甘孜州南部的九龙、盐源和甘孜州南部的九龙、稻城等县市均未出现明显降雨的情况下，只有作业区的唐央火场出现了5毫米的小雨，火场的局部地方降下了小到中雨，为扑灭森林大火争取了主动权，创造了转折性的战机。

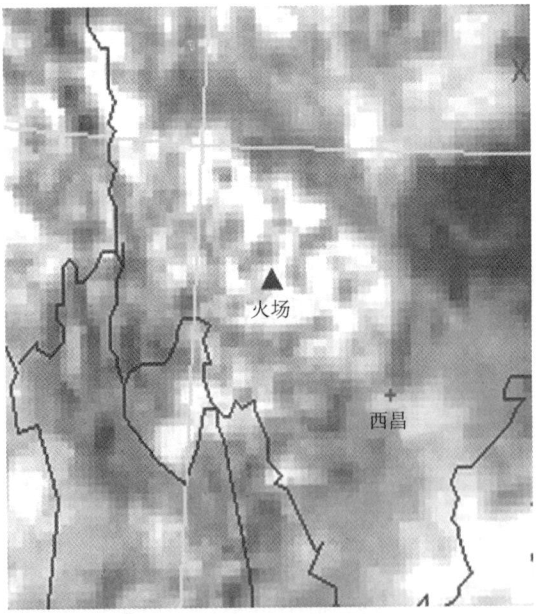

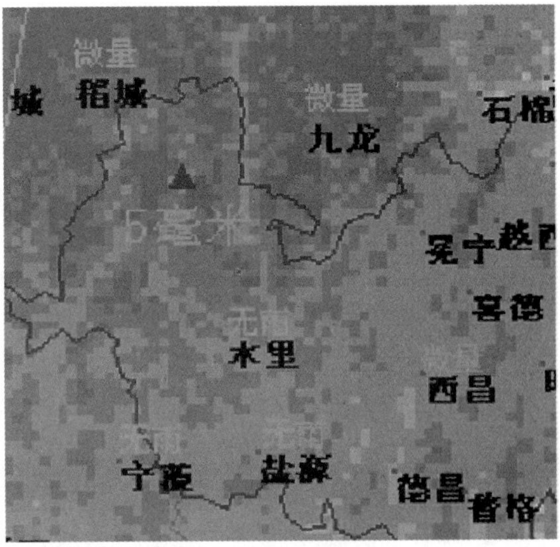

2005年6月7日12时到14时降水量分布图

注：▲ 木里唐央乡火场

图4-4　2005年6月7日13时火场区卫星云图

在增雨作业现场指挥的张作哈副省长、张支铁州长亲眼看见了作业全过程，张副省长激动地说："搞得很好，希望密切监视天气变化，继续作业，巩固战果。"

另外根据四川省农业气象中心卫星资料监测结果分析，2005 年 6 月 7 日 15:06 时 EOS/MODIS 和 18:10 时的 NOAA-12 遥感图上均未监测到木里县唐央乡火场高温区，充分证明了这次森林特大火灾的扑灭与气象部门科学决策，抓住了人工降雨扑灭森林大火机会，科学、及时的人工增雨有效地控制和减弱了火势、增加了空气湿度、降低了火场区温度，为扑灭林火发挥了基础性、现实性、前瞻性作用。因此凉山州委吴靖平书记说："人工增雨效果非常好，火场区降了 5 毫米的雨，这 5 毫米的雨很宝贵，没有这 5 毫米的雨水，林火是打不熄的。现在火势得到了完全控制，已取得决定性胜利。气象局的工作做得很好，我们表示衷心的感谢。"

（三）监督管理问题

我国灾害管理体制是在计划经济条件下建立起来的分灾种管理体制，在指挥、协调、管理等方面存在许多局限性。在重特大突发事件，不论是自然灾害还是责任事故，其中都不同程度存在主体责任不落实、隐患排查治理不彻底、法规标准不健全、安全监管执法不严格、监管体制机制不完善、安全基础薄弱、应急救援能力不强等问题，这些问题实质是监督管理存在缺陷的具体表现。例如，2016 年 5 月 28 日 16 时，广东江门台山市端芬镇凤凰峡旅游区游客在漂流过程中被暴雨形成山洪暴发冲走，造成 8 人死亡、10 人受伤的责任事故就是一起忽视气象因素引发旅游安全生产事故监督管理而造成旅游安全生产事故的典型案例。

2016 年 5 月 28 日 16 时，广东江门台山市端芬镇凤凰峡旅游区受暴雨灾害天气影响，虽然端芬镇凤凰峡旅游区所在地的江门、台山两级气象部门早已发布了暴雨橙色预警，并且气象部门连续发布两次预警："受今年首个热带低压影响，江门地区将有暴雨至大暴雨，提醒防范强降雨及其引发的山洪、山体滑坡等灾害。"然而，两道暴雨预警，却未能阻挡景区员工停止"夺命漂流"项目营业，而是仍然照常开放该漂流项目。该漂流项目是"野战军事题材"的漂流活动，参与者在漂流过程中组队进行，沿一条总落差数十米的河道顺流而下，整个航程距离 3.3 千米，用时一个多小时。整个漂流的水道夹在山间，经过两旁的悬崖与农田，但是水道上无任何明显标示指明航道。根据来自深圳的生还者刘先生介绍，事发前导游曾和游客中心沟通，询问是否可以漂流，在得到肯定答复后，他们 14 个人才和其他游客一起坐车前往漂流起点。他们 15 时许从漂流的起点出发，刚开始漂流的时候，天上已开始下雨了，有点大。但是看到那么多人都去了，也就没有担心。一路上无论导游还是景区工作人员，都没有提醒天气状况和安全事项。当他们漂流到下游中途时，由于暴雨形成山洪暴发，而且漂流河段刚好是三条山溪汇流地，使河水迅速暴涨，现场工作人员用当地话喊"水太大了，不能再漂"，并安排他们靠岸。自己和十多个人刚站到一个岸边的石台上，河水迅速涨起来，两三分钟内就淹过了肚子，自己被冲下水，由于不会游泳在水冲走途中冒了两次头，最后被水冲到了岸边并被架在树枝上才幸免于难。此事故造成 8 人死亡、10 人受伤(图 4-5)，其中 8 名遇难者中年纪最小的是还在读高一的林立冬。今年才 16 岁，由于水性好，其父亲仅跟景区工作人员打了个招呼，并没有签订劳动合同，就作为凤凰峡景区的临时救生员。

图 4-5　2016 年 5 月 28 日，广东江门台山市端芬镇凤凰峡漂流事故现场

事发后，台山市党政主要领导到达现场指挥搜救，并组织当地干部群众、公安消防、医疗救治赶赴现场展开全面搜救。同时江门市旅游局已开展全市所有 A 级景区安全生产大检查。在 29 日举行的新闻发布会上，台山市旅游局长魏思远说，接到气象局的预警信息之后，旅游局 27 日将天气情况和安全排查的要求用手机短信转发给该景区的运营企业——金凤凰旅游公司的负责人。魏思远表示：现场是否落雨、气候水文是否适合漂流，还需要现场景区确定。并且由于凤凰峡景区不是国家 A 级景区，旅游局没有管理权限。另外，景区漂流项目的相关牌照由体育部门按照国家体育总局高危行业的管理办法颁发，不属于旅游局职权范围。在发布会上台山市体育局局长李逸波说，该企业已经办理了行政许可，属于有证经营。他表示，4 月 25 日已经在一个会议上，明确要求该企业负责人在遇到大风雨天气时，要关闭项目。“但是这种天气预报的情况，变幻莫测，我们虽然提出了要求，但我们不能强制企业关停”。在新闻发布会上当有记者问道“天气已经非常恶劣，他们还不关停，那怎么办”时，出席发布会的政府部门负责人均陷入了沉默。在暴雨橙色预警发出到事故发生之间，“旅游和体育部门有没有做好旅客疏导？”“有没有督促企业落实安全工作？”相关负责人对此都没有正面回答。

目前关于漂流旅游的行业标准及运营规范还没有出台。如何应对各种异常天气，的确需要企业自主决定。但根据国务院 1998 年实施的漂流旅游安全管理办法，地方旅游行政管理部门应及时了解漂流水域情况，一旦发生影响漂流旅游安全的，如洪水、塌方、河道堵塞等情况，应立即通知企业停止漂流旅游活动，并及时协助有关部门做好旅客疏导和安全工作。2013 年正式实施的旅游法也规定，经营涉及人身安全的特种旅游项目，对旅游中可能造成危险的情况，经营者应当事先向旅游者做出真实的说明和明确的警示。而县级以上人民政府有关部门依照法律、法规履行旅游安全监管职责。因此我们不能因漂流旅游门槛较低，运营者为了追求利益，忽视安全规范；以及漂流涉及运动功能，需要体育部门发放许可，但同时也是旅游项目，依据旅游法旅游部门有监管职责，形成多部门管理格局等为借口，而让监督管理部门互相推卸责任，出了事故才想起吸取教训的现象频繁发生。

上述案例表明：暴雨形成山洪暴发使河水迅速暴涨冲走游客是此次事故的直接原因。而景区的运营企业——金凤凰旅游公司主体责任不落实、隐患排查治理不彻底，漂流旅游的行业标准及运营规范等标准还不健全，旅游部门安全监管执法不严格，旅游部门与体育部门联合监管体制机制不完善，凤凰峡旅游区的旅游安全基础薄弱和应急救援能力不强等是此次事故的间接原因。

为了深刻吸取教训，必须按照习近平总书记对安全生产工作提出的新要求，切实做到：一是必须坚定不移保障安全发展，狠抓安全生产责任制落实。要强化“党政同责、一岗双责、失职追责”，坚持以人为本、以民为本。二是必须深化改革创新，加强和改进安全监管工作，强化开发区、工业园区、港区等功能区安全监管，举一反三，在标准制定、体制机制上认真考虑如何改革和完善。三是必须强化依法治理，用法治思维和法治手段解决安全生产问题，加快安全生产相关法律法规制定修订，加强安全生产监管执法，强化基层监管力量，着力提高安全生产法治化水平。四是必须坚决遏制重特大事故频发势头，对易发重特大事故的行业领域采取风险分级管控、隐患排查治理双重预防性工作机制，推动安全生产关口前移，加强应急救援工作，最大限度减少人员伤亡和财产损失。五是必须加强基础建设，提升安全保障能力，针对城市建设、危旧房屋、玻璃幕墙、渣土堆场、尾矿库、燃气管线、地下管廊等重点隐患和煤矿、非煤矿山、危化品、烟花爆竹、交通运输等重点行业以及游乐、“跨年夜”等大型群众性活动，坚决做好安全防范，特别是要严防踩踏事故发生。

（四）经费保障问题

《中华人民共和国安全生产法》（中华人民共和国主席令第 13 号）第二十八条明确规定：生产经营单位新建、改建、扩建工程项目的安全设施（指生产经营单位在生产经营活动中用于预防生产安全事故的设备、设施、装置、建构筑物和其他技术措施的总称），必须与主体工程同时设计、同时施工、同时投入生产和使用，必须将安全设施投资纳入建设项目概算。第九十条明确规定：生产经营单位的决策机构、主要负责人或者个人经营的投资人不依照本法规定保证安全生产所必需的资金投入，致使生产经营单位不具备安全生产条件的，责令限期改正，提供必需的资金；逾期未改正的，责令生产经营单位停产停业整顿。有违法行为，导致发生生产安全事故的，对生产经营单位的主要负责人给予撤职处分，对个人经营的投资人处二万元以上二十万元以下的罚款；构成犯罪的，依照刑法有关规定追究刑事责任。”但是由于生产经营单位对气象自然灾害防御工作与气象安全生产事故防范工作区别认识不到位，常常把客观存在的不可预见、不可抗拒的气象自然灾害事故与可预见、可防范的气象安全生产事故互相混淆，导致（除了雷电引发安全气象生产事故有相关法律法规和技术规范明确规定防雷安全设施必须与主体工程“三同时”外）其他气象危险因素引发安全气象生产事故的气象安全设施由于没有经费保障，基本上没有与主体工程“三同时”，造成气象危险因素引发安全气象生产事故频发。例如高速公路的大雾、暴雨、大风、道路结冰、高温等气象危险因素引发的交通安全事故频发多发就是典型的案例。

《公路网运行监测与服务暂行技术要求》[中华人民共和国交通运输部公告（2012 年第 3 号）]对全国高速公路和国省干线公路组成的全国干线公路网涉及交通安全的气象安全设施建设明文规定如下：

第一部分　总体要求

第二条　公路网运行监测与服务系统主要包括部级公路网运行监测与服务平台（以下简称部级路网平台）、省级公路网运行监测与服务平台（以下简称省级路网平台）、国家级和省级路网监测点外场设施及相关支撑系统。公路网运行监测与服务系统的主要应用范围为全国高速公路和国省干线公路组成的全国干线公路网（解释：规定了公路网运行监测与服务系统包括路网监测点外场设施及相关支撑系统及应用范围）。

第三条　本技术要求适用于部、省两级路网平台，国家级和省级路网监测点外场设施及相关支撑系统的建设、运行和管理工作。

第五条　省级人民政府交通运输主管部门或公路管理机构负责省级路网平台、省级路网监测点外场设施及相关支撑系统的建设、运行和管理工作（解释：规定了路网监测点外场设施及相关支撑系统的建设、运行和管理工作的责任单位)。

第七条　交通运输主管部门、公路管理机构应在本级人民政府的领导下,加强与公安、气象、国土、地震、民政、防汛、国防等部门的沟通与协作,建立有效的合作与联动机制,实现信息共享,为公路网运行监测与服务系统的建设、运行和管理提供必要支撑(解释:规定了主体责任单位与配合单位的关系)。

第十一条　新建高速公路应按照本技术要求布设路网监测点外场设施,实现信息的安全传输与存储;已建成高速公路应按照本技术要求完善路网监测点布局与外场设施;国省干线公路应结合路网改造与养护工程,按照本技术要求规范监测点布局与外场设施(解释:规定了已建公路应结合路网改造与养护工程建设外场设施)。

第十三条　部、省级路网中心应加强公路网运行监测与服务系统的运行管理、维护管理、数据管理和安全管理,建立系统运行的规章制度,保障部、省两级路网平台正常运行与互联互通,指导和督促有关单位加强路网监测点外场设施及相关支撑系统的运维管理,使其处于良好的技术状况。公路网运行监测与服务系统应根据公路网运行管理的需要,及时补充和更新设施,完善系统功能,提升系统性能,满足公路网运行监测与服务的各项要求(解释:规定及时补充和更新设施)。

第十九条　本技术要求所称公路网运行信息,是指以文字、语音、图像、数字等形式反映出来,通过网络传输与系统处理的各种表明公路网运行状态内容的总称。公路网运行信息主要包括:

……

(五)路网环境信息:主要包括公路主线及节点的气象环境数据,以及与气象、国土等部门共享交换的各类公路环境信息(解释:规定了公路网运行信息包括公路主线及节点的气象环境数据,以及与气象部门共享交换的各类公路环境信息)。

第二十条　公路网交通运行数据、重要基础设施运行数据和气象环境数据主要通过路网监测点的各类感知设备及传感器系统自动采集,采用网络传输方式自动实时或定时传输。其中,国家级路网监测点自动采集的数据,应通过省级路网平台同步传输至部级路网平台,不得通过未授权的数据传输链路等第三方平台或网络进行传输(解释:规定了公路网运行信息的气象环境数据主要通过路网监测点的各类感知设备及传感器系统自动采集,体现了各类感知设备及传感器系统自动采集组成的气象安全设施专业性和特殊性)。

第二十二条　公路出行信息主要包括对公众出行具有参考作用的路径规划、实时路况、占路施工、公路气象、事件预报预警、交通诱导等服务信息(解释:规定了出行信息主要包括公路气象服务信息)。

第二十八条　部、省级路网中心应利用公路网运行信息,开展公路网运行态势评估、突发事件预测预警等工作,科学制定灾害性天气、地质灾害等公路网运行预报预警内容和级别,并提供全国干线公路网运行趋势预报和特定区域公路网运行中短期预测预警服务。

第二部分　暂行技术要求

1.1.1　系统的应用范围

公路网运行监测与服务系统主要面向全国和省域不同层级的监测范围、数据应用及业务管理需求,开展公路网运行监测与协调、公路交通突发(阻断)事件应急处置、公路出行信息服务等公路网运行管理业务提供数据服务、应用支撑与决策支持。

公路网运行监测与服务系统的主要应用范围为全国高速公路和国省干线公路组成的全国干线公路网。

公路网运行监测与服务系统可以为各级公路管理部门开展公路养护管理、路政执法、运营管理、干线公路网改造等相关业务提供数据和辅助支持。此外，系统还可作为各级交通运输主管部门、公路管理机构与各级人民政府及气象、国土、地震、民政、防汛、国防等相关部门的信息共享平台，以及与公安交管部门等进行公路网运行监测信息交换与业务协作的支撑平台。

1.2.2　技术框架组成

(1)监测(感知)层，即路网感知层，信息监测与感知主要用于监测部、省两级路网监测点的公路交通运行、突发事件以及路网环境等方面的数据参数，包括车辆数、车辆行驶速度、突发事件信息、基础设施状态、气象地质灾害、视频图像等实时状态数据；

……

1.5.2　监测点设施及信息监测功能基本要求

国家级、省级路网监测点监测设施选用原则是可靠性高、低成本、维护性强、数据准确度满足基本要求并可大面积应用。按照上述原则，确定监测点设施及信息监测的功能要求如下：

(1)交通运行数据监测设施具备自动采集、实时或定时传输功能；

(2)事件自动检测设备(视频)具备数据自动采集、实时传输功能；

(3)气象环境数据监测设施具备自动采集、实时或定时传输功能；

(4)共享气象、地质环境信息具备定时自动传输与更新功能。

2.1.3　公路网运行信息

公路网运行信息包括交通运行数据、视频图像数据、基础设施运行数据、公路交通突发(阻断)信息和路网环境信息等。公路网运行信息监测方式包括从路网监测点自动采集、人工采集以及从相关部门共享获取等。

……

(5)路网环境信息，包括：

1)环境监测数据：主要包括公路主线及节点的气象环境数据，如能见度、大气温湿度、降水、风速、路面温度以及结冰积雪等路面状况等；

2)环境共享信息：主要包括与气象、国土等部门共享交换的日常气象监测与预报信息、公路气象预报预警信息、地质灾害预报预警信息等各类环境信息。

2.2.2　路网环境参数

路网环境参数包括公路沿线气象数据，以及与气象、国土等相关部门共享的信息。

(1)气象数据参数：主要包括能见度(米)、路面状态(可区分干燥、潮湿、冰雪等)，以及风速(米/秒)、风向(°)、大气温度(℃)、相对湿度(%)、降水量(毫米)、路面温度(℃)等。具体内容见表 4-1。

表 4-1　路网环境参数分级表

参数等级	参数内容
一级参数	能见度(米)、路面状态(路面是否有冰雪、路面是否潮湿、路面是否干燥)
二级参数	风速(米/秒)、风向(°)、降水量(毫米)、大气温度(℃)、相对湿度(%)、路面温度(℃)

(2)与气象、国土等相关部门共享的气象环境与灾害信息、地质灾害预报预警信息，具体内容见表4-2。

表4-2 路网环境共享信息内容

共享部门	信息内容
气象部门	卫星云图、降水实况、中短期天气预报，暴雨、暴雪、雾霾、寒潮、大风、沙尘暴、高温等天气落区图
国土部门	地质灾害的范围、区域和时间，以及地质灾害的类型(如泥石流、滑坡、塌方等)、落区图等

2.3.1 数据准确度与时效要求

……

2.3.1.3 路网环境数据

气象环境数据应全天候监测，自动采集气象数据应至少确保85%的准确度，应每隔10分钟以内上传一次数据。

与气象、国土等相关部门共享的信息应具备定时自动传输与更新功能。

2.4.2 路网监测点的分类与定义

路网监测点主要分为三类：国家级路网监测点(Ⅰ级监测点)、省级路网监测点(Ⅱ级监测点)和其他监测点(Ⅲ级监测点)。

(1)国家级路网监测点：对全国干线公路网整体运行状态有重要影响的高速公路、国省干线公路的重要路段(易拥堵路段、突发事件多发路段、恶劣气象条件频发路段等)、特大桥梁、特长隧道、枢纽互通立交、收费站点(省界、入城)、重点治超站、服务区等重要公路节点和路段；

(2)省级路网监测点：对省域范围内公路网整体运行状态有重要影响的高速公路、国省干线公路的重要路段(易拥堵路段、突发事件多发路段、恶劣气象条件频发路段、长下坡路段等)、大型桥梁、长大隧道、互通立交、收费站、治超站、服务区、停车区等公路节点和路段，省域范围内的国家级路网监测点为省级路网监测点的重要组成；

(3)其他路网监测点：除国家级路网监测点和省级路网监测点以外，为满足不同层级路网监测需求和路网规模等级，在对公路网运行状态有一定影响的公路路段和节点处设置的监测点。

2.4.5 路网监测点的监测内容

路网监测点的监测内容主要包括视频图像数据、交通运行数据、基础设施运行数据、公路交通突发(阻断)事件信息和路网环境数据。

国家级路网监测点具体监测内容情况如表4-3所示，省级路网监测点具体监测内容可参考国家级路网监测点。

表4-3 国家级路网监测点监测内容分类表

监测点类别	视频数据	交通运行数据	路网境数据	公路交通突发事件信息	基础设施运行数据
易拥堵、易发生重特大交通事件路段	√	√		√	
恶劣气象条件频发路段	√	√	√	√	
特大桥梁	√	√	√	√	√
特长隧道	√	√		√	√
枢纽互通	√	√		√	
收费站(省界、入城)	√	√	√	√	
Ⅰ类治超站	√	√		√	
高速公路服务区	√	√		√	

2.5.4 气象监测设施

2.5.4.1 恶劣气象条件频发的国家级路网监测点气象监测设施布设要求

(1)以大雾为主要恶劣气象条件的路段,气象监测设施须能够采集能见度参数。对于季节性浓雾多发地区,气象监测设施应按15～20千米间距布设;对于浓雾多发的山区和水网地区,应按10千米间距布设。

(2)以结冰为主要恶劣气象条件的路段,气象监测设施须能够采集路面潮湿、结冰等路面状况参数。路段长度小于15千米时,在路段中部或两侧合适位置布设1～2处气象监测设施;路段长度大于15千米时,按15千米间距布设。

(3)以大风为主要恶劣气象条件的路段,气象监测设施必须能够采集风速参数。路段长度小于15千米时,在路段适合位置布设1～2处气象监测设施,宜选择在风区两侧开始位置附近;路段长度大于15千米时,按15千米间距布设。

(4)存在多种恶劣气象条件的路段,应同时监测相应环境参数,统筹气象监测设施的布设,以节约建设和运维成本。

2.5.4.2 恶劣气象条件频发的省级路网监测点气象监测设施布设要求

在满足国家级路网监测点布设要求的前提下,恶劣气象条件频发的省级路网监测点气象监测设施应参考以下布设原则:

(1)于平原或微丘地区,按30～50千米间距布设;

(2)对于山岭或重丘等地形较为复杂的地区,应充分考虑海拔高度、地形、地貌对气象的影响,按20～40千米间距布设;

(3)对于我国西部地广人稀且地形与气象条件变化不频繁,或是以沙尘暴和大风为主要交通高影响天气的(半)干旱、沙漠等地区,可采用50千米以上的间距布设;

(4)在路网相对密集地区,气象监测设施的布设需对公路沿线的气象监测点进行统筹考虑。

《国务院关于加强道路交通安全工作的意见》(国发〔2012〕30号)也有明确规定。第五条提高道路安全保障水平的第十三款就完善道路交通安全设施标准和制度要求:加快修订完善公路安全设施设计、施工、安全性评价等技术规范和行业标准,科学设置安全防护设施。鼓励地方在国家和行业标准的基础上,进一步提高本地区公路安全设施建设标准。严格落实交通安全设施与道路建设主体工程同时设计、同时施工、同时投入使用的"三同时"制度,新建、改建、扩建道路工程在竣(交)工验收时要吸收公安、安全监管等部门人员参加,严格安全评价,交通安全设施验收不合格的不得通车运行。对因交通安全设施缺失导致重大事故的,要限期进行整改,整改到位前暂停该区域新建道路项目的审批(解释:强调严格落实交通安全设施与道路建设主体工程同时设计、同时施工、同时投入使用的"三同时"制度)。第十四款就加强道路交通安全设施建设要求:地方各级人民政府要结合实际科学规划,有计划、分步骤地逐年增加和改善道路交通安全设施。在保证国省干线公路网等项目建设资金的基础上,加大车辆购置税等资金对公路安保工程的投入力度,进一步加强国省干线公路安全防护设施建设,特别是临水临崖、连续下坡、急弯陡坡等事故易发路段要严格按标准安装隔离栅、防护栏、防撞墙等安全设施,设置标志标线。加强公路与铁路、河道、码头连接交叉路段特别是公铁立交、跨航道桥梁的安全保护。收费公路经营企业要加强公路养护管理,对安全设施缺失、损毁的,要及时予以完善和修复,确保公路及其附属设施始终处于良好的技术状况。要积极推进公路灾害性天气预报和预警系统建设，提高对暴雨、浓雾、团雾、冰雪等恶劣天气的防范应对能力（解释：进一步明确了公路灾害性天气预报和预警系统建设属于加强道路交通安全设施建设范畴；明确了地方各级人民政府要有计划、分步骤地逐年增加和改善道路交通安全设施）。

上述国务院规范性文件和交通运输部技术规范都非常明确防范气象危险因素引发公路交通安全事故的气象安全设施是道路交通安全设施有机组成部分，属于道路交通安全设施“三同时”建设范畴，应纳入公路安保工程的投入力度的重要组成部分。但是大部分基层高速公路建设单位、营运单位和监督管理部门忽视了气象危险因素对高速公路安全影响的动态性，为了节省投资，仅仅在部分恶劣气象条件频发路段设置静态的情报板和实时电子显示屏概念性提示注意气象因素引发交通安全事故（图 4-6），而不是按照交通运输部技术规范要求安装具有自动采集、实时或定时传输功能气象环境数据监测设施，并实时通过设置在路段的电子情报显示屏向司机提供有针对性的车辆限速预警信息，使驾驶车辆通过此路段的司机无法知道在恶劣气象条件下应当具体限制车辆速度多少才能确保安全行使，防止交通事故发生。

图 4-6　警示气象因素引发交通安全事故的静态情报板和概念性提示电子显示屏

如在某市横风安全隐患比较严重的高速公路路段，在建设时为了节省投资，仅仅在该路段安装了一些指示风向提供风速参考的风向袋，替代具有实时自动采集和传输功能气象环境数据监测设施，来提醒行使车辆安全，在高速公路投入营运后，已有车辆在此路段因横切风影响发生翻车事故。因此当地气象部门建议高速公路监督管理部门、运营单位应按照有关技术规范要求，安装现代化的气象环境数据监测设施，并为此召开几次专题会议，会上气象专家专门警示高速公路相关单位，不要“小问题→大隐患→高风险→大事故”，这个路段横风对侧面积大的大客车影响显著，而大客车乘坐的人员多，若不及时安装现代化的气象环境数据监测设施和电子情报实时预警显示屏，迟早会发生 10 人以上的大客车翻车安全交通事故。但是高速公路有关单位仅仅是在此路段增加了一些“横风慢”的红色和黄色小彩旗（图 4-7），而真正的横风安全隐患没有消除。

（五）气象科学素养问题

气象科学素养主要由人们对气象科学知识达到基本的了解、对气象科学的研究过程和方法达到基本掌握、对于气象科学技术对社会和个人所产生的影响达到基本熟悉等三部分组成。人们只有在这三个方面都达到要求者，才具备基本气象科学素养。由于人们受到传统文化影响和大气运动形成的天气现象发源于天空，自“天”而下，因此人们常常认为“气象安全生产事故是天灾、是不可抗拒的、是对某些人的惩罚”等封建迷信思想，尤其是某些特殊的气象自然现象发生更加深了人们封建迷信思想，造成人们气象素养偏低。

图 4-7　高速公路横风频发路段风向袋与“横风慢”小彩旗现场图

例如，2000 年 7 月 29 日重庆南岸区峡口镇犀牛村的一对夫妇到邻村大兴村的马道子商店避暴雨时，被雷击当场死亡，而大兴村的五个村民仅被雷击昏，因此在两村引起很多流言蜚语和封建迷信传言，有的认为这对夫妇“做了什么不好的事，上天对他们的惩罚”，有的认为“他们的死跟大兴村的村民有关”等。重庆市防雷中心根据南岸区峡口镇政府的请求，派工程技术人员到现场进行调查、鉴定，找到了他们的死亡原因：原来他们夫妇 2 人离电灯的开关太近，由于雷电流以雷电波方式沿着电源线路侵入到达开关，击穿开关与他们夫妇 2 人之间的空气发生旁侧闪络，导致雷电对人的身体放电，当雷电旁侧放电的电流或电压超过人体的安全值，将造成人员伤亡（图 4-8）。从而平息了流言蜚语和封建迷信传言，同时给村民进行防雷科普宣传，使村民正确认识了雷电这种自然灾害，提高了村民在实际工作中对雷电灾害自我防范意识。又如，2002 年 9 月 6 日晚，重庆江津市珞璜镇溪坎村二社陶清秀家一扇玻璃窗上，因雷击突现一尊栩栩如生的少女像，奇特的是，在她头部上方有类似佛光的花纹。当地人称，这是“仙女下凡”。从此，每天前来给“仙女”供奉香火的善男信女络绎不绝，高峰时，一天竟有上百人。若不是重庆市防雷安全工作委员会办公室和重庆市防雷中心组织有关专家，现场勘察分析认为：这完全是种物理现象，雷击放电与玻璃接触，瞬间产生高温，玻璃由绝缘体变成导体，同时处于熔融状态，这种状态能使吸附在玻璃上的尘埃混进玻璃内部，待玻璃冷却后，又恢复成绝缘体，混进去的尘埃永远无法擦掉，“‘仙女’只是混进玻璃的尘埃”形成的图案，从而破除了“仙女下凡”的荒唐闹剧，使村民正确认识雷电这种自然灾害的特殊性。

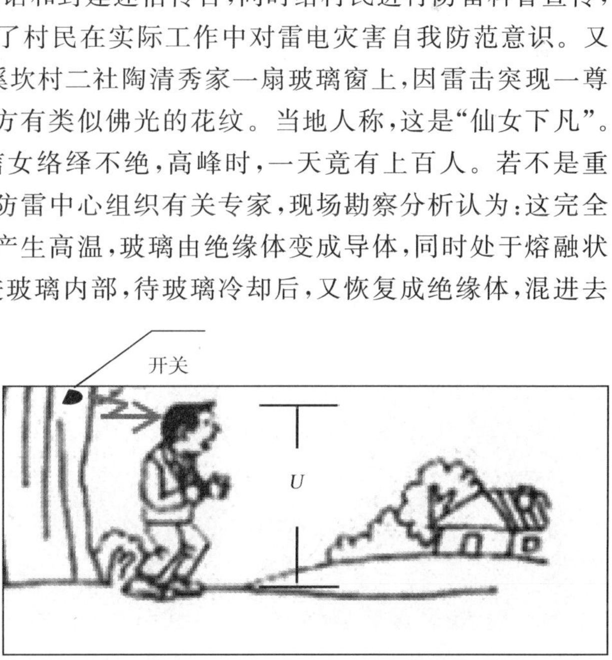

图 4-8　人被旁侧闪络雷击示意图

另外，由于气象科学技术的专业性强和气象科普宣传不到位，导致人们对气象灾害与气象安全生产事故分辨不清，气象安全生产事故风险管理意识不强，气象科学素养低，常常错误认为气象安全生产事故的发生是因为天气预报不准确造成的,而忽视防范气象危险因素引发气象安全生产事故应该采取的工程性和非工程性措施。天气预报由于科学技术水平限制,其天气预报准确率在时间程度、空间物质、气象因素强度会存在一定误差,但是这个误差不影响气象危险因素引发气象安全生产事故的风险存在,因此在防范气象危险因素引发气象安全生产事故风险的措施,应当与防范消防火灾事故风险的措施一样,不是"定时、定点、定量"地100%准确预报火灾,等火灾发生了才采取防范消防火灾事故的应急性工程和非工程措施,而是根据火灾事故发生的风险程度,提前在消防危险场所或(和)项目新、改、扩建设时,就安排资金完成消防安全设施"三同时"建设,对已经建设和投入使用的消防危险场所或(和)项目,进行消防火灾事故隐患排查整治,从源头上消灭消防安全隐患,确保消防安全。之所以消防安全能够实现风险管理,一方面消防安全生产事故比气象安全生产事故更频繁、更普遍,血的教训提高了人们消防科学素养;另外一方面消防安全生产监督管理是更加严格的军事化监督管理;其次防范消防安全生产事故的工程性和非工程性措施的法律法规和技术规范更加完善;最后是依据法律法规和技术规范要求,防范消防安全生产事故的工程性和非工程性措施的经费投入有保障。人们在气象科学素养方面的失缺,致使气象危险因素引发气象安全生产事故的工程性和非工程性措施的经费投入、法律法规和技术规范完善、监督管理等力度不足局面急需改变。

第二节　加强气象安全生产的紧迫性

近年来,随着全球气候变化的影响,尤其受厄尔尼诺现象影响,我国气候十分异常,各种极端气候事件和恶劣天气以及洪涝、地质灾害、森林火灾等各种灾害交织发生,气象安全生产面临严峻挑战,严重影响了我国经济社会建设和人民正常的生活。由于气象危险因素影响生产经营活动方方面面,为了不与前面章节重复,本节以建设工程施工领域频发的暴雨、雷电、高温、大风、大雪等灾害天气引发的气象安全生产事故为例,论述加强气象安全生产的紧迫性。

一、暴雨灾害天气引发建筑工地的典型事故

事故经过:2012年6月28日6时许,位于四川省凉山州宁南县的白鹤滩水电站施工区内发生强降雨引发泥石流,冲毁中国水利水电第四工程局有限公司承担白鹤滩水电站3号公路上游段的施工队租借矮子沟沿岸的晏子酒家职工集体宿舍,造成40人遇难、5人受伤(图4-9)。

图4-9　2012年6月28日,凉山州宁南县的白鹤滩水电站施工区内发生强降雨引发泥石流事故现场

虽然27日17时05分宁南县国土资源局就给各乡镇发出一条预警短信:“据县气象局预报,我县未来24小时有中雨天气,局部地区有暴雨、强雷暴、冰雹,地质灾害为‘可能性大的’4级。”白鹤滩镇干部(兼职气象信息员)随即转短信、打电话,向各村干部、监测员提出预警,由村通知到组,由组通知村民,并要求大家相互通告,做好避险准备。27日18时30分,白鹤滩镇镇长江浓华以镇政府名义,将此预警短信转发给了负责与白鹤滩镇政府接洽的白鹤滩工程建设筹备组胡念初,还特别加上一句:“请贵公司加强高压线路和电站建设影响区的监控。”28日清晨5点多,雨突然变大,电闪雷鸣。矮子沟沿线的和平村干部和监测员纷纷奔出家门,打电话,敲锣打鼓,呼叫大伙起床,紧急撤离。28日清晨6点刚过,伴随着山摇地动的巨大轰鸣,泥石流来了,浪头足有5层楼高,和平村2组陈必学养的十几只鸽子都没来得及展翅逃生。一辆挖掘机被卷走了,滑行速度竟然比岸上人跑得还快。所幸,有所准备的矮子沟沿岸117户557名村民,全部按照一个月前演练的路线安全撤离。然而白鹤滩工程建设筹备组胡念初接到预警短信后,认为“只是一条一般的公用气象短信,太笼统,没多大意义。他与镇政府的工作联系仅限于征地,防汛不是他的职责(作者注:虽然2012年入汛后,5月15日至16日,白鹤滩镇政府组织联合检查组,对境内地质灾害隐患点及因工程建设新增隐患点摸底排查,作为三峡集团公司白鹤滩筹备组代表参加的是胡念初。6月26日,镇里发现地质险情后,请胡念初来实地查看,他也来了。因此,白鹤滩镇的干部认为‘怎么能说他跟防汛一点关系都没有呢?’),他没有义务去转发。”因此,胡念初随意删除了该预警短信。同时三峡集团白鹤滩工程建设筹备组所属金沙江水文气象中心于27日晚至28日8次发出预警短信,其中在泥石流之前发出的有4次,最早一条是凌晨3点多,都提到了“未来有大雨”。发送范围是69个各方面工程负责人,其中就有水电四局白鹤滩施工局的3个副局长,按照规定他们理应通知包括晏子酒家那些工人在内的下属施工队。但是第一负责人、水电四局白鹤滩施工局常务副局长龙章鸿当时正在云南昆明出差,他看到短信是在早上睡醒之后,惨剧已经发生。龙章鸿说“另外两个副局长根本没有收到短信”。

事故原因:局地强降雨造成饱水土体发生崩滑,局部堵塞沟道,发生溃决形成瞬间较大洪流侵蚀斜坡及沟谷松散体,形成特大山洪泥石流灾害冲毁施工区营地是造成人员伤亡事故的直接原因。而管理混乱、防范灾害天气引发安全生产事故意识缺乏、没有对工人进行过防灾教育、没有组织过避灾演练和白鹤滩工程方灾害预警传递过程中失效是此次事故的间接原因,也是事故扩大化的根本原因。例如这里驻扎着众多施工队,很多租住在三峡公司营地外面。对于他们驻点的安全情况,业主方和承包方并不掌握。这次灾害中,住在矮子沟上游导流洞工棚内的38名白鹤滩工程人员也安全撤离,帮助他们撤离的是当地村民,而不是他们的上级领导。撤离时,他们睡意未消,只穿个裤头。村民拿出自己的衣服,披在了他们瑟瑟发抖的身上。另外就在晏子酒家被淹之时,仅六七十米外山坡上的一户农家里正睡着约20个施工队员及家属。警觉的房东夫妇用脚踹开门,把他们从床上拉起来之后,他们竟不知逃生,还好奇地爬到房顶上去看。并且这次灾难发生后第三天,三峡公司又从有灾害隐患的几个驻点清理出来193人。

二、雷电灾害天气引发建筑工地的典型事故

2009年8月4日,河北省石家庄市长安区南石家庄村正在建设的一村民自建房屋遭雷击坍塌,造成20人伤亡的事故就是一起典型的房屋设计单位、施工单位无防雷专业设计和施工

资质，业主建房未办理审批，房屋建设没有根据房屋建设所在地的地理、地质、土壤、气象、环境等条件和雷电活动规律，房屋没有设计、安装防雷装置埋下了防雷安全隐患，造成雷电自然灾害转变为建筑工地人员伤亡的安全生产事故。

事故经过：2009 年 8 月 4 日 8 时 30 分左右，河北省石家庄市西兆通镇南石家庄村所在地出现雷电灾害天气，该村一栋正在建设中的村民自建二层砖混结构楼房工地的负责人让工人停止施工，大部分工人在清理地上的东西，还有一些人拿着笤帚扫地。突然间，一声巨响，雷击中了楼房，使楼房由北向南倒塌过来，造成正在楼房内避雨的 7 名附近村民和 10 名该工地的施工人员死亡，3 名受伤（图 4-10）。

图 4-10　2009 年 8 月 4 日，石家庄“8・4”重大雷击事故现场

事故原因：经过组织防雷及建筑施工质量专家进行技术鉴定认为，雷电击中建筑物致使建筑物倒塌是此次事故的直接原因，其依据：一是前一天石家庄市一直在下雨，尤其是事发当时，石家庄 8:04—8:52 出现雷暴天气，并且监测到石家庄市东北角也就是事发区域出现过 3～4 次闪电记录；二是从现场情况看，倒塌房屋附近没有其他高大建筑物保护，房屋本身位置是该地较突出位置，倒塌房屋又是在建房屋，还没有安装相应的防雷设施；建筑物圈梁和水泥预制板有大量钢筋，房屋内比较潮湿，极易吸引雷电，又没有好的泄放通道，并且现场剩磁测试值超过正常值 5.2 倍；三是现场 3 名目击者看到雷击中房屋西北角，瞬间房屋自北向南依次倒塌，将避雨的人员埋在废墟中的客观事实。而防雷安全意识不强导致房屋未设计安装防雷装置是此次事故的间接原因，其依据是房屋无防雷装置，使雷击房屋的雷电无泄放通道造成雷电空间放电形成“雷击激波”（作者注：雷击冲击波效应）。这种“雷击激波”在空气中传播的破坏作用类似炸弹爆炸形成的冲击波的破坏作用，因此“雷击激波”破坏效应与正在建设过程的建筑物自身结构稳定的局限性共同耦合作用促进了房屋坍塌。

三、高温灾害天气引发建筑工地的典型事故

高温灾害天气导致建筑工地野外施工人员中暑造成伤亡的事故时有发生。例如，2013 年 7 月 30 日下午 14 点多，江苏省常州市御景湾房地产开发项目的施工工地上，一名架子工（陕西人，50 岁）突然晕倒，被紧急送至常州市第一人民医院救治。但是该工人送到时，意识已经不清，出现休克症状，诊断为典型的重症中暑、热射病，并出现了多器官功能衰竭，病情危重，虽全力救治，但仍然没能挽回这名建筑工人的生命。

又如，2013 年 7 月 4 日下午，福建省福州市仓山一建设工地的工人阿强（四川人，40 岁）在室外高温下干活时晕倒倒在工地上，有工友看到他歪倒在工地上，还以为他准备躺下休息一会儿，就没在意。过了一会儿，有人发现阿强有些不对劲，喊他一点反应也没有，这才赶忙叫来救护车。当福州市第二医院接到电话派救护车赶到出事工地时，这名工人躺在地上，瞳孔已经放

大，心脏停止了跳动。他的身边围满了工友。急救人员赶紧疏散人群，并给这名男子进行心肺复苏，随后又送回医院抢救，但已无力回天。病人去世之后，体温还非常高，在 38.5℃以上，属重度中暑。根据随救护车前往工地的护士说，当时那个工地上的工人都是在室外高温下干活，他们有的裸着上身，头上也没戴帽子，没有采取任何防护措施。众所周知，中暑病人，出现头晕、头疼、发烧、呕吐等症状，在医院进行处理之后，很快就可以恢复；而病人中暑晕倒时就已经昏迷了，这原本是抢救的黄金时间，心脏跳动停止 10 分钟以上，心肺复苏的几率几乎为零了。据福州市第二医院急诊科闵军主任介绍，如果阿强心跳没有停止，他就可以被抢救过来，中暑是可防可控的，如果是轻度中暑，一般很快恢复。要警惕发展到重度中暑，重度中暑前，一般都有前兆，比如非典型的头晕、发软、虚弱等，很多人有时不在意，硬扛着，就很容易出意外。

再如，2013 年 7 月 4 日，四川省自贡市上午 10 点左右，该市一建设工地上一名叫杨可明的工人在一处建筑的一层楼顶上铺设顶板时，由于天气炎热导致轻度中暑，产生晕眩，失去平衡后跌落至一楼地面。由于一楼层高达到 6 米以上，而地面上正好是一排密密麻麻、高度超过 2 米的“钢筋阵”，杨可明被其中一根钢筋穿透身体。事发后，闻讯赶来 20 余位工友，纷纷帮忙报警、求救，并用电焊切断了插入张可明身体的钢钎，随即将他送至自贡市第四人民医院进行救治。经过医生初步检查，伤者大腿至髋部被钢筋完全穿透，情况万分危急。由于钢筋过长，无法做 CT 等检查项目对身体进行全方位详细检查，医生一时也束手无策，如何处理过长的钢筋成了一道难题。院方立即向自贡市消防支队进行求助，希望消防部门能够协同配合，救治伤者。闻讯后，自贡市 119 指挥中心立即调派距离最近的钟云山路消防中队赶赴医院进行施救。消防员到场后，迅速使用专业设备对镶嵌在肉体上长达 2 米的钢筋进行固定和剪切，经过 40 分钟左右的紧张施救，钢筋两端被成功剪切(图 4-11)。伤者随即被送往 CT 检测室进行全方位检查，并根据检查情况进行手术等进一步治疗，经过 7 小时的施救，钢筋被成功取出。万幸的是钢筋是从大腿里面穿进去，然后从髋部里面穿出来，伤情虽然较严重，但没有伤及五脏六腑，不然情况不堪设想，据自贡市第四人民医院急救中心医生张帆介绍，目前，伤者的生命体征比较平稳，因此伤者无生命危险。

图 4-11　2013 年 7 月 4 日，四川省自贡市消防、医疗部门联手展开施救现场

上述案例分析表明：高温中暑造成建筑工地人员伤亡事故的直接原因是高温灾害天气。而尽管很多工地都调整了工作时间，并发放防暑降温的用品，但每年仍然有许多建筑工地频繁发生工人高温中暑造成人员伤亡事故，主要是因为施工单位和施工人员的防范意识不强、应急

抢救措施不到位。例如福州因高温中暑死亡的那位工人，就是工人们自身防暑知识有限，不知道如何急救中暑患者，高温中暑晕倒昏迷后，没有将其放置在阴凉通风处平卧，头部抬高，并用冰水、井水、酒精擦洗全身，或在头部、腋下、腹股沟等大血管处放置冰袋等急救措施，仅仅是围观，错过了抢救的黄金时间，最终导致心脏停止跳动死亡。因此施工单位和施工人员的防范高温中暑造成人员伤亡事故意识不强、应急抢救措施不到位是建设工地高温中暑造成人员伤亡事故频繁发生的间接原因。

四、大风灾害天气引发建筑工地的典型事故

大风灾害天气导致建筑工地人员伤亡和财产损失的事故时有发生，尤其是建筑工地脚手架、围墙因大风坍塌事故频繁发生。例如，2016 年 5 月 11 日 21:45，青海省西宁市城西区同仁路万兴大厦外立面整修工地约有 100 米长，十几米高，用于施工作业的吊篮车悬空一侧的脚手架因大风发生坍塌，造成 60 余台车被埋，所幸车中没有驾乘人员。事故发生后，西宁市城西区委区政府，公安，消防，建设等部门第一时间赶赴现场，通过排查未发现人员伤亡，此事故仅导致被压车辆不同程度的损坏(图 4-12)。

图 4-12　2016 年 5 月 11 日，西宁建筑工地脚手架因大风坍塌事故现场

又如，2015 年 4 月 12 日傍晚 17 点多，江苏省泰州市医药高新区泰州市自来水三厂沉井工程施工工地 12 米高的脚手架因大风发生坍塌事故，造成 6 人受伤，2 人死亡。据现场工人介绍，事发时，他正在脚手架下面做钢筋笼子，离沉井大概六七米远，14 名工友在脚手架上作业。突然刮起一阵风，架子突然就倒下来了。他吓得拔腿就跑，身后传来哗啦哗啦声，倒下来的脚手架离他只有两三米远。该工人跑出来后立即打 110 报警求援。消防队员到达现场时，事故现场还困了 4 个人，大约 10 分钟时间，有 3 个人被救出，还有一人因为身上压着的钢筋太多，消防队员无法进行切割，救援难度较大。随后，现场救援人员紧急调来一辆吊车，将压在工人身上钢筋吊了起来，消防队员再进行切割，晚 19 点多，最后一名被困人员被救出(图 4-13)。

图 4-13　2015 年 4 月 12 日，泰州市自来水三厂沉井工程工地脚手架因大风坍塌事故现场

脚手架倒塌事故发生后，现代快报尹有文记者查阅相关材料发现，根据行业标准，当有 6 级强风及以上风、浓雾、雨或雪天气时，应停止脚手架搭设与拆除工作。据了解，在脚手架倒塌前的 40 多分钟，泰州市气象局官方微博

发布消息:“根据天气雷达联网探测,在宝应到扬州一线有较强的雷阵雨回波东移,受其影响,我市有阵雨或雷雨,有雷雨时短时阵风 7 到 8 级,请做好防雨、防风、防雷电等安全工作。”记者问泰州市住建局局长陈松林,气象部门已经发出预警,为何住建局等相关部门并未及时将消息通知相关部门和单位,做好预防工作？对此问题,陈松林局长解释,“我没有收到这个信息。”记者又追问,住建部门与气象部门是否建立了互动预警机制？陈松林局长说,“互动是有的。”记者再问,“为何没有产生效果?”陈松林说,“这个话问得我很难回答你,今天我确实没有收到这方面的信息。”

再如,2015 年 5 月 17 日 16 时 58 分 50 秒,甘肃省兰州市西固区玉门街经纬一号建住宅小区工地外的马路上狂风大作,周围的树木在大风中剧烈摆动,过往的市民纷纷掩面快步走过,几名妇女和儿童快步走到该工地马路边围墙下避风。仅仅 2 秒钟后,该建筑工地马路边一堵高约 5 米、长约 30 米的围墙因大风突然倒塌,导致当时正在围墙外人行道上避风的 9 名路人被埋压,其中 1 人当场死亡,3 人重伤、一名重伤者抢救无效死亡,5 人不同程度受伤(图 4-14)。

图 4-14　2015 年 5 月 17 日,兰州市“5・17”建筑工地马路边围墙因风倒塌瞬间与事故抢险救援现场

事发后,兰州市西固区委、区政府立即启动了突发事件应急预案,区委、区政府领导及区住建、安监、公安、消防、卫计、执法及辖区街道、社区负责人及工作人员紧急赶往现场进行抢险救援。据当地初步调查,发生倒塌围墙上还有用钢结构固定着高约 2 米左右的广告牌,并且近百米长倒塌围墙的砖块以及随之倒塌的广告牌都砸向了外侧的人行通道;同时还发现在发生倒塌的围墙内侧,堆积了大量的土方,还有部分未倒塌的墙体处,隐约能看到根基似乎有倾斜现象,因此事故原因是由于围墙长时间受内侧堆积土方的重压,再加上事发时遭遇瞬时风力较大,围墙上又设置了大幅喷绘广告,最终导致大风吹着广告拉倒了围墙。

上述案例分析表明:大风造成脚手架、围墙倒塌的人员伤亡和财产损失事故的直接原因是大风灾害天气。而尽管建筑工地的脚手架和围墙是临时设施,但搭建脚手架和修建围墙都有严格的技术要求,其中就包括对重力荷载、风力荷载、结构稳定,防止倒塌等技术规定,一般不可能风一吹，就发生倒塌。但由于在脚手架搭建时，从环境卫生角度和安全生产角度在脚手架上增加了具有兜风、阻风作用的防护网；在脚手架、围墙投入使用后，从宣传和广告角度在脚手架、围墙上增加了具有兜风、阻风作用的宣传条幅、广告牌等；而不考虑这些防护网、宣传条幅、广告牌的“兜风、阻风效应”，忽视了脚手架、围墙因防护网、宣传条幅、广告牌的“兜风、阻风效应”需要进一步提高重力荷载、风力荷载、结构稳定、防止倒塌等技术要求，结合当地可能发生大风的实际情况，采取相应的工程性、非工程性措施，从而确保建筑工地安全。因此施工单位和施工人员对建筑工地脚手架、围墙因防护网、宣传条幅、广告牌的“兜风、阻风效应”导致倒塌造成人员伤亡和财产损失事故防范意识不强、没有采取相应工程性与非工程性措施是建筑工地大风造成脚手架、围墙倒塌的人员伤亡和财产损失事故频繁发生的间接原因。

五、大雪灾害天气引发建筑工地的典型事故

大雪灾害天气导致建筑工地人员伤亡和财产损失的事故时有发生，尤其是建筑工地临时工棚因大雪坍塌事故频繁发生。例如，2009 年 11 月 1 日晚 10 点左右，北京市朝阳区孙河乡沈家村黄港派出所北侧 100 米附近的一工地简易房（住有 30 多人的工人宿舍）因大雪和大风发生坍塌事故，坍塌面积约有 400 平方米，简易房坍塌时大部分工人从房中跑了出来，但仍然 10 人被埋。事发后工人先是将埋在表面的 6 人救出，随即朝阳区消防支队全勤指挥部和奥林匹克公园、搜救犬队共 7 辆消防车、8 只搜救犬迅速前往事故现场进行救援。而消防队员赶到现场时，工地简易房的整个顶层发生坍塌，无法判断具体埋压人数。该工地负责人对救援人员说，在此建筑工地工作的工人有 30 余人，但通过电话只能联系到二十来人，其他人员没联系上，无法确定是否被困在坍塌的房子里。最后据朝阳区相关部门介绍，此次事故造成 3 人死亡，4 人受伤。朝阳安监部门表示，房屋坍塌不仅是由于大雪在房顶大面积覆盖，还有当天的大风造成楼体结构的整体偏移，以及当天晚上工人回到房间睡觉等几个因素，最终导致了楼体的主要部件严重超负荷，直至垮塌。

又如，2009 年 11 月 11 日，河南省郑州市黄河公铁两用桥输送混凝土的拌和工厂存料大棚因大雪中发生坍塌，近 4000 立方米原材料受损。事故现场中铁七局集团郑州黄河公铁两用桥第二项目分部总工程师伍川告诉记者：该拌和工厂主要为黄河公铁两用大桥工程输送混凝土，面积有 7800 平方米。因工程用混凝土质量要求较高，其原材料不能经风吹雨淋，储存温度不能低于 5 摄氏度，所以原材料都堆积在轻钢结构的存料大棚内。而存料大棚的顶棚是由多个拱形组成，两个拱形的接缝处至拱顶有 1.8 米高，事故发生前大雪已经覆盖了棚顶。11 日晚 22 时许，因不堪大雪重压，棚顶铁皮出现变形，工作人员迅速将棚内的施工机械抢出。12 日凌晨 2 时，大棚开始坍塌，很快就成为一片废墟，由于人员撤离及时，没有造成伤亡（图 4-15）。

此次事故共造成大棚内暖风炉、洗石机、筛沙机等机械损坏；减水剂、膨胀剂、灌浆料、防水卷材、改性沥青材料等近 4000 立方米混凝土原材料报废，共计损失近 1000 万元。此外，工地内还有 59 间活动板房被大雪压塌，其中 28 间为工人宿舍，造成 7 人受轻伤。由于清理供料大棚预计需要 15 天的时间，随后将在原址上新建大棚，并重新送料，整个工作估计要耗时一到两个月的时间。由于无法供应混凝土，在此期间大桥只能停止施工。但受此次事故影响，黄河公铁两用桥原本预计第二年 5 月份竣工通车的计划很可能要延期。

图 4-15　2009 年 11 月 11 日，郑州市“11·11”黄河公铁两用桥存料大棚因大雪发生坍塌事故现场

再如，2013 年 2 月 19 日凌晨 2 点 20 分，江苏省南京市建邺双闸派出所接到报警，辖区某工地内，一处工人所住的工棚被大雪压塌，几名值班工人被困在内，情况十分紧急。接警后，民警立即赶赴现场，发现工棚内钢架因积雪重压已严重变形，随时会彻底坍塌，对被困工人造成生命危险。几名民警立即清除掉工棚上的积雪，随后找来工具，顶住随时可能坍塌的工棚，再设法将被困工人救出。经过 20 分钟的紧张营救，几名工人终于被成功救出，所幸没有受伤。

上述案例分析表明：大雪是造成建筑工地临时工棚坍塌致人员伤亡和财产损失事故的直接原因。施工单位和施工人员事故防范意识不强，建筑工地临时工棚屋面积雪和凝冻清除不及时，临时工棚预防加固不到位，是大雪造成建筑工地临时工棚坍塌的人员伤亡和财产损失事故频繁发生的间接原因。

综述所述，建筑工地对暴雨、雷电、高温、大风、大雪等灾害性天气高度敏感，尤其是近年来，一些建设工程特别是铁路、公路、水利建设工程重心向山区、边远地区等水文地质条件恶劣的地区转移，山区建设工程因极端天气和地质灾害导致的事故逐渐增多。为此国务院安委会办公室于 2016 年 7 月 14 日向各省、自治区、直辖市及新疆生产建设兵团安全生产委员会，国务院安委会有关成员单位，有关中央企业下发了《国务院安委会办公室关于加强汛期山区建设工程施工安全的通知》(安委办〔2016〕7 号）文件，针对主汛期灾害性天气多发，一些地方频现洪涝、滑坡、泥石流等灾害的实际情况，就切实做好汛期山区建设工程施工安全工作提出明确要求：一是严格规范施工营地选址和布局。各有关企业新开工山区项目驻地的选址要科学论证，避开地质不良和可能被洪水冲毁的区域，对易发生灾情的工程和可能出现险情的作业区域和施工驻地等，要开展危险源辨识与风险评估。施工营地要经专业设计、合理布局，与作业区分开设置，保持安全距离，临水、临崖、陡坡等处要经专项处置，做好防滑、防塌、防冲等措施，消防、临电、危险物品防护、防雷等设施要符合相关标准，并由项目总承包单位统一管理。各地区、各有关部门要立即组织有关企业自查排查山区建设工程项目营地选址和布局情况，确保符合相关标准要求。二是深入排查治理地质灾害隐患。各有关企业对施工工地及驻地周围存在洪水、滑坡、垮塌和泥石流等地质灾害威胁的，要提前采取防范应对措施，建立地质风险台账，强化日常巡查，动态监控地质灾害隐患变化。对于检查出的隐患和问题要指定专人负责督办，限期整改，确保尽快治理。遇雷雨、大风等极端天气时，要及时撤人和停止相关作业。各地区、各有关部门要督促企业强化隐患排查整治工作，对在检查中发现的重大隐患和违法违规行为，要依法严格处罚。三是强化值班值守及监测预警工作。各地区、各有关部门要加强汛期值班值守，严格执行领导干部到岗带班和关键岗位 24 小时值班制度，发现险情及时、准确上报和处置。要进一步加强与安全监管、气象、水利、国土资源等部门沟通联系，健全完善部门间应急协调联动机制，强化预测、预报、预警，确保灾害信息有效覆盖、畅通快捷。各有关企业获取预报信息后，要迅速传递转达，一旦发生险情要立即报警，及时将所有人员疏散转移到安全地带，切实保证在建工程和施工人员生命安全。四是切实提升应急救援能力。各地区、各有关部门和各有关企业要进一步完善应急预案，结合山区建设工程项目特点，组织开展有针对性的应急演练，有效衔接地方政府应急资源和企业应急预案，做好装备、物资、队伍等各项应急准备工作，确保一旦发生险情能够及时、科学、有效处置。要加强对一线施工人员的防灾减灾安全应急知识的宣传教育与培训工作，提高安全防范意识和应急自救能力，群防群治，确保汛期山区建设工程施工安全。

不论从建设工程施工领域频繁发生的暴雨、雷电、高温、大风、大雪等灾害天气引发的气象安全生产事故分析，还是从国务院安委会办公室向全国下发关于加强汛期山区建设工程施工安全的通知要求，都反映出我国气象安全生产形势严峻，这主要是因为大气运动形成灾害天气和气象要素是动态地影响人类活动，而人们却静态地、孤立地考虑气象因素对安全生产“人、机、环、管”四要素的影响，忽视了动态性、系统性。

第三节　加强气象安全生产的可行性

一、气象安全生产工作已导向定航

中国气象事业在创建之初确立了气象为人民服务的宗旨后，始终是气象工作的出发点和归宿。中国气象事业发展战略研究确立了“公共气象、安全气象、资源气象”的事业发展理念，明确了“安全气象”是中国气象事业发展战略的有机组成部分，而防止或减少大气运动形成的灾害性天气、危险气象要素等气象危险因素引发气象安全事故，必须采取工程性措施和非工程性措施开展气象安全工作是“安全气象”的核心内容，是贯彻落实中共中央总书记、国家主席、中央军委主席习近平在中共中央政治局常委会会议上关于“加强安全生产和汛期安全防范工作重要指示”和中共中央政治局常委、国务院总理李克强关于“要特别重视做好极端天气和重大灾害预警预报、检查督查和应急处置工作，强化各项安全防范措施，坚决遏制重特大事故发生，切实把保障人民群众生命安全的承诺落到实处”的具体实践。要高度警惕汛期灾害性天气带来的威胁，突出矿山、尾矿库、危化品、建筑施工、交通运输、旅游等重点行业领域和易受灾害影响的重点部位，对汛期安全防范工作进行再检查再落实，确保灾害监测预警及时、风险隐患治理管控到位、应急处置和保障有力。要增强工作预见性和实效性，继续紧紧抓住遏制重特大事故这个重点不放松，积极推进安全生产领域改革创新、依法治安、专项治理等重点工作，全力维护安全生产形势的总体稳定，为经济发展和社会和谐稳定创造良好的安全生产环境。

习近平 2016 年 7 月 20 日在东西部扶贫协作座谈会上，专门就做好当前防汛抗洪抢险救灾工作发表重要讲话，强调当前防汛抗洪抢险救灾形势非常严峻、任务非常繁重，各有关地区、部门和单位要把确保人民群众生命安全放在首位，进一步行动起来，强化措施，落实责任，全力做好防汛抗洪抢险救灾工作。

习近平指出，受超强厄尔尼诺现象影响，今年我国气候十分异常，我国入汛提前。入汛以来，南方发生20多次强降雨过程，太湖发生流域性特大洪水，长江中下游干流全线超警，部分地区洪涝灾害严重。党中央高度重视防汛抗洪抢险救灾工作，强调要立足防大汛、抗大洪、抢大险，做好抗击特大洪水准备，防止麻痹思想和侥幸心理，力争最大程度减少损失。

一段时间以来，各级党委和政府高度重视、全力应对，各有关部门和单位密切配合、通力合作，广大干部群众众志成城、顽强拼搏，人民解放军和武警部队冲锋在前、敢打硬仗，防汛抗洪抢险救灾工作取得了重要阶段性成果。

近期，受冷暖空气共同影响，我国雨区出现“北抬东移”，一些地方将有暴雨、局部有大暴雨。习近平就做好防汛抗洪抢险救灾工作提出6点要求。

第一，切实落实防汛抗洪责任制。责任重于泰山。各级党委和政府要敢于担当，加强领导，狠抓落实。各有关地区、部门和单位要树立全国一盘棋思想，强化责任，形成合力，统筹好上下游、左右岸、干支流防汛，加强薄弱环节防范。要统筹做好抢险队伍、群众转移安置、物料等组织落实工作。对工作失职造成重大人员伤亡和财产损失的要依法追责。

第二，科学精准预测预报。要密切监视天气变化，加强雨情水情监测预报预警，加强汛情、灾情分析研判，强化应急值守和会商分析，提前发布预警信息，及时启动应急响应，把握防汛抗洪主动权。要落实好群测群防机制和措施。要精准开展洪水调度，最大限度发挥水利工程防灾减灾效益。

第三，突出防御重点。要确保大江大河重要堤防、大中型水库、重要基础设施的防洪安全，努力减轻中小河流、山洪灾害、城市内涝和台风灾害损失。要针对江河圩堤洪水浸泡时间长、险情增加的情况，落实防汛巡查制度，加大查险排险力度。要加强薄弱地段、险工险段的重点防守，坚决避免大江大河发生溃口性重大险情。要全力做好南水北调、西气东输、重要铁路等重大设施防汛抢险相关工作。

第四，全力保障人员安全。要及时组织危险区域人员转移，抓紧转移可能运用的蓄滞洪区、低洼危险地区、可能淹没区内人员，做好人员避险安置工作，特别是要落实好孤寡老人、留守儿童转移避险措施。山洪、泥石流灾害已成为严重威胁群众生命财产安全的灾害形态，要加强应急值守，采取巡查、巡测等多种手段，落实基层岗位责任，严密防范山洪、滑坡、泥石流等次生灾害。要强化对工矿企业、旅游景区、农家乐等人员聚集区的防汛安全管理，提前转移受威胁群众。要真诚关心和妥善安置受灾群众，保障他们的基本生活。

第五，强化军民联防联动机制。要组织受灾地区广大干部群众积极参加防汛抗洪抢险救灾，筑牢防灾救灾的铜墙铁壁。要充分发挥人民解放军和武警部队在防汛抗洪抢险救灾中的突击队作用。人民解放军和武警部队要加强同地方的协调配合，有关地方和部门要为人民解放军和武警部队参加抗洪抢险救灾提供保障。

第六，抓紧谋划灾后水利建设。要认真总结近年来防汛抗洪抢险救灾中暴露出的突出薄弱环节，加快城市地下管廊和小型水利工程建设，提升防汛抗洪和减灾救灾能力。要尽快恢复水毁工程，做好恢复生产和恢复重建的规划安排和工作准备。

习近平强调，各级领导干部特别是主要领导干部要靠前指挥，各有关地方、部门和单位要各司其职，从防汛责任落实、监测预报预警、避险撤离转移、防洪工作调度、山洪灾害防御、城市防洪排涝、险情巡查抢护、部门协调配合等方面强化防汛抗洪工作。各级党组织要充分发挥坚强领导作用，各级干部要充分发挥模范带头作用，广大共产党员要充分发挥先锋模范作用，在同重大自然灾害的斗争中经受住考验。

习近平指出，要加强对防汛抗洪抢险救灾的宣传报道，向全社会广泛宣传第一线涌现出来的英雄模范和先进典型，对表现突出的集体和个人要予以表彰和嘉奖，弘扬正能量，激励广大干部群众把各项工作做好，确保经济社会发展良好势头，确保社会大局稳定。

另外，2016 年 7 月 28 日，习近平总书记到河北唐山市，就实施“十三五”规划、促进经济社会发展、加强防灾减灾救灾能力建设进行调研考察，调研考察期间主持召开座谈会，听取了河北省和唐山市工作汇报，在会上习近平指出，我国是世界上自然灾害最为严重的国家之一，灾害种类多，分布地域广，发生频率高，造成损失重，这是一个基本国情。新中国成立以来特别是改革开放以来，我们不断探索，确立了以防为主、防抗救相结合的工作方针，国家综合防灾减灾救灾能力得到全面提升。要总结经验，进一步增强忧患意识、责任意识，坚持以防为主、防抗救相结合，坚持常态减灾和非常态救灾相统一，努力实现从注重灾后救助向注重灾前预防转变，从应对单一灾种向综合减灾转变，从减少灾害损失向减轻灾害风险转变，全面提升全社会抵御自然灾害的综合防范能力。

习近平强调，防灾减灾救灾事关人民生命财产安全，事关社会和谐稳定，是衡量执政党领导力、检验政府执行力、评判国家动员力、体现民族凝聚力的一个重要方面。当前和今后一个时期，要着力从加强组织领导、健全体制、完善法律法规、推进重大防灾减灾工程建设、加强灾害监测预警和风险防范能力建设、提高城市建筑和基础设施抗灾能力，提高农村住房设防水平和抗灾能力、加大灾害管理培训力度、建立防灾减灾救灾宣传教育长效机制、引导社会力量有序参与等方面进行努力。

习近平强调，当前已进入“七下八上”防汛最关键时期，防汛抗洪抢险救灾形势依然严峻。要把防汛抗洪救灾工作作为重大任务，把确保人民群众生命安全放在首位，绷紧防大汛、抗大洪、抢大险、救大灾这根弦，进一步强化措施、落实责任。要加强雨情水情监测预报预警，及时发布预警信息，及时启动应急响应，坚持军民联防联动，全力保障人员安全，保证大中型水库运行安全。要加强灾区群众工作，妥善安置受灾群众，保障他们的基本生活，做好灾区卫生防疫。要做好失踪失联人员搜救，加强受伤人员救治，妥善处置死亡人员善后事宜。要做好恢复重建规划安排和工作准备，组织群众开展生产自救，针对薄弱环节健全增强防汛抗洪能力的具体措施。

他谆谆告诫、殷殷嘱托。防灾减灾救灾工作中，当前存在两种倾向：一种倾向是违背自然规律，人类不能违背自然规律，不合规律的“抗”只会适得其反；另一种倾向是不负责任、没有担当、麻痹大意，不作为造成重大损失。

习近平总书记尤其强调，要树立人的生命是最可宝贵的观念。他讲起东南沿海地区防范台风洪涝的经验，“宁可十防九空”，也要增强生命的保险系数。

同自然灾害抗争，人类生存发展的永恒课题，它凝聚起万众一心的力量，彰显一个政党、一个国家对生命的尊重。

因此，习近平总书记对防灾减灾救灾工作的系列讲话精神和党中央国务院对防灾减灾救灾工作提出新要求，不仅给气象防灾减灾救灾工作指明了方向、赋予新的意义，同时也给防范气象危险因素引发气象安全生产事故，加强气象安全生产工作导了向、定了航。为此中国气象局于 2016 年 7 月 24 日，召开进一步学习习近平总书记关于“防汛抗洪抢险救灾工作”系列讲话精神和汪洋副总理在 7 月 23 日国家防总第三次全体会议上的重要讲话精神的专题视频会议，并就做好下一阶段气象预报服务工作进一步强调了5点要求：

一是要强化责任落实，坚决克服麻痹松懈思想和厌战畏难情绪。各级气象部门要将提供精细准确的气象预报和及时有效的气象服务作为当前最重要的工作，单位一把手要切实担负起主要责任，认真查找本地区、本部门汛期气象服务工作距离汪洋副总理提出的“监测到位、预报准确、预警及时”的要求还存在哪些薄弱环节，建立台账，立即整改。目前，强降雨过程开始减弱，很容易产生松懈思想，加之前期气象防灾减灾连续作战时间长，容易产生疲劳和厌战情绪。各级气象部门务必要保持高度警惕，切不可麻痹。要认真贯彻落实责任制，严格执行领导带班制度和关键天气过程在岗值守要求，强化业务值班和应急值守。针对出现的气象灾害和突发事件，及时启动应急响应。要严格执行重大事项和突发事件的信息报送制度，严格执行重大气象灾害调查评估和灾情收集上报规定。

二是着力提高监测预报预测准确率，延长预见期。要优化调整天气预报业务流程，强化精细化滚动预报，强化省级对市县级气象台站的业务指导和产品支撑。基层台站要彻底改变原有每天三次定时制作预报的业务流程，根据天气变化和气象服务需求，加密进行灾害性天气精细化预报，并及时更新预测预报。加强各类天气实况资料综合分析应用，强化灾害性天气监测预警，加强短时强降水、雷暴大风、冰雹等强对流天气和台风风雨、大雾等灾害性天气短时临近精细预警预报业务。要着力完善天气会商流程，聚焦会商重点，重点分析预报结论的差异性，增强综合分析研判能力，真正使大家有兴趣听会商，能够从会商中得到启发，进而改进我们的预报。要加强总结与技术研发，通过多模式滚动检验，切实提高预报员对数值预报的驾驭能力，真正使预报员成为数值预报的主人，不断提高关键性、灾害性、转折性天气的延伸期和中期预报准确率。要加强气象预报业务标准体系建设，建立涵盖从资料、流程、方法、产品、系统平台、业务准入到检验评估全过程的气象预报业务标准化规范化体系。

三是要着力改进气象服务质量，提升服务及时性和有效性。进一步了解各级党委政府和部门的决策服务需求，把握好服务节奏与频次，针对流域防汛的气象服务要注意区分上、中、下游不同区域的监测预报服务，城市气象服务要细化暴雨落区、降水强度、起始与结束时段的预报，努力提高决策气象服务针对性、有效性。建立和完善重大专项活动气象保障滚动跟踪服务的流程和规定，加强与当地气象部门联动和会商，提高保障领导同志活动的气象预报准确率和服务的有效性。要建立重大灾害性天气过程事前预报预警、事中滚动服务、事后调查评估的全流程工作机制，及时对灾害性天气过程进行评估，特别是对气象要素创历史极值和发生极端气象灾害的情况，要及时报告当地政府，并适时告知公众。要加快推进面向决策用户的智能化、移动式决策服务信息化建设，注重气象实况信息的即时推送与服务。要修订公众服务数据使用流程和制度，明确中期天气预报产品的种类和形式，做到发布上内部和外部的针对性、服务策略上面向决策和面向公众的差异性。

四是要发挥制度优势和体制优势，强化“政府主导、部门联动、社会参与”的气象灾害防御机制落实落地。各级气象部门要在当地党委政府领导下，加强与水利、国土、交通、城管等部门的会商分析和应急联动，切实发挥气象预警信息消息树和发令枪作用。要充分发挥我国防灾减灾的组织体系优势，加强基层气象协理员、信息员的培训和技术指导，推进气象信息员与其他涉灾部门的基层信息员的功能融合，多员合一，形成基层防灾减灾合力和基层气象灾害防御一线的中坚力量。要切实做好监测预报服务的上下联动、左右联防，着力扩大预警信息覆盖面和预警及时性。各级气象部门要充分发挥突发事件预警信息发布系统作用，下大力气解决预警信息从基层组织到群众手中“最后一千米”的问题。加大推进预警信息进农村、进学校、进社区、进机关、进工地，重点做好包括中央企业在内的野外工矿企业、旅游景区等人员聚集区，山洪地质灾害隐患点、中小河流汇水区等敏感区，以及面向孤寡老人、留守儿童等弱势群体的预警信息发布工作。各地要按照5月9日全国突发事件预警信息发布工作推进会议要求，抓住机遇，积极争取地方支持、立项和投资建设。各地在推进防雷减灾体制改革中，要切实加强雷电灾害的监测预报预警和防雷减灾安全检查监管工作，重点做好中小学校、危化品企业、油库、气库等重点防范区域的雷电灾害隐患排查和预警服务。

五是要着力强化气象宣传科普，正确引导舆论。各级气象部门要认真做好气象防灾减灾的宣传科普和重大灾害性天气过程解疑释惑工作，主动发声，及时回应社会关切。强化舆情动态监测分析，及时拆除负面舆情的“易爆点”，营造有利于防灾减灾的舆论环境。要加强宣传普及灾害风险知识、避灾自救技能，着力提升全民灾害防范应对能力。要广泛宣传在重大气象服务中涌现的先进典型，弘扬正能量，鼓舞精气神，深入挖掘一线气象工作者的先进事迹，聚焦一线气象工作者敬业奉献的精神，激励广大气象干部职工干事创业的热情。

总之在中国气象局和各级人民政府的正确领导下，各级气象部门必将加快气象防灾减灾服务能力建设，提升防范气象危险因素引发安全生产事故的服务水平，并通过安全气象服务强化气象安全生产社会管理，从而进一步促进气象防灾减灾服务和安全气象服务健康发展。

二、气象现代化为气象安全生产工作提供了坚实的物质基础

中国天基、空基、地基综合观测系统建设初具规模。建设完成了区域自动气象站53654个和近200套移动观测系统，覆盖全国96%以上乡镇，建成2075个自动土壤水分观测站、950个GNSS/MET站、242个气溶胶质量浓度站，2418个国家气象站全部实现观测自动化。建成了10个海洋气象浮标站、69部边界层风廓线雷达、648个卫星广播小站。地面、高空及农业气象、交通、空间天气等气象观测能力显著提高。基本完成了省、地、县气象灾害影响评估系统，全国灾害天气监视和预报平台，省级的预警指挥中心和移动指挥中心，灾害预警电话发布系统等建设任务，气象预报预测服务和预警发布能力得到明显提升。

中国成功发射了6颗极轨气象卫星和5颗静止气象卫星，成为世界上第二个同时拥有双轨气象卫星的国家；正在建设中的具有世界先进水平的新一代多普勒天气雷达网和沙尘暴监测网、自动气象台站网、L波段探空雷达、全球定位系统(GPS)探空站、飞机探测、风廓线仪、三维闪电定位仪等的建成和应用，大大提高了气象综合探测的现代化水平。中国已初步形成了天基、空基和地基结合、门类比较齐全、布局基本合理的综合观测系统。

气象信息网络建设成绩斐然，气象资料共享率先实现。建成了连通全国2300多个县、具有较高水平的卫星通信和地面公共通信的气象信息网络系统；初步建成了与国防、军事、海洋、航空航天等部门联通的高速通信网。国家气象信息中心已成为世界气象组织全球气象电信系统区域通信枢纽之一，形成了运行速率达1700万亿次的高性能计算机系统及海量存储系统、高速局域网组成的高性能计算机网络，国家级高性能计算机总运算能力达48万亿次/秒。中国气象局在科技部的支持下，率先开展了气象资料共享试点，气象领域的科学数据共享处于国家科学数据共享工程建设的前列。

数值天气预报模式体系初步建成。已初步建成适合中国天气气候特点的、由全球中期数值天气预报模式、中期集合预报模式、有限区域数值天气预报模式和台风、沙尘暴、核污染扩

散、大气污染数值预报模式等组成的天气数值预报模式体系。各类数值天气预报业务稳步开展，并在业务服务中取得良好效果。另外，中国自主研发的全球/区域多尺度通用同化与数值预报系统(GRAPES)实现准业务运行，全球中期数值天气预报分辨率提高到30千米，台风路径预报达到世界先进水平。国家气象中心成为世界气象组织的区域专业气象中心之一。

动力气候模式正逐步成为模拟和预测气候变化的有力工具。中国科学院等有关研究单位先后研发了大气环流模式、海洋环流模式、陆面模式、海冰模式及海—陆—气耦合模式，较好地模拟了东亚季风雨带的推移、大气环流的季节突变和海—陆—气相互作用对中国气候的影响。国家气候中心与有关科研院所和高校共同研发了中国的短期气候预测动力模式系统并投入准业务运行，形成了具有中国特色的短期气候预测业务体系。国家气候中心已成为世界气象组织的14个能够发布年、季短期气候预测的机构之一。

这些气象现代化为加强气象安全生产工作提供了坚实的物质基础。

三、气象科技成果为气象安全生产工作提供了可靠的科技支撑

新中国成立初期，中国科学家在东亚大气环流和季风气候研究方面取得重要进展，在此基础上建立了适合中国天气气候特点的天气预报业务。改革开放后，中国科学家在大气科学以及地球科学和全球变化的很多领域展开了科学研究工作，如台风暴雨灾害性天气监测、预测业务系统研究，中期数值天气预报及灾害性天气预报研究，短期气候预测系统的建立，中国重大天气气候灾害的形成、预测理论和预测方法研究、中国生存环境演变和北方干旱化趋势研究、青藏高原生态与环境演变研究、中国西部生态环境演变和适应对策研究、生态系统千年评估等项目，也组织和开展一批在国际上有重要影响的大型科学试验，如青藏高原和极地科学考察、黑河地区和内蒙古草原青藏陆-气相互作用试验，以及被称之为“四大科学试验”的“高原野外试验”“南海季风试验”“华南暴雨试验”和“淮河流域能量与水分循环试验”。同时，气象部门重点实验室发展到12个，建立了5个中尺度暴雨观测与应用试验基地、1个雷电外场试验站、1个青藏高原观测网、2个大气综合观测站、7个大气成分观测试验基地形成的全球及区域本底观测站网，4个农气与生态观测站、3个极地观测基地、2个森林生态观测站、1个台风观测基地、1个荒漠过渡带生态气象监测基地、1个海洋观测基地、2个干旱气象环境试验基地、1个沙漠大气环境试验基地。

随着气象科技投入的增加，气象科学研究和技术开发取得明显进步，自主创新能力进一步增强。“风云二号C业务静止气象卫星及地面应用系统”获得国家科技进步一等奖，“我国梅雨锋暴雨遥感监测技术与数值预报模式系统”“我国新一代多尺度气象数值预报系统”“人工增雨技术研发及集成应用”“奥运气象保障技术研究及应用”等获得国家科技进步二等奖，其科研成果在现代气象业务发展中发挥了重要作用。气象预报预测准确率和精细化程度大幅提升，中国自主研发的区域和全球数值天气预报模式系统(GRAPES)分别投入业务运行和试运行，可用时效达6.5天，热带气旋24小时、48小时路径预报达到世界先进水平；气象卫星探测进入世界先进行列，一些关键技术已达到国际领先水平；在东太平洋台风研究、青藏高原气象科学试验研究、梅雨锋暴雨系统结构及其形成机理研究、南海季风试验研究等领域已在国际大气科学领域占据重要位置；首次利用机载下投式探空仪对台风进行了观测，台风、暴雨综合观测和人工影响天气等外场科学试验取得大量成果；奥运场馆精细化气象要素预报、城市气象灾害短时临近预报预警、气象灾害风险评估，世博会长、中、短期一体化的高分辨数值预报系统等系

列成果相继转化为业务服务能力，为北京奥运、上海世博气象保障提供了坚实的科技支撑；在全球变化与区域响应、东亚季风动力学及其预测、短期气候预测、新一代天气预报人机交互处理系统（MICAPS）、人工影响天气关键技术等方面取得丰硕成果。

这些科研能力和科技成果必将有力推动了中国气象事业的发展，为加强气象安全生产工作提供了可靠的科技支撑。

四、人才强业战略为气象安全生产工作提供了重要的智力保障

气象人才队伍迅速成长壮大。随着气象科学和气象业务服务领域的不断拓展，气象科学多学科交叉融合的特点日益彰显，天气、气候、气候变化等众多领域都已成为当代气象工作涉及的重要内容，中国成为世界上气象业务、科技和教育队伍人数最多的国家。近几年来，中国大气科学领域人才队伍的学历层次明显提高，本科毕业生平均每年增加 600 余人；硕士研究生平均每年增加 150 余人；博士研究生平均每年增加近 100 人，博士、硕士毕业人数呈明显上升的趋势。统计分析还表明，气象部门人才队伍的整体素质也明显提高，截至 2010 年底，气象部门国家编制人员 53599 人，地方编制人员 1668 人。国家编制人员中，具有研究生学历人员 3830 人（博士 755 人，硕士 3720 人），占 7.1%；具有高级技术职称人员 7009 人（正研级 532 人，副研级 6477 人），占 13.1%。

中国还吸引和培养了一大批海外气象学子归国工作。近年来，海内外气象科技人才交流日趋频繁，仅在大气科学领域，教育部“长江学者”计划、中国科学院“百人计划”等都吸引了一批海外学子归国，国家自然科学基金委也资助海外优秀华人科学家与国内科学家进行实质性合作。大批海外华人科学家以不同方式踊跃为国效力。

在国际组织和国际计划中担任重要领导职务的中国气象工作者越来越多，如世界气象组织主席、IPCC 第一工作组联合主席、世界气象组织副秘书长、全球能量和水循环试验（GEWEX）计划副主席、大气科学协会（IAMAS）科学指导委员会副主席等职务先后由中国学者担任，中国气象工作者在国际气象领域地位日渐突显。

这些气象科技人才为加强气象安全生产工作提供了重要的智力保障。

五、多元投入为气象安全生产工作提供了强有力的财力保障

随着经济的发展，国家、地方对气象事业经费投入不断增加，提高了气象服务综合能力，适应国家和社会的需要，也为加强气象安全生产工作提供强有力的财力保障。例如，“十二五”期间，国家、地方对气象事业经费的累计投入达 838 亿元，较“十一五”增长了 90%多。其中国家财政共投入 589 亿元，年均增长达 12.8%。主要用于新一代天气雷达、气象卫星、气象监测与灾害预警等重点工程和小型业务及基础设施建设和气象部门业务运行维持，同时地方也投入 249 亿元，主要用于灾害监测预警、人工影响天气、基层台站建设等方面。全国有关行业、部门、企业因气象科技服务产生经济效益而投入经费支持气象事业发展的额度也逐年增长。

这些国家、地方、社会的多元经费投入为加强气象安全生产工作提供了强有力的财力保障。

六、气象法规体系为加强气象安全生产工作创造了良好的政策环境

气象法规体系初步形成。例如:《中华人民共和国气象法》经全国人大常委会审议通过,于2000年1月1日起正式生效。全国人大通过的《农业法(修订)》等有关法律,也有多处涉及气象的条款。国务院还制定了一系列气象行政法规,2002年,《人工影响天气管理条例》经国务院批准后开始实施;在《通用航空飞行管制条例》等有关行政法规中,有27个条文涉及气象方面的职责、权利和义务;2010年,《气象灾害防御条例》经国务院批准后也开始实施;2012年,《气象设施和气象探测环境保护条例》经国务院批准后也于12月1日开始施行。此外,国务院还下发了气象方面的规范性文件19个。中国气象局也先后发布实施了23部部门规章、近300部规范性文件和一系列技术规范、标准、规程。同时,各省(区、市)人大和政府出台相关的地方性法规和规章155部。

这些法律、法规和规范性文件使气象事业逐步走向依法建设和依法发展的轨道,为加强气象安全生产工作创造了良好的政策环境。

第五章　气象安全生产事故的风险形成机理研究

第一节　气象安全生产事故的致因理论

由于大气运动导致灾害性天气、危险气象要素等气象危险因素变化无常，使人们普遍认为气象危险因素引发气象安全生产事故完全是某些偶然的因素导致，属于天灾范畴，是不可预防和不可控制。但是随着科学技术的不断发展，尤其是气象科学技术和安全生产科学技术的发展和交叉融合，人们对气象危险因素引发气象安全生产事故也有了更深层次的认识。虽然任何气象危险因素引发气象安全生产事故的发生都存在一定偶然性，但偶然之中有必然，不断提高气象危险因素引发气象安全生产事故发生的基本规律的认识，消除其必然原因，控制并减少那些偶然的原因，尽可能使气象危险因素引发气象安全生产事故发生的可能性降到最小，也就成了预防和避免气象安全生产事故的关键。而气象危险因素引发气象安全生产事故属于安全生产事故范畴，是其有机组成部分，当然同样适用于不少学者从大量的典型安全生产事故本质原因的分析中所提炼出来的事故机理和事故模型。这些机理和模型反映了安全生产事故发生的一般规律性，能够为安全生产事故原因的定性、定量分析，为安全生产事故的预防，为改进安全生产管理工作，从理论上提供科学的、完整的依据。随着科学技术的发展，安全生产事故发生的本质规律在不断变化，人们对安全生产事故原因的认识也在不断深入，先后出现了“多重事件连锁模型”“流行病学理论”“屡次失误模型”“寿命单元改变理论”“不安全行为理论”“能量交换模型”“人机理论”“决策模型”“同时发生理论”“生物节律理论”“动机理论”“人的因素模型”“瑟利事故模型”“动态变化理论”“危险源理论”“事故三角形法则”“事故3E法则”等十几种事故致因理论模型。但在我国比较有影响的，相对比较成熟的和应用得比较好的安全生产事故致因理论主要有“事故因果连锁理论”“能量意外释放理论”“瑟利事故模型”“动态变化理论”“危险源理论”“事故三角形法则”“事故3E法则”。因此下面重点简要叙述这7种理论。

一、事故因果连锁理论

20世纪的二三十年代，美国的海因里希把当时美国工业安全实际经验总结、概括，上升为理论，提出了“工业安全公理”，阐述了工业事故发生的因果连锁论，事故致因中人与物的问题，事故发生频率与伤害严重度之间的关系，不安全行为的产生原因，安全管理工作与企业其他管理工作之间的关系，安全工作的基本责任，以及安全与生产之间的关系等工业安全中最重要、最基本的问题。

海因里希最早提出了事故因果连锁的概念，以事故因果连锁模型来表述对事故发生机理的认识。他认为，事故的发生不是一个孤立的事件，而是一系列互为因果相互作用产生的结果。

事故因果连锁共包括事故的基本原因、事故的间接原因、事故的直接原因、事故、事故后果五个互为因果的事件。人们用多米诺骨牌来形象地描述这种事故因果连锁，得到图5-1那样的骨牌系列。在多米诺骨牌系列中一颗骨牌被碰倒，则将发生连锁反应，其余的骨牌将相继被碰倒。如果移去连锁中的一颗骨牌，则连锁被破坏，事故过程将被中止。

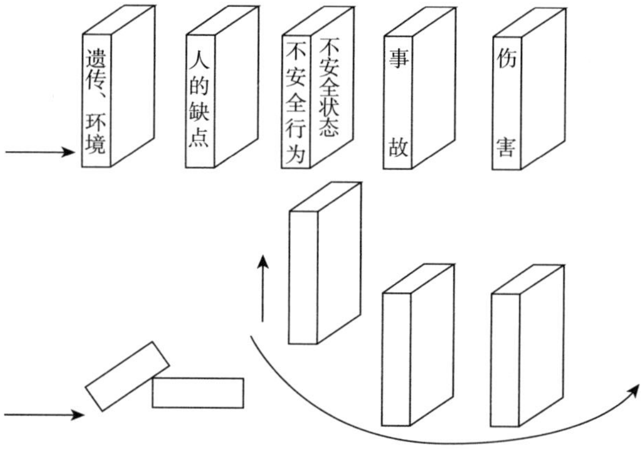

图5-1　事故因果连锁

海因里希最初提出的事故因果连锁的五个事件如下：

（一）遗传及社会环境。遗传因素及社会环境是造成人的性格上缺点的原因，遗传因素可能导致鲁莽、固执等不良性格，社会环境可能妨碍教育、助长性格上弱点的发展。

（二）人的缺点。它包括鲁莽、固执、过激、神经质、轻率等性格上的先天的缺点，以及缺乏安全知识和技能等后天的缺点。这些缺点是使人产生不安全行为或造成机械、物质的不安全状态的原因。

（三）人的不安全行为或物的不安全状态。所谓人的不安全行为或物的不安全状态是指那些曾经引起过事故，或可能引起事故的人的行为，或机械、物质的不安全状态，它们是造成事故的直接原因。

（四）事故。由于物体、物质、人的作用或反作用，使人员受到伤害或可能受到伤害的，出乎意料的，失去控制的事件。

（五）伤害。直接由于事故产生的人身伤害。

海因里希从物理学的作用与反作用的角度解释事故，指出事故是一种失去控制的事件。他首先提出了人的不安全行为和物的不安全状态的概念，提出了企业安全工作的中心是防止人的不安全行为，消除机械的或物质的不安全状态，中断事故连锁而防止事故发生的著名观点。

海因里希一方面强调了人的不安全行为在事故发生中的重要作用，同时也指出了机械的或物质的不安全状态也是事故发生的直接原因。但是，他把人的不安全行为和物的不安全状态的产生原因完全归因于人的缺点，进而追究人的遗传因素和社会环境方面的问题，表现出了认识的局限性。

把事故因果连锁模型由人身伤害事故扩展到以财物损失为主或伴随着有财物损失的事故，得到表 5-1 的事故因果连锁。

表 5-1　以人和物为对象的事故因果连锁

对象	基本原因	间接原因	直接原因	事故	事故后果
人	遗传、教育、社会环境	个人缺点	人的不安全行为	坠落、物体打击、触电等	轻伤、重伤、死亡
物	计划、设计、制造、检查、安装、使用条件、规格标准等方面缺陷	机械设备装置等固有缺陷、弱点	物的不安全状态：松弛、脱落、烧熔、发火、振动、异常反应、故障等引发事件	火灾、爆炸、破坏、泄漏	装置设备破坏、物质损失、环境污染、人员伤亡

在海因里希事故因果连锁的基础上，博德提出了反映现代安全观点的事故因果连锁如图 5-2 所示。

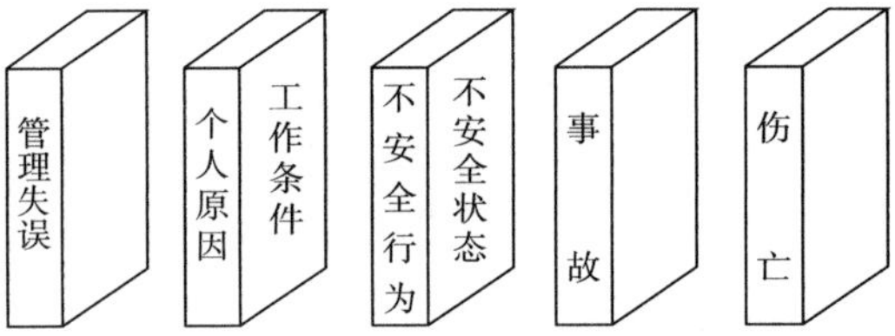

图 5-2　博德事故因果连锁模型

博德事故因果连锁中最具特色的是把事故的根本原因归结于管理失误。管理失误主要表现为对导致事故的各种原因因素控制不足，也可以说是对危险源控制不足。因此，博德的事故因果链理论又称为管理失误论，其事故因果连锁的五个事件如下：

（一）管理缺陷——控制不足

由于海因里希的研究成果已表明"只有大约 10％的事故是由于物的不安全状态造成"，并且受到经济和物质条件的限制，企业不可能无限制地增加经费来改善设备和技术环境安全，而企业最经济又有效的事故控制方法是加强安全管理，通过"软"的非工程性措施与工程性措施的耦合效应，最大限度地避免事故的发生。因此，博德认为造成事故的最初始原因在于企业在安全管理方面的控制不足。企业安全管理系统是企业安全保障的重要环节，其鲁棒性（Robustness）和有效性对企业员工的生命安全取决定性作用。但是任何企业安全管理系统都是一个不断演化完善的动态系统，在其演化过程中由于发展的不均衡性，导致系统存在某种失误，正是这些失误的存在，成为事故发生的最初始原因。

（二）基本原因——个人或工作条件原因

个人原因或工作条件原因是导致事故发生的最基本原因（表 5-2），博德认为由于企业安全管理系统存在管理缺陷——控制不足，导致员工个人缺陷和工作条件不良方面的原因被放大，从而引发事故。但是如果可以有效地控制员工个人的不足和工作场所中存在的种种问题，即使企业在安全管理方面出现问题，也仍然可以避免事故的发生。

表 5-2　个人原因或工作条件原因

类别	序号	内容
员工个人问题	1	缺乏安全知识
	2	安全技能不足
	3	员工生理问题
	4	员工安全心理问题
	5	安全行为动机不正确
	6	其他问题
工作条件问题	1	企业安全规程不健全
	2	工作场所安全指标不达标(湿度、温度、噪声、照明、粉尘、地面情况等)
	3	工作场所安全管理混乱
	4	其他问题

(三)直接原因——人的不安全行为或物的不安全状态

造成事故最重要、最直接的原因在于物的不安全状态和人的不安全行为,但是物的不安全状态和人的不安全行为是管理缺陷和基本原因的具体表现形式。因此博德认为,虽然绝大多数的事故都是由于物的不安全状态或人的不安全行为所引起的,但是企业的安全管理人员不应该仅仅停留在对事故表象的分析上,而是应深层次去寻找分析事故发生的内在原因,只有从管理缺陷和直接原因对事故进行分析,才能从源头上防范事故发生。

(四)事故——接触

由于事故是人的身体、建构筑物、设备与超过其安全阈值的能量接触,或者人体与妨碍正常生理活动的物质接触。因此博德认为,要想防止事故,主要是防止这种有危害的接触,可以通过对设备、技术、物质材料等方面的改进来防止这种能量的释放,同时,操作者提高危险识别能力也能够有效地规避危险,此外,佩戴相关的安全防护工具同样可以有效地避免危害接触的发生。

(五)伤害——损失

由于伤害主要指的是事故所造成的损失,主要包括员工的生理损失(如工伤、职业病等)和心理损失(如精神疾病)两大方面。

因此博德的事故因果链理论强调了企业安全管理中的失误,为企业安全生产强化"软"的非工程性措施指明了方向。

当前国内外进行事故原因调查和分析时,广泛采用图 5-3 所示的事故因果连锁模型。

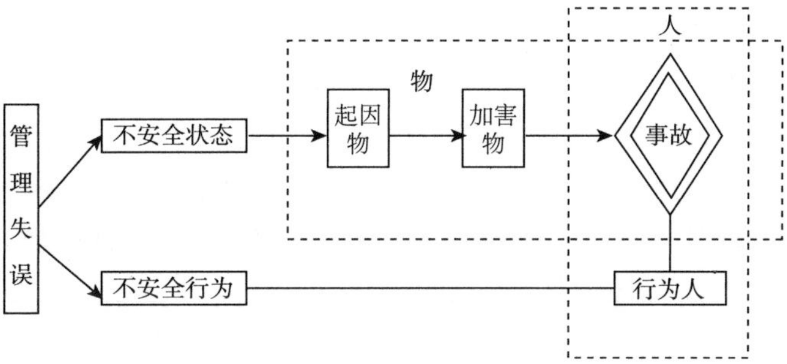

图 5-3　事故连锁模型

该模型着眼于事故的直接原因——人的不安全行为和物的不安全状态，以及基本原因——管理失误。值得注意的是，该模型进一步把物的问题划分为起因物和加害物。前者为导致事故发生的物（机械、物体、物质），后者为事故发生时直接作用于人体。使人体遭受伤害的物（机械、物体、物质），在人的问题方面，区分行为人和被害者，前者为引起事故发生的人（肇事者）；后者为事故发生时受到伤害的人。针对不同的物和人，需要采取不同的控制措施。

二、能量意外释放理论

第二次世界大战以后，科学技术有了飞跃的进步，新技术、新工艺、新能源、新材料、新产品不断出现，与日俱增。这些新技术、新工艺、新能源、新材料、新产品在使工业生产和人们生活面貌发生巨大变化的同时，也给人类带来了更多的危险。面对生产、生活中出现的越来越多的新危险，人们必须研究、采取更有效的安全防护措施。先进的科学技术和发达的经济为此提供了技术手段和物质基础。

为了有效地采取安全技术措施控制危险源，人们对事故发生的物理本质进行了深入的探讨，1961 年吉布森、1966 年哈登等人提出了解释事故发生机理的能量意外释放理论，认为事故是一种不正常的或不希望的能量释放。

生产、生活中经常遇到各种形式的能量，如机械能、热能、电能、化学能、电离及非电离辐射能、声能、生物能等，它们的意外释放都会威胁安全。

意外释放的机械能是导致事故时人员伤害或财物损坏的主要类型的能量。机械能包括势能和动能。处于高处的人体、物体、岩体或结构的一部分具有较高的势能。当人体具有的势能释放时，发生坠落或跌落事故；物体具有的势能意外释放时，发生物体打击事故，岩体或结构的一部分具有的势能意外释放时，发生冒顶、坍塌等事故。运动着的物体都具有动能，各种运动中的车辆设备或机械的运动部件，被抛掷的物料等具有较大的动能。意外释放的动能作用于人体或物体，则可能发生车辆伤害、机械伤害、物体打击等事故，或财物损坏事故。

意外释放的电能会造成各种电气事故。意外释放的电能可能使电器设备的金属外壳等导体带电而发生所谓的“漏电”现象，当人员与带电体接触时会遭受电击；火花放电会引燃易燃易爆物质而发生火灾、爆炸事故；强烈的电弧可能灼伤人体等。

现代生产、生活中到处利用热能，失去控制的热能可能灼烫人体，损坏财物，引起火灾。火灾是热能意外释放造成的最典型的事故。应该注意，在利用机械能、电能、化学能等其他形式能量时可能产生热能。

据文献报道，自工业革命以来，世界上大约以每 20 分钟就有一种新的化学产品问世的速度增加化学物质的品种。在众多的化学物质中，相当多的物质具有的化学能会导致人员急、慢性中毒，致病、致畸、致癌。火灾中化学能转变为热能，爆炸中化学能转变为机械能和热能。

非电离辐射主要为 X 射线、γ 射线、紫外线、红外线和宇宙射线等射线辐射。工业生产过程中常见的电焊、熔炉等高温热源放出的紫外线、红外线等有害辐射会伤害人的视觉器官。电离辐射主要有 α 射线、β 射线和中子射线等，它们会造成人体急、慢性损伤。

图 5-4 为能量观点的事故因果连锁示意图。

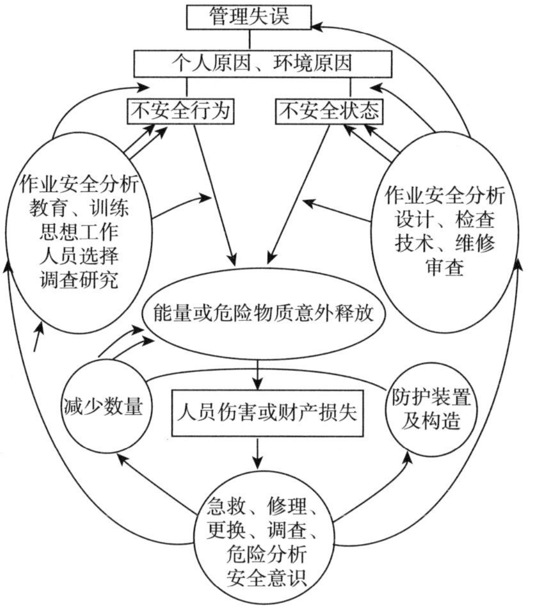

图 5-4 能量观点的事故因果连锁示意图

从能量意外释放论出发，预防事故就是控制、约束能量或危险物质，防止其意外释放，防止伤害或损坏；在一旦发生事故，能量或危险物质意外释放的情况下，防止人体与之接触，或者一旦接触时，作用于人体或财物的能量或危险物质的量尽可能地小，使其不超过人或物的承受能力。

在安全工程中防止能量或危险物质意外释放，防止人员伤害或财物损失的主要技术措施有以下几种：

(1)用安全的能源代替不安全的能源。

(2)限制能量。

(3)防止能量蓄积。

(4)缓慢地释放能量。

(5)采取防护措施。

(6)在时间上或空间上把能量与人隔离。

(7)信息形式的屏蔽。

三、瑟利事故模型

瑟利事故模型是瑟利(J. Suny)于 1969 年提出，并在 20 世纪 70 年代初得到广泛应用和发展。该模型是以人对信息的处理过程为基础描述事故发生因果关系的一种事故模型(图 5-5)。由图可知，人在信息处理过程中出现失误从而导致人的行为失误，进而引发事故，因此瑟利事故模型是从人的特性与机器性能和环境状态之间是否匹配和协调的观点出发，认为机械和环境的信息不断地通过人的感官反映到大脑，人若能正确地认识、理解、判断、做出正确决策和采取行动，就能化险为夷，避免事故和伤亡；反之就会发生事故和伤亡。模型把事故的发生过程分为危险出现和危险释放两个阶段：一是危险出现阶段，如果人的信息处理的每个环节都正确，危险就能被消除或得到控制；反之，只要任何一个环节出现问题，就会使操作者直接面临危险。二是危险释放阶段，如果人的信息处理过程的各个环节都是正确的，虽然面临着已经显现出来的危险，但仍然可以避免危险释放出来，不会带来伤害或损害；反之，只要任何一个环节出错，危险就会转化为伤害或损害。而危险出现和危险释放两个阶段有可分解为以下六个主要的问题。

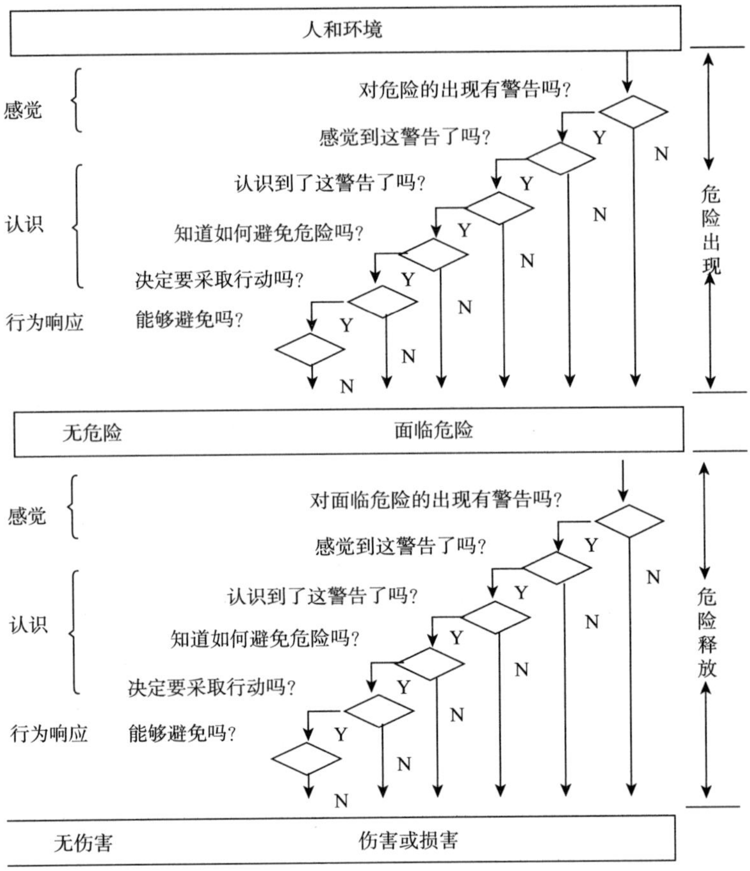

图 5-5　瑟利事故模型

问题 1：危险的出现(释放)有警告么?

该问题主要描述操作者是否能够认识到工作环境中安全运行状态与危险状态之间的差异。如果危险确实存在而操作者又无法对其进行识别，则操作者将面临危险。但是在实际的操作过程中，危险并不是以显性的方式存在，而通常是以隐性的方式存在，也就是说通常存在的危险是不易被察觉的。这就要求管理者采取尽可能多的技术手段使得潜在的危险可以充分地体现出来。

问题 2：是否感觉到了警告?

该问题主要体现在两个方面。一是操作者的认知能力，也就是操作者是否有能力来感知危险；二是环境对危险信号的影响问题，也就是环境是否会干扰危险信号，使操作者难于对其进行感知。

问题 3：是否认识到了警告?

该问题主要涉及的是操作者的认知能力，也就是操作者在感觉到危险信号后，是否能够充分的对危险的强度、等级、后果等属性进行有效识别。

问题4:是否有避免危险的知觉?

该问题着重考察操作者安全意识的两个方面。一是操作者是否具备足够的安全知识可以将接收到的警告信息与即将发生的危险联系起来;二是操作者是否有意识采取避免危险的行动。

问题5:是否尝试避免危险?

该问题是对于操作者的执行力进行了考察,也就是操作者在面临危险的情况下,是否会主动的进行避免危险的尝试。

问题6:是否有能力避免危险?

该问题是在于考察操作者的技能和知识水平,即操作者是否具备足够的知识和技能作为支撑来有效的应对危险。

上述前四个问题都与操作者的认知能力相关,而后两个问题与操作者的反应有关。因此,瑟利模型高度强调了操作者的认知能力,认为操作者的认知能力是避免危险的第一道防线。

四、危险源理论

危险源理论是基于对人或物能够造成人员伤亡或财产损失的一切危险因素的危险源辨识,通过对危险源的认知,从而发现造成人员伤亡或财产损失事故形成的机理的一种事故致因理论。在日常生活和劳动中,存在多种多样的危险源,尽管其形式多样但它们都具有共同的特性,即它们都能对人体或环境等方面造成危害。若这些危险源的能量能够按照人们意志不转移就可以不形成事故发生能量,就不会有人员伤亡或财产损失事故发生,因此危险源均可归结为危险源能量的意外释放或控制危险源能量和危险物质措施失控的结果。存在危险源能量和有害物质以及其失控是危险源导致事故的罪魁祸首。由于目前对危险源的定义还没有统一的标准,因此下面仅仅介绍三种比较常用危险源定义。第一种定义:一切具有能够造成人员伤害、财产损失、环境破坏的特性的物质,可以统称为危险源;但是该定义仅仅强调了物质的危险性,却忽视了系统的存在状态,对危险源的认识存在局限性。第二种定义:凡是能对人体造成伤害和财产损失的固有物理属性、化学属性及该种属性导致的致因事件都可定义为危险源。第三种定义:存在于生产系统中,在一定的触发条件下,能产生和释放能量的各种物质,能够造成人员伤害、财产损失、环境破坏或这些情况组合的状态。虽然第二、三种危险源定义也存在局限性,忽视了人的因素对生产系统的影响,但是第一、二、三种危险源定义的提出都说明了危险源客观存在,是致事故发生的根本原因。

随着安全理论的发展,危险源理论开始受到人们的关注,尤其重大危险源评价方法也得到充实与完善,我国在20世纪90年代从国外引入重大危险源评价方法并应用。重大危险源评价方法的应用,为我国的重大危险源辨识、评价和分级管理提供了科学依据,同时我国在该方法引进、应用的基础上进行了一系列的科学研究和创新。21世纪初,我国学者首次提出了重大危险源辨识、评价和控制技术,并进行了系统的介绍;2002年高进东运用能最意外释放理论对我国重大危险源分布及状况做出了分析,提出了诸多建议。这些都对我国深入开展重大危险源的理论研究和控制工作具有巨大和深远的影响。

五、动态变化理论

随着安全理论的发展,危险源动态和变化的观点已经成为近代事故致因理论的又一重要基础。1972 年,本尼尔提出了在处于动态平衡的生产系统中,由于“扰动”导致事故的理论,也即事故 P 理论;在事故 P 理论基础上提出了“多线事件连锁法”的事故调查方法。约翰逊于 1975 年发表了“变化——失误”模型,1981 年佐藤吉信提出了“作用——变化与作用连锁”模型。下面重点介绍事故 P 理论和变化——失误理论

(一)事故 P 理论

本尼尔认为,事故过程包含着一组相继发生的事件。所谓事件是指生产活动中某种发生了的事情,如一次瞬间的或重大的情况变化,一次已经被避免的或已经导致另一事件发生的偶然事件等。因此,可以将生产活动看作是一个自觉或不自觉地指向某种预期的或意外的结果的事件链,它包含生产系统元素间的相互作用和变化以及外界的影响。由事件链组成的正常生产活动,是在一种自动调节的动态平衡中进行的,在事件的稳定运行中向预期的结果发展。所以事件的发生必然是某人或某物引起的,如果把引起事件的人或物称为“行为者”,而其动作或运动称为“行为”,则可以用行为者及其行为来描述一个事件。在生产活动中,如果行为者的行为得当,则可以维持事件过程稳定地进行;否则,可能中断生产,甚至造成伤害事故。而生产系统的外界影响是经常变化的,可能偏离正常的或预期的情况,因此称外界影响的变化为“扰动”,显然扰动将作用于行为者。将产生扰动的事件称为开始事件,当行为者能够适应不超过其承受能力的扰动时,生产活动可以维持动态平衡而不发生事故;如果其中的一个行为者不能适应这种扰动,则自动平衡的过程被破坏,开始一个新的事件过程,即事故过程。该事件过程可能使某一行为者承受不了过量的能量而发生伤害或损害,这些伤害或损害事件可能依次引起其他变化或能量释放,作用于一个行为者并使其承受过量的能量而发生连续的伤害或损害。反之,如果行为者能够承受冲击而不发生伤害或损害,则事件过程将继续进行。

因此将事故看作由事件链中的扰动开始,以伤害或损害为结束的过程的认知理论称为事故 P 理论(图 5-6)。

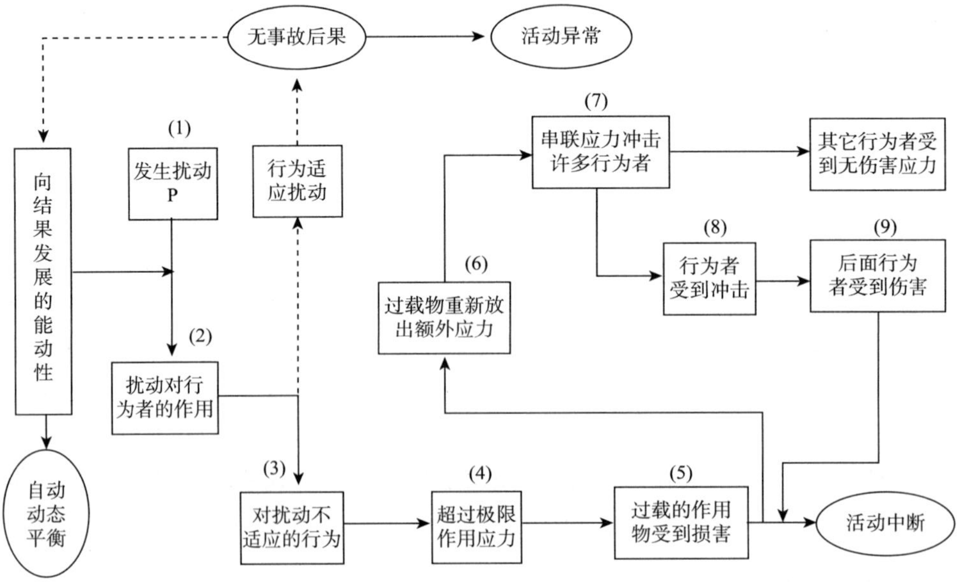

图 5-6　P 理论模型结构图

在P理论模型结构图中,(1)为起源事件,(9)为终止事件(产生伤害)。因此P理论认为一个事故的发生是从起源事件到产生伤害的过程,也就是图中从(1)到(9)的过程。当起源事故发生且逐步进展时,可以通过改善条件来使得整个事件链发生中断,从而避免事故的发生,使得整个系统趋于安全。

(二)变化——失误理论

约翰逊认为:事故是由不希望的或意外的能量释放引起的,这种能量释放的发生是由于管理者或操作者没有适应生产过程中物的或人的因素的变化,产生了计划错误或行为失误,从而导致人的不安全行为或物的不安全状态,破坏了对能量的屏蔽或控制,即发生了事故,然后由事故造成生产过程中的人员伤亡或财产损失。约翰逊在上述观点的基础上提出了约翰逊事故因果连锁模型(图5-7)。

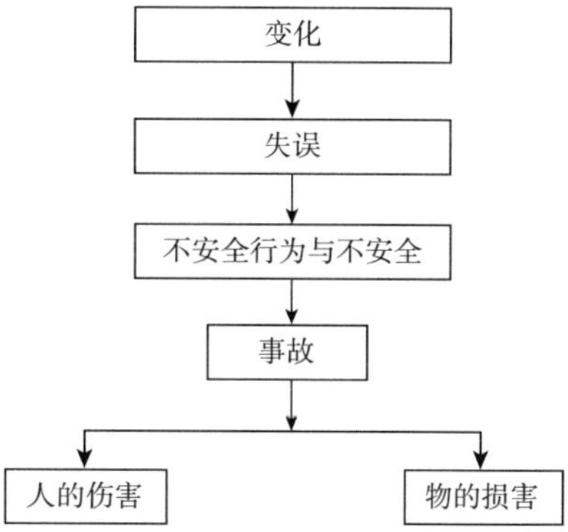

图5-7 约翰逊事故因果连锁模型

按照变化的观点,变化可引起人的失误和物的故障,因此,在安全管理工作中,变化被看作是一种潜在的事故致因,应该被尽早地发现并采取相应的措施。作为安全管理人员,应对变化给予足够的重视,如时间的变化、人员的变化、操作规程的变化、技术的变化等等。当然在人们生产、生活中变化是不可避免的,但是变化并不一定都是有害的,关键在于人们生产、生活的管理是否能够适应客观情况的变化。因此,作为管理者要及时发现和预测变化,并采取恰当的对策,做到顺应有利的变化,克服不利的变化。变化——失误理论能够对各种事故做出理论上的解释,尤其有助于对新情况、新问题提出管理上要求。在具体的事故分析中,运用该理论的关键是识别各种变化,以及随后的行动,可以作为事故调查的一种方法。但该理论主要着眼于事后的行动和总结,不适宜作为事故预防的理论指导。

六、事故三角形法则

美国安全工程师海因里希通过对美国5000起事故案例分析研究,发现相似的330起事故案例中,没有造成伤害的事故案例有300起,仅造成轻微伤害的事故案例有29起,而造成重大伤害的事故案例仅有1起。也即无伤害事故、轻微伤害事故、重大伤害事故的比例为300:29:1。海因里希发现的这个统计比例表明:小事故不重视、不解决,容易累积形成较大的事故,而较大事故不治理就可能累积形成大事故,也即小问题→大隐患→高风险→大事故。因此该法则反映了事故频率与事故后果之间的规律,也就是造成严重伤害的事故是小概率事件,而多数的事故则不会造成严重的伤害(无伤害或轻微伤害)。即使无伤害、轻微伤害事故没有造成惨重的人身伤亡和严重的经济损失,但绝不可忽视这些事故,必须深研究这些事故发生的内在原因和发展规律,采取有效措施对它们加以防控。如果对这些事故不加以重视、不予理睬,则它们很有可能演变为严重的伤害事故,其演变路径如图5-8所示。

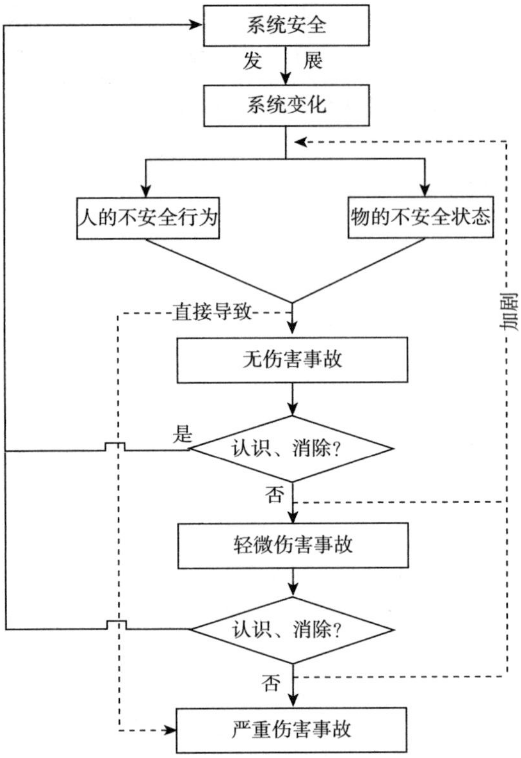

图 5-8 事故演变发展路径

海因里希的事故三角形法则对于防范事故有着重要的启示:这个法则警示安全管理者,一起重大伤害事故背后隐藏着 29 起轻微伤害事故,在这 29 起有伤害发生的事故背后又隐藏着 300 起无伤害事故。若要消除和控制重大事故就必须关注轻微伤害和无伤害事故,坚决斩断"小问题→大隐患→高风险→大事故"的事故发展路径,即防止事故的核心问题,不能仅仅着眼于防止伤害,更加要重视防止无伤害事故(如操作过程中未造成伤害的轻微违章现象等小问题)。所以防范安全生产事故必须从"基层、基础、基本素质"抓起,否则小事故不断,就很难避免大事故发生。虽然海因里希发现的这个统计比例是依据美国事故的发生情况而得出的,但对防止大事故发生具有一定的指导意义,因此被国际安全界称为海因里希事故三角形法则(图 5-9)。

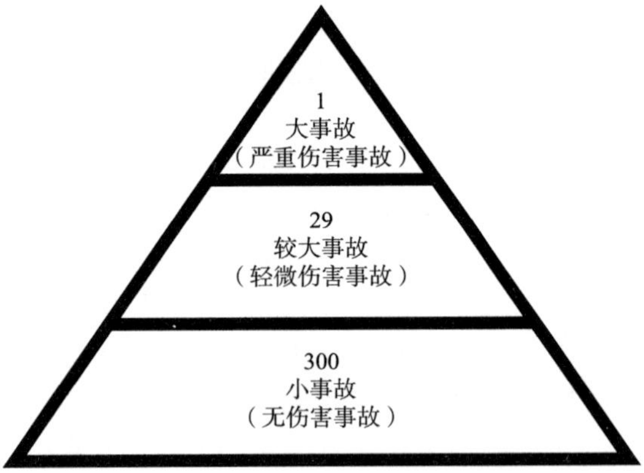

图 5-9 海因里希事故三角形法则模型图

七、事故 3E 法则

海因里希对造成事故不安全状态的"物的不安全状态"和"人的不安全行"进行深入细致的分析研究发现造成不安全状态主要有以下四个原因。

(一)对安全的态度不正确

员工对安全采取漠视、逆反态度,有章不循、抗拒安全管理,或在从众、侥幸、冒险等心理的影响下故意采取不安全的行为。

(二)贫乏的安全知识和缺乏技能

员工对安全知识掌握不足,缺乏安全技能,导致无法判断设备的安全状态或无法保证自身的安全行为。

(三)身体不适

员工在生理和精神方面的不适。精神方面诸如紧张、烦躁、心不在焉、兴奋等状态;身体生理方面诸如视力、听力不佳、晕眩、醉酒、头疼、癫疯、色盲、疲劳或出现其他生理疾病导致员工的反应力、判断力和操作力下降。

(四)工作环境不良

工作环境不良主要指的是工作场所的自然环境和工作场所的环境管理情况不良,自然环境如工作场所的照明情况、湿度、温度、通风、噪音、振动等。环境管理情况如作业空间狭小、工作器具及杂物的摆放情况、防护器具的安装情况等。

针对上述的四种情况,海因里希提出了有效预防工业事故的 4 种方法,后被归结为工程技术(Engineering)、教育(Education)和强制(Enforcement)三个方面,也称之为"事故 3E 法则"(图 5-10)。

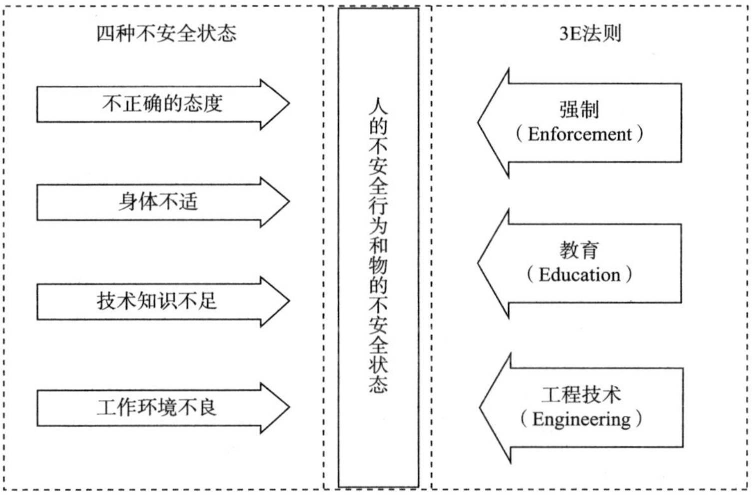

图 5-10　事故 3E 法则的工作原理图

(一)工程技术

通过工程技术的创新来提高生产设备的安全性,简化操作的复杂性来有效消除物的不安全状态。

(二)教育

利用各种教育手段(如脱产学习、在职教育、专家讲座等)来端正员工的安全态度、强化员工的安全意识、丰富员工的安全知识、提高员工的安全技能,从而有效避免出现人的不安全行为。

（三）强制

通过国家法律、安全操作规程、技术标准等规章制度为基础，采取惩戒和鼓励的方式来约束员工的行为，根据体检和上岗制度来进行合理的岗位人事调整。

显然为了有效地控制物的不安全状态和人的不安全行为，防止事故的发生，不仅要在工程技术、强制和教育这三方面分别下功夫，而且还必须考虑到三者的均衡问题，综合的采取措施，才能取得事故良好的防控效果。

第二节　气象安全生产事故的形成机制

一、气象危险因素引发气象安全生产事故的机理分析

气象危险因素引发气象安全生产事故的机理是气象安全生产事故发生单位所在地的引发事故的气象危险因素致灾因子、孕灾环境、承灾体、事故发生单位的损失等重要因素综合、相互作用的产物(图 5-11)。

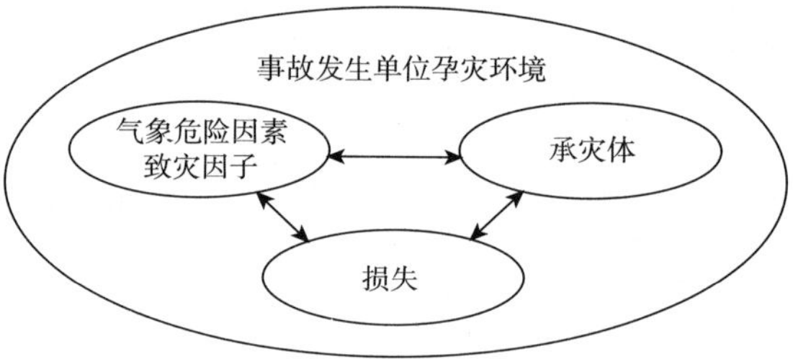

图 5-11　气象危险因素引发气象安全生产事故构成要素示意图

（一）事故发生单位的孕灾环境

气象安全生产事故发生单位的孕灾环境是指气象危险因素、事故发生单位所处的外部环境。它是由大气圈、岩石圈、水圈、生物圈、物质文化（人类技术）圈所组成的综合地球表层环境，但不是这些要素的简单叠加，即简单的线性关系，而表现在地球表层过程中一系列具有耗散特性的物质循环和能量流动以及信息与价值流动的非线性，即过程响应关系。从广义角度看，孕灾环境的稳定程度是标定区域孕灾环境的定量指标，孕灾环境对灾害天气、危险气象要素的复杂程度、强度、致灾程度以及形成的灾害系统群聚与群发特征起决定性的作用。

（二）事故发生单位的气象危险因素致灾因子

事故发生单位的气象危险因素致灾因子即灾害天气、危险气象要素等气象危险因素（如暴雨、高温、雷电、大风、大雾和温度、湿度、辐射、日照、地温等），它是指可能造成财产损失、人员伤亡、资源与环境破坏、社会系统混乱等孕灾环境中的异变因子，存在于孕灾环境之中。

（三）事故发生单位的承灾体

事故发生单位的承灾体即气象危险因素作用的对象，它是指气象危险因素对事故发生单位安全生产“人、机（生产系统设施设备）、环（环境）、管（规范管理）”四大安全要素影响在内的

物质文化环境。

（四）事故发生单位的损失

事故发生单位的损失是气象危险因素引发安全生产事故造成的人员死亡、财产损失和社会影响等结果，损失的大小不仅与气象危险因素的影响度有关，而且与事故发生单位的脆弱性、防范气象安全生产事故的能力、事故发生单位的工人、管理人员对气象安全生产事故的认识水平等很多因素有关。

二、气象危险因素引发气象安全生产事故的形成过程

气象危险因素引发气象安全生产事故的形成，在时间上有一个孕育和发展的演化过程，与灾害天气、危险气象要素的形成过程相同。一般分为孕育期、潜伏期、预兆期、爆发期、持续期、衰减期和平息期七个阶段，从而构成气象危险因素引发气象安全生产事故的一个周期（图 5-12）。但是由于灾害天气、危险气象要素的形成机制和影响因素非常复杂，使每一次气象危险因素引发气象安全生产事故在各个形成阶段的时间尺度、表现形式、严重程度不完全相同。因此，每个气象危险因素引发气象安全生产事故形成过程，时间有长短，程度有轻重，都由具体的灾害天气、危险气象要素确定。

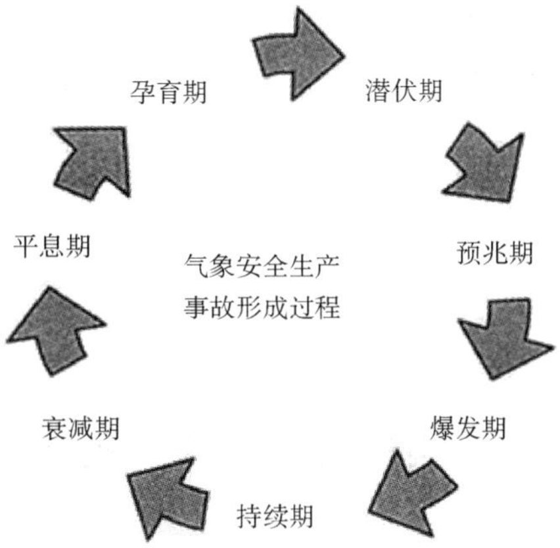

图 5-12 气象安全生产事故形成过程

（一）气象危险因素引发气象安全生产事故的孕育期

气象危险因素引发气象安全生产事故的孕育是一个复杂的过程，各种事故孕灾因子相互作用，为事故的发生创造有利条件。有时一种事故孕灾因子的作用即可引发一场事故，但更多的情况是多因子的交互组合，共同作用。

（二）气象危险因素引发气象安全生产事故的潜伏期

气象危险因素引发气象安全生产事故经过孕育期的发展，事故的致灾因子开始进入量的积累阶段，但事故致灾因子对承灾体并不产生明显的破坏作用，气象危险因素引发气象安全生产事故的处于“暗发生”阶段，以致人们往往不能察觉事故的存在。防范气象危险因素引发气象安全生产事故的能力对事故致灾因子的扩充、发展还能起一定的抑制作用，对事故致灾因子的侵袭也能进行有效的调控，因而事故致灾因子的作用并不明显。

（三）气象危险因素引发气象安全生产事故的预兆期

当气象危险因素引发气象安全生产事故的致灾因子经过量的变化，积累达到一定的程度后，往往在其自然形态方面或与之相关联的其他方面表现出某种特殊的迹象来，常常预示着不久之后气象危险因素引发气象安全生产事故的迅速发生。

（四）气象危险因素引发气象安全生产事故的爆发期

气象危险因素引发气象安全生产事故致灾因子开始对事故发生单位承灾体产生破坏作用的阶段称为爆发期。爆发期的时间长短，与气象危险因素类别密切相关，差异很大。

（五）气象危险因素引发气象安全生产事故的持续期

气象危险因素引发气象安全生产事故的持续期是气象安全生产事故发生后的事故范围、区域迅速扩散，损失全面形成阶段。该阶段是气象危险因素引发气象安全生产事故致灾因子的破坏性力量积聚到一定程度的释放，也是人类采取一系列措施应急处置气象危险因素引发气象安全生产事故的时期。

（六）气象危险因素引发气象安全生产事故的衰减期

气象安全生产事故的发生是物质和能量聚散的结果。灾害爆发后，经过一段时间的持续期，灾害因子的能量在与承灾体的相互冲突对抗作用中不断耗散和输出，当灾害输入和积聚的能量不足以在更大的规模和更高的程度上破坏承灾体时，灾害的破坏性逐渐减弱，灾害范围开始缩小，灾情相对缓解，灾害因子处于自我收敛的状态，这一阶段就是灾害的衰减期。

（七）气象危险因素引发气象安全生产事故的平息期

气象安全生产事故载体的破坏力弱化到一定程度，不再对承灾体构成危害时，停止破坏作用，气象危险因素引发气象安全生产事故的发生即进入平息期。此时，造成事故的各种因子已从异常变动状态恢复到正常运行状态，并将在条件允许的情况下孕育下一次事故的发生。

第三节　气象安全生产事故风险的形成机制

一、气象安全生产事故风险的科学内涵

气象安全生产事故风险是指气象危险因素引发气象安全生产事故的可能性，主要基本概念包含气象安全生产事故的风险识别、风险分析、风险评估、风险管理和风险特征等。

（一）气象安全生产事故的风险识别

气象安全生产事故的风险识别是对单位面临的潜在气象危险因素引发安全生产事故的风险加以判断、归类和鉴定的过程。识别气象安全生产事故发生的风险区、事故种类、引起事故的主要危险因子以及事故引发后果的严重程度；识别事故风险危险因子的活动规模（强度）和活动频次（概率）以及事故时空动态分布。

（二）气象安全生产事故的风险分析

气象安全生产事故风险分析主要有两种方式：一是利用单位所在地气象安全生产事故历史资料对单位的气象安全生产事故风险进行量化分析，计算出风险的大小，即给出单位气象安全生产事故的发生概率及产生后果。二是根据单位气象安全生产事故致灾机理，对影响气象安全生产事故风险的各个因子进行分析，计算出单位的气象安全生产事故风险指数大小。单位的气象安全生产事故风险分析是气象安全生产事故风险管理的核心内容。

（三）气象安全生产事故的风险评估

单位在气象安全生产事故风险分析的基础上，建立一系列评估模型，根据单位的气象安全生产事故特征（致灾因子及其强度）、风险区域特征和单位防范气象安全生产事故能力，寻求可预见未来时期的单位各种承灾体的经济损失值、伤亡人数等状况。

（四）单位气象安全生产事故的风险管理

针对单位不同的风险区域，在单位气象安全生产事故风险评估的基础上，利用单位气象安全生产事故风险评估的结果判断是否需要采取措施、采取什么措施、如何采取措施，以及采取措施后可能出现什么后果等做出判断。

（五）气象安全生产事故风险的特征

单位气象安全生产事故风险具有客观性、随机性、模糊性、必然性、不可避免性、区域性、社会性、可预测性、可控性、多样性、差异性、迁移性、滞后性、重现性等特征。充分认识单位气象安全生产事故风险的基本特征对于研究单位气象安全生产事故的演变规律、成灾机制，建立健全单位气象安全生产事故风险监测预警体系，提升单位防范气象安全生产事故能力，加强单位气象安全生产事故风险管理水平具有重要现实意义。

二、气象安全生产事故风险形成的基本要素

单位气象安全生产事故风险形成的基本要素主要有以下几方面。

（一）单位承灾背景要素

单位承灾背景主要包括自然和社会经济两个方面。自然背景，如单位所在地的大气环流、天气系统、气象要素，主要包括影响该地各个时期的环流系统、各种尺度的天气系统和危险气象要素变异状况。水文条件，主要指流域、水系、水位变化等条件。地形地貌是影响天气系统和危险气象要素变异的重要因素，主要包括海拔、高差、走向、形态等。植被条件对灾害天气发生强度和危险气象要素变异程度有很大影响，主要涉及植被类型、覆盖率、分布等。社会经济条件主要包括人口数量、分布、密度，厂矿企业的分布，农业、工业产值和总体经济水平等，同时还包括现有防范气象安全生产事故能力等。

（二）单位致灾体活动要素

单位气象安全生产事故产生和存在与否的第一个必要条件是要有气象危险因素风险源。单位气象安全生产事故风险中的风险源也称灾变要素，主要反映单位气象危险因素本身的危险性程度，主要包括：气象危险因素种类、活动规模、强度、频率、致灾范围、灾变等级等。这种过程或变化的频率越大，给单位造成破坏的可能性就越大；过程或变化的超常程度越大，造成的破坏就可能越强烈。相应地，单位承受的来自该气象危险因素风险源的气象安全生产事故风险就可能越高。

（三）单位承灾体特征要素

单位有气象危险因素危险性并不意味着气象安全生产事故就一定存在，因为气象危险因素是相对于行为主体—单位生产经营活动的人和机器设备、环境、管理而言的，只有某种气象危险因素风险源有可能危害某个承灾体后，对于一定的风险承担者来说，才承担了相对于该风险源和该风险载体的气象安全生产事故风险。单位承灾体特征要素主要反映单位承灾体的脆弱性、承灾能力和可恢复性。

（四）单位破坏损失要素

单位破坏损失要素主要反映单位承灾体的期望损失水平。主要包括损失构成，即事故种类、损毁数量、损毁程度、价值、经济损失、人员伤亡等。

（五）单位气象安全生产事故防治工程要素

主要包括单位气象安全生产事故防治工程措施、工程量、资金投入、防治效果和预期安全效益等。例如单位防范雷电灾害事故的雷电防护工程。

三、气象安全生产事故风险形成机理

根据单位防范气象安全生产事故能力对气象安全生产事故风险制约与影响的因素，单位气象安全生产事故风险是单位的气象危险因素的危险性、承灾体的暴露性、承灾体的脆弱性和单位气象安全生产事故的防范能力四个主要因素相互影响，共同作用而形成气象安全生产事故风险（图 5-13）。

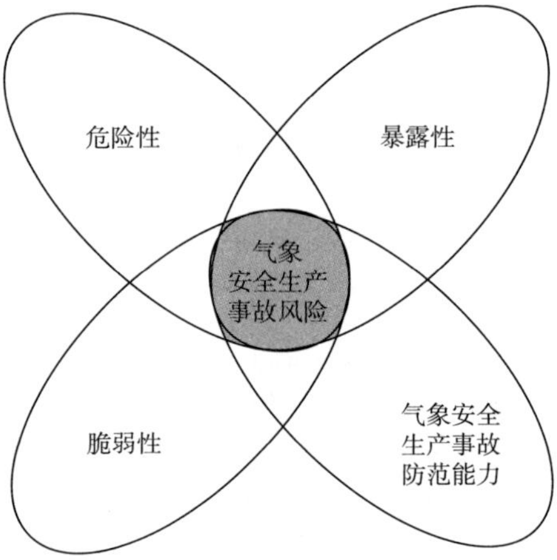

图 5-13　单位气象安全生产事故风险四要素

单位的气象危险因素的危险性，是指单位所在地气象危险因素异常程度，主要是由灾害天气和危险气象要素变异等气象危险因子活动规模（强度）和活动频次（概率）决定。一般单位气象危险因子强度越大，频次越高，气象安全生产事故对单位造成的破坏损失越严重，单位气象安全生产事故的风险就越大。

单位承灾体的暴露性，是指单位可能受到气象危险因子威胁前的员工、机器设备、环境和管理措施等。一个单位暴露于气象危险因子的“安全生产四要素”越多，其安全生产受到气象危险因子影响的可能性就越大，则单位可能遭受潜在损失就越大，单位气象安全生产事故风险越大。

单位承灾体的脆弱性，是指在单位的所有员工、机器设备、环境和所有财产，由于潜在的气象危险因素而造成的伤害或损失程度，综合反映了单位气象安全生产事故的损失程度。一般单位承灾体的脆弱性愈低，气象安全生产事故损失愈小，气象灾害风险也愈小，反之亦然。

单位气象安全生产事故的防范能力是指单位在发生气象安全生产事故之前的防范气象安全生产事故能力和在一定时期内能够从气象安全生产事故中恢复的水平。包括单位防范气象安全生产事故的工程性措施和非工程性措施以及应急管理能力、抢险救援投入、资源准备等。显然单位防范气象安全生产事故能力越高，可能遭受潜在损失就越小，单位气象安全生产事故风险越小。

由于单位气象安全生产事故既有自然属性、社会经济属性，又具有普遍性；同时由于单位气象危险因素自身变化的不确定性和单位气象安全生产事故风险评估方法的不精确性导致评估结果的不确切性，以及为减轻单位气象安全生产事故风险而采取措施的可靠性等影响，导致单位气象安全生产事故风险又具有不确定性。因此单位气象安全生产事故风险的大小，是由单位气象危险因素的危险性、单位承灾体的暴露性、单位承灾体的脆弱性以及单位气象安全生产事故的防范能力四个因子相互作用决定的。

第六章　气象安全生产事故风险管理研究

气象危险因素的多样性、复杂性、动态性及其对安全生产“人、机、环境、管理”四要素影响的耦合性，导致气象安全生产事故管控与其他安全生产事故管控差异比较大，其涉及面更广，具有立体空间特征；难度更大，具有多因素耦合特征。一旦管控不到位，极易造成气象安全生产事故风险转变为安全生产事故。随着经济社会发展，政府及各生产经营企业对气象安全生产的重视程度不断提高，迫切需要充分应用气象科技成果，从风险的角度对气象危险因素引发安全生产事故风险进行预测预警，实现气象安全生产事故传统监管向风险管理的转型。因此气象安全生产事故风险管理作为一种“事前管理”策略，在气象安全生产事故风险发生前，就及时进行气象危险因素监测、分析评估引发安全生产事故风险、规划防范气象安全生产事故的工程性和非工程性措施，为提前做出防范气象安全生产事故决策提供了充裕时间，防范气象安全生产事故的资源调配也能得到充分保障，在降低成本的同时提高了气象安全生产事故的监管水平。而传统的气象安全生产事故管控即应急管理，属于气象自然灾害防御工作范畴，是一种行动策略。应急管理是基于“事后管理”的策略，是在气象安全生产事故发生时做出决策、采取行动的管理策略，由于受到时间、资源等条件限制，往往很难保证最优资源配置。因此由“事后管理”的应急管理策略向“事前预防”为主的风险管理策略转变已成为必然。建立科学、规范、系统、动态的气象安全生产事故风险管理机制，实现气象安全生产事故监管从事后被动反应向事前主动防范的战略转变，从源头上有效地控制气象安全生产事故发生的各种危险因素，从而在基础层面上有效推进气象安全生产监管工作，是新时期安全气象工作的创新，是实现气象安全管理的科学化、系统化、标准化、规范化、信息化的具体实践。通过推行气象安全生产事故风险管理、加强气象安全生产事故风险过程控制、搞好气象安全生产事故风险应急处置、强化气象安全生产事故风险管理基础、开展对气象安全生产事故风险管理的考核评估，从而最大限度地减少或消除气象安全生产事故风险，才能真正防范气象安全生产事故发生，确保安全。本章从风险管理的相关概念、基本流程、风险分析、风险分级、风险评估、风险控制、风险处置和风险管理模型等方面对气象安全生产事故风险管理全过程进行详细论述。

第一节　气象安全生产事故风险管理的科学内涵

一、气象安全生产事故风险管理的基本构成

气象安全生产事故风险管理是一个将事故风险降至最低可能的控制过程，包括对风险的

度量、评估和应变策略，尤其是针对一系列影响风险的气象危险因素集中，如何选择出可能导致最大损失以及最可能发生的气象危险因素并优先处理，而相对风险较低以及发生几率较小的气象危险因素则推后处理，是气象安全生产事故风险管理的核心内容和关键技术。因此气象安全生产事故风险管理主要由识别风险、预测风险、评估风险、处置风险等构成，并以较低成本选择可行的方法有计划地处理风险，从而有效防范气象安全生产事故发生。另外气象安全生产事故风险管理是一个动态反馈的过程，风险管理程序的执行不是一个由上到下直线式的过程，而是互相联系的循环过程。这种循环式的执行程序表现了风险管理需要对决策进行定期的评价和修正。随着时间的推移和情况发生的变化，可能会产生新的风险，有关风险的可能性和严重性也可能会产生变化，管理这些风险的方法也要随之而变。

识别气象危险因素引发气象安全生产事故风险是风险管理的基础，对各种气象危险因素引发气象安全生产事故风险进行全面的了解，是预测气象危险因素可能造成安全生产事故的前提条件，从而才能选择合适的方法处理这些气象危险因素。

气象安全生产事故风险评估是对气象安全生产事故有的或潜在的气象危险因素及其引发安全生产事故严重程度所进行的分析与评估，最后根据评估结论决定采取何种防范气象安全生产事故措施。气象安全生产事故风险评估改变了以往经验主义处理问题的弊端，逐步实行以事故预防为中心的现代科学管理方法，把可行性研究中的安全气象论证（气候可行性论证）、气象安全设施设计、防范气象安全生产事故能力的科学评估以及建立安全气象保障体系等方面紧密联系起来，从而达到预防事故、制定安全对策和加强安全管理的目的。

气象安全生产事故风险处置是指在降低气象安全生产事故风险的收益与成本之间进行权衡并决定采取何种措施。

二、气象安全生产事故风险管理的基本流程

气象安全生产事故风险是在生产经营活动过程中可能出现的与劳动作业息息相关的，不以人的意志为转移的，突然发生的，可能对员工的人身造成危害、对设备造成损坏或对环境造成污染的气象危险因素。作为特定的安全生产管理领域，气象安全生产事故风险管理的基本流程如图 6-1 所示。

从图 6-1 可知本流程包括：

（一）计划准备阶段

1. 确定单位气象安全生产事故风险评估的目标和目的。
2. 确定单位气象安全生产事故风险评估的相关标准。
3. 确定评估对象的空间范围、系统要素及相关性。
4. 结合评估对象特点，选择评估对象所处的典型时间阶段。
5. 收集相关数据、背景条件、客观因素等。
6. 确定单位气象安全生产事故风险评估涉及的部门、单位和相关人员，明确责任机构和对人员能力的要求。
7. 根据评估目的要求和评估对象特点，选择单位气象安全生产事故风险评估方法。
8. 制定评估计划，包括：对象描述、假设和前提、所选择的风险评估方法、预期结果等。

（二）识别与评估阶段

1. 对评估对象的描述，包括：对象属性、特点、时空特性、主要环节、相关分析等。

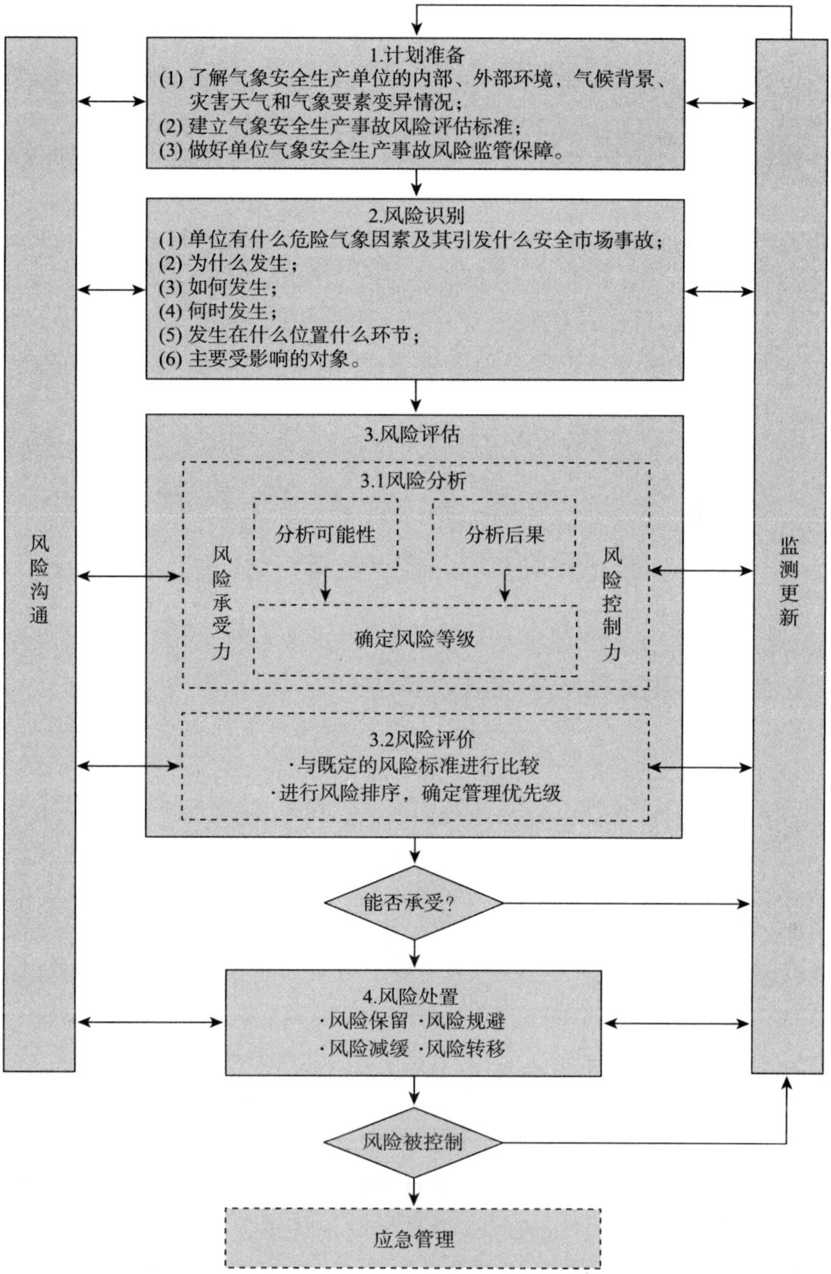

图 6-1　气象安全生产事故风险管理的基本流程图

2. 数据分析，包括：对所用数据源的说明、数据类别和时间区段说明、所用的数据分析方法、数据分析结果描述等。

3. 评估方法，包括：所选用方法的特点和适用性、基本原理和概念、相关变量和公式、评估结果说明等。

4. 评估结果分析，包括对风险频度（即气象安全生产事故发生的概率性大小）的分析和对风险强度（即气象安全生产事故的后果严重程度）的分析等。

（三）总结与处置阶段

1. 评估结论：简要列出主要风险、有关因素的评估结果，指出应重点防范的重大风险、有关因素等。

2. 对策和建议：根据评估结果提出应对气象安全生产事故风险的工程性和非工程性措施及建议。

3. 沟通和监测：与针对对象进行沟通，并继续做好风险的监测，减小风险后果或避免二次风险。

单位不同的风险区域，可在单位气象安全生产事故风险评估的基础上，利用单位气象安全生产事故风险评估的结果判断是否需要采取措施、采取什么措施、如何采取措施，以及采取措施后可能出现什么后果等做出判断。

第二节　气象安全生产事故风险管理的风险分析方法

一、气象安全生产事故风险安全监测表法

气象安全生产事故风险安全监测表法是在对气象安全生产事故风险危险源系统进行充分分析的基础上，分成若干个单元层次，列出所有的危险因素。确定检查项目，然后编制成表，按此表进行检查，检查表中的回答一般都是“是/否”。该方法的突出优点是简单明了，现场操作人员和管理人员都易于理解与使用。表格中的控制指标主要是根据相关标准、规范、法律条款制定，而控制措施主要根据专家经验制定。并且编制表格在使用过程中若发现有遗漏之处或有更好的控制措施，可开放式地加入进去，易于抓住控制危险安全的主要因素，具有动态特性。但是该方法只能进行定性的分析，缺乏定量分析。

二、气象安全生产事故风险预先危险性分析法

气象安全生产事故风险预先危险性分析方法主要是针对新建、改建、扩建的气象安全生产单位，在项目建设方案的初期阶段或设计阶段对单位存在的气象安全生产事故风险类别、风险产生条件、事故后果等概略地进行分析。该方法的突出优点是：一是单位项目建设的初期阶段或设计阶段就进行气象安全生产事故风险危险性分析，从而使得关键和薄弱环节得到加强，使得设计更加合理，单位气象安全生产事故防范体系更加紧固；二是在单位建设项目建设过程中采取更加有针对性的防范气象安全生产事故的工程性控制措施，使得危险部位的质量得到有效控制，最大限度地降低因防范气象安全生产事故的工程性控制措施不到位而造成危险的可能性和严重度；三是通过气象安全生产事故风险的预先危险性分析，对于实际不能完全控制的风险还可以提出消除危险或将其减少到可接受水平的工程性与非工程性安全措施或替代方案。虽然该方法是一种应用范围较广的定性评估方法，但是它需要由具有丰富知识和实践经验的工程技术人员、操作人员和安全气象工程技术人员、管理人员经过分析、讨论实施，因此其使用常常受到人员素质的限制。

三、气象安全生产事故风险失效模式和后果分析法

气象安全生产事故风险失效模式和后果分析方法是一种归纳法。对单位气象安全生产事故防范体系内部每个环节、每一种部件可能的失效模式或不正常运行模式都要进行详细分析，并推断它对于整个气象安全生产事故防范体系的影响、可能产生的后果以及如何才能避免或减少损失。其分析步骤如下：

(1)确定单位气象安全生产事故防范体系；

(2)分析系统环节、部件元素失效类型和产生原因；

(3)研究失效类型的后果；

(4)填制失效模式和后果分析表格；

(5)风险定量评价。

该种分析方法的特点是从系统环节、部件元素的故障开始逐次分析其原因、影响及应采取的对策措施，可用在整个系统的任何一级，是一种比较常用的方法。

四、气象安全生产事故风险事件树分析法

气象安全生产事故风险事件树分析是一种从灾害天气、危险气象要素等原因归纳分析，推导气象安全生产事故结果的分析方法。它在给定一个初因事件的前提下分析此事件可能导致的后续事件的结果。整个事件序列成树状。气象安全生产事故风险事件树分析法着眼于事故的起因，即初因事件。当初因事件进入系统时，与其相关联的系统各部分和各运行阶段机能的不良状态会对后续的一系列机能维护的成败造成影响，并确定维护机能所采取的动作，根据这一动作把系统分成在安全机能方面的成功与失败，并逐渐展开成树枝状，在失败的各分支上假定发生事故的种类，分别确定它们的发生概率，并由此获得最终的事故种类和发生概率。其分析步骤如下：

(1)确定初始事件；

(2)判定安全功能；

(3)发展事件树和简化事件树；

(4)分析事件树；

(5)事件树的定量分析。

该方法适用于多环节事件或多重保护系统的风险分析和评价，既可用于定性分析，也可用于定量分析。

五、气象安全生产事故风险故障树分析法

气象安全生产事故风险故障树分析法又称事故树分析方法，是一种演绎的单位气象安全生产事故防范体系安全分析方法。它是从要分析的气象安全生产特定事故的开始，层层分析其发生原因，一直分析到不能再分解为止。将气象安全生产特定的事故和各层原因之间用逻辑门符号连接起来。得到形象、简洁地表达其逻辑关系的逻辑树图形，即故障树。通过对故障树简化、计算达到分析、评估的目的。其分析步骤如下：

(1)确定分析对象系统和要分析的各对象事件(顶上事件)；

(2)确定系统事故发生概率、事故损失的安全目标值;

(3)调查原因事件,调查与事故有关的所有直接原因和各种因素;

(4)编制故障树,从顶上事件起一级一级往下找出所有原因事件。直到最基本的原因事件为止,按其逻辑关系画出故障树;

(5)定性分析,按故障树结构进行简化,求出最小割集和最小径集,确定各基本事件的结构重要度;

(6)定量分析,找出各基本事件的发生概率,计算出顶上事件的发生概率求出概率,重要度和临界重要度;

(7)结论,当事故发生概率超过预定目标值时,从最小割集着手研究降低事故发生概率的所有可能方案,利用最小径集找出消除事故的最佳方案,通过重要度或重要度系数分析确定采取对策措施的重点和先后顺序,从而得出分析、评价的结论。

气象安全生产事故风险故障树分析法,可用于复杂的气象安全生产事故防范体系和广泛范围的气象安全生产各类子系统的可靠性及安全性分析,能详细查明系统中各种固有、潜在的危险因素或事故原因,为改进气象安全生产事故防范体系、制定技术对策、采取安全管理措施和事故分析提供依据。它不仅可以用于定性分析,也可用于定量分析,可从数量上说明是否满足预定目标值的要求,从而明确采取对策措施的重点和轻重缓急顺序。气象安全生产事故风险故障树分析方法要求分析人员必须非常熟悉对象系统,具有丰富的实践经验,能准确熟练地应用分析方法。另外,复杂系统的故障树往往很庞大,分析、计算的工作量大;进行定量分析时,必须知道故障树中各事件的故障率数据;因此该方法的实际应用受到限制。

第三节　气象安全生产事故风险管理的风险分级方法及其评估程序

一、气象安全生产事故风险的分级方法

气象安全生产事故风险分级的基本思想是基于风险理论的数学关系:

风险程度=危险概率×危险严重度

如果能够定量计算出风险程度,则可根据风险程度水平来进行风险分级。但是,在实际的风险管理过程中,很难进行精确和定量的风险计算,因此,常常用定性或半定量的方法进行风险定量。气象安全生产事故风险分级主要是参考了美国军用标准(MILSTD-882)中提供的危险严重性的定性分级方法(表 6-1、表 6-2)进行风险分级。

表 6-1　MILSTD-882 的危险严重等级表

分类等级	危险性	破　坏	伤　害
一	灾害性的	系统报废	死亡
二	危险性的	主要系统损坏	严重伤害、严重职业病
三	临界的	次要系统损坏	轻伤、轻度职业病
四	安全的	系统无损坏	无伤害、无职业病

表 6-2　MILSTD-882 的危险概率表

分类等级	特　征	项目说明	发生情况
一	频繁	几乎经常出现	连续发生
二	容易	在一个项目使用寿命期中将出现若干次	经常发生
三	偶然	在一个项目使用寿命期中可能出现	有时发生
四	很少	不能认为不可能发生	可能发生
五	不易	出现的概率接近于零	可以假设不发生
六	不能	不可能出现	不可能发生

美国军用标准(MILSTD-882)中提供的危险严重性等级和危险概率等级的组合,用半定量打分法的思想,构成风险评价指数矩阵(表 6-3),并依据指数矩阵数值进行风险分级。该法称作风险评价指数矩阵法,是用矩阵中指数的大小作为风险分级准则,即:指数为 1～5 的为 1 级风险;用人单位不能接受的;6～9 的为 2 级风险,是不希望有的风险;10～17 的为 3 级风险,是有条件接受的风险;18～20 的为 4 级风险,是完全可以接受风险。

表 6-3　风险定性分级表

严重性 / 可能性	灾难的	严重的	轻度的	轻微的
频繁	1	2	7	13
很可能	2	5	9	16
有时	4	6	11	18
很少	8	10	14	19
几乎不可能	12	15	17	20

根据美国军用标准(MILSTD-882)中提供危险严重性等级和危险概率等级的组合,用半定量打分法的逻辑原则,气象安全生产事故风险分为五级。一级风险是极其危险,需停工整改;二级风险是高度危险,需立即整改;三级风险是显著危险,需整改;四级风险是一般危险,需要注意;五级风险是稍有危险,可以接受。

二、气象安全生产事故风险的评估程序

气象安全生产事故风险评估程序流程见图 6-2。

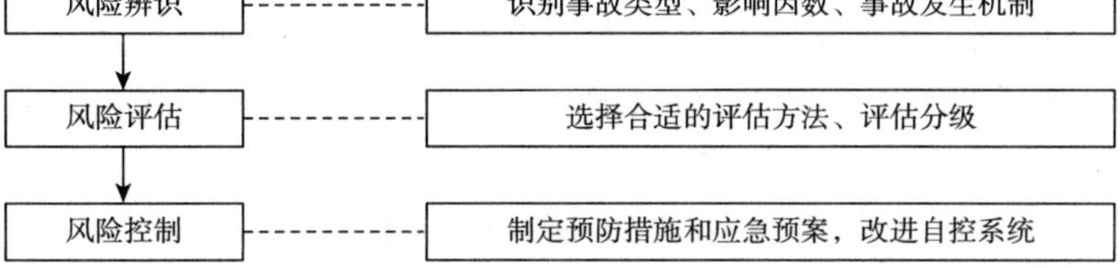

图 6-2　气象安全生产事故风险评估程序流程框图

气象安全生产事故风险评估的各步骤如下:

(1)前期准备阶段:明确被评估的气象安全生产单位,到单位进行现场调查和收集国内外相关法律法规、技术标准及单位建设项目有关资料。

(2)气象安全生产事故风险源辨识与分析阶段:根据单位地理、地质、土壤、气象、环境等条件以及单位的工作特性,识别和分析其潜在的气象危险因素。

(3)确定气象安全生产事故风险评估方法阶段:根据目前常用的气象安全生产事故风险基本评估方法,结合气象安全生产事故风险评估试验点工作经验,一般选择了在 MES 评估方法基础上进行优化改进而建立的重庆气象安全生产事故风险评估实用方法——CQMASGMES 模型,作为气象安全生产事故风险评估方法。

(4)气象安全生产事故风险定性与定量评价阶段:根据选择的 CQMASGMES 模型,对气象危险因素引发气象安全生产事故发生的可能性和严重程度进行定性、定量评价,以确定事故可能发生的部位、频次、严重程度的等级及相关结果,为制定防范气象安全生产事故对策措施提供科学依据。

(5)形成防范气象安全生产事故的对策措施及建议阶段:根据气象安全生产事故风险定性与定量评价结果,提出消除或减弱气象安全生产事故风险因素的工程性措施和非工程性措施以及气象安全生产事故风险管理建议。

(6)编制气象安全生产事故风险评估报告阶段:根据气象安全生产事故风险定性与定量评价结果,对防范气象安全生产事故的工程性措施和非工程性措施及气象安全生产事故风险管理中存在的一些问题及解决方法形成书面的报告形式。

第四节　气象安全生产事故风险管理的风险评估原则与原理及评估方法

一、气象安全生产事故风险管理的风险评估原则

气象安全生产事故风险评估理论与方法虽然多种多样,但必须坚持一些规律性、普遍性的基本评价原则。

(一)气象安全生产事故风险评估的精细化原则

气象安全生产事故风险评估必须对气象安全生产单位所处的地理位置、地质特征、土壤特性、气候背景、周边环境条件等情况和防范气象安全生产事故能力,单位可能遭受气象危险因素以及单位在遭受气象危险因素时可能造成人员伤亡和财产损失的后果进行宏观与微观有机结合地分析,坚持对气象危险因素导致气象安全生产事故的隐患排查、治理、监管等各个环节的风险进行科学的精细化评估原则,把气象安全生产事故安全隐患消灭在萌芽状态,确保安全生产。

(二)气象安全生产事故风险评估的动态性原则

气象安全生产事故风险评估必须坚持根据气象安全生产单位所在地气象危险因素的动态变化特性,对导致气象安全生产事故的气象危险因素风险源进行实时、适时的动态评估原则,才能对气象安全生产事故的安全隐患及时辨识,从而果断采取有效的气象安全生产事故防范措施,对不容许出现的气象安全生产事故安全隐患进行科学的控制、动态消除,确保安全生产。

（三）气象安全生产事故风险评估的不可承受原则

由于各种事故风险评估方法，即使是非常科学合理，但都是人们的一种主观判断，需要佐以历史事故经历的参照，因此凡违反有关安全生产、职业健康、防灾救灾等法律、法规、标准规定要求的气象安全生产事故风险评估结论，无论风险级别如何，甚至是“零”风险，其评估结论一律列为不可承受的风险，严格按照“安全第一、预防为主、综合治理”的方针，采取有效的气象安全生产事故防范措施，确保安全生产。这种将违反有关法律、法规、标准规定的气象安全生产事故风险评估结论列为不可承受风险的规定称为气象安全生产事故风险评估的不可承受原则。

（四）气象安全生产事故风险评估的可接受原则

1. 风险最低合理原则

任何系统都是存在风险的，不可能通过预防措施来彻底消除风险；而且当系统的风险水平越低时，需要进一步降低就越困难，其成本往往成指数曲线上升。也即安全改进措施投资的边际效益递减，最终趋于零，甚至为负值。因此，必须在系统的风险与成本之间做出一个折中，使解决风险的投资科学合理，同时又将风险控制在可以接受的范围，为此提出风险最低合理原则，也是人们常提到的“ALARP 原则”（图 6-3）。

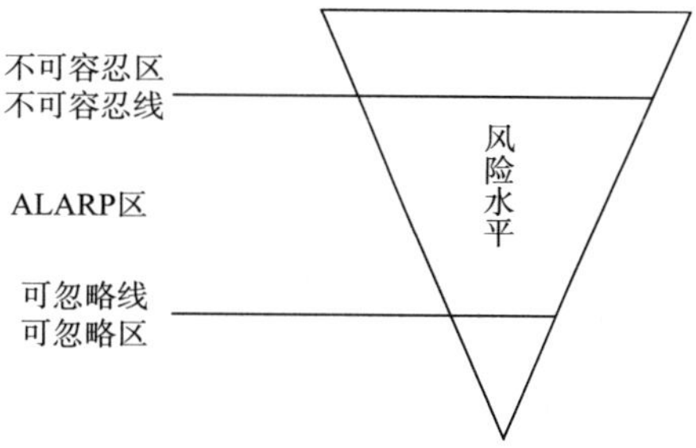

图 6-3　风险评估的 ALARP 原则示意图

风险评估的 ALARP 原则的具体内容如下：

（1）ALARP 原则内涵

1）对系统进行定量风险评估，如果所评估出的风险指标在不可容忍线之上，则落入不可容忍区。此时，除特殊情况外，该风险是无论如何不能被接受的。

2）如果所评出的风险指标在可忽略线之下，则落入可忽略区。此时，该风险是可以被接受的。无须再采取安全改进措施。

3）如果所评出的风险指标在可忽略线和不可容忍线之间，则落入“可容忍区”，此时的风险水平符合“ALARP 原则”。此时．需要进行安全措施投资成本-风险分析（Cost-Risk Analysis），如果分析成果能够证明进一步增加安全措施投资对系统的风险水平降低贡献不大，则风险是“可容忍的”，即可以允许该风险的存在，以节省一定的成本。

（2）ALARP 原则的经济本质

同系统的经济活动一样，采取安全措施，降低系统风险的活动也是经济行为，同样服从一些共同的经济规律。在经济学中，主要用生产函数理论来描述和解释系统的经济活动。下面是有关学者通过研究分析系统安全改进措施投资的边际效益变化规律得到的 ALARP 原则的经济本质结论：

1）如果对系统不采取任何安全措施，则系统将处于最高风险水平。

2）在安全措施投资的投入过程中，风险并不是呈线性降低的，而是同生产要素的边际产出一样先递增后递减。也就是说，风险管理的安全投入有一个最佳经济效益点。

3）在一定的技术状态下，系统的风险水平降到一定程度后将不再随着安全投入的增加而明显降低。这也说明系统的风险是不可能完全消除的，只能控制在一个合理可行的范围内。

(3)个人风险的 ALARP 原则的含义

根据英国、美国等国内外有关专家对个人的死亡风险做过调查分析表明，个人风险上限设为 10^{-3}，下限设为 10^{-6}。依据个人风险上限和风险下限，可以得到个人风险的 ALARP 原则(表 6-4)。

表 6-4　个人风险的 ALARP 原则

危险区域	风险水平
不可容忍区	年个人风险不能证明是合理的 年个人风险 $\geqslant 10^{-3}$
可容忍区	只有当证明进一步降低风险的成本与获得的收益极不相称时，风险才可能认为是可容忍的之一 $10^{-6} \leqslant$ 年个人风险 $< 10^{-3}$
可忽略区	风险可以接受，无须再论证或采取措施 年个人风险 $< 10^{-6}$

由表可知，当风险水平超过上限(年个人风险 10^{-3})，则落入“不可容忍区”，此时除特殊情况外，该风险是无论如何不能被接受的；当风险水平低于下限(年个人风险 10^{-6})，则落入“可忽略区”，此时该风险是可以被接受的，无须再采取安全改进措施；当风险水平在上限与下限之间，则落入“可容忍区”，此时的风险水平符合最低合理可行原则，是“可容忍的”，即可以允许该风险的存在，以节省一定成本，并且工作人员在心理上应当愿意承受该风险，并具有控制该风险的信心。但是一定要注意“可容忍的”并不等同于“可忽略的”，因此工作人员必须认真全面地研究“可容忍的”风险，找出其作用规律，做到心中有数，高度关注风险的动态发展趋势，严防风险的进一步发展扩大。

2. 风险接受准则

由于人们往往认为风险越小越好，但是从经济安全的角度来看这是一个错误的概念。因为无论减少危险发生的概率还是采取防范措施使发生危险造成的损失降到最小，都要投入资金、技术和劳务。通常的做法是将风险限定在一个合理的、可接受的范围，实现“风险与利益间达到平衡”“不要接受不必需的风险”“接受合理的风险”等风险管理效益最大化。因此制定可接受风险准则，除了考虑人员伤亡、建筑物损坏和财产损失外，环境污染和对人健康潜在危险的影响也是一个重要因素。但由于风险可接受程度受到不同行业特殊性影响，具有不同的准则。因此风险接受准则制定必须是科学、实用，不仅在技术上是可行的，在应用上可操作，而且还要反映公众的价值观、灾害承受能力，同时还要考虑社会的经济能力。所以风险接受准则制定必须进行费用—效益分析，寻找平衡点，优化标准，从而制定风险评价标准——最大可接受水平。

例如，国际民用航空组织(ICAO)规定航空器灾难性失效概率的可接受准则为 10^{-5}；美国联邦航空管理局(FAA)规定航空器灾难性失效概率的可接受准则为 10^{-9}；法国航空工业(FAI)规定航空器灾难性失效概率的可接受准则为：

10^{-9}/小时——灾难性事故，机毁人亡；

10^{-7}/小时——危险事故，由于超载或超应力使安全系数骤降，机组人员无法履行任务而造成严重损坏；

10^{-5}/小时——重大事故，飞机性能明显蜕化，增加机组人员工作负荷，安全系数明显降低。

二、气象安全生产事故风险管理的风险评估原理

气象安全生产事故风险评估是对气象危险因素引发气象安全生产事故的危险源进行辨识和评估。气象安全生产事故风险危险源是导致气象安全生产事故的潜在的不安全因素，气象安全生产事故危险源的危险评估包括对气象安全生产事故危险源自身危险性的评估和对气象安全生产事故危险源危害程度的评估两个方面。气象安全生产事故危险源的危害程度与对气象安全生产事故危险源的控制效果密切相关，对气象安全生产事故危险源自身危险性的评估包括确认气象安全生产事故危险源和来自气象安全生产事故危险源的危险性。气象安全生产事故风险评估与其他风险评估一样，其评估原理主要分为四类。

（一）相关性评估原理

气象安全生产事故风险评估的气象安全生产单位系统结构特征与气象危险因素引发气象安全生产事故的因果关系是相关性评估原理的基础。相关是两种或多种客观现象之间的依存关系。相关分析是对因变量和自变量的依存关系密切程度的分析。通过相关分析，可透过错综复杂的现象，测定其相关程度，揭示其内在联系。系统危险性通常不可能通过试验进行分析，但可以对利于事故发生过程中的相关性进行评估。系统与子系统、系统与要素、要素与要素之间都存在这着相互制约、相互联系的相关关系。只有通过相关分析，才能找出系统与子系统、系统与要素、要素与要素之间的因果关系，正确的建立相关数学模型，进而对系统危险性做出客观正确的评估。因此相关性评估原理对于深入研究气象危险因素引发气象安全生产事故与气象危险因素的关系进行全面分析具有重要的指导意义。

（二）类推评估原理

类推评估原理是指已知气象危险因素与气象危险因素引发气象安全生产事故之间的相互联系规律，则可利用先导事件——气象危险因素的发展规律来评估迟发事件——气象危险因素引发气象安全生产事故的发展趋势。其前提条件是寻找类似事件。如果两种事件有些基本相似时，就可以揭示两种事件的其他相似性，并认为两种事件是相似的。如果一种事件发生时经常伴随着另一事件，则可认识这两种事件之间存在着某些联系，即相似关系。

（三）概率推断评估原理

由于气象危险因素引发气象安全生产事故的发生是一个随机事件，任何随机事件的发生都有着特定的规律：其发生概率是一客观存在的定值。所以概率推断评估原理是指利用概率来预测现在和未来气象危险因素引发气象安全生产事故的可能性大小，以此来评估气象安全生产事故风险性的一种风险评估原理。

（四）惯性评估原理

任何气象危险因素引发气象安全生产事故的发展变化都与气象危险因素历史行为密切相关。历史行为不仅影响现在，而且还会影响到将来，即气象危险因素的发展具有延续性，该特性称为惯性。惯性表现为趋势外推，并以趋势外延推测其未来状态。因此惯性评价原理就是利用气象危险因素发展有惯性这一特征来评估气象危险因素引发气象安全生产事故风险的一种风险评估原理，它通常以危险前夕因素发生、发展及引发气象安全生产事故的机理等稳定性为前提。但由于气象危险因素发生、发展及引发气象安全生产事故的机理受诸多因素影响，绝

对的稳定性是不存在的。因此在利用惯性评估原理时，要注意气象危险因素的趋势外推有时也具有局限性。

三、气象安全生产事故风险管理的风险评估方法

(一)气象安全生产事故风险评估方法的基本类型

1. 定性评估法

定性评估法主要是根据经验和判断对气象安全生产事故防范体系的各环节、各部件等方面的状况进行定性的评价。比如前面论述气象安全生产事故的安全检查表、预先危险性分析、失效模式和后果分析、事件树分析法、故障树分析法等都属于此类分析方法。

2. 半定量评价法

半定量评价法是在防范气象安全生产事故实际工作经验的基础上，对气象安全生产事故防范体系进行合理打分，并依据最后的分值或概率风险与严重度的乘积进行分级。该方法能依据分值有一个明确的级别，具有很强的操作性，因此应用比较广泛。但是对于不确定性因素太多的复杂系统，其概率估计往往比较困难，因此该方法应用也受到一定限制。

3. 定量评价法

定量评价法是根据一定的算法和规则对气象危险因素引发气象安全生产事故的全过程中的各个因素及相互作用的关系进行赋值，从而算出一个确定值来明确风险等级的方法。该方法若规则明确、算法合理，且无难以确定的因素，则此方法的精度较高，并且不同类型评价对象间有一定的可比性。但是确保规则明确、算法合理，且无难以确定的因素是有难度的，因此该方法应用也受到一定限制。

(二)气象安全生产事故风险评估的基本方法

气象危险因素引发气象安全生产事故的风险评估的基本方法与其他安全事故的风险评估的方法基本一样，主要有以下几种基本方法。

1. LEC 评价方法

LEC 评价方法是一种评价具有潜在危险性环境中作业时的危险性半定量评价方法。它是用于系统风险率有关的 3 种因素指标值之积来评价系统人员伤亡风险大小。这 3 种因素分别是：L 为发生事故的可能性大小；E 为人体暴露在这种危险环境中的频繁程度；C 为一旦发生事故会造成的损失后果。

但是，获得这 3 种因素的科学准确数据却是相当烦琐的过程。因此采取半定量计算法，给 3 种因素的不同等级分别规定不同的分值，再以 3 个分值的乘积 D 来评价危险性的大小。即 $D=LEC$。该公式中各参数的选择原则如下：

(1)L 参数选择原则

L 参数为发生事故的可能性大小的参数。L 参数选择原则是当事故或危险事件发生的可能性大小用概率来表示时，对不可能的事件发生的概率为 0，必然发生的事件的概率为 1，但是在作为系统安全考虑时，绝对不发生事故是不可能的。因此将“发生事故可能性极小”的分数定为 0.1，而必然要发生的事件的分数定为 10，介于这两种情况之间的 L 参数选择原则如表 6-5 所示。

表 6-5　*L* 参数表

L 参数值	事故发生的可能性
10	完全可以预料
6	相当可能
3	可能，但不经常
1	可能性小，完全意外
0.5	很不可能，可以设想
0.2	极不可能
0.1	实际不可能

(2)*E* 参数选择原则

E 参数为暴露于危险环境的频繁程度。由于人员出现在危险环境中的时间越多，则危险性越大，因此 *E* 参数选择原则是规定联结现在危险环境的情况定为 10，而非常罕见地出现在危险环境中定为 0.5。同样，将介于两者情况之间的 *E* 参数选择原则如表 6-6 所示。

表 6-6　*E* 参数表

E 参数值	暴露于危险环境的频繁程度
10	连续暴露
6	每天工作时间内暴露
3	每周一次或偶然暴露
2	每月一次暴露
1	每年几次暴露
0.5	非常罕见暴露

(3)*C* 参数选择原则

C 参数为发生事故产生的后果。由于事故造成的人身伤害变化范围很大，对伤亡事故来说，可从极小的轻伤直到多人死亡的严重结果。因此 *C* 参数选择原是规定分数值为 1～100，把需要救护的轻微伤害规定分数为 1，把造成多人死亡的可能性分数规定为 100，其他情况的 *C* 参数选择原则如表 6-7 所示。

表 6-7　*C* 参数表

C 参数值	发生事故产生的后果
100	10 人以上死亡；或造成重大财产损失
40	3～9 人死亡；或造成很大财产损失
15	1～2 人死亡；或造成一定财产损失
7	严重，重伤；或造成较小财产损失
3	重大，伤残；或造成很小财产损失
1	引人注意；不利于基本的安全卫生要求

(4)*D* 参数选择原则

D 参数为危险性分值。虽然根据公式可获得危险程度 *D* 参数，但如何确定各个分值和总分的评价是技术难题。根据实际工作经验和研究表明：*D* 参数值在 20 以下被认为是低危险

的，这样的危险比日常生活中骑自行车去上班还要安全些；如果 D 参数值到达到 70～160，就有显著的危险性，需要及时整改；如果 D 参数值在 160～320，是一种必须立即采取措施进行整改的高度危险环境；D 参数值在 320 以上时表示环境非常危险，应立即停止生产。直到环境得到改善为止。因此 D 参数选择原则如表 6-8 所示。

表 6-8　D 参数表

D 参数值	危险程度
＞320	极其危险，不能继续作业
160～320	高度危险，要立即整改
70～160	显著危险，需要整改
20～70	一般危险，需要注意
＜20	稍有危险，可以接受

显然 D 值大，说明该系统危险性大，需要增加安全措施或改变发生事故的可能性，或减少人体暴露于危险环境中的频繁程度，或减轻事故损失．直至调整到允许范围。但是 D 参数确定的危险等级的划分是凭经验判断，难免带有局限性，不能认为是普遍适用的。因此应用时需要根据实际情况予以修正。

2. MES 评价方法

MES 评价方法是对 LEC 评价方法进行优化改进的一种评价方法。该方法将人身伤害事故发生的可能性的两个主要因素作为标准，即人体暴露于环境的概率 E 和控制措施的状态 M，并且用事故控制措施的状态 M 取代了 LEC 评价方法中的事故发生可能性的因素 L，同时考虑了单纯性财产损失。因此 MES 评价方法的风险程度 R 与 LEC 评价方法的风险程度 D 一样，主要是通过与系统发生有关的 3 个因素指标的乘积来评价系统人员伤亡和财产损失风险大小的，这 3 个因素分别是：M 为事故控制状态；E 为人体暴露在这种危险环境中的频繁程度（概率）；S 为一旦发生事故会造成的损失后果。所以 MES 评价方法的风险程度 R 具体的表达式为：$R=LS$，其中 L 表示事物发生的可能性，它取决于人体暴露于危险环境的概率 E 和控制措施状态 M；也即 $L=ME$。

所以：$R=MES$。该公式中各参数的选择原则如下：

(1)M 参数选择原则

M 参数选择原则如表 6-9 所示。

表 6-9　M 参数表

M 参数值	事故控制措施的状态
5	无控制措施
3	有减轻事故后果的应急措施，例如报警系统、应紧预案等非工程性措施
1	有预防措施，如机器防护装置等工程性措施

(2)E 参数选择原则

E 参数选择原则如表 6-10 所示。

表 6-10 *E* 参数表

E 参数值	人体暴露于危险环境中的频繁程度
10	连续暴露
6	每天工作时间暴露
3	每周一次,或偶然暴露
2	每月一次暴露
1	每年几次暴露
0.5	非常罕见的暴露

(3)*S* 参数选择原则

S 参数选择原则如表 6-11 所示。

表 6-11 *S* 参数表

S 参数值	事故损失			
	人身伤害	职业相关病症	设备财产损失	环境影响
10	有多人死亡		$S\geqslant 1$ 亿元	有重大环境影响的不可控排放
8	有 1 死亡	职业病多人	1000 万元$\leqslant S<1$ 亿元	有中等环境影响的不可控排放
4	永久失能	职业病 1 人	100 万元$\leqslant S<1000$ 万元	有较轻环境影响的不可控排放
2	需要医院治疗	职业性多发病	3 万元$\leqslant S<100$ 万元	有局部环境影响的不可控排放
1	轻微受伤,仅需要急救	身体不适	$S<3$ 万元	无环境影响

(4)*R* 参数选择原则

R 参数选择原则如表 6-12 所示。

表 6-12 *R* 参数表

风险等级	有人身伤害事故	单纯财产损失事故	危险程度	整改时效
一级	$R\geqslant 180$	$R\geqslant 24$	极其危险	停工整改
二级	$90\leqslant R<180$	$12\leqslant R<24$	高度危险	立即整改
三级	$50\leqslant R<90$	$6\leqslant R<12$	显著危险	需要整改
四级	$18\leqslant R<50$	$3\leqslant R<6$	一般危险	需要注意
五级	$R<18$	$R<3$	稍有危险	可以接受

MES 的适用范围很广,不受专业的限制,但是在应用时注意对于单纯财产损失事故,不必考虑暴露问题,只考虑事故控制措施的状态 *M*。

3. MLS 评价方法

MLS 评价方法是中国地质大学马孝春在 MES、LEC 评价方法的基础上,进一步优化改进的评价方法。该方法首先找出所有的危险源,并对每个危险源的控制和监测措施 *M*、事故发生的频率 *L* 和事故发生的损失 *S* 进行分析和赋值,从而得到每个危险源的危险度取值,各取值相加得到危险源的危险程度 *R* 值。该方法的评价方程式为:

$$R=\sum_{i=1}^{n}M_iL_i(S_{i_1}+S_{i_2}+S_{i_3}+S_{i_4})$$

式中:*R* 为危险源的评价结果,即风险,量纲为 1;

n 为危险因素的个数;

M_i 是指对第 i 个危险因素的控制与监测措施；

L_i 是指第 i 种危险因素发生事故的频率；

S_{i_1} 为第 i 种危险因素发生事故所造成的可能的一次性人员伤亡损失；

S_{i_2} 为第 i 种危险因素的存在所带来的职业病损失（S_{i_2} 即使在不发生事故时也存在，按一年内用于该职业病的治疗费来计算）；

S_{i_3} 为第 i 种危险因素诱发的事故造成的财产损失；

S_{i_4} 为第 i 种危险因素诱发的环境累积污染及一次性小故的环境破坏所造成的损失。

MLS 评价方法计算公式中各参数的选择原则如下：

(1)M_I 参数选择原则

M_I 参数可分监测措施 M_{I_1} 参数和控制措施 M_{I_2} 参数。其计算公式为：

$$M_I = M_{I_1} + M_{I_2}$$

M_{I_1}、M_{I_2} 的参数选择原则如表 6-13 所示。

表 6-13 M_{I_1}、M_{I_2} 参数表

M_{I_1} 参数值	监测措施	M_{I_2} 参数值	控制措施
5	无检测措施或检测到的概率小于 10%	5	无控制措施
3	高于 50% 的事故可被检测到	3	有减轻后果的应急措施，包括警报系统
1	肯定会被检测到	1	有行之有效的预防措施

(2)L_I 参数选择原则

L_I 参数是事故发生的频率，可通过公式（L_I＝365/5 年以上的事故平均发生间隔）计算或者 L_I 参数按照表 6-14 进行选择。

表 6-14 L_I 参数表

L_I 参数值	事故发生频率	L_I 参数值	事故发生频率
365	约每天发生一次	2	约半年发生一次
52	约每周发生一次	1	约一年发生一次
12	约每月发生一次	$1/n$	约 n 发生一次

(3)S_I 参数选择原则

S_I 参数是事故发生的总损失，其计算公式为：

S_I＝所有损失（万元）/10（万元）＝$(S_{i_1}+S_{i_2}+S_{i_3}+S_{i_4})/10$

式中：S_{I_1} 为发生事故时的人员伤亡损失（根据我国的工伤事故赔偿法，死亡一人按 20 万元计算，重伤一人按 10 万人计算，轻伤一人按 3500 元计算，再少时按实际损失计算）；

S_{I_2} 为不管发生事故与否，员工在环境中因职业病所造成的一年内经济费用的总和；

S_{I_3} 为发生事故后造成的财产实际损失；

S_{I_4} 为用于环境治理的费用（包括一次性环境破坏事故的损失和一年内累计的环境污染治理费）；

S_I 是以 10 万元为一个单位进行折算。

因此 S_I 参数选择原则是根据上述计算值，并结合具体评估对象的特性，参考 MES 评估方法的 S 参数赋值思路来确定 S_I 参数赋值原则。

(4)R 参数选择原则

R 参数可以根据公式计算获得，但是 R 参数的阀值与对应的危险源的危险程度等级选择原则与具体评估对象的特性密切相关，危险源的风险等级与 R 参数的阀值由具体评估对象的特性决定。例如表 6-15 给出了某化工厂、某建筑施工工地的危险源的危险程度等级与 R 参数的阀值的选择原则。

表 6-15 某化工厂、某建筑施工工地的 R 参数表

评估对象	风险等级	一级	二级	三级	四级
某建筑施工工地	R 参数值	$R \geqslant 30$	$15 \leqslant R < 30$	$5 \leqslant R < 15$	$R < 5$
	危险程度	极其危险 停工整改	高度危险 立即整改	显著危险 需要整改	一般危险 需要注意
某化工厂	R 参数值	$R \geqslant 500$	$150 \leqslant R < 500$	$50 \leqslant R < 150$	$R < 50$
	危险程度	极其危险 停工整改	高度危险 立即整改	显著危险 需要整改	一般危险 需要注意

虽然 MLS 评价方法充分考虑了各种危险因素及其所造成的事故严重度；在考虑了危险源固有危险性外，还反映对事故是否有监测与控制措施的指标；对事故的严重度的计算考虑了事故所造成的人员伤亡、财产损失、职业病、环境破坏的总影响；客观再现了风险产生的真实后果（一次性的直接事故后果及长期累积的事故后果）。但 MLS 评价方法的危险源的风险等级与 R 参数的阀值由具体评估对象的特性决定，因此该方法的推广应用受到一定影响。

4. 基于 BP 人工神经网络评价方法

人工神经网络是一种对人脑功能某种简化、抽象、模拟的高度复杂的非线性动力学系统，具有学习、记忆、联想、归纳、概括、抽取、容错以及自适应的能力。BP 神经网络模型是 Werbos 于 1974 年提出的一个监督训练多层神经网络的算法，即反向传播学习算法（back_propagation algorithm），简称 BP 算法，即误差反向传播神经网络，是神经网络模型中使用最广泛的一类，后来经 Rumelhart 等人优化发展实现了多层网络学习的设想。

（1）BP 神经网络结构

BP 网络是典型的多层网络（图 6-4），包括输入层、一个或多个隐含层、输出层，层与层之间多采用全连接方式，同一层单元之间不存在连接。

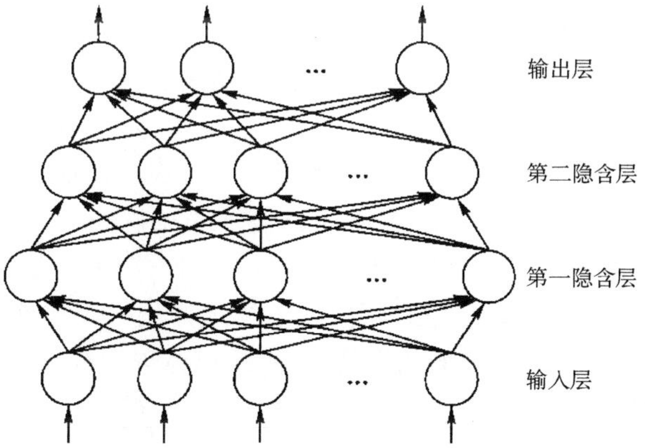

图 6-4 三层 BP 神经网络结构示意图

(2)BP 神经网络法的基本思路

BP 神经网络的基本处理单元(输入层单元除外)采用非线性的输入—输出关系,一般选用 Sigmoidal 函数(S 型函数):

$$f(x)=\frac{1}{1+e^{-x}}$$

在 BP 神经网络中,学习过程由正向传播和误差反向传播组成。当给定网络的一个输入模式时,它由输入层传到隐含层,并经过隐含层逐个处理后传送到输出层单元,后由输出层处理产生一个输出模式,这是一个逐层状态更新过程,称为前向传播。如果输出响应与期望输出模式有误差,不能满足要求,那么就转入误差反向传播,即将误差值沿着连接通路逐层传送并修正各层连接权值。对于给定的一组训练模式,不断地用一个个训练模式训练网络,重复前向传播和误差反向传播,直到满足要求为止。

(3)BP 神经网络的风险评估模型

BP 神经网络的风险评价模型如图 6-5 所示。

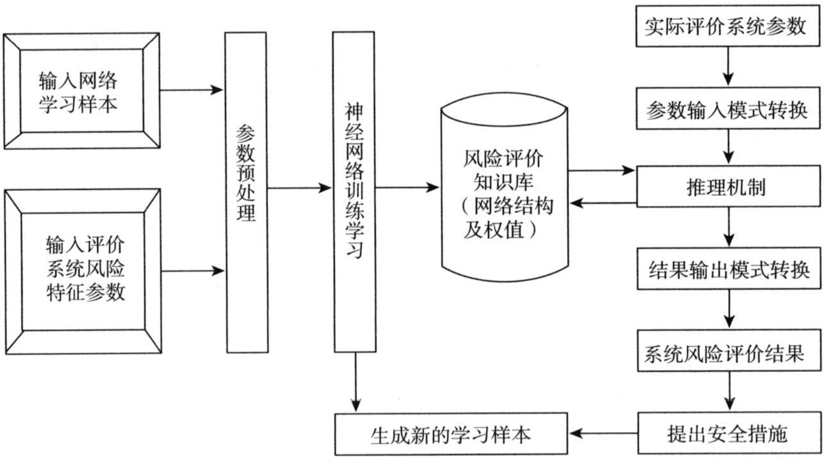

图 6-5 BP 神经网络的风险评估模型框图

(4)BP 神经网络的风险评估模型的评估工作程序

BP 神经网络的风险评估模型风险评估工作程序如下:

1)确定网络的拓扑结构,做好输入层、中间隐层、输出层设计,确定中间隐层的层数以及输入层、输出层和隐含层的节点数。

①输入层的设计,即数据预处理。将统计资料归纳转换成评估指标,并进行归一化处理。

②隐含层设计,含有一个隐含层的 BP 网络已被证明可以完成任意复杂的 n 维到 m 维的映射,所以,大多数神经网络均采用含一个隐含层的三层网络模型,但对一些较复杂的非线性函数,四层 BP 网络效果更好。同时,隐含层单元数的选择是一个非常复杂的问题。若隐含层单元数太少,网络从样本中获取知识的能力就差,不足以体现训练集样本的规律;反之,若隐含层单元数太多,网络可能会把样本中的噪音数据也学会,从而出现“过度拟和”问题,同时增大网络的学习负担。

③输出层的设计,输出层反映的是某研究区。

2)确定被评估系统的指标体系,包括特征参数和状态参数。运用神经网络进行风险评估时，首先必须确定评估系统的内部构成和外部环境，确定能够正确反映被评估对象安全状态的主要特征参数（输入节点数、各节点实际含义及其表达形式等）以及这些参数下系统的状态（输出节点数、各节点实际含义及其表达形式等）。

3）选择学习样本，供神经网络学习．选取多组对应系统不同状态参数值时的特征参数值作为学习样本，供网络系统学习。这些样本应尽可能地反映各种安全状态。其中对系统特征参数进行（$-\infty$，$+\infty$）区间的预处理，对系统参数应进行（0，1）区间的预处理。神经网络的学习过程就是根据样本确定网络的连接权值和误差反复修正的过程。

4）测试与检验，BP网络的学习是通过训练给定的训练集而实现的，其学习能否满足性能要求，是由网络的实际输出与期望输出的逼近程度决定的。一般利用网络的均方根误差（E_{RMS}）来定量地反映学习的性能：

$$E_{RMS}=\sqrt{\frac{\sum_{i=1}^{k}\sum_{j=1}^{m}(d_{ij}-y_{ij})^2}{km}}$$

式中：k为训练集内模式对的个数；m为网络输出单元的个数。

一般当网络的均方根误差值低于0.1时，则表明对于给定的训练集，学习已经满足要求。

5）确定作用函数。通常选择非线性S型函数。

6）建立系统风险评价知识库。通过网络学习确认的网络结构包括：输入、输出和隐节点数以及反映其间关联度的网络权值的组合；具有推理机制的被评估系统的风险评估知识库。

7）进行实际系统的风险评估。经过训练的神经网络将实际评估系统的特征值转换后输入到已具有推理功能的神经网络中，运用系统风险评估知识库处理后得到评估实际系统的安全状态的评估结果。

实际系统的评价结果又作为新的学习样本输入神经网络，使系统风险评估知识库进一步充实。

（5）BP神经网络的风险评估模型的主要优点

1）利用神经网络并行结构和并行处理的特征，通过适当选择评估项目克服风险评估的片面性，可以全面评估系统的安全状况和多因素共同作用下的安全状态。

2）运用神经网络知识存储和自适应特征，通过适当补充学习样本可以实现历史经验与新知识完满结合，在发展过程中动态地评估系统的安全状态。

3）利用神经网络理论的容错特征，通过选取适当的作用函数和数据结构可以处理各种非数值性指标，实现对系统安全状态的模糊评估。

但是确定网络的拓扑结构，做好输入层、中间隐层、输出层设计是一个非常复杂的工作，要求人员素质和专业知识比较高，使该方法的应用受到一定的限制。

5．安全模糊综合评估方法

模糊综合评估是指对多种模糊因素所影响的事物或现象进行总的评估，又称模糊综合评判。安全模糊综合评估就是应用模糊综合评估方法对系统安全、危害程度等进行定量分析评估。所谓模糊是指边界不清晰，中间函数不分明；既在质上没有确切的含义，也在量上没有明确的界限。根据事故致因理论，大多数事故，是由于人的不安全行为与物的不安全状态在相同的时间和空间相遇而发生的，少数事故是由于人员处在不安全环境中而发生的，还有少数事故是由于自身有危险的物质暴露在不安全环境中而发生的。为简便起见，我们将某系统的安全状况影响因素从大的范围定为人的行为、物的状态和环境状况，所以有：

因素集为：$U=\{$人行为(u_1)，物状态(u_2)，环境状况$(u_3)\}$

评估集为：$v=\{$很好(v_1)，好(v_2)，可以(v_3)，不好$(v_4)\}$

实际评估过程中，人的不安全行为、物的不安全状态及环境不安全状况是由许多因素决定的，必须采用多级模糊综合评估方法来分析。所谓多级模糊综合评估是在模糊综合评估的基础上再进行综合评估，并且根据具体情况可以多次这样进行下去，二者的评估原理及方法是一致的。多级模糊综合评估分为多因素、多因素多层次两种类型，其基本思路是：将众多的因素按其性质分为若干类或若干层次，先对一类(层)中的各个因素进行模糊综合评估，然后再在各类之间(由低层到高层)进行综合评估。

6. 安全状况的灰色系统评估方法

系统安全管理往往都是在信息不很清楚的情况下开展的，安全评估与决策也都是在信息部分已知、部分未知的情况下做出的，可以把系统安全(或系统事故)看作为灰色系统，利用建模和关联分析，使灰色系统“白化”，从而对系统安全有效地进行评估、预测和决策。在系统安全中，许多事故的发生都起源于各种偶然因素和不确定因素，事故系统显然是灰色系统，应用灰色预测理论对各种事故发生频次、人员伤亡指标、经济损失等进行预测评价是可行的。灰色系统评估是根据以下模型：

$$R = E \cdot W$$

式中：$R=(r_1, r_2, \cdots, r_m)^T$ 为 m 个被评对象的综合评判结果向量；

$W=(w_1, w_2, \cdots w_n)^T$ 为 n 个评价指标的权重分配向量，其中 $\sum\limits_{j=1}^{n} w_i = 1$；

E 为各指标的评判矩阵：$E=\begin{bmatrix} \xi_1(1) & \xi_1(2) & \cdots & \xi_1(n) \\ \xi_2(1) & \xi_2(2) & \cdots & \xi_2(n) \\ \vdots & \vdots & & \vdots \\ \xi_m(1) & \xi_m(2) & \cdots & \xi_m(n) \end{bmatrix}$

评判矩阵的 $\xi_1(k)$ 为第 i 种方案的第 k 个指标与第 k 个最优指标的关联系数。根据 R 分量的数值，进行排序。

该方法用于信息不完全或不充分的系统评估。其中灰色关联度分析是一种衡量因素关联程度大小的量化方法，它对数据要求不苛刻，可以用来解决数据量少，信息不完全情况下的评价问题。考虑到气象灾害风险评估涉及因素较多，在评估过程中未必能准确掌握过去所有数据，存在部分信息不完全、不明确的情况，可把气象灾害风险评估看作一个灰色被评对象。因此，可以用灰色系统理论对其进行多层次灰色评价。

7. 系统危险性分类评估方法

危险与安全是相互对立的概念。导致人员伤害、疾病或死亡，设备或财产损失和破坏，以及环境危害的非计划事件称为意外事件。危险性就是可能导致意外事件的一种已存在的或潜在的状态。当危险受到某种“激发”时，它将会从潜在的状态转化为引发系统损害的事故。

根据危险可能会对人员、设备及环境造成伤害，一般将其严重程度划分为 4 个等级。

第一级(1 类)：灾难性的事故。主要由于人为失误、设计误差、设备缺陷等导致严重降低系统性能，进而造成系统损失或造成人员伤死的特大事故，需要停工整改。

第二级(2 类)：危险的事故。主要由于人为失误、设计缺陷或设备故障造成人员伤害或严重的设计破坏，需要立即采取控制措施，立即整改。

第三级(3类)：系统处于事故临界状态。主要由于人为失误、设计缺陷或设备故障使系统性能降低或设备出现故障，但能控制住严重危险的产生，或者说还没有产生有效的破坏，需要整改。

第四级(4类)：系统处于安全状态。人为失误、设计缺陷、设备故障不会导致人员伤害和设备损坏。

表6-16归纳了上述4种危险等级，从表可知只要根据人员伤亡或设备损坏一项内容就可确定系统的危险等级。

表6-16　系统危险等级表

风险等级	危险程度	人员伤害	设备损坏
一级	灾难性事故	严重伤害或死亡	系统损坏
二级	危险性事故	暂时性重伤或轻伤	主要系统损坏
三级	处于事故临界状态	轻微的、可恢复性的受伤害	极少系统损坏
四级	处于安全状态	无	无

8. 危险概率评估方法

危险概率评估法是较精确的系统危险定量评估方法，它通过评估某种伤亡事故发生的概率来评价系统的危险性。确定危险性评价指标常用以下两种方法。

(1)安全指数法。

日本的中村林二郎以伤亡事故概率与伤害严重度之积来表示危险程度，即：

$$D = \sum H_i \cdot P_i$$

式中：D为危险性；H_i为某种伤害严重度；P_i为发生严重度H_i的事故概率。

从统计学的思路来看，对于系统大量的伤害事故，伤害严重度是从没有伤害直到许多人死亡的连续变量。假设最小的伤害严重度为h_0，最严重的伤害为∞，则伤害严重度在$h_0 \sim \infty$之间连续变化。对于这样的连续随机变量，其概率密度函数为$p(h)$，则伤害严重度$h \sim (h+d_h)$之间事故发生的概率为$p(h) \cdot d_h$。

(2)死亡事故发生概率

直接定量地描述人员遭受伤害的严重程度往往是非常困难的，甚至是不可能的。在伤亡事故统计中通过损失工作日来间接地定量伤害严重程度，有时与实际伤害程度有很大偏差，不能正确反映真实情况。而最严重的伤害——死亡，概念界限十分明确，统计数据也最可靠。于是，往往把死亡这种严重事故的发生概率作为评价系统的指标。

9. FEMSL评估方法

FEMSL评估方法属于可操作性较强的半定量评价法，是在LEC、MES、MLS等评估方法的基础上，进一步优化改进的评估方法。该评估方法主要是通过与系统发生有关的5个因素指标的乘积来评价系统人员伤亡和财产损失风险大小，这5个因素分别是：F为危险源单元中可能的危险因素；E为人体暴露于危险场所的频率程度；M为控制与预测的状态；S为事故的可能后果；L为发生事故的可能性大小。所以FEMSL评估方法的风险程度R具体的表达式为：$R=FLS=FEMS$。

该公式中各参数的选择原则如下：

(1)F 参数选择原则

F 参数是指能使造成人员伤亡、影响人的身体健康、对物造成急性或慢性损坏的因素的赋值。因此 F 参数选择原则是根据 GB/T 13861-1992《生产过程危险和有害因素分类与代码》的规定及 GB 6441-1986《企业职工伤亡事故分类》的有关规定，以及卫生部、原劳动部、总工会等颁发的《职业病范围和职业病患者处理办法的规定》，参照被评估对象的实际情况，在综合分析出被评估对象的危险因素基础上，确定 F 参数赋值原则。在具体评价时，可选多项，每项计 1 分。例如某农药制药车间存在的危险因素有触电、灼伤、机械伤害、火灾、中毒 5 种危险因素，则 $F=5$。

(2)E 参数选择原则

E 参数选择原则如表 6-17 所示。

表 6-17　E 参数表

E 参数值	暴露于危险环境的频繁程度
10	连续暴露
6	每天工作时间内暴露
3	每周一次或偶然暴露
2	每月一次暴露
1	每年几次暴露
0.5	非常罕见暴露

说明：对于 8 小时都不离开工作岗位的作业，则应考虑为连续暴露；而 8 小时内暴露一至几次的，则考虑为每天工作时间内暴露。

(3)M 参数选择原则

由于 M 参数分监测措施 M_1 参数和控制措施 M_2 参数。其计算公式为：

$$M=M_1+M_2$$

因此 M 参数选择原则即为 M_1、M_2 的参数选择原则(表 6-18)。

表 6-18　M_1、M_2 参数表

M_1 参数值	监测措施	M_2 参数值	控制措施
5	无检测措施或检测到的概率小于 10%	5	无控制措施
3	高于 50%的事故可被检测到	3	有减轻后果的应急措施，包括警报系统
1	肯定会被检测到	1	有行之有效的预防措施

(4)S 参数选择原则

S 参数选择原则如表 6-19 所示。

表 6-19　S 参数表

S 参数值	事故损失			
	人身伤害 S_1	职业相关病症 S_2	设备财产损失 S_3	环境影响损失 S_4
10	有多人死亡		$S\geqslant200$ 万元	有重大环境影响的不可控排放
8	有 1 死亡	职业病多人	100 万元$\leqslant S<200$ 万元	有中等环境影响的不可控排放
4	永久失能	职业病 1 人	10 万元$\leqslant S<100$ 万元	有较轻环境影响的不可控排放
2	需要医院治疗	职业性多发病	5 万元$\leqslant S<10$ 万元	有局部环境影响的不可控排放
1	轻微受伤，仅需要急救	身体不适	$S<5$ 万元	无环境影响

(5)L 参数选择原则

L 参数是事故发生的频率，它取决于人体暴露于危险环境的概率 E 和控制措施状态 M；也即 $L=ME$。因此 L 参数选择原则主要依据 M、E 参数计算获得。

(6)R 参数选择原则

根据上述各项因素有明确取值后，代入公式：

$$R=R_{人}+R_{物}+R_{环境}=[FE(S_1+S_2)+S_3+S_4]M$$

则可获得 R 参数值，然后按照表 6-20 确定 R 参数选择原则得到被评估对象危险源的风险等级。注意该方法重点考虑人员伤亡事故损失来确定 R 参数阀值，从而产生对被评估对象危险源风险等级的影响。

表 6-20　R 参数表

R 参数值	人员伤亡损失(S_1)
$R\geqslant360$	一级危险源
$240\leqslant R<360$	二级危险源
$120\leqslant R<240$	三级危险源
$60\leqslant R<120$	四级危险源
$R<60$	五级危险源

10. 模糊评估方法

由于安全与危险都是相对的模糊概念，在很多情况下都有不可量化的确切指标。但对危险源的管理中，又确切需要对危险源的复杂因素综合起来，给出一个明确的级别。如一级危险源、二级危险源、三级危险源等，并据此分配人力、财力和物力。这就需要将诸多模糊的概念定量化、数字化。为此在风险评估中常常应用模糊理论作为一个较好的选择方案。模糊理论在工程领域的应用主要包括：模糊聚类分析、模糊模型识别、模糊控制。下面重点介绍在风险评估比较常用的模糊模型识别方法。

为了确定危险源级别的划定问题，应首先了解某一危险源本身的各项综合指标状况最贴近于哪一个标准，即隶属程度与贴近程度问题。常用以下标准进行划分。

(1)最大隶属原则

最大隶属原则有两种表述方式，可任选其一，经大量实践验证，虽计算方法不同，结果也不同，但归属结果一致。

1)最大隶属原则Ⅰ

设论域 $U=\{x_1,x_2,\cdots,x_n\}$ 上有 m 个模糊子集 $\widetilde{A}_1,\widetilde{A}_2,\cdots,\widetilde{A}_m$(即 m 个模型)，构成了一个标准模型库。若对于任一 $x_0\in U$，有 $i_0\in\{1,2,\cdots,m\}$ 使得：

$$\widetilde{A}_{i0}(x_0)=\bigvee_{k=1}^{m}\widetilde{A}_k(x_0)$$

则认为 x_0 相对隶属于 $\widetilde{A}_{i0}$。

2)最大隶属原则Ⅱ

设论域 $U=\{x_1,x_2,\cdots,x_n\}$ 上有一个标准模型 $\widetilde{A}$，待识别的对象有 n 个，$x_1,x_2,\cdots,x_n\in U$，如果有某个 x_k 满足

$$\widetilde{A}(x_k)=\bigvee_{i=1}^{n}\widetilde{A}(x_i)$$

则应优先录取 x_k。

(2)择近原则

设论域 U 上有 m 个模糊子集 $\widetilde{A}_1,\widetilde{A}_2,\cdots,\widetilde{A}_m$ 构成一个标准模型库$\{\widetilde{A}_1,\widetilde{A}_2,\cdots,\widetilde{A}_m\}$,$B\in F(U)$为待识别的模型。若存在 $i_0\in\{1,2,\cdots,m\}$,使得:

$$\sigma_0(\widetilde{A}_{i0},\widetilde{B})=\bigvee_{k=1}^{m}\sigma_0(\widetilde{A}_k,\widetilde{B})$$

则称 $\widetilde{B}$ 与 $\widetilde{A}_{i0}$ 最贴近,或者说把 $\widetilde{B}$ 归到 $\widetilde{A}_{i0}$ 类。上式中的 $\sigma_0(\widetilde{A}_{i0},\widetilde{B})$ 为 $\widetilde{A}_{i0}$ 与 $\widetilde{B}$ 的格贴近度。至于多个特性的择近原则和贴近度的改进等有关模糊评估方法详细理论基础知识就不一一介绍。

第五节 气象安全生产事故风险管理的风险评估实用模型

一、风险评估实用模型产生的背景

由于气象安全生产事故风险评估是针对气象安全生产单位这种小尺度的局地天气气候背景、地质地貌、经济社会发展状况和单位自身气象安全生产事故防范能力等诸多复杂多变条件下,开展和实施气象安全生产事故风险评估,具有评估对象空间尺度小但受气象危险因素影响的时间尺度长、评估的气象危险因素“风险源”种类多且局地性与突发性强、评估的气象危险因素引发的事故后果的社会影响大等特征。另外,各种风险评估方法都有各自的特点和适用范围,在选用时应根据评估方法的特点、具体条件和需要,针对评估对象的实际情况、特点和评估目标分析、比较,慎重选用,并且无论采用哪种评估方法都有相当大的主观因素,都难免存在一定的偏差和遗漏。因此需要在目前气象安全生产事故风险评估的 LEC 法、MES 法、MLS 法、人工神经网络法、安全模糊综合法、安全状况灰色系统法、系统危险性分类法、危险概率法、FEMSL 法、模糊法等基本评估方法的基础上,结合重庆气象安全生产事故风险评估试验点工作经验,从科学性、实用性、操作性等方面参考并吸收当前常用的自然灾害风险评估方法和气象灾害风险评估方法以及安全生产评价方法的优点,建立适应气象安全生产事故风险特点的评估方法,为此重庆市气象局教授李良福博士组织有关专家通过大量的气象安全生产事故风险评估实践,建立了在 MES 评估方法基础上进行优化改进的气象安全生产事故风险评估实用方法,也即气象安全生产事故风险评估的实用模型——CQMASGMES 模型。

二、风险评估实用模型建模

(一)评估实用模型 CQMASGMES 的计算公式及其物理意义

1. 评估实用模型 CQMASGMES 计算公式

$$R_{1K} = M_K E_K S_{1K}$$

$$R_1 = \sum_{K=1}^{N} (R_{1K}) = \sum_{K=1}^{N} (M_K E_K S_{1K})$$

$$R_{2K} = M_K E_K S_{2K}$$

$$R_2 = \sum_{K=1}^{N} (R_{2K}) = \sum_{K=1}^{N} (M_K E_K S_{2K})$$

2. 评估实用模型 CQMASGMES 计算公式各参数的物理意义

(1)R_{1K}表示 K 类别危险气象因素引发气象安全生产事故造成人员伤害的风险程度；

(2)R_1 表示气象安全生产单位在同一定时段内有 N 个类别危险气象因素叠加引发气象安全生产事故造成人员伤害的综合风险程度；

(3)R_{2K}表示 K 类别危险气象因素引发气象安全生产事故造成设施设备房屋等财产损失的风险程度；

(4)R_2 表示气象安全生产单位在同一定时段内有 N 个类别危险气象因素叠加引发气象安全生产事故造成设施设备房屋等财产损失的综合风险程度；

(5)N 表示气象安全生产单位在同一定时段内存在的引发气象安全生产事故的危险气象因素“风险源”类型个数。

(6)K 表示气象安全生产单位存在的危险气象因素“风险源”类型的具体类别，也即影响气象安全生产单位的气象因素类型的具体类别；

(7)M_K 表示气象安全生产单位为应对 K 类别危险气象因素引发气象安全生产事故而采取的工程性和非工程性控制措施的状态；

(8)E_K 表示气象安全生产单位及其员工暴露在影响单位及其员工的 K 类别危险气象因素频繁程度，也即危险气象因素发生频率的大小；

(9)S_{1K}表示 K 类别危险气象因素引发气象安全生产事故造成的人员伤害的情况；

(10)S_{2K}表示 K 类别危险气象因素引发气象安全生产事故造成的设施设备房屋等财产损失情况。

(二)评估实用模型的参数选择原则

1. K 参数最大值选择原则

K 参数最大值是根据气象安全生产单位所在地气象历史资料和单位由于危险气象因素导致的安全生产事故的历史资料统计分析获得的单位危险气象因素“风险源”类型的总类别数量，即影响单位的危险气象因素类型的总类别数量。一般危险气象因素由台风、暴雨、暴雪、寒潮、大风、沙尘、高温、干旱、雷电、冰雹、霜冻、大雾、霾、道路结冰、森林火险 15 种灾害天气和气压、气温、湿度、风、降水、雪、蒸发、能见度、辐射、日照、地温、云 12 种气象要素构成，因此 K 参数最大值不会大于 27。并且不同地区、不同安全生产单位所对应的灾害天气和危险气象要素形成的危险气象因素“风险源”类型的总类别数量是不同的，例如重庆煤矿安全生产事故主要由暴雨、高温、大风、大雾、低温冷害(将暴雪、寒潮、道路结冰综合为一个)、雷电等应灾害天气引起，而气象要素引发的安全生产事故几乎没有，因此重庆煤矿气象安全生产事故风险评估的 K 参数最大值为 6。

2. K 参数具体值选择原则

K 参数具体值是根据气象安全生产单位所在地气象历史资料和单位由于危险气象因素导致的安全生产事故的历史资料统计分析获得的单位危险气象因素“风险源”类型的具体类别的特征符号，即影响单位的危险气象因素类型的具体类别的特征符号，以区别各危险气象因素

"风险源"类型。例如重庆煤矿的 K 参数具体值的选择原则如表 6-21 所示。

表 6-21　重庆煤矿的 K 参数具体值选择原则表

K	1	2	3	4	5	6
灾害天气	暴雨	高温	大风	大雾	低温冷害	雷电
说明	①低温冷害风险源将暴雪、寒潮、道路结冰三个灾害性天气对煤矿安全产生影响的那部分风险内容纳入其风险范畴； ②高温灾害风险源将森林火险灾害性天气对煤矿安全产生影响的那部分风险内容纳入其风险范畴； ③由于冰雹灾害天气常常与雷电、暴雨、大风等灾害性天气同时发生，其造成的损失分别纳入雷电灾害、暴雨灾害、大风灾害等风险源的风险范畴； ④干旱灾害和霾灾害风险源引发煤矿安全事故不显著，并且干旱灾害天气和霾灾害天气分别与高温灾害性天气和大雾灾害性天气同时发生，其造成的损失分别纳入高温灾害风险源和大雾灾害风险源的风险范畴。					

3. N 参数选择原则

N 参数是根据气象安全生产单位所在地气象历史资料和单位由于危险气象因素导致的安全生产事故的历史资料统计分析获得的单位在同一定时段内存在的引发气象安全生产事故的危险气象因素类型个数，也即单位在同一定时段内存在的危险气象因素"风险源"类型个数。

4. M_K 参数选择原则

M_K 参数是根据气象安全生产单位应对 K 类别危险气象因素引发气象安全生产事故而采取的工程性和非工程性控制措施的状态的差异来确定其值大小。M_K 参数的选择原则如表 6-22 所示。

表 6-22　M_K 参数选择原则表

M_K	气象安全生产单位应对 K 类别危险气象因素引发安全生产事故的控制措施状态
5	无控制措施
3	有减轻事故后果的应急措施。例如报警系统、应紧预案等非工程性措施，具体可按照《气象灾害敏感单位安全气象保障技术规范》(DB50/368-2010)第 9 条气象灾害敏感单位安全气象保障措施规定评判
1	有预防措施。例如，建立了气象灾害预警信息接收系统和发布系统，安装了防御雷电灾害的雷电防护装置及年度安全性能检测合格等工程性措施，具体可按照《气象灾害敏感单位安全气象保障技术规范》(DB50/368-2010)第 9 条气象灾害敏感单位安全气象保障措施规定评判

5. E_K 参数选择原则

E_K 参数是气象安全生产单位及其员工暴露在影响单位及员工的 K 类别危险气象因素的暴露频繁程度，一般是根据单位所在地气象历史资料统计分析导致气象安全生产事故的 K 类别危险气象因素出现频率按照一定原则给予赋值。E_K 参数的选择原则如表 6-23 所示。

表 6-23　E_K 参数选择原则表

E_K	K 类别危险气象因素出现频繁程度	K 类别危险气象因素出现频率(%)
10	每天出现 2 次或 2 次以上	200
6	每天出现 1 次	100
3	每 7 天出现 1 次	14.2857
2	每 30 天出现 1 次	3.3333
1	每 180 天出现 1 次	0.5556
0.5	每 365 天出现 1 次或 1 次以下	0.2740

根据表 6-23 的数据可以推导出 K 类别危险气象因素出现频繁程度介于每天出现 1 次至每 365 天出现 1 次之间或 K 类别危险气象因素出现频率 P（$P=N1$ 年内出现 K 类别危险气象因素的天数/$N1$ 年总天数）介于 100%至 0.2740%之间的 E_K 值计算公式如下：

当 $0.2740\%<P<14.2587\%$时，$E_k=0.06204\ln(P)+1.3178$

从图 6-6 可知，该公式计算的 E_k 与 P 关系曲线同表 6-23 获得 E_k 与 P 关系的图解曲线非常拟合，因此该公式计算的 E_k 非常可信。

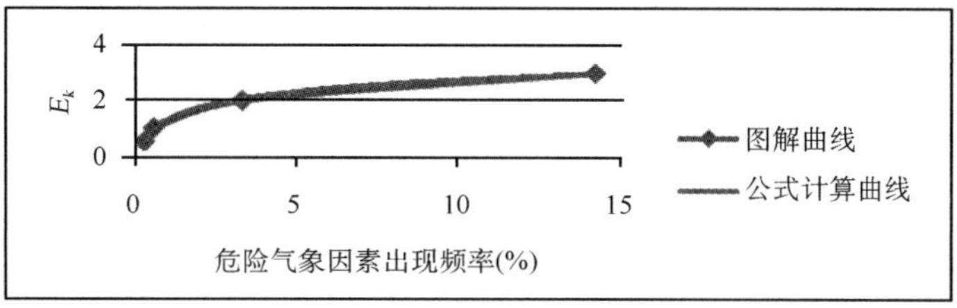

图 6-6　$P<14.2587\%$的 E_k 与 P 关系的公式计算曲线与图解曲线比较图

当 $14.2587\%<P<200\%$时，$E_k=0.00003P^2+0.0319P+2.5385$。

从图 6-7 可知，该公式计算的 E_k 与 P 关系曲线同表 6-23 获得 E_k 与 P 关系的图解曲线非常拟合，因此该公式计算的 E_k 非常可信。

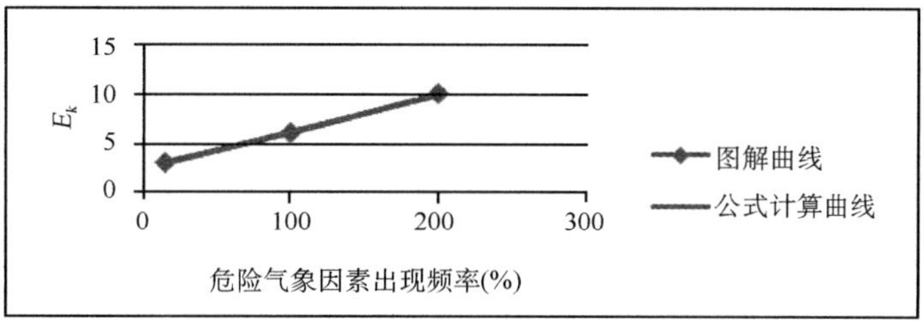

图 6-7　$P>14.2587\%$的 E_k 与 P 关系的公式计算曲线与图解曲线比较图

6. S_{1K}参数选择原则

S_{1K}参数选择的核心是确定 K 类别危险气象因素引发安全生产事故造成人员伤害状况 SS_{1K}，SS_{1K}的确定有以下几种方式：

(1)根据气象安全生产单位近 10 年以上 K 类别危险气象因素引发安全生产事故造成人员伤害的历史资料，统计分析出 K 类别危险气象因素引发安全生产事故造成人员伤害 1 年的平均值，即为该单位的 SS_{1K}。

(2)根据气象安全生产单位所在地同一个天气气候背景下的省(地或县)行政区域内近 $N1$ 年(大于 5 年)危险气象因素引发事故导致人员伤害的历史资料和人口资料分别统计分析出该行政区域内危险气象因素引发事故造成的人员死亡人数、受伤人数、人口数量的年平均值 S_{11}、S_{12}、S_{13}，并将 S_{11}、S_{12}分别除以 S_{13}然后乘以该单位员工生人数即为危险气象因素引发事故导致人员伤害的总人数 S_1；最后将 S_1 除以危险气象因素“风险源”类型的总类别数，从而获得该单位的 SS_{1K}。

(3)根据气象安全生产单位所在地的同一个天气气候背景下的省(地或县)行政区域内近 $N1$ 年(大年于 5)安全生产事故导致人员伤害的历史资料和人口资料分别统计分析出该行政区域内安全生产事故造成的人员死亡人数、受伤人数、人口数量的年平均值 S_{14}、S_{15}、S_{16}，并将

S_{14}、S_{15}分别除以 S_{16}，然后乘以该单位员工人数即为危险气象因素引发事故导致人员伤害的总人数 S_1；最后将 S_1 除以危险气象因素“风险源”类型的总类别数，从而获得该单位的 SS_{1K}。

根据该单位的 SS_{1K}，S_{1K}参数的选择原则如表 6-24 所示。

表 6-24　S_{1K}参数选择原则表

S_{1K}	发生人身伤害事故后果(SS_{1K})
10	有多人死亡
8	有 1 人死亡
4	永久失能
2	需要医院治疗
1	轻微受伤，仅需要急救

7. S_{2K}参数选择原则

S_{2K}参数选择的核心是确定 K 类别危险气象因素引发安全生产事故造成设施设备房屋等财产损失状况 SS_{2K}，SS_{2K}的确定有以下几种方式：

(1)根据气象安全生产单位近 10 年以上 K 类别危险气象因素引发安全生产事故造成设施设备房屋等财产损失的历史资料，统计分析出 K 类别危险气象因素引发安全生产事故造成设施设备房屋等财产损失的 1 年平均值，即为该单位的 SS_{2K}。

(2)根据气象安全生产单位所在地同一个天气气候背景下的省(地或县)行政区域内近 $N1$ 年(大于 5 年)危险气象因素引发事故导致设施设备房屋等财产损失的历史资料和 GDP 资料，分别统计分析出该行政区域内危险气象因素引发事故造成设施设备房屋等财产损失、GDP 的年平均值 S_{21}、G_1，同时统计出该单位 $N1$ 年 GDP 的年平均值 G_2；将 S_{21} 除以 G_1 然后乘以该单位 GDP 的年平均值 G_2 即为该单位危险气象因素引发事故导致设施设备房屋等财产损失的总损失量 S_2；最后将 S_2 除以危险气象因素“风险源”类型的总类别数，从而获得该单位的 SS_{2K}。

(3)根据气象安全生产单位所在地的同一个天气气候背景下的省(地或县)行政区域内近 $N1$ 年(大于 5 年)安全生产事故导致设施设备房屋等财产损失和 GDP 的历史资料，分别统计分析出该行政区域内安全生产事故导致设施设备房屋等财产损失、GDP 的年平均值 S_{22}、G_3，同时统计出该单位 N 年的 GDP 年平均值 G_4；将 S_{22} 分别除以 G_3，然后乘以该单位 GDP 年平均值 G_4 即为该单位危险气象因素引发事故导致设施设备房屋等财产损失的总损失量 S_2；最后将 S_2 除以危险气象因素“风险源”类型的总类别数，从而获得该单位的 SS_{2K}。

根据该单位的 SS_{2K}，S_{2K}参数的选择原则如表 6-25 所示。

表 6-25　S_{2K}参数选择原则表

S_{2K}	单纯财产损失事故后果(人民币)
10	$SS_{2K} \geqslant 1$ 亿元
8	1000 万元 $\leqslant SS_{2K} <$ 1 亿元
4	100 万元 $\leqslant SS_{2K} <$ 1000 万元
2	3 万元 $\leqslant SS_{2K} <$ 100 万元
1	$SS_{2K} <$ 3 万元

8. R_{1K} 参数选择原则

R_{1K}参数是根据上述参数通过公式计算出的 K 类别危险气象因素引发安全生产事故造成人员伤害的风险程度，用风险等级表示。R_{1K} 参数的选择原则如表 6-26 所示。

表 6-26　R_{1K} 参数选择原则表

风险源等级	R_{1K}（发生人身伤害事故）	危险程度	整改时效
一级	$R_{1K} \geqslant 180$	员工极其危险	停产整改
二级	$90 \leqslant R_{1K} < 180$	员工高度危险	立即整改
三级	$50 \leqslant R_{1K} < 90$	员工显著危险	需要整改
四级	$18 \leqslant R_{1K} < 50$	员工一般危险	需要注意
五级	$R_{1K} < 18$	员工稍有危险	可以接受

9. R_1 参数选择原则

R_1 参数是根据上述参数通过公式计算出的气象安全生产单位在同一定时段内有 N 个类别危险气象因素叠加引发安全生产事故造成人员伤害的综合风险程度，用风险等级表示。R_1 参数的选择原则如表 6-27 所示。

表 6-27　R_1 参数选择原则表

风险源等级	R_1（发生人身伤害事故）	危险程度	整改时效
一级	$R_1 \geqslant 180$	员工极其危险	停产整改
二级	$90 \leqslant R_1 < 180$	员工高度危险	立即整改
三级	$50 \leqslant R_1 < 90$	员工显著危险	需要整改
四级	$18 \leqslant R_1 < 50$	员工一般危险	需要注意
五级	$R_1 < 18$	员工稍有危险	可以接受

10. R_{2K} 参数选择原则

R_{2K}参数是根据上述参数通过公式计算出的 K 类别危险气象因素引发安全生产事故造成设施设备房屋等财产损失的风险程度，用风险等级表示。R_{2K} 参数的选择原则如表 6-28 所示。

表 6-28　R_{2K} 参数选择原则表

风险源等级	R_{2K}（单纯财产损失事故）	危险程度	整改时效
一级	$R_{2K} \geqslant 24$	财产极其危险	停产整改
二级	$12 \leqslant R_{2K} < 24$	财产高度危险	立即整改
三级	$6 \leqslant R_{2K} < 12$	财产显著危险	需要整改
四级	$3 \leqslant R_{2K} < 6$	财产一般危险	需要注意
五级	$R_{2K} < 3$	财产稍有危险	可以接受

11. R_2 参数选择原则

R_2 参数是根据上述参数通过公式计算出的气象安全生产单位在同一定时段内有 N 个类别危险气象因素叠加引发安全生产事故造成设施设备房屋等财产损失的综合风险程度，用风险等级表示。R_2 参数的选择原则如表 6-29 所示。

表 6-29 R_2 参数选择原则表

风险源等级	R_2(单纯财产损失事故)	危险程度	整改时效
一级	$R_2 \geqslant 24$	财产极其危险	停产整改
二级	$12 \leqslant R_2 < 24$	财产高度危险	立即整改
三级	$6 \leqslant R_2 < 12$	财产显著危险	需要整改
四级	$3 \leqslant R_2 < 6$	财产一般危险	需要注意
五级	$R_2 < 3$	财产稍有危险	可以接受

(三)评估实用模型 CQMASGMES 的适用范围

评估实用模型 CQMASGMES 除不适用于雷电灾害性天气引发安全生产事故的风险评估外,其他危险气象因素引发安全生产事故的风险评估均可适用。雷电灾害性天气引发安全事故的风险评估不适用于 CQMASGMES 模型的主要原因如下:

1. 由于 CQMASGMES 模型的 E_K 参数是气象安全生产单位及其员工暴露在影响单位及员工的 K 类别危险气象因素的暴露频繁程度,其时间尺度主要是日、月、年时间尺度。而雷电灾害天气的形成机制非常复杂,雷电放电生命周期在毫秒级以内,因此雷电发生频率不是日、月、年时间尺度来评估,而是秒、分钟、小时时间尺度来评估。例如,造成 2007 年重庆市开县义和镇兴业村小学学生 51 伤亡(死亡 7 人,轻伤 44 人)的雷电灾害天气在 5 月 23 日 16 时 10 分左右发生事故的 16:00—16:30 时间段内,共发生了 162 次闪电,平均每分钟发生 5 次以上;又如造成 2005 年重庆市綦江县古南镇重庆东溪化工有限公司乳化车间发生爆炸导致 31 人伤亡(死亡 19 人,轻伤 12 人)雷电灾害天气在 4 月 21 日 22 时 25 分左右发生事故的 22:00—23:00 时间段内,共发生了 6091 次闪电,平均每分钟发生 101 次以上、每秒钟发生 1 次以上。

2. 雷电灾害天气引发安全生产事故的风险非常复杂。雷电侵入安全生产单位的危害途径不仅可从空中雷电直击方式入侵,还可从空间雷电电磁脉冲方式入侵;不仅可从地面通过雷电波方式入侵,而且还可从地下雷电地电位反击发生入侵;真是无孔不入,具有典型三维侵入方式。

3. 雷电灾害天气导致的灾害事故损失惨重。例如,重庆开县一次雷击事故可造成学生 7 人死亡,重庆市綦江县古南镇重庆东溪化工有限公司次雷击事故可造成 19 人死亡。

基于上述三个方面原因使雷电灾害风险评估非常复杂而又非常重要,因此国内外都高度重视雷电灾害评估工作,国际电工委员会第 81 技术委员会制定并颁布了《雷电防护第二部分:风险管理(Protection against Lightning—Part 2:Risk Management)》(IEC 62305-2:2006 IDT),我国也等同采用了该标准制作为"雷电风险评估技术"国家推荐性技术规范(GB/T 21714.2-2008),国务院防雷行政主管机构——中国气象局制定并颁布了《雷电灾害风险评估技术规范》(QX/T85-2007)、重庆市也制定并颁布了《雷电灾害风险评估技术规范》(DB50/214-2006)。这些技术标准都非常明确地规定了雷电灾害评估的技术方法和计算公式,必须严格遵照执行。

所以,气象安全生产事故风险评估实用模型——CQMASGMES 模型,只适用于除雷电灾害天气外的其他危险气象因素引发安全生产事故的风险评估。

但是,为了确保评估实用模型 CQMASGMES 在多危险气象因素叠加风险分析的通用性,我们根据雷电灾害风险评估结论确定的气象安全生产单位防雷类别,参考《建筑物防雷设计规范》(GB50057-2101)等有关规范关于建筑物防雷类别划分标准的物理意义、《气象灾害敏感单位安全气象保障技术规范》(DB50/368-2010)关于气象灾害敏感单位类别划分标准的物理意义、CQMASGMES 模型关于危险气象因素引发安全生产事故造成人员伤害的风险等级(R_{1K})与造成设施设备房屋等财产损失的风险等级(R_{2K})的物理意义,结合重庆气象安全生产事故风险评估试验点工作研究成果,经有关专家从科学性、实用性、操作性等方面研究表明:一类防雷建筑物的单位 R_{16}、R_{26} 参数值可分别赋值为 90、12;二类防雷建筑物的单位 R_{16}、R_{26} 参数值可分别赋值为 50、6;三类防雷建筑物的单位 R_{16}、R_{26} 参数值可分别赋值为 18、3;无类别防雷建筑物的单位 R_{16}、R_{26} 参数值可分别赋值为 5、1。

(四)评估实用模型 CQMASGMES 的评估结论应用原则

1. CQMASGMES 模型评估的人员伤害与财产损失的风险等级的处置原则

CQMASGMES 模型评估的人员伤害与财产损失的风险等级处置原则是当气象危险因素引发安全生产事故造成人员伤害的风险等级和造成设施设备房屋等财产损失的风险等级同时存在时,以造成人员伤害的风险等级为主,只有造成设施设备房屋等财产损失的风险等级达到二级以上时,才将 R_{2K}、R_2 参数值的 13.738%分别叠加到 R_{1K}、R_1 参数值。

2. 气象安全生产事故敏感单位 CQMASGMES 评估的风险等级与敏感类别的关系处置原则

根据重庆市地方标准《气象灾害敏感单位安全气象保障技术规范》(DB50/368-2010)关于重庆气象灾害敏感单位的气象灾害损失等级划分和敏感单位分类的规定,气象安全生产事故发生单位即为气象灾害敏感单位。所以依据近十年重庆市气象灾害敏感单位安全管理试点经验,气象安全生产事故发生单位的气象灾害敏感类别与 CQMASGMES 评估的风险等级的关系处置原则如表 6-30 所示。

表 6-30 气象安全生产事故发生单位的风险等级与气象灾害敏感类别关系表

CQMKMES 评估的风险源等级	敏感单位的类别
一级	一类
二级	二类
三级	三类
四级	四类
五级	

三、风险评估实用模型的评估工作程序

气象安全生产事故风险评估实用模型 CQMASGMES 的评估工作流程主要分为:①受理气象安全生产单位的气象安全生产事故风险评估申请;②审查被评估单位提供的申请资料是否完整、准确,根据评估需求收集相关资料;③辨识单位的危险气象因素风险源;④分析计算气象安全生产事故风险,明确风险等级;⑤提出防范气象安全生产事故的工程性与非工程性措施以及进一步完善气象安全生产事故风险管理的建议。

CQMASGMES 的评估的具体工作程序如图 6-8 所示。

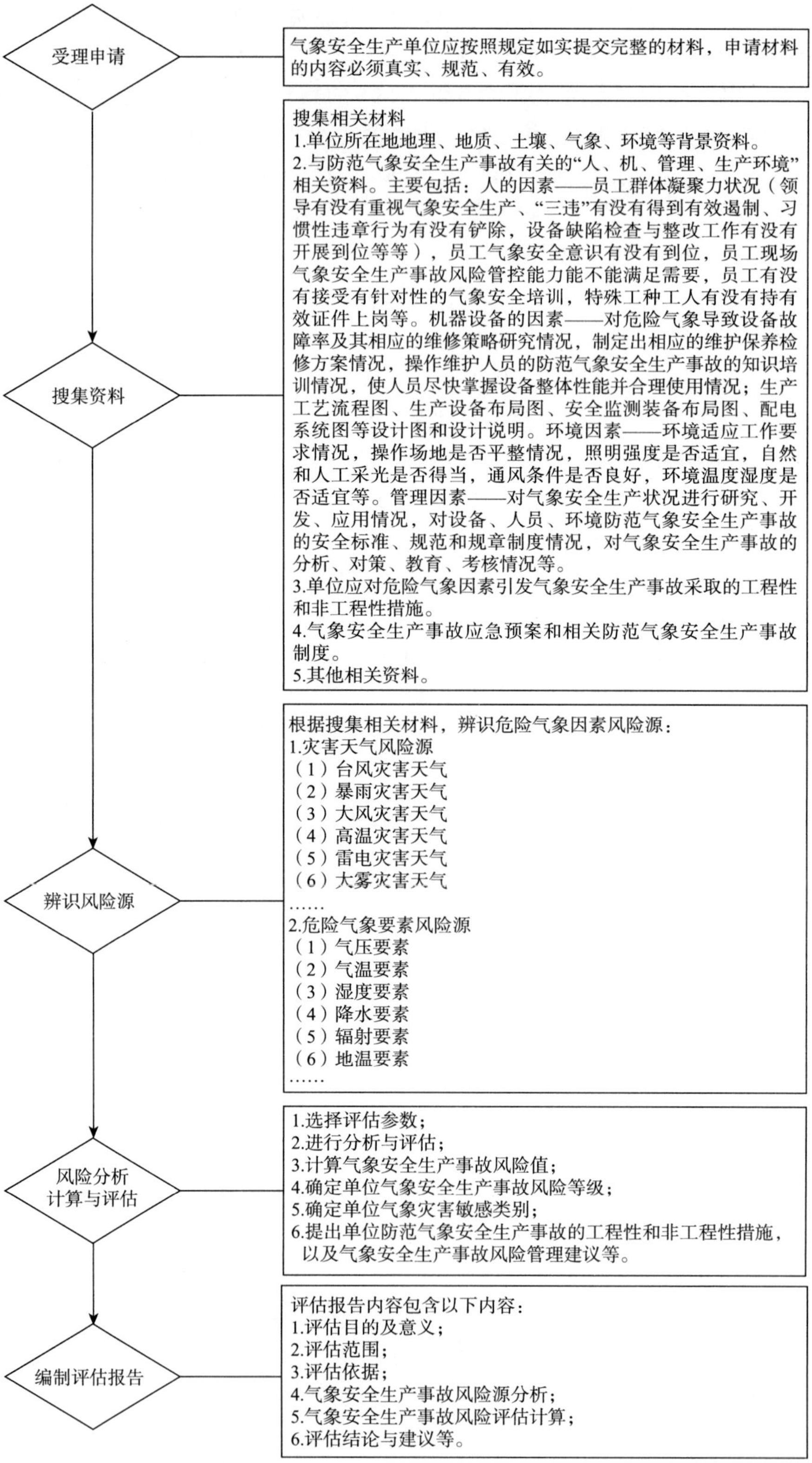

图 6-8　CQMASGMES 模型的评估工作程序

第六节　气象安全生产事故风险管理的风险预警与控制

一、气象安全生产事故风险预警

(一)气象安全生产事故风险预警的科学内涵

气象安全生产事故风险预警是指在气象危险因素引发安全生产事故发生之前,依据气象安全生产单位的安全目标确定系统中存在的风险因素,并建立相应的指标体系及其临界等级标准,在对系统中存在的各种风险进行识别、分析、评价、判断的基础上,确定系统的风险状态。对不可接受风险按照规定发出相应的警示,提醒相关人员提前采取措施控制系统出现的不安全因素,以防止、减少或控制不可接受风险,并尽量保证系统及子系统的状态远离风险临界状态,确保系统始终处于无风险、可接受风险的安全运转状态,从而避免事故的发生或最大程度的减低事故所造成的损失。

气象安全生产事故风险预警活动离不开风险预测。风险预测就是根据已知的危险气象因素演化规律,参照当前已经出现和正在出现的各种气象安全生产事故风险信息,运用科学的方法对事物未来演化趋势和状态所做的一种科学分析。因此,气象安全生产事故风险预警与风险预测都具有依据历史数据和现状了解未来趋势的功能,但是二者有显著差异:一是在内涵上,预测是人们对气象安全生产事故风险未来发展趋势的推测与分析,预测的气象安全生产事故风险既不可能是可接受风险,也可能是无风险、可接受风险;预警是指对气象安全生产事故风险的未来状态进行分析和评判,预警的气象安全生产事故风险是不可接受风险,若不采取有效果措施,风险极易向事故转变形成一系列的气象安全生产事故;二是在指标上,预测要求的气象安全生产事故风险指标比较全面,而预警指标不一定要全面,而是重点观察一些气象安全生产事故风险具有敏感性、先导性的指标;三是在结果上,预测的关键是计算气象安全生产事故风险预测值,并不一定给出相应的评判,即不需要预先设置界限来判断结果,预警的关键是分析气象安全生产事故发生的风险警情,并依据警情的严重程度给出相应的评判,需要预先设置相应的界限;四是在任务上,预测的任务是了解未来气象安全生产事故风险的状态,一般不设置报警的功能,而预警的主要任务是分析系统的不良状态,对不希望的结果发出警示信息,要有报警功能,并对此制定相应的对策措施。二者的关系是先有气象安全生产事故风险评估,再有气象安全生产事故风险预测,然后才有气象安全生产事故风险预警。所以气象安全生产事故风险预警是风险预测的一种特殊形式,是一种更高层次的风险预测。预警具有先觉性、动态性和深刻性,必须在气象安全生产事故风险评估和一般气象安全生产事故风险预测等大量前期工作做基础上,才可能做出有效的气象安全生产事故风险预警,才能及时采取措施防止气象安全生产事故风险向气象安全生产事故转变。才能防止气象安全生产事故发生,因此气象安全生产事故风险预测是气象安全生产事故风险预警的基础与保障。

(二)气象安全生产事故风险预警的原则

根据风险预警原则核心思想“即使没有科学的证据证明某些人为活动与其产生的效应之

间存在一定的联系，只要假设这些活动有可能对生命资源产生某些危险或危害的效应，就应采取适用的技术或适宜的措施减缓或直至取消这些影响，即只要存在对人的生命构成威胁的风险就应采取措施进行预防，采取预防措施不是在事故发生后，而是在事故发生前进行超前预防。”因此，预警原则要求即使没有经过科学证明人的不安全行为或物的不安全状态与事故之间具有一定的因果关系，只要怀疑其可能导致安全事故的发生就应采取行动。所以气象安全生产事故风险预警原则是“以人为本、预防为主、及时适时”。

以人为本是指在气象安全生产事故风险预警中以人为出发点和中心点。人是生产活动的主体，在气象安全生产事故中既是承灾者，又是施灾者，如果追寻事故发生最深层次的原因，管理原因也可以归为人的原因，则每起气象安全生产事故都会有人的原因在内。以人为本就是在风险预警的实施上要围绕着激发和调动人的主观能动性，全员参与风险信息的采集与辨析工作，在风险预警的运行中要以保护人的生命安全为第一目的，一旦出现可能不利于人生命安全的气象安全生产事故风险因素，就应立即采取措施确保人的安全，此时所有的利益都应让位于人的安全。

预防为主是气象安全生产事故风险预警的根基，开展气象安全生产事故风险预警的出发点是超前预防，防患于未然。风险预警可以使相关人员对目前存在的各类气象安全生产事故风险做到心中有数，对未来可能出现的风险做到预先预知，对将要出现的气象安全生产事故给出提前警告和相应的应急措施。

及时适时是气象安全生产事故风险预警在时间尺度上的基本要求，预警活动要求在警情未爆发前就要及时发出警告，相应的警情也应选择合理的时间予以发布。警情未及时发布就失去了风险报警器的作用，而警情未适时发布可能会影响气象安全生产单位的正常生产。

（三）气象安全生产事故风险预警机制

气象安全生产事故风险预警是全面风险管理的具体实现，是保证气象安全生产的最高安全管理模式，应具有以下几方面的机制。

1. 监测机制

监测机制是对气象安全生产事故风险信息进行全面采集的一种机制。监测机制要求对气象安全生产单位中存在的各类气象安全生产事故风险进行全过程、全方位的监测或检查，采集各类动态或静态的风险信息，对重大危险源建立常态监测机制，为风险预警提供信息支持。

2. 预警机制

气象安全生产事故风险预警包括预测和报警两个方面，是对气象安全生产事故风险系统进行分析、评估、预测和发出警告信息的一种机制。预警系统根据收集到的风险信息和系统的安全状态，评判系统当前的运行态势，并对未来的态势做出预测性的判断，从而决定是否发出警告。报警是预警活动的核心任务，是对系统安全状态评判结果的反应。在气象安全生产活动中，某些风险因素出现偏差可能会导致人-机-环-管理这个复杂大系统的状态波动，预警就是通过预先设置的预警区间对这种偏差或波动加以量化和评价，在时、空、强上确定可能出现的风险态势，提前发出警告。通过预警机制，相关人员可以有针对性的采取预防措施，实现风险的超前预防和超前预知，保证气象安全生产的安全状况处于良好有效的阶段。

3. 矫正机制

矫正机制是对气象安全生产系统中的风险因素进行调节和控制的一种机制，矫正机制保证系统的安全状态远离临界态。气象安全生产事故风险预警首先要依据风险因素建立一套与之相适应的预警指标体系，并给出相应指标及其临界值，预警模型通过指标分析系统及其子系统的安全状态，如果系统处于远离临界态，则可以对个别风险因子的偏差进行微调，从而保证系统维持在远离临界态的轨道上，如果系统处于超临界态，微观调控起不到理想的效果，则应启动应急机制。

4. 免疫机制

免疫机制是对同质性气象安全生产事故的自动报警和防控的一种机制。根据气象安全生产事故风险的演化规律，建立合理的知识库，当气象安全生产中出现同质性诱因或征兆时，通过数据挖掘等技术和专家系统，预警系统自动给出相应的警情和防控措施，并可通过连锁控制等技术手段控制触发因子，实现事故预防的自动化和程序化。

5. 反馈机制

反馈机制是气象安全生产事故风险预警活动的桥梁，通过信息反馈实现预警活动的动态循环和闭环管理，以保证预警活动的完备性和动态适应性。

因此，气象安全生产事故风险预警机制的基本职能，就是以监测为基础，以预警为手段，以矫正和免疫为目标，以控制系统处于安全状态为目的，在反馈机制的控制下，形成一种新的具有防错、纠错、报错与改错的全面风险预警职能。

（四）气象安全生产事故风险预警的基本要素

气象安全生产事故风险预警中，经常使用如下几种预警要素。

1. 警情

气象安全生产单位的生产系统是一个广延耗散系统，由于系统与形成气象危险因素的大气环境和其他环境不断进行信息、物质和能量的交换，导致系统或子系统的状态可能出现不希望发生的偏差，从而形成气象危险因素引发气象安全生产事故的风险，这种偏差称为警情，它是风险预警时需要监控和预报的内容。

2. 警义

气象安全生产单位在生产过程中出现警情的含义。警义包括警素和警度两个参数，警素是构成警情的指标，是警情的客观反映；警度是警情的严重程度，是对警素定性与定量评判的结果。

3. 警源

气象安全生产单位在生产过程中警情产生的根源，警源存在于气象安全生产事故风险的危险源中，主要是指灾害天气和危险气象要素，它是风险预警的对象。

4. 警兆

警源随气象安全生产单位的生产系统状态变化而导致警情变化的先兆。它是预警的依据，通过警兆分析可以判断系统的警情。

5. 警点

警点也称为警限，是警情由量变到质变的临界点，或是各级警度的分界点。在气象安全生产事故风险预警中，依据气象安全生产单位的生产系统距离临界态的远近和警源的变化合理地确定警点是预警成败的关键。

（五）气象安全生产事故风险预警的基本程序

依据气象安全生产事故风险预警的三维结构（图6-9），气象安全生产事故风险预警的基本程序可以划分为预警的逻辑维、预警的时间维、预警的知识维等三个维度。

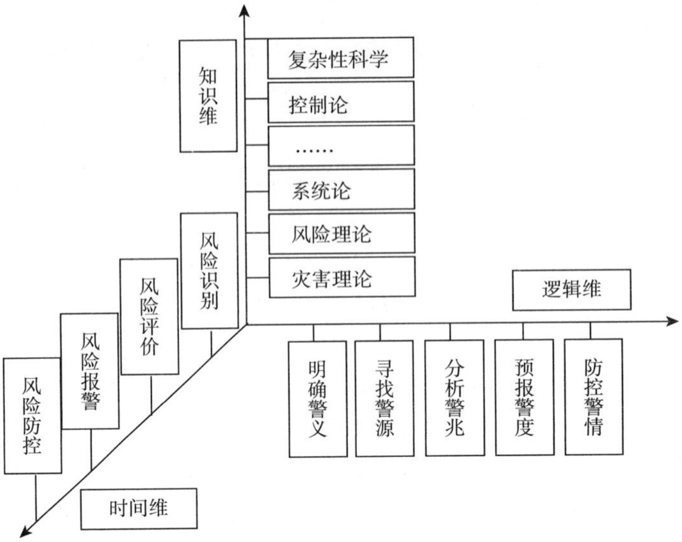

图 6-9 气象安全生产事故风险预警的三维结构

1. 预警的逻辑维

预警的逻辑维是解决预警问题的逻辑过程，是运用系统工程的方法进行思考和解决问题时应遵循的一般过程。气象安全生产事故风险预警的逻辑维包括明确警义、寻找警源、分析警兆、预报警度和防控警情五个部分。

明确警义是明确气象安全生产在生产中存在的各类气象安全生产事故风险因素，确定对谁预警。明确警义需要确定两个方面的内容：一是确定警素，在复杂的气象安全生产事故中，事故发生的“蝴蝶效应”说明追求完备的事故原因可能是无穷尽的，如何在复杂多变的气象安全生产事故风险因子中找出主要的和根本的警素，是气象安全生产事故风险预警的前提；二是确定警度，即气象安全生产单位的生产系统距离临界态的远近程度和偏离理想区域的波动程度。

寻找警源是明确气象安全生产事故风险预警的对象，确定对什么预警。在系统工程和复杂性理论的指导下，通过对气象安全生产事故风险的显性危险源和隐性危险源的定性与定量分析确定可能导致事故发生的根源，然后通过直接或间接的风险信息采集方式对警源的风险状态实施检测或监测。

分析警兆是指分析气象安全生产单位的生产系统状态突变的先兆，确定以什么预警。气象安全生产事故研究表明，事故的发生大都经历一个孕育、潜伏、预兆、临界、爆发、持续、消退、平息的过程，生产系统在这些不同状态中会发出具有自身状态的特征属性，这些特征属性就是系统风险状态变化的警兆。

预报警度是指通过各种预警信号给出生产系统偏离安全态的程度，即距离临界态或各级等级标准的远近程度。预报警度是预警的结果体现，是警情的具体体现，是防控警情的基础，预警工作人员依据警度采取不同的措施。

防控警情是指通过采取各种措施对系统存在的风险进行矫正和控制的活动，是预警的最终目的。防控警情应在预警原则的指导下，充分结合气象安全生产单位实际情况，寻找既能将安全风险降至最低又能实现气象安全生产单位整体利益最大化的最优方案。

2. 预警的时间维

预警的时间维是气象安全生产事故风险预警活动在时间上的先后顺序，包括气象安全生产事故风险识别、风险评估、风险报警和风险防控四个阶段。

风险识别是风险预警的第一步，通过各种手段采集相应的气象安全生产事故风险信息，分析系统中存在的各种风险，为评估气象安全生产单位的生产系统或子系统的风险状态提供依据。风险评估是气象安全生产事故风险预警的核心，在风险识别的基础上，依据从定性到定量的综合集成方法对系统进行评价，确定系统风险程度，如果在可接受范围内则保证系统的继续运行，如果超出可接受范围，则判断其偏离理想状态的程度，转入下一个环节。风险报警即通过声音、信号等各种提示手段发出气象安全生产单位的生产系统当前相应的风险警度，提醒相关人员注意，必要时采取各种手段进行调控。风险防控是在风险识别、评价与报警的基础上，通过合理的手段保证气象安全生产单位的生产系统远离临界态。

3. 预警的知识维

预警的知识维是指气象安全生产事故风险预警成功实施所依托的各种理论知识和技术。风险预警的知识维是灾害理论、安全科学理论、系统论、信息论、控制论、决策论、复杂性理论、计算机科学等各领域的知识集成。

（六）气象安全生产事故风险预警系统的组成及功能

1. 风险预警的对象

在气象安全生产单位生产经营活动中，气象安全生产事故风险无处不在，不仅存在诸如灾害天气、危险气象要素等显性风险，还存在包括人、物（设备）、环境和管理方面与灾害天气、危险气象要素耦合效应带来的隐性风险。由于气象安全生产事故风险的复杂性，显性风险和隐性风险的划分是相对的，二者具有一定的交叉性和融合性。显性风险比较直观，可以依据其发生机理安置相应的监测设备进行信息监测，可以依据预警知识库中的预警知识预警，隐性风险具有较强的隐蔽性和难以定量性，在风险识别时容易遗漏，由于其具有模糊化和难以定量化的特点，必须采用一定的技术手段才能进行预警分析和判断，因此更具有危害性。

显性危险一般需要分析其演化机制，从气象安全生产事故中寻找风险因子，从事故中寻找经验和规律。

隐性风险，一般从危险气象因素对人、机、环、管理四个方面影响进行研究，隐性风险包括以下四个方面的风险因素：一是人的风险因素。主要是指各种危险气象因素对员工身体健康状况、工作时间、工作负荷、工作压力、工作满意度、知识文化程度、特殊技能水平人员培训情况、现场安全管理水平等方面影响而引发气象安全生产事故的风险。二是机器设备的风险因素。主要是指各种危险气象因素对设备标准符合性、设备可靠性、安全装置完好程度、设备完好率、设备更新改造率、设备维护率等方面影响而引发气象安全生产事故的风险。三是管理的风险因素。主要是指各种危险气象因素对安全管理制度情况、安全操作规程情况、安全投入、安全文化、安全标准化作业、应急预案的完善性、安全检查落实情况、隐患整改情况、信息沟通有效率等方面影响而引发气象安全生产事故的风险。四是环境的风险因素。主要是指各种危险气象因素对生产经营活动环境（如：温度、湿度、风速、有效风量、噪声、有害气体、照明）、自然环境（如：地理、地质、土壤、水文、植被）、经济社会环境（如：经济社会发展水平、抢险救援能力）等方面影响而引发气象安全生产事故的风险。

2. 风险预警系统的基本构成

气象安全生产事故风险预警系统是为实现预警功能而设计的综合管理系统。在建立风险预警系统时需要遵循以复杂性科学和预警理论为指导，以准确、适用、客观的统计资料为基础，以相应法律法规、规程、标准为依据，以当前气象安全生产单位的实际情况为出发点，兼顾硬件系统和软件系统的原则。因此气象安全生产事故风险预警系统主要由风险预警监测、风险预警信息、风险预警指标体系、风险预警知识库、预警评价、预警对策库 6 个子系统组成。

二、气象安全生产事故风险控制

气象安全生产事故风险控制是指在风险识别和风险评估的基础上，针对气象安全生产单位所存在的风险因素，积极采取控制措施，以消除或减少风险因素的危险性。在事故发生前，降低事故的发生概率；在事故发生后，将损失减少到最低程度，从而达到降低预期人员伤亡、财产损失的目的。因此，风险控制的本质是减少损失概率或降低损失程度。通过风险控制，气象安全生产单位可以弄清风险的来源、形成过程、潜在破坏机制，监督风险的影响范围以及风险的破坏力程度，综合运用各种方法、手段和措施，对风险实行有效的控制，采取主动行动，创造条件，尽量扩大风险事件的有利结果，妥善地处理风险事故造成的不利后果，以最少的成本保证安全、可靠地实现单位气象安全生产的总目标。

气象安全生产单位应根据风险评价的结果及经营运行情况等，确定不可接受的风险，制定并落实控制措施，将风险尤其是重大风险控制在可以接受的范围。气象安全生产单位在选择风险控制措施时应考虑可行性、安全性、可靠性。风险控制措施的建立应包括以下内容：一是工程技术措施；二是管理措施；三是培训教育措施；四是个体防护措施。同时应将气象安全生产事故风险评估的结果及所采取的控制措施对从业人员进行宣传、培训，使其熟悉工作岗位和作业环境中存在的危险、有害因素，掌握并落实应采取的控制措施。

第七章 气象安全生产事故风险管理的对策措施研究

随着全球气候变暖，一些极端天气事件，如高温天气、强降水、台风等频繁发生，尤其是经济社会快速发展，人类生产经营活动涉及面越来越广，气象危险因素引发气象安全生产事故的出现频率也显著增高，其造成的人员伤亡、财产损失、社会影响也越来越严重。如何最大限度地减轻或者避免气象危险因素引发气象安全生产事故造成的人员伤亡、财产损失和社会影响，已受到了世界各国的普遍关注。防范气象安全生产事故已经成为国家气象安全生产和公共安全的重要组成部分，成为政府履行社会管理和公共服务职能的重要体现。因此为了防止和减少气象安全生产事故发生，必须进一步强化气象安全生产事故风险管理，下面从气象部门承担的职责出发，认为强化气象安全生产事故风险管理应主要采取以下对策措施：一是根据国家行政管理体制改革和“简政放权、放管结合、优化服务”改革要求，强化气象安全生产事故风险管理的合法性、规范性、社会性、操作性；二是根据经济社会发展和人民群众需求，强化气象安全生产事故风险管理的敏感性、动态性、前瞻性；三是进一步加强全社会气象现代化建设，强化气象安全生产事故风险管理的科学性、系统性；四是进一步加强气象科普宣传，强化气象安全生产事故风险管理的自觉性。为此提出了 4 个“完善”、3 个“加强”、2 个“提升”、1 个“建立”的强化气象安全生产事故风险管理的“1234 系统工程”，仅供参考。

第一节 完善地方安全气象法规体系 强化气象安全生产事故风险管理的合法性

随着《行政许可法》的实施，尤其是新时期深化行政体制改革，转变政府职能的简政放权、放管结合、优化服务同时推进，加快建设法治政府、创新政府、廉洁政府、服务型政府，逐步实现政府治理能力现代化，对依法推进气象安全生产事故风险管理提出了更高要求。虽然《中华人民共和国气象法》《人工影响天气管理条例》《气象灾害防御条例》《气象设施和气象探测环境保护条例》《国务院对确需保留的行政审批项目设定行政许可的决定》《气象行政复议办法》等国家法律法规、部门规章和国务院“三定”方案，明确了气象主管机构的社会管理职能，尤其是 2014 年 12 月 1 日施行《中华人民共和国安全生产法》第九条关于“国务院有关部门依照本法和其他有关法律、行政法规的规定，在各自的职责范围内对有关行业、领域的安全生产工作实施监督管理；县级以上地方各级人民政府有关部门依照本法和其他有关法律、法规的规定，在各自的职责范围内对有关行业、领域的安全生产工作实施监督管理。”和《国务院安全生产委员会关于印发〈国务院安全生产委员会成员单位安全生产工作职责分工〉的通知》（安委〔2015〕5 号），进一步明确了气象部门的气象安全工作监管理能。但这都是国家层面上比较原则性的宏观规定。每个省(自治区、直辖市)须根据本行政区域的地理位置、气候背景、经济社会发展需求，结合气象危险因素引发气象安全生产事故的实际，制定地方性法规来进一步细化基层气象部门的气象安全工作监管职能，甚至增加基层气象部门的气象安全工作监管职能，使基层气象部门按照“管行业必须管安全、管业务必须管安全、管生产经营必须管安全”的要求，行使气象安全工作监管职能更具有合法性，从而进一步增强气象安全生产事故风险管理的合法性。

例如：重庆市人民政府为了加强气象部门对遭受暴雨、雷电、大雾等灾害性天气时，可能造成较大气象灾害(Ⅲ级气象灾害)单位的防御气象灾害的社会管理，组织有关专家，研究制定了《重庆市气象灾害预警信号发布与传播管理办法》(以下简称《办法》，图 7-1)，该办法第十四条规定“气象灾害敏感单位应当建立气象灾害预警信号接收责任制度，设置预警信号接收终端。收到预警信号后，应当按照应急预案的要求立即采取有效措施做好气象灾害防御工作，避免或者减少气象灾害损失。气象灾害敏感单位是指根据其地理位置、气候背景、工作特性，经重庆市气象主管机构确认，在遭受暴雨、雷电、大雾等灾害性天气时，可能造成较大气象灾害以上的单位。”；第十二条规定“气象灾害预警区域的区、县(自治县)和乡镇人民政府在收到预警信号后，应当按照应急预案的要求立即采取有效措施做好气象灾害防御工作，避免或者减少气象灾害损失。”；第十三条规定“气象灾害防御有关行政管理部门应当与气象主管机构建立联动机

(a)《办法》有关专家研讨会

(b)《办法》部门、区县政府论证会

(c)《办法》新闻发布会

(d)《办法》电视宣传贯彻

图 7-1　重庆市人民政府令第 224 号研讨制定发布宣传贯彻

制，依据易燃易爆场所、有毒有害场所、重要公共场所、大型公共设施的气象灾害风险评估等级，制定防御气象灾害的应急预案，做好预警信号接收和灾害防御工作。”；第十七条第二款规定“气象灾害敏感单位违反本办法规定，未建立气象灾害预警信号接收责任制度、未设置预警信号接收终端的，由气象主管机构责令限期改正。”

该《办法》创设了重庆市、区（县）级气象主管机构确认“气象灾害敏感单位”，并规定了“气象灾害敏感单位”的责任，建立了防御气象灾害责任到单位的责任制度。为重庆市、区（县）级气象部门监督“区县（自治县）和乡镇人民政府”“有关行政管理部门”“气象灾害敏感单位”在防御本行政区域、本部门、本单位气象灾害中是否责任到位，奠定了坚实的法律基础。

重庆市气象局依据该《办法》还积极协调协调和协助重庆市市政府办公厅、应急办公室出台了《重庆市人民政府办公厅关于加强气象灾害敏感单位安全管理的通知》，就加强全市气象灾害敏感单位安全管理有关事项，向各区、县（自治县）人民政府，市政府各部门，有关单位提出以下要求：

1. 提高认识，增强做好气象灾害敏感单位安全管理工作的紧迫感和责任感

随着重庆市经济社会加速发展，气象灾害对人民群众生命财产安全构成的威胁不断加大，气象灾害防御已成为重庆市气象工作的重中之重。气象灾害敏感单位是重庆市气象灾害防御的重要载体，是实现气象灾害可防、可控的核心环节。加强气象灾害敏感单位安全管理是贯彻落实科学发展观、科学防灾减灾、打造“平安重庆”的重要举措。全市各级各有关部门、单位要切实增强紧迫感和责任感，充分认识加强气象灾害敏感单位安全管理工作对保障人民群众生命财产安全的重要意义，把此项工作纳入重要议事日程，不断细化措施，尽快形成政府统一领导、部门协调联动、灾害敏感单位具体负责的防灾减灾新格局。

2. 明确任务，全面推进气象灾害敏感单位安全管理工作

（1）气象部门要切实做好气象灾害敏感单位安全管理前期工作。一是要做好气象灾害敏感单位的类别认定和气象灾害风险评估工作。二是要制订完善气象灾害敏感单位防御气象灾害方案，指导重庆市政府有关部门、有关单位开展气象灾害安全管理工作。三是要加强气象灾害监测和预警预报服务，进一步完善气象灾害信息共享机制，加快预警信息发布平台建设。四是要组织开展各类气象灾害敏感单位安全气象保障技术应用培训。

（2）重庆市市政府有关部门、有关单位要认真做好气象灾害敏感单位安全管理工作。市经济信息委、教委、科委、城乡建委、交委、农委、商委、公安局、民政局、国土房管局、环保局、市政委、水利局、文化广电局、卫生局、安监局、林业局、旅游局、港航局、通信管理局，重庆保监局、重庆海事局、成铁重庆办事处、民航重庆监管局、华中电监局重庆电监办等部门和单位要按照气象灾害敏感单位防御气象灾害方案规定的步骤，认真组织本行业相关企事业单位开展气象灾害敏感单位类别自评和气象灾害敏感单位类别认证申报工作；督促本行业气象灾害敏感单位落实各项安全气象保障措施。

要按照《重庆市人民政府关于进一步落实企业安全生产主体责任的决定》有关规定，强化气象灾害敏感单位安全生产主体责任量化考评，将安全气象保障制度、措施的落实情况与单位安全等级评估挂钩。

3. 突出重点，强化气象灾害敏感单位安全气象保障措施

各区县（自治县）人民政府、市政府有关部门、有关单位要突出重点，做到有的放矢，重点做好十大类气象灾害敏感单位的安全气象保障工作。一是制造、使用或贮存大量易燃易爆、有毒

有害等危险物质的单位。二是具有易燃易爆、有毒有害环境的单位。三是具有省级以上的会堂、办公建筑物、大型展览和博览建筑物、大型火车站、国宾馆、档案馆、重点保护文物的单位。四是具有供水、供电、交通、通信等重要基础设施的单位。五是具有对国民经济有重要意义的大量电子设备的单位。六是具有大中型水库的单位。七是具有人员密集场所的单位。八是曾经发生过气象灾害且损失重大的单位。九是具有受灾害性天气影响较大的大中型建设项目、重点工程、旅游景点、林场的单位。十是法律法规以及规范性文件规定的单位。上述十类气象灾害敏感单位必须严格按照《气象灾害敏感单位安全气象保障技术规范》(DB50/368-2010)有关规定,分解安全气象保障工作目标任务,强化相应的安全气象保障措施,定期组织开展气象灾害隐患排查、整改。

4. 加强领导,落实气象灾害敏感单位安全管理责任

重庆市各区县(自治县)人民政府、市政府有关部门、有关单位要加强领导,建立气象灾害敏感单位安全管理联席制度,要定期组织有关部门对气象灾害敏感单位安全气象保障制度运行情况进行检查评估,总结经验,汲取教训,不断完善保障措施;要强化考核,把气象灾害敏感单位安全管理工作推进情况纳入安全目标考核体系;要认真落实气象灾害防御工作责任,对因保障措施不到位、责任落实不到位造成事故的单位,要依据法律、法规及有关规定严肃追究相关责任人的责任。

由于气象灾害事故包含气象自然灾害事故、气象安全生产事故、气象公共安全事故,是气象安全生产事故、气象公共安全事故、气象自然灾害事故的总称,因此该《办法》涉及的气象灾害敏感单位当然也包含了气象安全生产事故发生单位、气象公共安全事故发生单位、气象自然灾害事故发生单位,即气象安全生产事故发生单位、气象公共安全事故发生单位是气象灾害敏感单位主要构成单位,所以上述地方规章、技术标准和规范性文件也进一步强化了气象安全生产事故风险管理的合法性。例如重庆市北碚区气象局依据上述规章、技术标准和规范性文件,在北碚区政府和有关部门的协助下,开展了北碚区气象灾害敏感单位类别认证管理试点工作(图 7-2),进一步强化了北碚区气象安全工作监管职能和公共服务职能,初步探索出了一条社会单位依法防灾、科学防灾的新路,做好本单位安全气象工作,有效落实了社会单位防范气象安全事故的主体责任。

图 7-2　北碚区气象灾害敏感单位类别认证管理有关工作

另,2016 年 3 月 1 日重新修订后实施的《重庆市安全生产条例》第七条“……经济信息、公安、建设、交通、农业、商业、国土房管、市政、水利、质量技术监督、旅游、海事、煤矿、气象等其他负有

安全生产监督管理职责的部门等其他负有安全生产监督管理职责的部门，在各自职责范围内依法对本行业、本领域的安全生产工作实施监督管理，承担本行业、本领域安全生产直接监督管理责任……”(图 7-3)，也进一步明确了气象部门是负有安全生产监督管理职责部门。因此气象部门必须在各自职责范围内依法对气象安全生产工作实施监督管理，承担气象安全生产直接监督管理责任。该地方条例实施也为重庆气象部门实施气象安全生产事故风险管理职能奠定法制基础。因此，完善地方安全气象法规体系，是强化气象安全生产事故风险管理职能的法律保障。

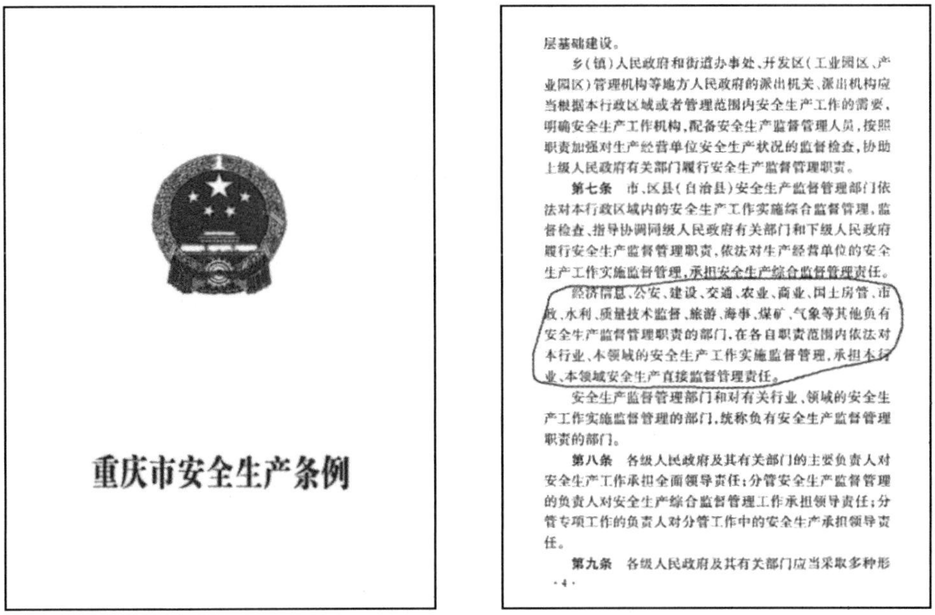

层基础建设。

乡(镇)人民政府和街道办事处、开发区(工业园区、产业园区)管理机构等地方人民政府的派出机关、派出机构应当根据本行政区域或者管理范围内安全生产工作的需要，明确安全生产工作机构，配备安全生产监督管理人员，按照职责加强对生产经营单位安全生产状况的监督检查，协助上级人民政府有关部门履行安全生产监督管理职责。

第七条　市、区县(自治县)安全生产监督管理部门依法对本行政区域内的安全生产工作实施综合监督管理，监督检查、指导协调同级人民政府有关部门和下级人民政府履行安全生产监督管理职责，依法对生产经营单位的安全生产工作实施监督管理，承担安全生产综合监督管理责任。

经济信息、公安、建设、交通、农业、商业、国土房管、市政、水利、质量技术监督、旅游、海事、煤矿、气象等其他负有安全生产监督管理职责的部门，在各自职责范围内依法对本行业、本领域的安全生产工作实施监督管理，承担本行业、本领域安全生产直接监督管理责任。

安全生产监督管理部门和对有关行业、领域的安全生产工作实施监督管理的部门，统称负有安全生产监督管理职责的部门。

第八条　各级人民政府及其有关部门的主要负责人对安全生产工作承担全面领导责任；分管安全生产监督管理的负责人对安全生产综合监督管理工作承担领导责任；分管专项工作的负责人对分管工作中的安全生产承担领导责任。

第九条　各级人民政府及其有关部门应当采取多种形

·4·

图 7-3　《重庆市安全生产条例》第七条

第二节　完善地方安全气象标准体系　强化气象安全生产事故风险管理的规范性

随着国家和地方法律、法规和部门规章的不断完善，明确了气象部门的安全气象管理职能，但是气象部门怎么做才能更好地行使安全气象管理职能，做好气象安全生产事故风险管理呢？显然只有按照《中华人民共和国安全生产法》第十条关于“国务院有关部门应当按照保障安全生产的要求，依法及时制定有关的国家标准或者行业标准，并根据科技进步和经济发展适时修订。生产经营单位必须执行依法制定的保障安全生产的国家标准或者行业标准”的要求，进一步完善安全气象标准体系，使气象部门在安全气象管理范围内获得最佳的管理秩序，发挥气象科技在防范气象安全生产事故中的最大效用。尤其是在国家“简政放权、放管结合、优化服务”改革的大背景下，如何强化防范气象安全生产事故的事前指导、事中事后监管呢？显然只有进一步完善安全气象标准体系，才能确保气象部门安全气象监督管理和气象安全生产事故风险管理的规范性。虽然目前中国气象局组织有关专家制定了 200 多个国家和行业的气象标准，促进了各级气象部门的社会管理的规范性。但是这些标准专业性强，主要规范了各级气象部门内部气象业务，不能完全满足气象部门规范行使安全气象社会管理职能的需求。因此，每个省（自治区、直辖市）气象部门应根据所在行政区域的地理位置、气候背景、经济社会发展需求，结合气象危险因素引发气象安全生产事故的实际，制定相应的安全气象地方标准，从而进一步强化气象部门安全气象监督管理和气象安全生产事故风险管理的规范性。

例如，重庆市气象局制定印发了《重庆市气象社会管理和公共服务地方标准制修订计划（2014—2017年）》（渝气办发〔2014〕34号）。并积极组织有关专家编制完成了《气象灾害标准》（DB50/T270-2008）、《气象灾害敏感单位安全气象保障技术规范》（DB50/368-2010）、《高速公路交通气象监测站建设技术规范》（DB50/T572-2014）、《气象灾害敏感单位风险评估技术规范》（DB50/T580-2014）、《系留气球安全操作技术规范》（DB50/T 581-2015）、《人工影响天气作业事故调查规范》（DB50/T 582-2015）、《气象灾害风险评估技术规范第一部分：暴雨》（DB50/T 583.1-2015）、《气象灾害风险评估技术规范第2部分：干旱》（DB50/T 583.2-2015）、《气象灾害风险评估技术规范第3部分：高温》（DB50/T 583.3-2015）、《气象灾害风险评估技术规范第4部分：强降温》（DB50/T 583.4-2015）和《雷电灾害的调查与鉴定技术规范》（DB50/T211-2006）、《建筑物防雷检测技术规范》（DB50/212-2006）、《电子信息系统防雷检测技术规范》（DB50/213-2006）、《雷电灾害风险评估技术规范》（DB50/214-2006）、《建筑防雷设计评价技术规范》（DB50/217-2006）、《建筑防雷施工质量控制与验收规程》（DBJ50-060-2006）、《桥梁工程防雷技术规范》（DB50/T 279-2008）、《城镇燃气防雷技术规范》（DB50/T280-2008）、《煤矿防雷技术规范》（DB50/T 281-2008）、《跨座式单轨交通防雷技术规范》（DBJ/T50-092-2009）、《应急抢险救援防雷安全技术规范》（DB50/333-2009）、《重庆市村镇建设防雷技术标准图集》（DJBT-066）等22部地方安全气象标准（图7-4）。

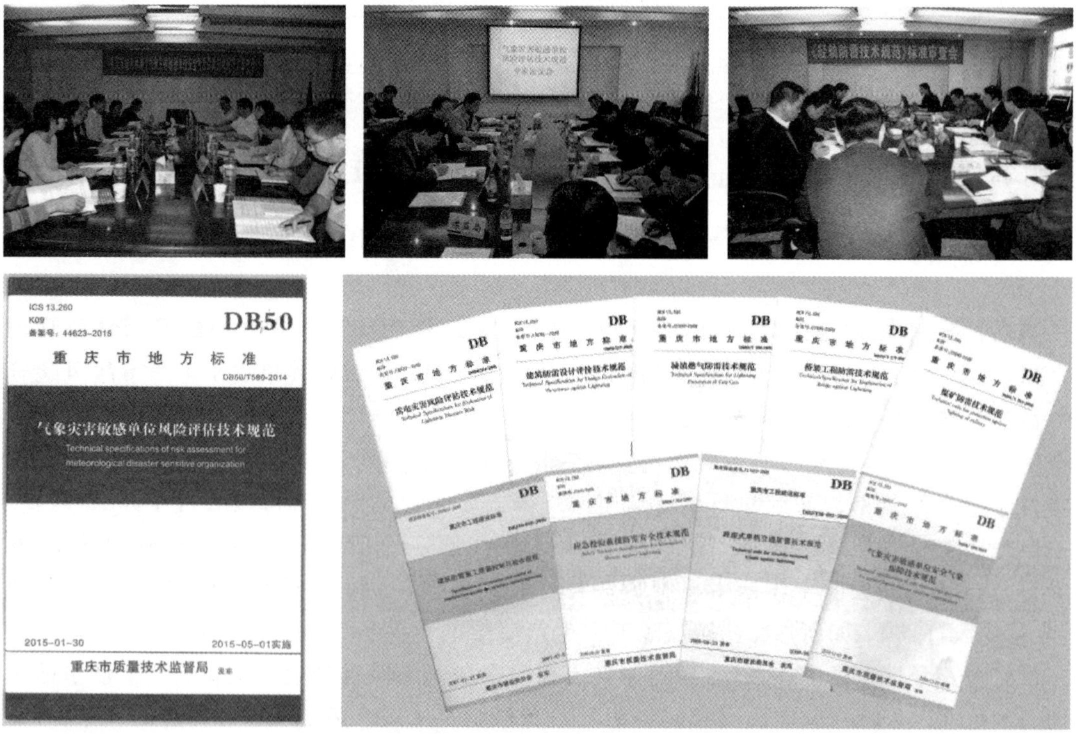

图7-4　地方安全气象标准专家评审会及标准

使气象部门安全气象监督管理和气象安全生产事故风险管理更具有规范性，尤其是地方防雷安全技术标准体系的建立，使重庆市行政区域内的新建项目防雷安全工作从规划选址、防雷工程设计评价、施工过程监审、工程竣工后的总体验收、防雷装置安全检测、雷电灾害调查鉴定等全过程都按照标准化方式进行规范管理，不仅有效增加了重庆市、区（县）级气象部门防雷安全社会管理职能的技术权威性，而且进一步促进了新建、改建、扩建建设项目防雷安全规范管理，从源头上确保了建设项目防雷安全基础性、本质性安全。

因此，完善地方安全气象标准体系是规范化、标准化实施安全气象监督管理和气象安全生产事故风险管理，从源头上实现基础性、本质性气象安全生产的重点内容。

第三节　完善基层安全气象责任链条 强化气象安全生产事故风险管理的社会性

通过在服务中实施管理，在管理中体现服务来加强和创新安全气象监督管理和气象安全生产事故风险管理及其服务，切实落实各级政府、部门、社会单位在气象安全生产的“党政同责、一岗双责、属地责任、综合监管、直接监管、主体责任、失职追责”，就必须要求安全气象监督管理和气象安全生产事故风险管理及其服务具有广泛的社会参与，但是由于目前体制机制决定了安全气象监督管理和气象安全生产事故风险管理及其服务是社会分工合作提供。因此，气象部门要确保安全气象监督管理和气象安全生产事故风险管理及其服务具有广泛的社会性，必须调动全社会资源共同参与安全气象监督管理和气象安全生产事故风险管理及其服务，才有可能实现。而目前能够调动全社会资源共同参与安全气象监督管理和气象安全生产事故风险管理及其服务的方式主要有三种：一是通过上级政府、管理部门、社会单位对下级政府、下级管理部门、下级社会单位的人事、财政、物质资源控制与管理的行政管理链条，来调动下级政府、下级管理部门、下级社会单位资源参与安全气象监督管理和气象安全生产事故风险管理及其服务；二是通过市场经济规律的经济效益链条，来调动想在安全气象监督管理和气象安全生产事故风险管理及其服务中来获得经济效益的政府、管理部门、社会单位的资源参与安全气象监督管理和气象安全生产事故风险管理及其服务；三是通过《中华人民共和国安全生产法》《中华人民共和国气象法》《生产安全事故报告和调查处理条例》《气象灾害防御条例》等有关法律、法规、规章和技术标准及规范性文件规定的政府、部门、社会单位防御气象灾害责任（包含了防范气象安全生产事故的责任）的安全气象责任链条，来调动具有防御气象灾害责任和安全气象责任政府、管理部门、社会单位的资源参与安全气象监督管理和气象安全生产事故风险管理及其服务。

显然，气象部门对区（县）、乡（镇、街道办事处）、村民委员会（居民委员会）三级基层行政管理机构和区（县）与乡（镇、街道办事处）级有关部门以及村民委员会（居民委员会）管理辖区内气象灾害敏感单位（包含了气象安全生产事故发生单位和气象公共安全事故发生单位）无行政管理权，同时也无法满足那些想通过安全气象监督管理和气象安全生产事故风险管理及其服务获得经济效益的政府、行业管理部门、社会单位的经济效益需求，即气象部门不可能通过“行政管理链条”“经济效益链条”来调动全社会资源参与安全气象监督管理和气象安全生产事故风险管理及其服务。因此，气象部门必须转变政府职能，以“简政放权、放管结合、优化服务”改革为契机，贯彻落实气象安全生产的“党政同责、一岗双责、属地责任、综合监管责任、直接监管责任、主体责任、失职追责”“管行业必须管安全、管业务必须管安全、管生产必须管安全”“安全生产和重大安全生产事故风险‘一票否决’”，建立健全适应安全气象监督管理和气象安全生产事故风险管理及其服务的区（县）、乡（镇、街道办事处）、村民委员会（居民委员会）三级基层行政管理机构和区（县）级气象部门及区（县）与乡（镇、街道办事处）级有关部门、气象灾害敏感单位等安全气象监督管理和气象安全生产事故风险管理及其服务全过程的“安全气象责任链条”，进一步明确区（县）、乡（镇、街道办事处）、村民委员会（居民委员会）三级基层行政管理机构和区（县）级气象部门及区（县）与乡（镇、街道办事处）级有关部门、气象灾害敏感单位在基层安全气象监督管理和气象安全生产事故风险管理及其服务全过程每个环节的安全气象监督管理和气象安全生产事故风险管理及其服务职责，形成“政府主导、部门联动、社会参与”的全社会齐抓共管、各司其职，共铸安全气象监督管理和气象安全生产事故风险管理及其服务新格局，确保安全气象监督管理和气象安全生产事故风险管理及其服务全过程中上下衔接紧密，沟通顺畅，左右联动、协作高效，实现全社会参与的、服务全社会的、服务一流安全气象监督管理和气象安全生产事故风险管理及其服务。

例如，重庆市气象局以“党政同责、一岗双责、属地责任、综合监管责任、直接监管责任、主体责任、失职追责”的煤矿安全气象监督管理和气象安全生产事故风险管理新理念，按照“管行业必须管安全、管业务必须管安全、管生产经营必须管安全，安全生产事故一案双查，重大安全事故一票否决、重大安全事故隐患一票否决。”的煤矿安全气象监督管理和气象安全生产事故风险管理新要求，应用煤矿气象灾害敏感单位安全风险管理的“政府主导自上而下，部门联动横向到边、纵向到底，社会参与到点（具体到煤矿企业）”的网格立体管理模型——GLDLSP网格立体管理模型（图7-5），积极指导重庆市铜梁县（2014年6月经国务院批准铜梁县正式变更为铜梁区）创建煤矿气象灾害风险管理示范县，有效落实了重庆市铜梁县煤矿气象灾害敏感单位安全风险管理工作全过程中各级气象主管机构在提高煤矿防御气象灾害能力方面采取的牵头、承办、实施、技术指导、技术支撑、技术保障、技术督导、效益评估、科普宣传、行政督查等措施，充分体现了各级气象主管机构在煤矿气象灾害风险管理中的专业管理与服务作用；有效落实了重庆市煤矿气象灾害敏感单位安全风险管理工作全过程中各级煤矿安监（管）机构在提高煤矿防御气象灾害能力方面采取的行业联办、协办、承办、督导、保障、宣传、行政监督与协查等措施，充分体现了各级煤矿安监（管）机构在煤矿综合灾害防御中的行业管理与服务作用。同时各级气象主管机构与各级煤矿安监（管）机构按照有关法律法规、规范性文件和技术标准规定在提高煤矿防御气象灾害能力方面，共同采取气象灾害监测、监测信息传输与共享、多专业协同研判气象灾害风险、预警信息发布、气象灾害防御的联动响应、气象灾情速报、气象灾害评估、气象灾害管理等措施，充分体现了各级气象主管机构与各级煤矿安监（管）机构在煤矿气象灾害风险管理中的联动管理与服务作用。同时在煤矿气象灾害风险管理示范县创建过程中，较好地落实了铜梁县人民政府煤矿气象灾害风险管理的属地责任、县气象局煤矿气象灾害风险管理的综合监管责任、县安全生产监督管理局（煤炭工业管理局）煤矿气象灾害风险管理的直接监管责任、煤矿企业煤矿气象灾害风险管理的主体责任，确保了2013年铜梁全县煤矿企业气象灾害风险管理工作100%的全覆盖目标。上述责任的落实有效地推动煤矿气象灾害风险管理示范县创建。其责任落实的具体表现如下：

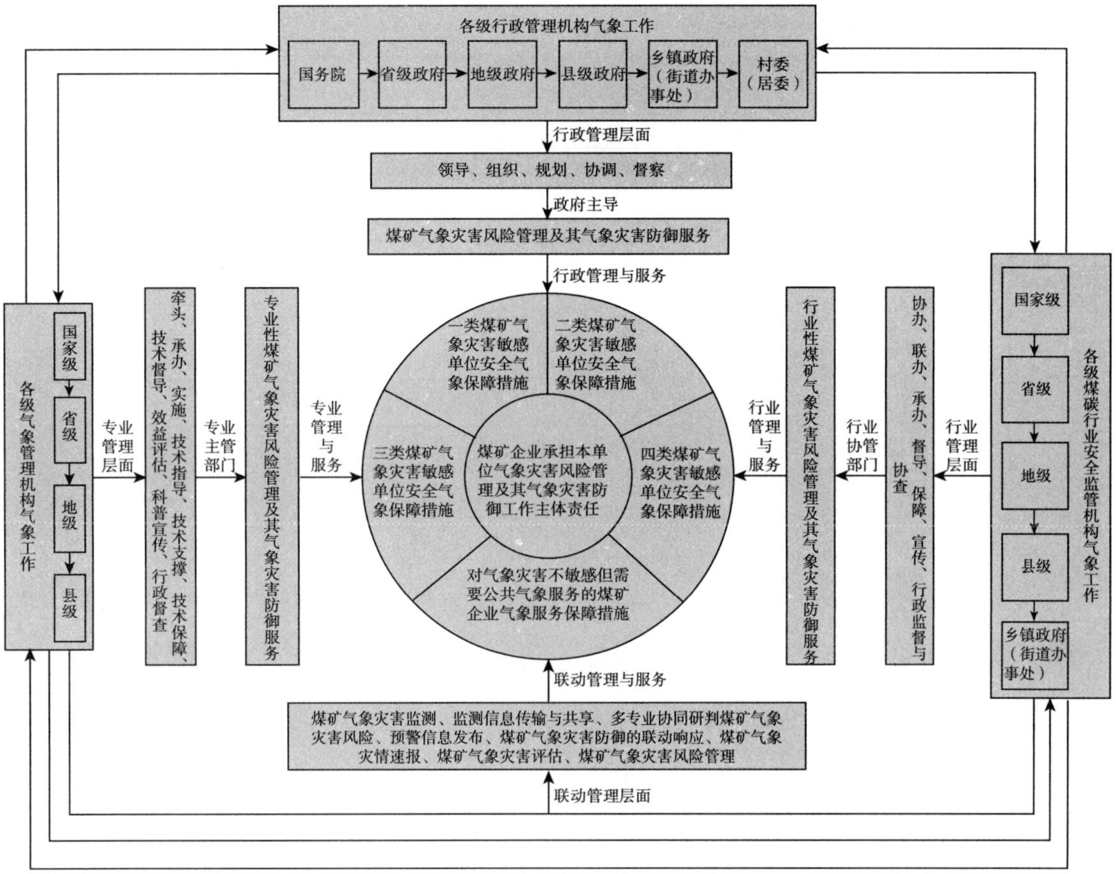

图 7-5　煤矿气象灾害敏感单位安全风险管理的 GLDLSP 网格立体管理模型

一是铜梁县人民政府为了落实煤矿气象灾害风险管理的属地责任，安排专项财政资金支持铜梁县煤矿气象灾害防御设施建设（图 7-6），引领了煤矿企业出资建设和完善煤矿气象灾害风险管理的工程性和非工程性措施。

铜梁县气象局

铜气发〔2013〕24 号　　　　签发人：刘飞

铜梁县气象局
关于解决煤矿气象灾害防御设施
建设经费的请示

县人民政府：

根据《重庆市气象灾害预警信号发布与传播办法》（重庆市政府令第 224 号）、《关于进一步明确安全生产监督管理职责的通知》（渝府发〔2009〕80 号）、《重庆市人民政府办公厅关于加强气象灾害敏感单位安全管理工作的通知》（渝办发

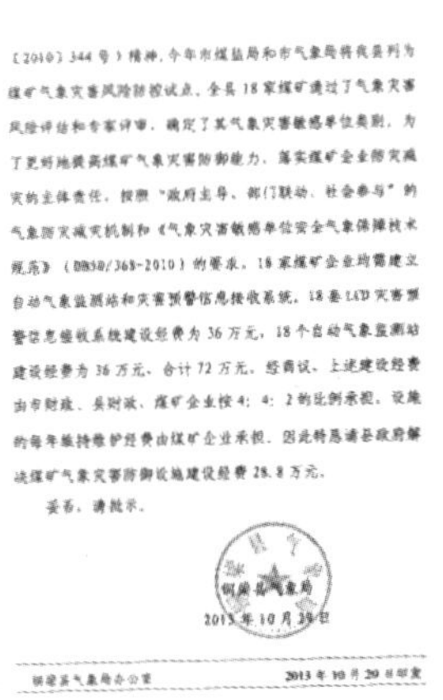

〔2010〕344 号）精神，今年市煤监局和市气象局将我县列为煤矿气象灾害风险防控试点，全县 18 家煤矿通过了气象灾害风险评估和专家评审，确定了其气象灾害敏感单位类别。为了更好地提高煤矿气象灾害防御能力，落实煤矿企业防灾减灾的主体责任，按照“政府主导、部门联动、社会参与”的气象防灾减灾机制和《气象灾害敏感单位安全气象保障技术规范》（DB50/368-2010）的要求，18 家煤矿企业均需建立自动气象监测站和灾害预警信息接收系统，18 套 LED 灾害预警信息接收系统建设经费为 36 万元，18 个自动气象监测站建设经费为 36 万元，合计 72 万元。经商议，上述建设经费由市财政、县财政、煤矿企业按 4：4：2 的比例承担，设施的每年维持维护经费由煤矿企业承担。因此特恳请县政府解决煤矿气象灾害防御设施建设经费 28.8 万元。

妥否，请批示。

铜梁县气象局
2013 年 10 月 29 日

铜梁县气象局办公室　　　　2013 年 10 月 29 日印发

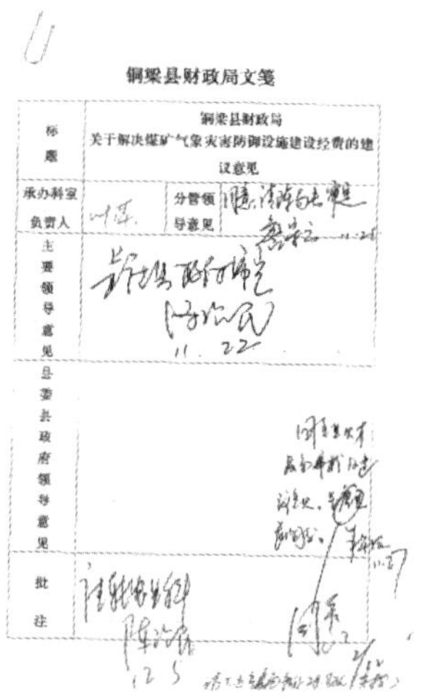

铜梁县财政局文笺

标题	铜梁县财政局 关于解决煤矿气象灾害防御设施建设经费的建议意见		
承办科室负责人		分管领导意见	
主要领导意见			
县委县政府领导意见			
批注			

铜梁县财政局预算通知书

业务科室：农业科　　　　　　　　　　　　　　　　　　单位：元

日期	单号	预算单位	科目代码	科目名称	金额	内容摘要	预算下达依据	资金文号	资金性质	备注
2013-12-05	农业科-追加0190	农业科副支	2200599	其他气象事务支出	288,000.00	经批准，下达煤矿气象灾害防御设施建设经费		铜财年初财力待安［2013］2号	一般预算户	
合计：					288,000.00					

审核：　　　　　　　　　　　　　　　　　　制单：

图 7-6　政府安排专项财政资金支持铜梁县煤矿气象灾害防御设施建设资金到位情况

二是县气象局、县安全生产监督管理局（煤炭工业管理局）为了落实煤矿气象灾害风险管理的综合监管责任和直接监管责任专门向各产煤镇（街道）安监办、煤矿企业联合下发了《关于在全县煤矿企业开展气象灾害敏感单位安全管理工作的通知》（铜气发〔2013〕16 号）文件（图 7-7），该文件的具体内容如下：

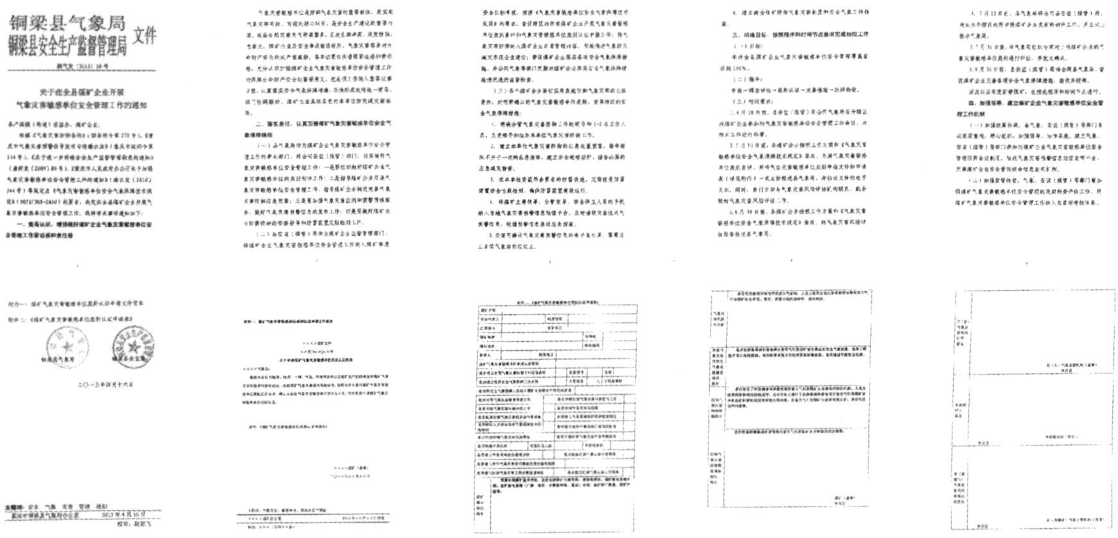

图 7-7　《关于在全县煤矿企业开展气象灾害敏感单位安全管理工作的通知》文件

各产煤镇（街道）安监办、煤矿企业：

根据《气象灾害防御条例》（国务院令第 570 号）、《重庆市气象灾害预警信号发布与传播办法》（重庆市政府令第 224 号）、《关于进一步明确安全生产监督管理职责的通知》（渝府发

〔2009〕80 号）、《重庆市人民政府办公厅关于加强气象灾害敏感单位安全管理工作的通知》（渝办发〔2010〕344 号）等规定及《气象灾害敏感单位安全气象保障技术规范》

（DB50/368-2010）的要求，决定在全县煤矿企业开展气象灾害敏感单位安全管理工作。现将有关事项通知如下：

1. 提高认识，增强做好煤矿企业气象灾害敏感单位安全管理工作紧迫感和责任感

气象灾害敏感单位是防御气象灾害的重要载体，是实现气象灾害可防、可控的核心环节，是安全生产建设的重要内容。我县自然灾害天气种类繁多，且发生频率高、突发性强、危害大。煤矿企业是安全事故敏感场所，气象灾害容易对生命财产安全构成严重威胁。各单位要切实增强紧迫感和责任感，充分认识加强煤矿企业气象灾害敏感单位安全管理工作对保障生命财产安全的重要意义，把此项工作纳入重要议事日程，认真落实安全气象保障措施，尽快形成政府统一领导、部门协调联动、煤矿企业具体负责的本单位防灾减灾新格局。

2. 落实责任，认真完善煤矿气象灾害敏感单位安全气象保障措施

（1）县气象局作为煤矿企业气象灾害敏感单位安全管理工作的牵头部门，将会同安监（煤管）部门，切实做好气象灾害敏感单位安全管理工作：一是要组织做好煤矿企业气象灾害敏感单位的类别初评工作；二是指导煤矿企业开展气象灾害敏感单位安全管理工作，指导煤矿企业制定完善气象灾害防御应急预案；三是要加强气象灾害监测和预警预报服务，做好气象灾害预警信息的发布工作；四是要做好煤矿企业防雷设施的安装指导和防雷装置定期检测工作。

（2）县安监（煤管）局作为煤矿企业监督管理部门，将煤矿企业气象灾害敏感单位安全管理工作纳入煤矿年度安全目标考核。按照《气象灾害敏感单位安全气象保障技术规范》的要求，督促辖区内所有煤矿企业开展气象灾害敏感单位类别自评和气象灾害敏感单位类别认证申报工作；将气象灾害防御纳入煤矿企业日常管理内容，积极推进气象防灾减灾示范企业建设；督促煤矿企业落实各项安全气象保障措施，并会同气象等部门定期对煤矿企业落实安全气象保障措施情况进行监督检查。

（3）各个煤矿企业要切实肩负起防御气象灾害的主体责任，对照所确认的气象灾害敏感单位类别，完善相应的安全气象保障措施：

1）明确分管气象灾害防御工作的领导和 1～2 名工作人员，负责领导和组织本单位气象灾害防御工作。

2）建立本单位气象灾害防御的应急处置预案，每年组织不少于一次的应急演练，建立安全避难场所，储备必要的应急减灾物资。

3）在本单位安装符合要求的防雷设施，定期接受防雷装置安全性能检测，确保防雷装置有效运行。

4）将煤矿主要领导、分管领导、安全保卫人员的手机纳入当地气象灾害预警信息短信平台，及时接收灾害性天气预警信息，依据预警信息启动应急预案。

5）安装可接收气象灾害预警信息的电子显示屏，需要设立自动气象站的应设立。

6）建立健全煤矿防御气象灾害制度和安全气象工作档案。

3. 明确目标，按照程序和时间节点要求完成相应工作

（1）目标：

年内全县煤矿企业气象灾害敏感单位安全管理覆盖面达到 100%。

(2)程序：

申报→调查评估→类别认证→完善措施→达标验收。

(3)时间要求：

1)2013 年 4 月 18 日前，县安监(煤管)局会同气象局召开辖区内煤矿企业参加的气象灾害敏感单位安全管理工作会议，对相关工作进行部署。

2)2013 年 5 月 10 日前，各煤矿企业按照工作方案和《气象灾害敏感单位安全气象保障技术规范》要求，开展气象灾害敏感单位类别自评，并将气象灾害敏感单位类别申报文件和申请表(详见附件)一式五份报送县气象局，并报送文件的电子文本。同时，自行主动与气象灾害风险评估机构联系，配合做好气象灾害风险评估工作。

3)2013 年 6 月 30 日前，各煤矿企业按照工作方案和《气象灾害敏感单位安全气象保障技术规范》要求，将气象灾害风险评估报告报送县气象局。

4)7 月 15 日前，县气象局将会同县安监(煤管)局，完成当年辖区内所申报煤矿企业类别的初评工作，并正式上报市气象局。

5)2013 年 7 月 31 日前，市气象局组织专家对上报煤矿企业的气象灾害敏感单位类别进行评估，并发文确认。

6)2013 年 9 月 30 日前，县安监(煤管)局将会同县气象局，督促煤矿企业完善各项安全气象保障措施，验收并授牌。

涉及以后年度新增煤矿，也按此程序和时间节点进行。

4. 加强领导，建立煤矿企业气象灾害敏感单位安全管理工作机制

(1)加强统筹协调。县气象、安监(煤管)等部门务必高度重视，精心组织，加强领导，协作实施。建立气象、安监(煤管)等部门参加的煤矿企业气象灾害敏感单位安全管理联席会议制度。依托气象灾害预警信息短信发布平台，完善煤矿企业安全管理综合信息发布机制。

(2)加强监督检查。气象、安监(煤管)等部门要加强煤矿气象灾害敏感单位安全管理的定期检查评估工作，将煤矿气象灾害敏感单位安全管理工作纳入其目标考核体系。

附件一：煤矿气象灾害敏感单位类别认证申请文件范本

附件二：《煤矿气象灾害敏感单位类别认证申请表》

上述文件和图 7-8 所示文件的出台不仅进一步明确了县气象局、县安全生产监督管理局(煤炭工业管理局)的煤矿气象灾害风险管理的综合监管责任和直接监管责任，而且还进一步细化了县气象局、县安全生产监督管理局(煤炭工业管理局)和县政府应急办的煤矿气象灾害风险管理的综合监管责任和直接监管责任，同时还明确和细化了煤矿企业的气象灾害风险管理主体责任，为铜梁全县创建煤矿气象灾害风险管理示范县提供可靠制度保障。

三是煤矿企业为了落实煤矿气象灾害风险管理的主体责任不仅自己筹集资金开展煤矿气象灾害风险评估、并且结合煤矿气象灾害风险评估结论，进一步完善煤矿气象灾害防御的工程性和非工程性的措施；而且还与县气象局防雷中心签订《煤矿气象灾害风险管理协议》(图 7-9)，进一步明确煤矿气象灾害风险管理建设内容和双方的职责分工，同时还明确了煤矿企业每年承担气象灾害防御的工程性和非工程性措施的维持经费。

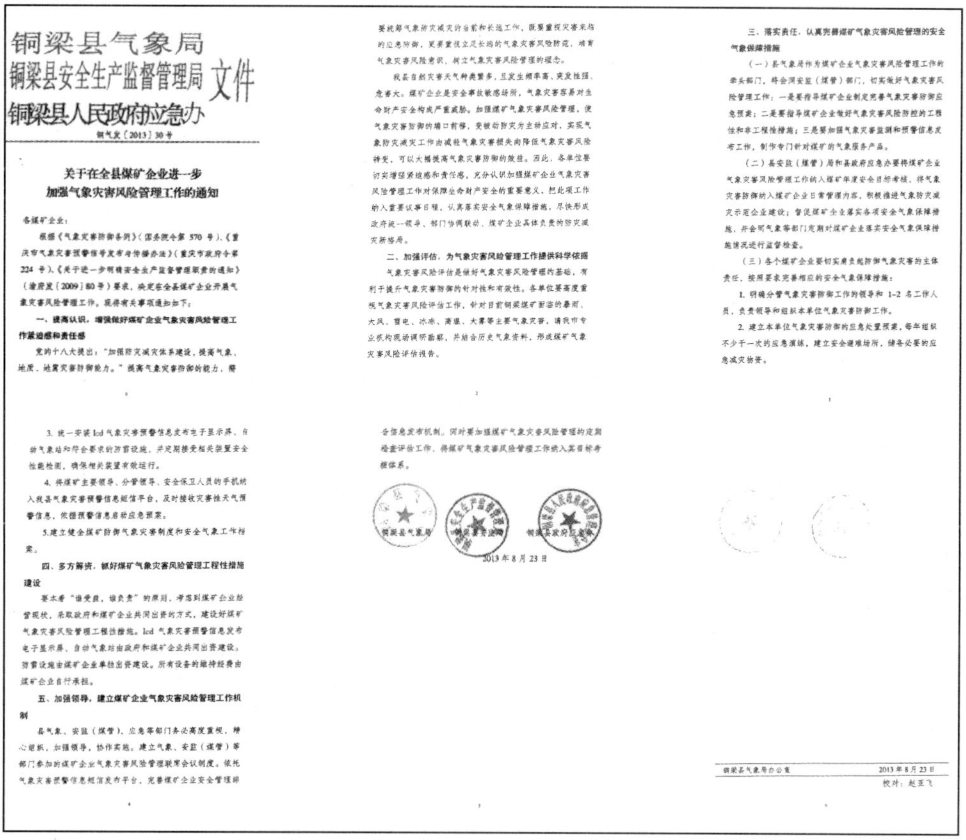

铜梁县气象局
铜梁县安全生产监督管理局 文件
铜梁县人民政府应急办

铜气发〔2013〕30号

关于在全县煤矿企业进一步
加强气象灾害风险管理工作的通知

各煤矿企业：

根据《气象灾害防御条例》（国务院令第 570 号）、《重庆市气象灾害预警信号发布与传播办法》（重庆市政府令第 224 号）、《关于进一步明确安全生产监督管理职责的通知》（渝府发〔2009〕80 号）要求，决定在全县煤矿企业开展气象灾害风险管理工作。现将有关事项通知如下：

一、提高认识，增强做好煤矿企业气象灾害风险管理工作紧迫感和责任感

党的十八大提出："加强防灾减灾体系建设，提高气象、地质、地震灾害防御能力。"提高气象灾害防御的能力，需要统筹气象防灾减灾的当前和长远工作，既要重视灾害来临的应急防御，更要重视立足长远的气象灾害风险防范，培育气象灾害风险意识，树立气象灾害风险管理的理念。

我县自然灾害天气种类繁多，且发生频率高、突发性强、危害大。煤矿企业是安全事故敏感场所，气象灾害容易对生命财产安全构成严重威胁。加强煤矿气象灾害风险管理，使气象灾害防御的端口前移，变被动防灾为主动应对，实现气象防灾减灾工作由减轻气象灾害损失向降低气象灾害风险转变，可以大幅提高气象灾害防御的效益。因此，各单位要切实增强紧迫感和责任感，充分认识加强煤矿企业气象灾害风险管理工作对保障生命财产安全的重要意义，把此项工作纳入重要议事日程，认真落实安全气象保障措施，尽快形成政府统一领导、部门协调联动、煤矿企业具体负责的防灾减灾新格局。

二、加强评估，为气象灾害风险管理工作提供科学依据

气象灾害风险评估是做好气象灾害风险管理的基础，有利于提升气象灾害防御的针对性和有效性。各单位要高度重视气象灾害风险评估工作，针对目前铜梁煤矿面临的暴雨、大风、雷电、冰冻、高温、大雾等主要气象灾害，请我市专业机构现场调研勘察，并结合历史气象资料，形成煤矿气象灾害风险评估报告。

三、落实责任，认真完善煤矿气象灾害风险管理的安全气象保障措施

（一）县气象局作为煤矿企业气象灾害风险管理工作的牵头部门，将会同安监（煤管）部门，切实做好气象灾害风险管理工作：一是要指导煤矿企业制定完善气象灾害防御应急预案；二是要指导煤矿企业做好气象灾害风险防控的工程性和非工程性措施；三是要加强气象灾害监测和预警信息发布工作，制作专门针对煤矿的气象服务产品。

（二）县安监（煤管）局和县政府应急办要将煤矿企业气象灾害风险管理工作纳入煤矿年度安全目标考核，将气象灾害防御纳入煤矿企业日常管理内容，积极推进气象防灾减灾示范企业建设；督促煤矿企业落实各项安全气象保障措施，并会同气象等部门定期对煤矿企业落实安全气象保障措施情况进行监督检查。

（三）各个煤矿企业要切实肩负起防御气象灾害的主体责任，按照要求完善相应的安全气象保障措施：

1. 明确分管气象灾害防御工作的领导和 1-2 名工作人员，负责领导和组织本单位气象灾害防御工作。

2. 建立本单位气象灾害防御的应急处置预案，每年组织不少于一次的应急演练，建立安全避难场所，储备必要的应急减灾物资。

3. 统一安装 lcd 气象灾害预警信息发布电子显示屏、自动气象站和符合要求的防雷设施，并定期接受相关装置安全性能检测，确保相关装置有效运行。

4. 将煤矿主要领导、分管领导、安全保卫人员的手机纳入我县气象灾害预警信息短信平台，及时接收灾害性天气预警信息，依据预警信息启动应急预案。

5.建立健全煤矿防御气象灾害制度和安全气象工作档案。

四、多方筹资，抓好煤矿气象灾害风险管理工程性措施建设

要本着"谁受益，谁负责"的原则，考虑到煤矿企业经营现状，采取政府和煤矿企业共同出资的方式，建设好煤矿气象灾害风险管理工程性措施。lcd 气象灾害预警信息发布电子显示屏、自动气象站由政府和煤矿企业共同出资建设，防雷设施由煤矿企业单独出资建设。所有设备的维持经费由煤矿企业自行承担。

五、加强领导，建立煤矿企业气象灾害风险管理工作机制

县气象、安监（煤管）、应急等部门务必高度重视，精心组织，加强领导，协作实施。建立气象、安监（煤管）等部门参加的煤矿企业气象灾害风险管理联席会议制度。依托气象灾害预警信息短信发布平台，完善煤矿企业安全管理综合信息发布机制。同时要加强煤矿气象灾害风险管理的定期检查评估工作，将煤矿气象灾害风险管理工作纳入其目标考核体系。

铜梁县气象局　铜梁县安监局　铜梁县政府应急办

2013 年 8 月 23 日

铜梁县气象局办公室　2013 年 8 月 23 日

校对：赵亚飞

图 7-8　《关于在全县煤矿企业进一步加强气象灾害风险管理工作的通知》图片

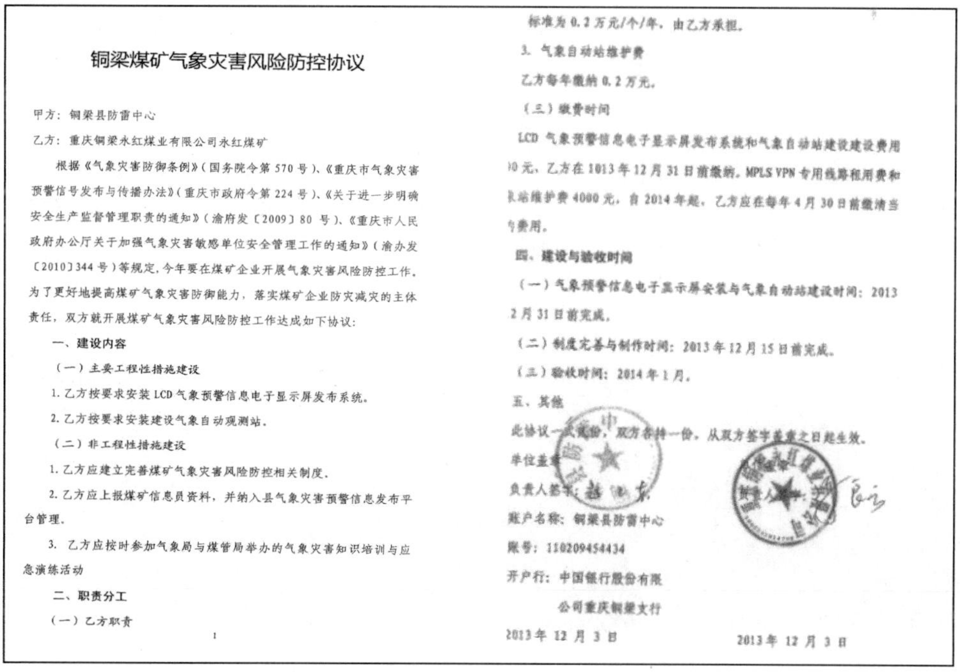

铜梁煤矿气象灾害风险防控协议

甲方：铜梁县防雷中心

乙方：重庆铜梁永红煤业有限公司永红煤矿

根据《气象灾害防御条例》（国务院令第 570 号）、《重庆市气象灾害预警信号发布与传播办法》（重庆市政府令第 224 号）、《关于进一步明确安全生产监督管理职责的通知》（渝府发〔2009〕80 号）、《重庆市人民政府办公厅关于加强气象灾害敏感单位安全管理工作的通知》（渝办发〔2010〕344 号）等规定，今年要在煤矿企业开展气象灾害风险防控工作。为了更好地提高煤矿气象灾害防御能力，落实煤矿企业防灾减灾的主体责任，双方就开展煤矿气象灾害风险防控工作达成如下协议：

一、建设内容

（一）主要工程性措施建设

1. 乙方按要求安装 LCD 气象预警信息电子显示屏发布系统。

2. 乙方按要求安装建设气象自动观测站。

（二）非工程性措施建设

1. 乙方应建立完善煤矿气象灾害风险防控相关制度。

2. 乙方应上报煤矿信息员资料，并纳入县气象灾害预警信息发布平台管理。

3. 乙方应按时参加气象局与煤管局举办的气象灾害知识培训与应急演练活动

二、职责分工

（一）乙方职责

标准为 0.2 万元/个/年，由乙方承担。

3. 气象自动站维护费

乙方每年缴纳 0.2 万元。

（三）缴费时间

LCD 气象预警信息电子显示屏发布系统和气象自动站建设建设费用
0 元，乙方在 1013 年 12 月 31 日前缴纳。MPLS VPN 专用线路租用费和
站维护费 4000 元，自 2014 年起，乙方应在每年 4 月 30 日前缴清当
费用。

四、建设与验收时间

（一）气象预警信息电子显示屏安装与气象自动站建设时间：2013
2 月 31 日前完成。

（二）制度完善与制作时间：2013 年 12 月 15 日前完成。

（三）验收时间：2014 年 1 月。

五、其他

此协议一式贰份，双方各持一份，从双方签字盖章之日起生效。

单位盖章

负责人签字：

账户名称：铜梁县防雷中心

账号：110209454434

开户行：中国银行股份有限公司重庆铜梁支行

2013 年 12 月 3 日　　2013 年 12 月 3 日

图 7-9　煤矿气象灾害风险管理协议（以永红煤矿为例）

因此,煤矿企业一是按照煤矿气象灾害风险管理的要求统一安装了LCD气象预警信息电子显示屏终端(图7-10)、煤矿安全气象自动观测站(图7-11)、完善了煤矿防雷设施,强化了煤矿气象灾害防御的工程性措施;二是建立完善了煤矿气象灾害风险管理相关制度,实现了制度上墙、责任到人、措施到位(图7-12),煤矿企业上报了煤矿安全气象信息员资料,并纳入县气象灾害预警信息发布平台管理和培训与应急演练的范畴(图7-13),并在区气象局的指导下制定

图7-10　LCD气象预警信息电子显示屏终端

图7-11　煤矿安全气象自动观测站

图7-12　煤矿气象灾害风险管理相关制度

煤矿气象灾害应急预案（图 7-14），从而进一步强化煤矿气象灾害防御的非工程性措施；三是主动自觉接受县政府应急办、安监局（煤管局）、气象局有关煤矿气象灾害风险管理工程性和非工程性措施的督察检查（图 7-15），对督察检查不合格的，煤矿企业立即主动进行整完善。因此煤矿企业的煤矿气象灾害风险管理主体责的落实，切实提高煤矿企业气象灾害风险管理水平，防止了煤矿气象灾害发生，让煤矿企业实实在在得到了实惠。

图 7-13　煤矿安全气象信息员参加气象灾害预警信息发布平台培训与应急演练现场

重庆铜梁永红煤业有限责任公司
永红煤矿
气象灾害应急预案

气象灾害应急预案

图 7-14　煤矿气象灾害应急预案(以永红煤矿为例)

图 7-15　应急、气象、煤监等部门联合开展煤矿气象灾害防御措施督察检查现场

上述煤矿气象灾害风险(包含煤矿气象安全生产事故风险)管理的“属地责任、综合监管责任、直接监管责任,主体责任”链条建立,强化了汛期煤矿气象安全生产事故风险管理的社会性,进一步调动了“政府、部门、煤矿企业”等资源共同参与煤矿气象灾害风险管理的工程性和非工程性措施建设,切实提升了煤矿企业气象灾害风险管理能力,防止了煤矿气象灾害发生,让煤矿企业实实在在得到了实惠,有效地促进了铜梁县煤矿气象灾害风险管理示范县建设深入开展。

因此,完善安全气象责任链条,是进一步落实区(县)、乡(镇、街道办事处)、村民委员会(居民委员会)三级基层行政管理机构和区(县)级气象部门及区(县)与乡(镇、街道办事处)级有关部门、气象灾害敏感单位等安全气象监督管理和气象安全生产事故风险管理及其服务全过程责任，调动全社会资源共同参与安全气象监督管理和气象安全生产事故风险管理及其服务，强化气象安全生产事故风险管理社会性的基本保障。

第四节　建立安全气象联席会议制度 强化气象安全生产事故风险管理的操作性

省、地(市)、县三级气象部门属于中国气象局在地方的机构，受中国气象局和地方政府的双重领导，并服务于地方经济社会安全发展。但受体制机制限制和人们传统思维的影响以及地方安全气象法规体系、地方安全气象标准体系还不够完善的限制，使省、地(市)、县三级气象部门行使安全气象监督管理和气象安全生产事故风险管理及其服务职能的操作性受到一定的影响，制约了管理与服务效益的发挥。因此，建立安全气象联席会议制度，按照“管行业必须管安全、管业务必须管安全、管生产必须管安全”的安全生产新要求，进一步加强与“气象安全生产”密切相关的各成员单位协调、沟通，结合各成员单位安全生产法定职责，指导成员单位充分利用突发事件预警信息发布平台等现代化安全气象工程建设成果，切实发挥气象科技和气象预报预警信息在气象安全生产的基础性、现实性、前瞻性作用，构建政府主导、部门联动、社会参与的安全气象工作网格立体管理模型。并按照“所有企业都必须认真履行安全生产主体责任”和“实行安全生产和重大安全生产事故风险‘一票否决’”的要求，会同成员单位督促其所监管的气象灾害敏感单位落实“气象安全生产”主体责任，实现社会资源共享，促进社会资源效益最大化发挥，是强化省、地(市)、县三级气象部门行使安全气象监督管理和气象安全生产事故风险管理及其服务职能可操作性的有效途径。

例如，重庆市气象局在重庆市人民政府安全生产委员会支持下，于2015年11月建立了重庆市安全气象工作联席会议制度(图7-16)。联席会议制度的核心内容是：一是明确了市气象局、市安监局、市发展改革委、市经济信息委、市教委、市城乡建委、市交委、市农委、市商委、市公安消防总队、市国土房管局、市规划局、市市政委、市水利局、市煤炭工业管理局(重庆煤监局)、市林业局、市旅游局、重庆海事局等18个单位为成员单位。重庆市气象局为联席会议牵头单位，并将联席会议办公室设在市气象局。二是明确了联席会议主要职能——在市政府安委会领导下，落实国务院、市政府安排和部署的气象安全生产工作；掌握全市气象安全生产工作情况，分析气象安全生产形势，研究气象安全生产政策和技术标准，协调解决气象安全生产中安全气象工作遇到的难点、重点等问题；指导区县(自治县)安全气象工作联席会议开展相关工作，促进部门协作配合，实现信息共享，建立长效机制，预防或减少气象安全生产事故，全面推进安全气象工作。三是明确了联席会议办公室主要职责——承担联席会议的日常工作；负责通报全市安全气象工作情况；专题分析安全气象工作存在的重大问题和安全隐患，组织与气象安全生产密切相关的重大议题调研；指导、协调各成员单位落实联席会议议定的事项；适时向联席会议提出解决气象安全生产有关问题的对策建议；完成联席会议议定的其他事项。四是制定了联席会议工作规则和要求——①联席会议原则上每半年召开一次全体会议。根据联席会议办公室向联席会议提出的建议或成员单位提出的工作需求，可以临时召开全体成员会议或部分相关成员会议。研究解决重大问题时，可邀请市政府分管副市长或副秘书长出席。②联席会议需要召开会议时，由联席会议办公室研究提出会议的时间、内容、列席人员等，并征求各成员单位意见。其他成员单位可向联席会议办公室提出召开会议的建议。③联席会议研究议定事项，以会议纪要形式印发有关单位。各成员单位按照各自职能，分工负责，贯彻落实。联席会议办公室可将联席会议议定事项的落实情况形成《安全气象工作联席会议工作情况简报》，印发各成员单位。联席会议难以解决的问题，经有关成员单位研究形成意见后，由联席会议办公室报市政府安委会或直接报市政府审定，重大事项按程序报批。④联席会议办公室负责召集成员单位联络员会议，原则上每季度召开一次会议。因工作需要或成员单位要求，经联席会议召集人同意，可临时召开联络员会议。各成员单位联络员负责通报各成员单位安全气象工作开展情况；向联席会议提出做好全市气象安全生产工作的对策、措施和建议；完成联席会议议定的有关安全气象工作事项。⑤各成员单位要按照职能职责和“三个必须”要求，认真研究气象安全生产工作的有关问题，积极参加联席会议，落实联席会议研究议定的工作事项，切实加强信息沟通，互相配合，齐抓共管，形成合力，共同做好全市安全气象工作。

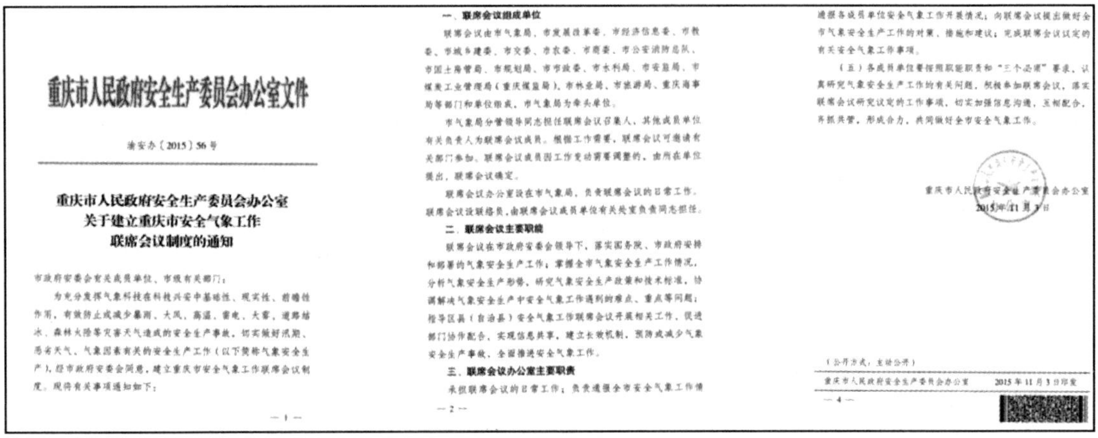
重庆市人民政府安全生产委员会办公室文件

渝安办〔2015〕56号

重庆市人民政府安全生产委员会办公室
关于建立重庆市安全气象工作
联席会议制度的通知

市政府安委会有关成员单位、市级有关部门：

为充分发挥气象科技在科技兴安中基础性、现实性、前瞻性作用，有效防止或减少暴雨、大风、高温、雷电、大雾、道路结冰、森林火险等灾害天气造成的安全生产事故，切实做好汛期、恶劣天气、气象因素有关的安全生产工作（以下简称气象安全生产），经市政府安委会同意，建立重庆市安全气象工作联席会议制度。现将有关事项通知如下：

— 1 —

一、联席会议组成单位

联席会议由市气象局、市发展改革委、市经济信息委、市教委、市城乡建委、市交委、市农委、市商委、市公安消防总队、市国土房管局、市规划局、市市政委、市水利局、市安监局、市煤炭工业管理局（重庆煤监局）、市林业局、市旅游局、重庆海事局等部门和单位组成，市气象局为牵头单位。

市气象局分管领导同志担任联席会议召集人，其他成员单位有关负责人为联席会议成员。根据工作需要，联席会议可邀请有关部门参加。联席会议成员因工作变动需要调整的，由所在单位提出，联席会议确定。

联席会议办公室设在市气象局，负责联席会议的日常工作。联席会议设联络员，由联席会议成员单位有关处室负责同志担任。

二、联席会议主要职能

联席会议在市政府安委会领导下，落实国务院、市政府安排和部署的气象安全生产工作；掌握全市气象安全生产工作情况，分析气象安全生产形势，研究气象安全生产政策和技术标准，协调解决气象安全生产中安全气象工作遇到的难点、重点等问题；指导区县（自治县）安全气象工作联席会议开展相关工作，促进部门协作配合，实现信息共享，建立长效机制，预防或减少气象安全生产事故，全面推进安全气象工作。

三、联席会议办公室主要职责

承担联席会议的日常工作；负责通报全市安全气象工作情

— 2 —

通报各成员单位安全气象工作开展情况；向联席会议提出做好全市气象安全生产工作的对策、措施和建议；完成联席会议议定的有关安全气象工作事项。

（五）各成员单位要按照职能职责和“三个必须”要求，认真研究气象安全生产工作的有关问题，积极参加联席会议，落实联席会议研究议定的工作事项，切实加强信息沟通，互相配合，齐抓共管，形成合力，共同做好全市安全气象工作。

重庆市人民政府安全生产委员会办公室
2015年11月3日

（公开方式：主动公开）

重庆市人民政府安全生产委员会办公室　　2015年11月3日印发

— 4 —

图 7-16　重庆市人民政府安全生产委员会办公室关于建立联席会议制度通知

并且在 2016 年 2 月 22 日召开的重庆市安全气象工作联席会议第一次联络员会议上（图 7-17），进一步强调了安全气象联席会议各成员单位须依据《重庆市安全生产条例》确定的安全生产法定职责，充分利用“重庆市（三峡库区）灾害性天气监测预警系统”“三峡库区长江航道航行安全气象保障服务系统”“重庆突发事件预警信息发布平台”等气象现代化建设成果，切实发挥气象科技和气象预报预警信息在气象安全生产的基础性、现实性、前瞻性作用，加强部门间的合作与互动，切实提高由气象危险因素引发的安全事故防控的有效性。会议还强调，一要落实安全气象工作联席会议制度，依法进一步明确各成员单位安全气象工作主要任务清单；二要明确各行业安全事故防控对气象服务的需求，建立需求清单；三要基于气象危险因素的影响，利用气象部门的专业优势和气象预报预警信息，充分发挥部门协作机制优势抓好安全生产事故防控；四要切实推进气象危险因素引发安全生产事故预警预控系统建立。

重庆市安全气象工作联席会议
工作情况简报

2016年第1期

重庆市安全气象工作联席会议办公室　2016年2月28日

2016年重庆市安全气象工作联席会议
第一次联络员会议召开

2月22日下午，2016年重庆市安全气象工作联席会议第一次联络员会议在市气象局召开。重庆市安全气象工作联席会议办公室主任、市气象局副局长李良福，重庆市安监局总工程师何建平出席会议，市气象局、市发展改革委、市经信委等18个成员单位联络员参加了会议。

本次会议的主要任务是：共商联席会议制度落实措施，讨论修改成员单位主要工作任务清单。会上，李良福介绍了安全气象工作联席会议制度建立的背景、目的和意义，就联席会议成员单位主要工作任务清单（讨论稿）编制情况作了说明，并对下一步工作做出了初步安排。会议强调安全气象

1

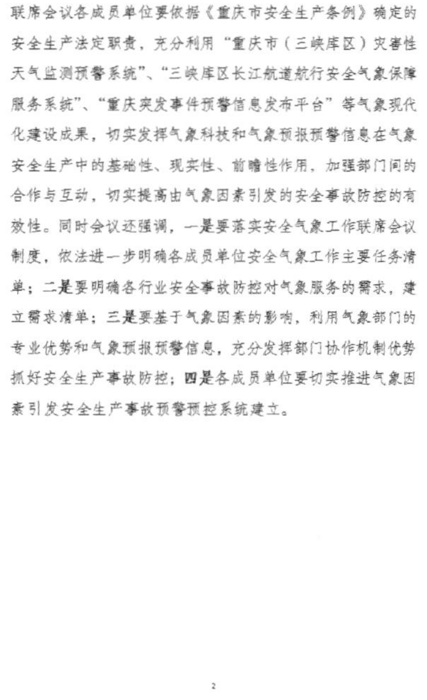

联席会议各成员单位要依据《重庆市安全生产条例》确定的安全生产法定职责，充分利用“重庆市（三峡库区）灾害性天气监测预警系统”、“三峡库区长江航道航行安全气象保障服务系统”、“重庆突发事件预警信息发布平台”等气象现代化建设成果，切实发挥气象科技和气象预报预警信息在气象安全生产中的基础性、现实性、前瞻性作用，加强部门间的合作与互动，切实提高由气象因素引发的安全事故防控的有效性。同时会议还强调，**一是**要落实安全气象工作联席会议制度，依法进一步明确各成员单位安全气象工作主要任务清单；**二是**要明确各行业安全事故防控对气象服务的需求，建立需求清单；**三是**要基于气象因素的影响，利用气象部门的专业优势和气象预报预警信息，充分发挥部门协作机制优势抓好安全生产事故防控；**四是**各成员单位要切实推进气象因素引发安全生产事故预警预控系统建立。

2

图7-17　重庆市安全气象工作联席会议第一次联络员会及工作情况简报

由此表明：建立“安全气象联席会议制度”，依法明确了涉及气象安全生产相关部门的安全气象工作主要任务清单，细化各行业安全事故防控对气象服务的需求清单，相关部门按照“三个必须”原则完善安全气象工作流程，对照清单履行职责，是形成“齐抓共管”的气象安全生产新格局，强化气象安全生产事故风险管理的重要环节。

第五节　提升安全气象服务能力 强化气象安全生产事故风险管理的科学性

管理就是服务。气象安全生产事故风险管理的服务能力就是气象部门行使气象安全生产事故风险管理职能的科技支撑和技术保障，只有充分利用现代化技术，不断增强气象安全生产事故风险管理服务的科技含量，提高安全气象服务产品的科学性、针对性、时效性，不断提升气

象部门气象安全生产事故风险管理服务的能力，使其具备准确预测气象安全生产单位的气象危险因素可能发生类型、发生时间、发生部位，气象安全生产事故可能造成的人员伤亡、财产损失和对当地经济社会的危害程度及其后果，分析气象安全生产事故风险管理及其服务的显性需求和隐性需求，做好气象安全生产事故风险管理及其服务预案，指导区（县）、乡（镇、街道办事处）、村民委员会（居民委员会）基层行政管理机构和区（县）与乡（镇、街道办事处）级有关部门、村民委员会（居民委员会）管理辖区内基本社会单位做好防范气象安全生产事故的应急预案，在气象危险因素来临前准确做出预警预报并及时发布预警、预报信息，同时指导并提高人们防止或减轻防范气象安全生产事故损失等方面的能力。才能使气象部门的气象安全生产事故风险管理及其服务具有科学性，得到政府、部门、社会、群众、同行专家的广泛认可和支持。

例如：重庆市气象局在计算机机房防雷安全管理实践中，需要对计算机机房安装的防静电地板泄漏电阻进行测量，以确保防静电地板既能泄漏静电，又能阻止机房工作的电流漏电和雷电地电位反击对机房工作人员的伤害。市、区（县）气象部门要行驶这一防雷安全管理职能，就必须具有测量已安装在机房的防静电地板泄漏电阻的能力，当时只有质监部门具备在实验室测量防静电地板产品泄漏电阻能力，但质监部门也无法对已安装在机房的防静电地板泄漏电阻进行测量。为此，重庆市气象局的防雷科技人员参阅中外防静电测量技术的科研成果，开发了具有自主知识产权、适用于已安装在机房的防静电地板泄漏电阻测量的“工作地坪/台泄漏电阻测试装置（专利号：ZL200620111277.2）”（图 7-18），制定了已安装在机房的防静电地板泄漏电阻测量方法和测量数据处理方法。有效地提升了重庆市、区（县）气象部门计算机机房防雷安全检测的能力，增强了防雷安全管理的科学性。

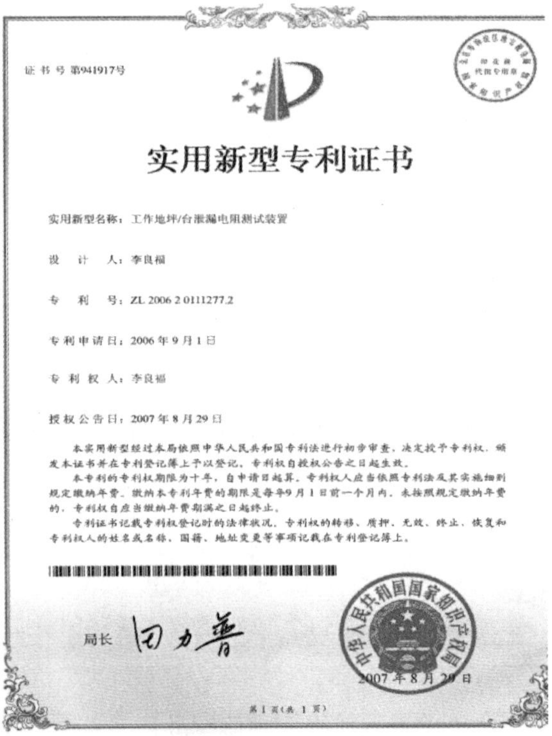
证书号第941917号

实用新型专利证书

实用新型名称：工作地坪/台泄漏电阻测试装置

设　计　人：李良福

专　利　号：ZL 2006 2 0111277.2

专利申请日：2006年9月1日

专利权人：李良福

授权公告日：2007年8月29日

本实用新型经过本局依照中华人民共和国专利法进行初步审查，决定授予专利权，颁发本证书并在专利登记簿上予以登记。专利权自授权公告之日起生效。

本专利的专利权期限为十年，自申请日起算。专利权人应当依照专利法及其实施细则规定缴纳年费。缴纳本专利年费的期限是每年9月1日前一个月内。未按照规定缴纳年费的，专利权自应当缴纳年费期满之日起终止。

专利证书记载专利权登记时的法律状况。专利权的转移、质押、无效、终止、恢复和专利权人的姓名或名称、国籍、地址变更等事项记载在专利登记簿上。

局长　田力普

中华人民共和国国家知识产权局

2007年8月29日

第1页（共1页）

图 7-18　工作地坪/台泄漏电阻测试装置专利证书

另外，为了加强市、区（县）气象部门在防雷接地中降阻材料质量的社会管理工作，根据目前中国尚无检测降阻材料野外实际使用效果的有效手段，也无降阻材料野外试验检测的专业机构，导致市、区（县）气象部门无法有效地实施降阻材料市场检测准入机制，使进入市场销售的降阻材料质量良莠不齐，很多降阻材料实际没有降阻效果，甚至有的降阻材料腐蚀接地体，污染土壤环境。重庆市气象局组织西南大学资源环境学院、重庆大学电气工程学院、重庆市气象局、成都信息工程学院的有关专家制定了《接地降阻剂》（QX/T 104-2009）行业标准，开发了具有自主知识产权的“土壤电阻率远程监测装置（专利号：ZL200788687.1）”“一种降阻剂电阻率和工频电流耐受试验自动测试装置（专利号：ZL2012 20236839.1）”“一种降阻剂电阻率和工频电流耐受试验自动测试系统（专利号：ZL2012 1 0163935.2）”，并且在重庆市沙坪坝区气象局新建观测场，建设了中国第一个“降阻材料野外试验基地”（图 7-19），构建了降阻材料理化性能测试系统、降阻材料的冷热循环检验系统、降阻材料对防雷接地金属材料的腐蚀特性测试系统、降阻材料电阻率和工频电流耐受试验系统，开展了降阻材料野外试验研究，对降阻材料野外实际应用的效果进行监测和判断，从而有效地提升了重庆市、区（县）气象部门对防雷接地中降阻材料质量的检测与判辨能力，增强了防雷安全管理的科学性。

图 7-19　接地降阻剂标准与专利证书及野外试验基地

上述案例充分证明了提升各级气象部门气象安全生产事故风险管理及其服务能力是各级气象部门气象安全生产事故风险管理及其服务具有科学性的技术保障。

第六节　加强安全气象科普宣传 强化气象安全生产事故风险管理的自觉性

安全气象科普宣传就是将安全气象专业的科学术语、防范气象安全生产事故的专业知识和预警、预报信息转化为群众理解的科普语言和政府部门一看就明白的行政语言，通过广播、电视、报纸、网站、公共电子显示屏、移动电话、固定电话、科普讲座、宣传挂图(卡片、手册)、防雷宣传车、防雷知识热线等方式，在农村、学校、工厂、社区、机关、公交、广场等场所，宣传普及安全气象知识。从而有效提升全社会气象防灾、减灾意识和气象安全生产事故风险管理意识，形成各部门、行业、单位主动接受气象部门防范气象安全生产事故的指导，积极制定防范气象安全生产事故预案。同时极大地提升社会单位和人民群众在气象危险因素来临时的自救互救能力和接受气象部门气象安全生产事故风险管理的自觉性，有效地防止或者减少气象安全生产事故。

例如，2008 年重庆市、区(县)气象部门共开展防雷科普知识宣传 2040 次，发放防雷科普宣传光盘 1.5 万张，宣传挂图(卡片、手册)20 余万份，开展科普知识讲座 132 场(图 7-20)。又如，重庆市防雷中心仅在 2015 年就充分利用每年 1 月的防雷宣传月、“3・23”世界气象日、“5・12”防灾减灾日、科普宣传三下乡、“6・12”全国安全生产日、科技活动周等宣传活动，通过防雷减灾科普咨询、科普展板、科普挂图、发放科普资料等方式积极开展防雷知识宣传，让防雷安全科普知识“进社区、进农村、进工厂、进学校、进机关”，共开展宣传 44 次，其中上街宣传 23 次，举办了防雷科普知识专题培训讲座 21 场，发放资料 12625 份，接待群众上千人次(图 7-21)。并且重庆市防雷中心与重庆市渝中区人民政府安全生产委员会于 2015 年 6 月 5 日组织开展了渝中区校园防雷安全应急演练，演练内容涉及突发性雷电灾害天气的预警信息接收、预警信息发布、校园防雷安全事故发现上报、校园防雷安全事故应急预案启动及解除等内容，涵盖了校园防雷安全事故应急处置的各个环节，预案清楚、组织有效、防范科学、成果明显，达到了防雷避雷预期效果，提高了渝中区师生在雷电灾害天气的避险能力(图 7-22)。

图 7-20　2008 年重庆市气象部门防雷科普知识宣传

图 7-21　2015 年重庆市防雷中心组织防雷科普知识宣传现场

图 7-22　2015 年 6 月 5 日重庆市渝中区校园防雷安全应急演练现场

上述防雷科普知识宣传和防雷安全应急演练，进一步强化了社会大众的防雷安全意识，提升了社会大众对防雷常识的认知水平，增强了群众的防雷安全自救互救能力，为市、区（县）气象部门的防雷安全管理工作的顺利开展打下了良好的社会基础，人民群众做好防雷安全的自觉性显著提高。例如：2010 年 6 月 11 日，重庆市气象局收到《重庆市人民政府公开信箱转阅单》（北部新区信箱〔2010〕252）关于重庆市北部新区江语市民投诉反映“南方花园 D4 区屋顶 4 支避雷针被拆除，存在防雷安全隐患的问题”（图 7-23），重庆市气象局政策法规处与重庆市防雷中心组织有关工程技术人员立即赶赴重庆市高新区南方花园 D4 区进行了现场调查。通过全面细致的勘查，发现了大楼存在的防雷安全隐患。重庆市防雷中心技术人员针对发现的防雷安全隐患向物管公司提出了整改意见，并全程指导了物管公司进行整改方案设计和工程施工，确保了防雷工程整改效果，保障了小区的防雷安全。2010 年 9 月 6 日，重庆市气象局收到《重庆市人民政府公开信箱处理单》（渝气象信箱〔2010〕1）关于重庆市万盛区陶钢市民投诉反映“万盛区某小区楼顶女儿墙没有安装避雷装置，存在防雷安全隐患的问题”（图 7-24），重庆市气象局政策法规处、重庆市防雷中心、重庆市万盛区气象局组织有关工程技术人员立即前往调查核实有关情况，发现小区屋顶女儿墙已安装符合规范要求的暗敷避雷带。技术人员针对投诉人对防雷装置不甚了解的情况进行了耐心、细致的解释、宣传工作，并向该小区业主发放了防雷科普宣传资料。投诉人对调查处理结果表示满意，填写了书面意见。消除了疑虑，化解了矛盾，有效提升了全社会防御雷电灾害意识。

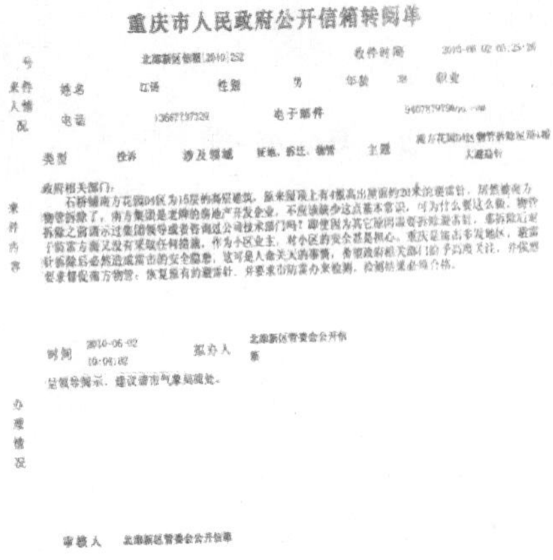
重庆市人民政府公开信箱转阅单

收件时间 2010-06-02

来件人情况 姓名 性别 男 年龄 职业

电话 电子邮件

类型 投诉 涉及领域 主题

来件内容

政府相关部门：

时间 2010-06-02 拟办人

呈领导阅示，建议请市气象局处理。

办理情况

审核人

图 7-23　2010 年 6 月 11 日，市民投诉南方花园 D4 区屋顶 4 支避雷针被拆除问题的有关图片

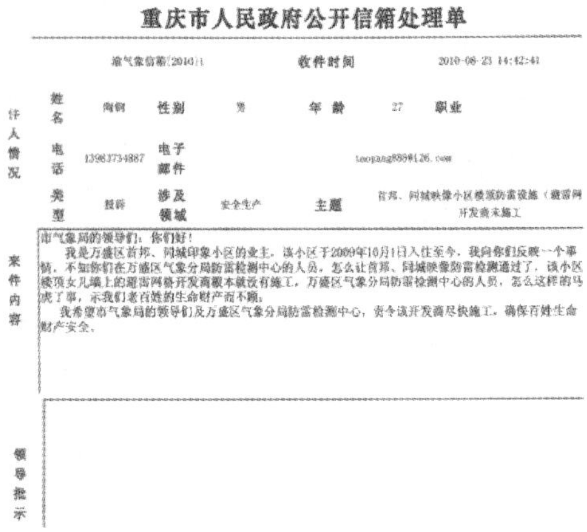
重庆市人民政府公开信箱处理单

收件时间 2010-06-23 14:42:41

来件人情况 姓名 性别 男 年龄 27 职业

电话 电子邮件

类型 投诉 涉及领域 安全生产 主题 开发商未施工

来件内容

市气象局的领导们：你们好！

我是万盛区首邦、同城印象小区的业主，该小区于2009年10月1日入住至今，我向你们反映一个事情，不知你们在万盛区气象分局防雷检测中心的人员，怎么让首邦、同城映像防雷检测通过了，该小区楼顶女儿墙上的避雷网格开发商根本就没有施工，万盛区气象分局防雷检测中心的人员，怎么这样的马虎了事，视我们老百姓的生命财产而不顾。

我希望市气象局的领导们及万盛区气象分局防雷检测中心，责令该开发商尽快施工，确保百姓生命财产安全。

领导批示

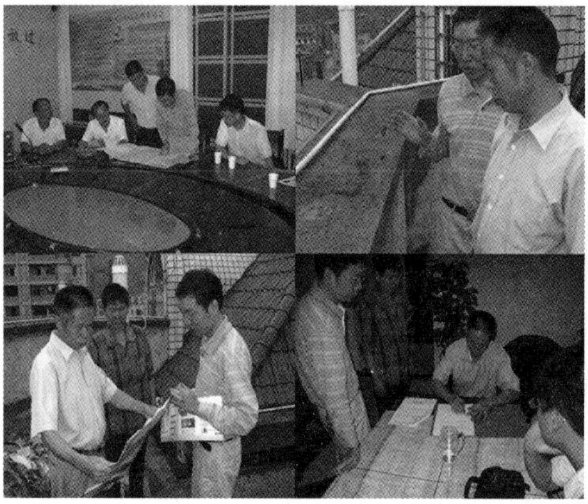

图 7-24　2010 年 9 月 6 日，市民投诉万盛区某小区楼顶女儿墙没有安装避雷装置问题的有关图片

又如：由于气象部门通过防雷科普知识宣传，使各级政府明确了夯实防雷安全的社会基础和管理基础重要意义。为了避免类似“5·23”重庆开县小学雷击事故的悲剧重演，针对中小学校雷电防护薄弱的情况，2008 年，通过中国气象局 300 万元资金引领，重庆有关区（县）政府积极筹措地方财政资金 1965.66 万元，大力推进中小学防雷示范工程，在开县、黔江、酉阳、秀山等 28 个区县雷电灾害严重、贫困落后的中小学实施了雷电灾害防御示范工程建设，完成了 1202 所中小学的防雷示范工程，同时在雷电高发区所处的学校安装了雷电灾害预警显示屏（图 7-25）。通过各区县中小学防雷示范工程实施和防雷科普知识的宣传，2008 年以来，重庆市各区县境内中小学未发生一例雷击伤亡事故，真正是实现了重庆中小学雷电灾害防御技术科学发展上水平，人民群众得到了实惠。

图 7-25　重庆中小学防雷示范工程有关图片

上述案例表明提升安全气象科普知识普及率，是强化社会接受各级气象部门气象安全生产事故风险管理自觉性的有效途径。

第七节　加强气象安全生产事故风险评估 强化气象安全生产事故风险管理的敏感性

中国地处东亚季风区，天气气候复杂，气象灾害频发，每年受气象灾害影响的人口高达 4 亿多，造成的经济损失占所有自然灾害经济总损失的 70%以上，相当于 GDP 增加值的 10%～20%。由于气象危险因素引发气象安全生产事故的原因非常复杂，涉及事故发生单位（常用“气象灾害敏感单位”代替）所在地的天气气候背景、地质地貌、经济社会发展状况和气象灾害敏感单位防御气象灾害的能力等诸多因素，其发生具有一定的随机性和不确定性。因此，近年来由于对暴雨、大风、高温、雷电、浓雾、低温冷冻等灾害性天气引发气象灾害敏感单位安全事故认知的敏感性不强，缺乏思想准备和物资准备而导致事故损失加重的事件时有发生。

例如，第二章第一节第二部分关于“气象安全生产的基本类型”中列举的“2005 年 4 月 21 日由于雷击导致重庆东溪化工有限公司爆炸造成的 19 人死亡、12 人受伤特大雷击爆炸事件”，就是对雷电灾害性天气引发雷电灾害敏感单位安全事故认知的敏感性不强，思想准备不足，没有进行“生产工房是乳化（含粉状乳化）炸药制药工房”建设项目雷电灾害风险评估，未能知道雷电灾害天气是其最大的风险源，导致特大雷击爆炸事故的典型案例。为此，重庆气象局根据 2005 年 2 月 1 日施行的《防雷减灾管理办法》（中国气象局令第 8 号）第五章雷电灾害调查、鉴定和评估中有关“雷击风险评估”的规定，参考国际电工委员会第 81 技术委员会制定并颁布的《雷电防护第二部分：风险管理（Protection against Lightning—Part 2：Risk Management）》（IEC 62305-2：2006 IDT）于 2006 年制定了重庆市地方标准《雷电灾害风险评估技术规范》（DB50/214-2006），开展了雷电灾害风险评估工作，为雷电灾害敏感单位提供雷电灾害风险评估技术服务，使雷电灾害敏感单位充分认知雷电灾害的风险，切实增强其防御雷电灾害的敏感性。随后国务院防雷行政主管机构——中国气象局也于2007年制定并颁布了《雷电灾害风险评估技术规范》(QX/T85-2007)，2008年我国也等同采用《雷电防护第二部分：风险管理(Protection against Lightning—Part 2：Risk Management)》(IEC 62305-2：2006 IDT)标准制作为“雷电风险评估技术”国家推荐性技术规范(GB/T 21714.2-2008)。

又如，重庆市气象局按照中国气象局郑国光局长关于“提高灾害风险管理水平是气象防灾减灾越来越重要的一项任务”的要求和中国气象局、重庆市人民政府关于“重庆在西部效率先基本实现气象现代化”的战略部署，结合重庆气象全面深化气象改革的实际情况，依托“重庆市突发事件预警信息发布平台”和“重庆市气象灾害敏感单位管理平台”，会同重庆市煤炭工业管理局、重庆煤矿安全监察局在铜梁县进行了煤矿气象灾害风险管理示范县建设实践，通过“法规保障、标准支撑、部门联动、责任落实、服务引领、科普宣传、资源共享”的煤矿气象灾害风险管理示范县创建模式，积极探索了煤炭行业“政府主导、部门联动、社会参与”的气象防灾减灾工作机制，进一步健全了煤矿气象安全生产事故风险管理及其服务体系，强化了煤矿安全生产的气象行业监管职能。开展了集煤矿气象灾害风险普查、风险识别、风险预警和风险评估于一体的煤矿气象安全生产事故风险预警服务业务，进行了煤矿气象灾害风险管理，提高了煤矿企业的管理效率和安全生产保障水平，并降低了安全管理成本。例如，重庆铜梁永红煤矿矿长冯良云说“通过煤矿气象灾害风险管理，该矿加大了安全气象保障投入，实现了制度上墙、责任到人、措施到位。以前在雷雨季节，我们的矿井就被淹过多次，2000年还因此报废了一口井，而现在有了针对性的预报预警信息，我们提前做好了应对，就基本没出现什么问题了。”另外，冯良云还特地讲述了发生在2014年的一个案例：2014年3月27日下午，该矿接到将出现强降水的预警信息，立即启动应急预案，预警信息迅速传递至全矿人员，同时井下作业人员马上撤出，当晚停产，并加强了应急值守。从27日晚至28日11时，铜梁县有5个站点出现暴雨，最大降雨量为铜梁永红煤矿64.1毫米。“溪流涨水了，部分农田被淹了，但永红煤矿没有出现人员伤亡，也没有什么损失”(图7-26)。因此，铜梁永红煤矿矿长冯良云认为“这个(作者注：这个——煤矿气象灾害)风险管理工作真是让我们企业得到了实惠。”

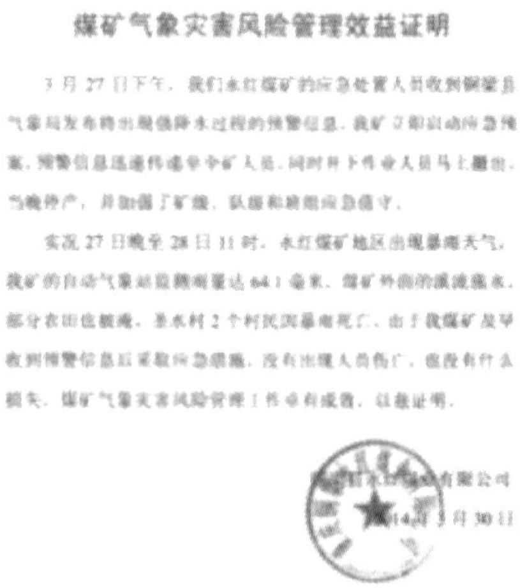
煤矿气象灾害风险管理效益证明

3月27日下午，我们永红煤矿的应急处置人员收到铜梁县气象局发布将出现强降水过程的预警信息，我矿立即启动应急预案，预警信息迅速传递至全矿人员，同时井下作业人员马上撤出，当晚停产，并加强了矿级、队级和班组应急值守。

实况27日晚至28日11时，永红煤矿地区出现暴雨天气，我矿的自动气象站监测雨量达64.1毫米，煤矿外围的溪流涨水，部分农田也被淹，[illegible]2个村民因暴雨死亡。由于我煤矿及早收到预警信息后采取应急措施，没有出现人员伤亡，也没有什么损失。煤矿气象灾害风险管理工作卓有成效，以此证明。

[illegible]有限公司

[illegible]14年3月30日

图7-26　煤矿企业气象灾害风险管理工作效益证明材料

重庆市气象局会同重庆市煤炭工业管理局、重庆煤矿安全监察局在指导铜梁煤矿气象灾害风险管理示范县创建实践过程中，煤矿气象灾害风险管理取得的成效，获得了重庆市人大农委、市人民政府应急办、铜梁县人民政府、铜梁县人民政府应急办、铜梁县安监局(煤炭工业管理局)、铜梁县煤矿企业等方方面面的肯定。

例如，重庆市人大常委会办公厅 2014 年 7 月 25 日的《人大信息》(第 557 期)专刊，以“铜梁县:探索出煤矿企业依法防御气象灾害新路”为标题，充分肯定了铜梁煤矿气象灾害风险管理示范县创建，认为铜梁县在全市率先实现全县学校和煤矿等气象灾害敏感单位安全管理全覆盖，特别是在煤矿企业，值得总结推广。

重庆市人民政府应急办副主任史强的评价:“铜梁县开展的煤矿气象灾害风险管理工作为应急管理科学化提供了很好的思路。突发事件预警信息发布终端首次向企业延伸，进一步增强了信息发布的时效性。”

铜梁县副县长黄科对煤矿气象灾害风险管理工作的评价:“这项工作，探索出了煤矿科学防灾减灾的新路子，服务手段和方式让人耳目一新。预警信息第一时间传递到企业，效益明显。”

铜梁县政府应急办负责人江发贵对煤矿气象灾害风险管理工作的评价:“把防灾减灾关口前移，实现由被动防灾向主动防灾转变，由减轻气象灾害损失向降低气象灾害风险转变。”他还认为“防灾减灾工作理念的更新，是实施煤矿气象灾害风险管理工作的一大收获，是科学化服务提升社会经济效益。”

铜梁县煤炭工业管理局局长朱建东认为“铜梁 18 家煤矿所在地以喀斯特地貌为主，煤炭覆层条件差，雨水极易往下渗漏。开展风险管理工作后，点对点的预报更有针对性，也为提前防御气象灾害争取了时间;而气象灾害风险管理工作的开展，则使这些防御工作的进行更加从容。”

重庆铜梁永红煤矿冯良云矿长认为“这个(煤矿气象灾害)风险管理工作真是让我们企业得到了实惠。”

由于铜梁煤矿气象灾害风险管理示范县创建实践过程中取得的成效获得方方面面的肯定，许多单位和部门纷纷到重庆铜梁县实地调研铜梁煤矿气象灾害风险管理示范县创建工作，学习借鉴“法规保障、标准支撑、部门联动、责任落实、服务引领、科普宣传、资源共享”的煤矿气象灾害风险管理示范县创建模式的科学内涵。

因此，基层气象部门要高度重视气象危险因素引发本行政区域和本行政区域内气象灾害敏感单位安全事故，加强和完善本行政区域和本行政区域内气象灾害敏感单位的气象安全生产事故风险评估工作，采取有效措施积极指导区(县)、乡(镇、街道办事处)、村民委员会(居民委员会)三级基层行政管理机构和区(县)与乡(镇、街道办事处)级有关部门以及村民委员会(居民委员会)管理辖区内气象灾害敏感单位对本行政区域和本单位的气象安全生产事故的风险识别、风险分析、风险评价、风险管理，提高区(县)、乡(镇、街道办事处)、村民委员会(居民委员会)三级基层行政管理机构和区(县)与乡(镇、街道办事处)级有关部门以及村民委员会(居民委员会)管理辖区内气象灾害敏感单位对气象危险因素风险源的认知水平，增强基层气象安全生产事故风险管理及其服务的敏感性，切实增强本行政区域和本行政区域内气象灾害敏感单位防范气象安全生产事故的敏感性和科学防灾、减灾、抗灾能力，是防止或者减少、减轻气象危险因素引发本行政区域和本行政区域内气象灾害敏感单位安全事故的有效方式。

综上所述，基层气象部门加强和完善本行政区域和本行政区域内气象灾害敏感单位的气象安全生产事故风险评估，是强化气象安全生产事故风险管理的敏感性，进一步做好基层气象安全生产事故风险管理及其服务的基本前提。

第八节　加强气象安全生产事故隐患排查 强化气象安全生产事故风险管理的动态性

目前，各级气象部门、区（县）、乡（镇、街道办事处）、村民委员会（居民委员会）三级基层行政管理机构和区（县）与乡（镇、街道办事处）级有关部门以及村民委员会（居民委员会）管理辖区内气象灾害敏感单位对气象安全生产事故隐患普查、排查、监管、报告、备案、检查、督查、治理等措施都是静态的，没有根据区（县）、乡（镇、街道办事处）、村民委员会（居民委员会）三级基层行政管理机构和区（县）与乡（镇、街道办事处）级有关部门以及村民委员会（居民委员会）管理辖区内气象灾害敏感单位所在地气象灾害天气和危险气象要素的动态变化特性采取动态、实时、适时的气象安全事故防范措施，从而导致气象安全生产事故时有发生。例如：2012 年 4 月 20 日广东省茂名市下辖的化州市宝圩镇仓板小学因暴雨形成的洪水，导致 4 名小学生被洪水冲走、失踪的暴雨灾害事故，就是典型的学校气象公共安全事故防范工作缺乏动态性管理的案例。

2012 年 4 月 20 日 12 时许，广东省茂名市下辖的化州市宝圩镇仓板小学的小茵、广余、琳琳、秋霞、思露 5 个学生结伴去上学，途中走到一个叫响水桥的小桥时，发现暴雨形成的洪水很猛，水已经漫过桥面，无法过桥，就原路返回家中。小茵说"他们回到村边的门口桥时，站在桥上看洪水，才站了一会儿，不知道怎么回事，感觉头脑一片空白，就掉进了河里"（图 7-27）。

学生出事的地点——门口桥

消防官兵在学生出事的小河搜救

图 7-27　2012 年 4 月 20 日，事故现场

宝圩镇仓板村委会丰满村的钟朋标村主任告诉记者，事故发生在 20 日 13 时前后，由于当时下着大雨，他就到田间看水势。突然他听到有小孩大叫"救命"，虽然不通水性，但他还是冒着已经涨到大腿高的洪水跑到河边，看到一个小女孩在桥的下游约 8 米处抓住岸边的竹子，还有一名男孩抓住被冲到河中间的一根竹子的尾部。他冲过去把小女孩拉上岸，并连忙护送她到安全地带，但是由于自己不通水性，未能救起那个男孩，深感内疚。小茵还告诉记者"当天雨很大（2012 年 4 月 18 日 8 时至 21 日 8 时，广东省的阳江、茂名、肇庆、江门和珠江三角洲等地出现了大到暴雨，局部大暴雨，阳西县塘口镇等 7 个监测站点记录到超过 300 毫米的降水），但她们并没有接到学校停课的通知。"事故发生后根据《南方日报》记者毕嘉琪采访可知，虽然 4 月 20 日 8 时许，广州市的暴雨预警信号一度从黄色升级为橙色，但学生们仍需顶着狂风暴雨上学。广州市教育部门有关负责人表示，根据气象台的防御标准，只有达到红色暴雨预警信号

才需要中小学和幼儿园停课。不过，出现严重水浸等险情的学校可迅速请示上级教育部门批准，自行停课。

由于暴雨灾害天气形成雨量具有明显的地理分布差异和时间差异，广州市的暴雨预警信号并不能够代表宝圩镇仓板小学所在地的暴雨量。因此，若学校依据本校所处的地理位置、周边环境条件和暴雨灾害性天气形成的暴雨雨量采取动态、实时、适时研判，而不是根据广州市的暴雨预警信号是否达到最高的红色级别，才采取学校停课的气象安全事故防范措施，也许此次事故可以避免。

因此，基层气象部门要高度重视本行政区域和本行政区域内气象灾害敏感单位的气象安全事故隐患普查、排查、监管、报告、备案、检查、督查、治理等方面工作，可参照下面给出的重庆市基层气象部门雷电引发安全事故隐患普查、排查、监管、报告、备案、检查、督查、治理的具体做法，对不同的气象灾害敏感单位的不同气象安全事故的隐患和同一气象灾害敏感单位的同一气象安全事故的不同时间的隐患，应根据气象灾害敏感单位随着经济社会发展而发生变化导致其气象安全事故的隐患发生变化和气象灾害天气和危险气象要素的动态变化特性导致其气象安全事故的隐患具有动态变化，完善本行政区域和本行政区域内气象灾害敏感单位的气象安全事故隐患普查、排查、监管、报告、备案、检查、督查、治理等方面工作机制，及时发现隐患，为本行政区域和本行政区域内气象灾害敏感单位有效防范气象安全事故，提供有针对性的动态气象安全事故风险管理及其服务。

目前，重庆市基层气象部门雷电安全事故隐患普查、排查、监管、报告、备案、检查、督查、治理的具体做法如下：

一是建立雷电灾害风险评估工作机制，杜绝雷电灾害隐患。根据建设项目不同阶段按照《雷电灾害风险评估技术规范》(DB50/214-2006)进行建设项目雷电灾害风险预评估、建设方案评估、现状评估，从而发现建设项目不同阶段的雷电灾害隐患，并给建设项目业主单位、设计单位、建设单位、使用单位提供有针对性的防御措施。建设项目雷电灾害风险预评估是根据建设项目的使用性质和所在地雷电活动时空分布特征及雷电流散流情况等，分析建设项目的雷电灾害易损性和所在地大气雷电环境状况，辨识与分析建设项目潜在的雷电灾害风险、发现建设项目在选址及功能分区布局方面存在的雷电灾害隐患，预测发生雷电灾害事故的可能性及其严重程度，及时对建设项目的选址及功能分区布局从雷电防护的角度提出科学、合理、可行的安全对策措施建议，为城市规划和项目选址提供重要依据；建设项目雷电灾害风险建设方案评估是针对建设项目初步设计，对该项目可能存在的雷电危险(有害)因素的种类、雷电危险性和危险度进行分析，提出合理科学的安全对策、措施及建议，为施工图防雷设计提供依据；建设项目雷电灾害风险现状评估是通过对既有建设项目的防雷安全现状进行安全评价，针对建设项目的生产经营活动，辨识与分析其存在的雷电灾害风险，查找其存在的雷电灾害隐患，预测发生雷电灾害事故的可能性及其严重程度，提出合理、可行的防御雷电灾害的建议及安全对策措施，为安全监督管理提供技术依据。

二是建立建设项目防雷工程全过程的安全监督机制。该监督机制主要包括两方面，一方面是依据重庆市已建立的防雷标准化体系，对新建改建、扩建的建设项目防雷工程设计评价、施工过程监审、工程竣工后检测总体验收；另一方面对已完成防雷工程投入使用的建设项目防雷装置安全性能进行定期(一年、半年)检测，从源头上杜绝建设项目防御雷电灾害的基础设施存在的安全隐患。

三是建立雷电灾害应急预警机制。重庆市、区(县)气象部门针对其行政区域不同雷电灾害敏感单位对雷电灾害天气敏感差异性,根据雷电灾害天气变化通过手机短信、电子显示屏、网络等及时向雷电灾害敏感单位发布不同等级的预警,指导雷电灾害敏感单位启动防御雷电灾害预案,科学采取防范措施,有效杜绝因雷电灾害天气的动态变化特性产生的安全隐患。

四是建立雷电灾害调查鉴定机制。重庆市、区(县)气象部门按照《雷电灾害调查与鉴定技术规范》关于雷电灾害调查原则、雷电灾害调查项目、雷电灾害调查组织及程序、雷电灾害现场调查、雷电灾害分析与鉴定等有关规定,科学、准确、及时地查清发生雷电灾害的原因,查明雷击事故性质,总结教训,并对雷电灾害发生前的雷电灾害防御措施进行评估,研判是否存在未能发现的雷电安全隐患,提出进一步完善防御措施的对策建议,从而有效杜绝隐性的雷电安全隐患。

综上所述,加强气象安全生产事故隐患普查、排查、监管、报告、备案、检查、督查、治理工作,是强化基层气象安全生产事故风险管理及其服务的动态性,有效防范气象安全生产事故的关键所在。

第九节　完善气象安全生产事故应急预案 强化气象安全生产事故风险管理的前瞻性

近年来,我们强调安全事故的责任追究,用事故指标考核各级政府、部门和气象灾害敏感单位。当气象灾害敏感单位发生气象安全事故后,常常采取“开会”“出文件”“拉网式隐患排查”“现场检查、督察”“回头看”等办法和措施,这些办法和措施都带有事后性、被动性和治标性等特征。而要体现“安全第一、预防为主、综合治理”安全方针,基层气象部门就要充分研究分析导致本行政区域和本行政区域内气象灾害敏感单位发生气象安全事故的灾害性天气、危险气象要素,切实提高基层灾害性天气、危险气象要素监测体系自动化水平以及预测预报的准确性、精细化程度,特别是提高空间尺度小、时间尺度短的局地性突发性气象灾害天气临近预报能力,加强灾害性天气、危险气象要素预警的及时性、有效性、针对性,畅通灾害性天气、危险气象要素预警信息发布的渠道,完善气象安全事故应急预案,增强本行政区域不同季节灾害性天气、危险气象要素的气象安全生产事故风险管理及其服务的前瞻性,全面提升本行政区域和本行政区域内气象灾害敏感单位防范气象安全事故能力和水平,使区(县)、乡(镇、街道办事处)、村民委员会(居民委员会)三级基层行政管理机构和区(县)与乡(镇、街道办事处)级有关部门以及村民委员会(居民委员会)管理辖区内气象灾害敏感单位的气象安全事故防范工作具有科学的预防性和超前性。

近年来由于对气象危险因素引发气象灾害敏感单位安全事故应急预案不够完善,导致气象安全事故时有发生。

例如,第二章第一节第二部分关于“气象安全生产的基本类型”中列举的 2012 年 7 月 21 日贵州凯里暴雨引发山体崩塌造成煤矿工棚人员逃离中 1 死 3 伤的安全事故就是一起“煤矿汛期生产经营活动中,对煤矿生产经营活动场所灾害性天气引发煤矿汛期安全生产事故风险分析和评估的不到位,未能科学制定灾害性天气引发煤矿汛期安全生产事故应急预案,没有制定科学、安全的避灾应急撤离线路，使煤矿气象安全生产事故风险管理缺乏前瞻性而造成安全生产事故”的典型案例。

类似事故再比如 2014 年 9 月 1 日 6 时 56 分，由于暴雨灾害天气引发重庆市云阳县江口镇团滩村辖区内永发煤矿职工宿舍后山及左侧出现滑坡险情，煤矿在组织 27 名职工撤离转移过程中，不料突发山体滑坡导致 12 名永发煤矿职工被埋，造成 1 人受伤被及时救出外，其余 11 人遇难的事故。

事故经过：2014 年 8 月 31 日晚 20 时至 9 月 1 日晚 20 时，重庆市云阳县遭遇罕见的大暴雨袭击，云阳县江口镇、南溪镇、沙市镇、鱼泉镇等片区日降雨量达到了 295.6 毫米。位于江口镇团滩村辖区内永发煤矿职工宿舍内的职工，在 9 月 1 日凌晨 4 点多钟就被公司从床上叫醒通知准备撤离，一开始吧，职工们没感觉有多大危险。后来 6 点多钟，看到河水一直上涨，职工担心宿舍被河水淹（作者注：宿舍并没有被上涨河水淹，也没有被泥石流冲毁、掩埋，而是完好），就决定跑到井口那边去避险，张明和 14 个跑在前面的永发煤矿职工幸运地躲开了泥石流，逃进了矿井，而另外 12 个永发煤矿职工不幸被掩埋。其中一个受轻伤，自己爬了出来，其余 11 人全部遇难（图 7-28）。

图 7-28 2014 年 9 月 1 日，云阳县永发煤矿事故现场

显然事故的直接原因是暴雨灾害天气泥石流导致人员伤亡，但事故的间接原因是煤矿汛期安全生产工作存在薄弱环节，没有对煤矿生产经营活动场所暴雨灾害性天气引发煤矿汛期安全生产事故风险分析和评估，没有制定暴雨灾害性天气引发煤矿汛期安全生产事故应急预案，当然也就不可能判断出宿舍可能被上涨河水淹的安全风险和井口那边应急撤离线路是否安全，什么时候应急撤离最安全。因此事故发生后，为了切实加强云阳县煤矿气象安全事故风险管理及其服务工作，建立健全煤矿气象安全事故应急预案，科学处置煤矿气象安全事故，云阳县气象局、煤炭工业管理局、安全生产监督管理局联合向各煤矿企业下发了《关于在全县煤矿企业开展气象灾害敏感单位安全管理的通知》（图 7-29）。同时云阳县煤炭工业管理局作为委托方（甲方）将云阳县行政区域内的煤矿企业气象灾害风险评估技术服务以政府购买公共服务的方式，委托重庆市雷电防护技术开发与应用中心开展云阳县辖区煤矿气象灾害风险评估技术服务（图 7-30），通过每个煤矿的气象灾害风险评估结论，科学制定煤矿气象安全生产事故应急预案，从而有效地强化气象安全生产事故风险管理的前瞻性，确保了煤矿安全生产。

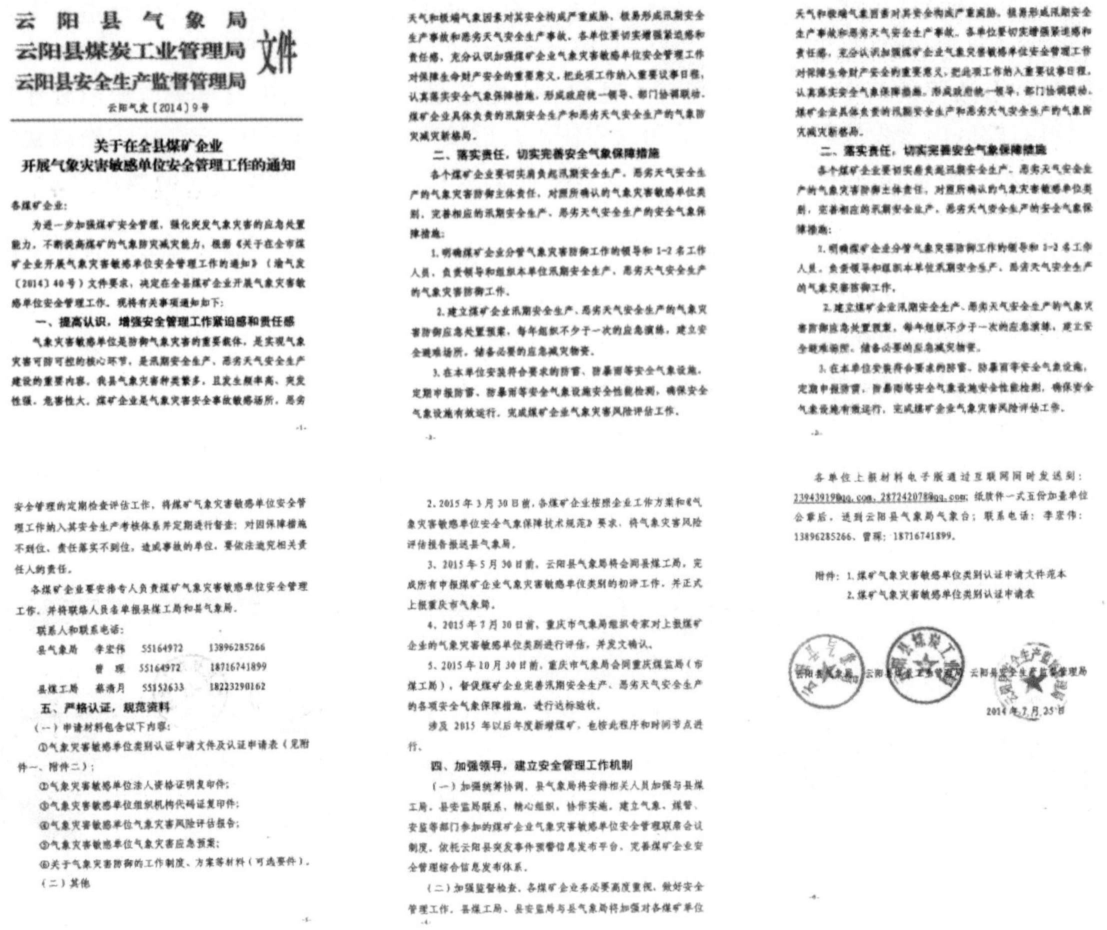

云阳县气象局
云阳县煤炭工业管理局
云阳县安全生产监督管理局 文件

云阳气发〔2014〕9号

关于在全县煤矿企业
开展气象灾害敏感单位安全管理工作的通知

各煤矿企业：

为进一步加强煤矿安全管理，强化突发气象灾害的应急处置能力，不断提高煤矿的气象防灾减灾能力，根据《关于在全市煤矿企业开展气象灾害敏感单位安全管理工作的通知》（渝气发〔2014〕40号）文件要求，决定在全县煤矿企业开展气象灾害敏感单位安全管理工作。现将有关事项通知如下：

一、提高认识，增强安全管理工作紧迫感和责任感

气象灾害敏感单位是防御气象灾害的重要载体，是实现气象灾害可防可控的核心环节，是汛期安全生产、恶劣天气安全生产建设的重要内容。我县气象灾害种类繁多，且发生频率高、突发性强、危害性大。煤矿企业是气象灾害安全事故敏感场所，恶劣

-1-

天气和极端气象因素对其安全构成严重威胁，极易形成汛期安全生产事故和恶劣天气安全生产事故。各单位要切实增强紧迫感和责任感，充分认识加强煤矿企业气象灾害敏感单位安全管理工作对保障生命财产安全的重要意义，把此项工作纳入重要议事日程，认真落实安全气象保障措施，形成政府统一领导、部门协调联动、煤矿企业具体负责的汛期安全生产和恶劣天气安全生产的气象防灾减灾新格局。

二、落实责任，切实完善安全气象保障措施

各个煤矿企业要切实肩负起汛期安全生产、恶劣天气安全生产的气象灾害防御主体责任，对照所确认的气象灾害敏感单位类别，完善相应的汛期安全生产、恶劣天气安全生产的安全气象保障措施：

1.明确煤矿企业分管气象灾害防御工作的领导和1-2名工作人员，负责领导和组织本单位汛期安全生产、恶劣天气安全生产的气象灾害防御工作。

2.建立煤矿企业汛期安全生产、恶劣天气安全生产的气象灾害防御应急处置预案，每年组织不少于一次的应急演练，建立安全避难场所，储备必要的应急减灾物资。

3.在本单位安装符合要求的防雷、防暴雨等安全气象设施，定期申报防雷、防暴雨等安全气象设施安全性能检测，确保安全气象设施有效运行，完成煤矿企业气象灾害风险评估工作。

-2-

天气和极端气象因素对其安全构成严重威胁，极易形成汛期安全生产事故和恶劣天气安全生产事故。各单位要切实增强紧迫感和责任感，充分认识加强煤矿企业气象灾害敏感单位安全管理工作对保障生命财产安全的重要意义，把此项工作纳入重要议事日程，认真落实安全气象保障措施，形成政府统一领导，部门协调联动，煤矿企业具体负责的汛期安全生产和恶劣天气安全生产的气象防灾减灾新格局。

二、落实责任，切实完善安全气象保障措施

各个煤矿企业要切实肩负起汛期安全生产、恶劣天气安全生产的气象灾害防御主体责任，对照所确认的气象灾害敏感单位类别，完善相应的汛期安全生产、恶劣天气安全生产的安全气象保障措施：

1.明确煤矿企业分管气象灾害防御工作的领导和1-2名工作人员，负责领导和组织本单位汛期安全生产、恶劣天气安全生产的气象灾害防御工作。

2.建立煤矿企业汛期安全生产、恶劣天气安全生产的气象灾害防御应急处置预案，每年组织不少于一次的应急演练，建立安全避难场所，储备必要的应急减灾物资。

3.在本单位安装符合要求的防雷、防暴雨等安全气象设施，定期申报防雷、防暴雨等安全气象设施安全性能检测，确保安全气象设施有效运行，完成煤矿企业气象灾害风险评估工作。

-2-

安全管理的定期检查评估工作，将煤矿气象灾害敏感单位安全管理工作纳入其安全生产考核体系并定期进行督查；对因保障措施不到位、责任落实不到位，造成事故的单位，要依法追究相关责任人的责任。

各煤矿企业要安排专人负责煤矿气象灾害敏感单位安全管理工作，并将联络人员名单报县煤工局和县气象局。

联系人和联系电话：

县气象局	李宏伟	55164972	13896285266
	曾　琛	55164972	18716741899
县煤工局	蔡清月	55152633	18223290162

五、严格认证，规范资料

（一）申请材料包含以下内容：

①气象灾害敏感单位类别认证申请文件及认证申请表（见附件一、附件二）；

②气象灾害敏感单位法人资格证明复印件；

③气象灾害敏感单位组织机构代码证复印件；

④气象灾害敏感单位气象灾害风险评估报告；

⑤气象灾害敏感单位气象灾害应急预案；

⑥关于气象灾害防御的工作制度、方案等材料（可选要件）。

（二）其他

-5-

2.2015年3月30日前，各煤矿企业按照企业工作方案和《气象灾害敏感单位安全气象保障技术规范》要求，将气象灾害风险评估报告报送县气象局。

3.2015年5月30日前，云阳县气象局将会同县煤工局，完成所有申报煤矿企业气象灾害敏感单位类别的初评工作，并正式上报重庆市气象局。

4.2015年7月30日前，重庆市气象局组织专家对上报煤矿企业的气象灾害敏感单位类别进行评估，并发文确认。

5.2015年10月30日前，重庆市气象局会同重庆煤监局（市煤工局），督促煤矿企业完善汛期安全生产、恶劣天气安全生产的各项安全气象保障措施，进行达标验收。

涉及2015年以后年度新增煤矿，也按此程序和时间节点进行。

四、加强领导，建立安全管理工作机制

（一）加强统筹协调。县气象局将安排相关人员加强与县煤工局、县安监局联系，精心组织，协作实施。建立气象、煤管、安监等部门参加的煤矿企业气象灾害敏感单位安全管理联席会议制度。依托云阳县突发事件预警信息发布平台，完善煤矿企业安全管理综合信息发布体系。

（二）加强监督检查。各煤矿企业务必要高度重视，做好安全管理工作。县煤工局、县安监局与县气象局将加强对各煤矿单位

-4-

各单位上报材料电子版通过互联网同时发送到：23943919@qq.com，287242078@qq.com；纸质件一式五份加盖单位公章后，送到云阳县气象局气象台；联系电话：李宏伟：13896285266，曾琛：18716741899。

附件：1.煤矿气象灾害敏感单位类别认证申请文件范本
　　　2.煤矿气象灾害敏感单位类别认证申请表

云阳县气象局　云阳县煤炭工业管理局　云阳县安全生产监督管理局

2014年7月25日

图 7-29　联合发文

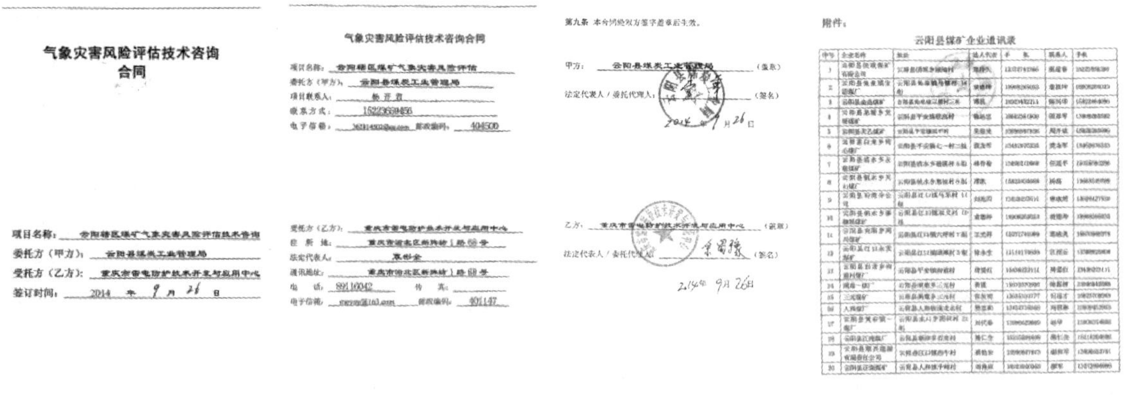

气象灾害风险评估技术咨询
合同

项目名称：云阳辖区煤矿气象灾害风险评估技术咨询
委托方（甲方）：云阳县煤炭工业管理局
受托方（乙方）：重庆市雷电防护技术开发与应用中心
签订时间：2014 年 9 月 26 日

气象灾害风险评估技术咨询合同

项目名称：云阳辖区煤矿气象灾害风险评估
委托方（甲方）：云阳县煤炭工业管理局
联系方式：15223659456
邮政编码：404500

受托方（乙方）：重庆市雷电防护技术开发与应用中心
电　话：89110042
邮政编码：401147

第九条 本合同经双方签字盖章后生效。

甲方：云阳县煤炭工业管理局（盖章）
法定代表人／委托代理人：（签名）
2014年9月26日

乙方：重庆市雷电防护技术开发与应用中心（盖章）
法定代表人／委托代理人：（签名）
2014年9月26日

附件：

云阳县煤矿企业通讯录

图 7-30　云阳县辖区煤矿气象灾害风险评估技术服务

因此，基层气象部门要高度重视本行政区域和本行政区域内气象灾害敏感单位气象安全事故应急处置，通过对本行政区域和本行政区域内气象灾害敏感单位的灾害天气、危险气象要素敏感类别、敏感发生期、敏感地域和灾害天气危险气象要素可能产生后果以及防范措施等研究分析，采取有效措施积极指导区（县）、乡（镇、街道办事处）、村民委员会（居民委员会）三级基层行政管理机构和区（县）与乡（镇、街道办事处）级有关部门以及村民委员会（居民委员会）管理辖区内气象灾害敏感单位加强并完善其气象安全事故应急预案，并对指导区（县）、乡（镇、街道办事处）、村民委员会（居民委员会）三级基层行政管理机构和区（县）与乡（镇、街道办事处）级有关部门以及村民委员会（居民委员会）管理辖区内气象灾害敏感单位进行前瞻性气象安全事故风险管理极其服务，为本行政区域和本行政区域内气象灾害敏感单位防范气象安全事故赢得提前量，从而有效防范气象安全事故。

综上所述，基层气象部门加强和完善本行政区域和本行政区域内气象灾害敏感单位的气象安全生产事故应急预案，是强化基层气象安全生产事故风险管理及其服务的前瞻性，有效防范气象安全生产事故的重要保证。

第十节 提升气象安全生产事故防范能力 强化气象安全生产事故风险管理的系统性

基层气象防灾、减灾能力和气象安全生产事故防范能力，不仅仅是指基层气象部门的“气象防灾、减灾能力和气象安全生产事故防范能力”，还包括区（县）、乡（镇、街道办事处）、村民委员会（居民委员会）三级基层行政管理机构和区（县）与乡（镇、街道办事处）级有关部门以及村民委员会（居民委员会）管理辖区内气象灾害敏感单位等的“社会气象防灾、减灾能力和气象安全生产事故防范能力”。长期以来基层气象部门在上级气象部门和当地政府的领导、关怀、帮助、支持下，其气象防灾、减灾能力和气象安全生产事故防范能力虽然强于“社会气象防灾、减灾能力和气象安全生产事故防范能力”，而“社会气象防灾、减灾能力和气象安全生产事故防范能力”的局限性，已经成为基层气象部门增强基层气象防灾、减灾能力和气象安全生产事故防范能力，提高气象安全生产事故风险管理及服务水平的“短板效应”。在现行体制下，基层气象部门的气象安全事故风险管理及其服务能力和水平比较弱，全面构建基层气象现代化体系，提升基层气象防灾、减灾能力和气象安全事故风险管理及其服务能力，实现一流、系统、完整的基层气象安全事故风险管理及其服务，还需要奋斗十年甚至更长时间。因此，提升基层气象防灾、减灾能力和气象安全事故风险管理及其服务能力是基层气象事业发展“永恒”的主题、“动态”的目标。我们必须根据《中共中国气象局党组关于推进县级气象机构综合改革指导意见》精神，在现有资源的基础上，借鉴浙江省气象部门“德清模式”和重庆市气象部门“法规与标准互动的气象灾害敏感单位认证管理模式”“永川模式”的具体做方法，切实强化基层气象安全事故风险管理及其服务，明确区（县）、乡（镇、街道办事处）、村民委员会（居民委员会）三级基层行政管理机构和区（县）与乡（镇、街道办事处）级有关部门以及村民委员会（居民委员会）管理辖区内气象灾害敏感单位防范气象安全事故的主体责任，督促区（县）、乡（镇、街道办事处）、村民委员会（居民委员会）三级基层行政管理机构和区（县）与乡（镇、街道办事处）级有关部门以及村民委员会（居民委员会）管理辖区内气象灾害敏感单位，承担防范气象安全事故的社会责任，依法投入人、财、物提升“社会气象防灾、减灾能力和防范气象安全事故能力”建设，从而充分利用社会资源，实现国家、地方、社会资金共同依法投入基层气象安全事故风险管理及其服务能力建设的安全气象新格局，切实提高基层气象安全事故风险管理及其服务水平。

为了提升基层气象防灾、减灾能力和气象安全事故风险管理及其服务能力，实现一流的、系统的、完整的基层气象安全事故风险管理及其服务，我们必须按照“德清模式”“法规与标准互动的气象灾害敏感单位认证管理模式”“永川模式”的工作方法，科学分析区（县）、乡（镇、街道办事处）、村民委员会（居民委员会）三级基层行政管理机构和区（县）与乡（镇、街道办事处）级有关部门以及村民委员会（居民委员会）管理辖区内气象灾害敏感单位所在地敏感气象安全事故类型和敏感气象危险因素出现的时期，结合区（县）、乡（镇、街道办事处）、村民委员会（居民委员会）三级基层行政管理机构和区（县）与乡（镇、街道办事处）级有关部门管理工作性质和气象灾害敏感单位的地理、地质、土壤、气象、环境等条件与重要性、工作特性以及气象灾害敏感单位在遭受敏感气象危险因素时，可能造成人员伤亡和财产损失的后果的严重性，明确区（县）、乡（镇、街道办事处）、村民委员会（居民委员会）三级基层行政管理机构和区（县）与乡（镇、街道办事处）级有关部门以及村民委员会（居民委员会）管理辖区内气象灾害敏感单位依据法律法规、规范性文件要干什么和依据技术标准怎么干，才能科学、规范、正确、及时防范气象安全事故；并依据区（县）、乡（镇、街道办事处）、村民委员会（居民委员会）三级基层行政管理机构和区（县）与乡（镇、街道办事处）级有关部门以及村民委员会（居民委员会）管理辖区内气象灾害敏感单位的需求牵引原则和轻重缓急的原则，以系统观念，按照“服务对象需求→需求所需监测要素、监测方法、监测仪器→预报方法、预报服务产品→服务方式→服务产品发布→指导服务对象应用服务产品→服务效果评估→修改完善服务内容、服务流程、服务链条”的基层公共气象服务思路，调整现行的气象部门内部业务流程，建立适应基层气象安全事故风险管理及其服务全过程的系统化业务流程和业务链条，通过大量区（县）、乡（镇、街道办事处）、村民委员会（居民委员会）三级基层行政管理机构和区（县）与乡（镇、街道办事处）级有关部门以及村民委员会（居民委员会）管理辖区内气象灾害敏感单位将气象安全事故风险管理及其服务自觉应用于自身决策、管理和生产实践中产生的政治、经济、社会、生态、防灾减灾、安全等效益来实现基层气象工作促进当地经济社会发展的政治、经济、社会、生态、防灾减灾、安全等效益，从而不断提高基层气象部门的社会影响力和在政府部门中的地位以及气象工作水平。

例如，依据2007年6月实施的《重庆缙云山国家级自然保护区森林防火远程监测系统森林火险等级预警预报分系统建设工程》，就是一个“以系统观念建立适应气象安全事故风险管理及其服务全过程的业务流程与业务链条”的成功案例。

重庆气象局为了加强重庆市森林火险敏感区森林火险气象等级预警预报服务工作，于2007年6月1日与重庆市林业局联合签署了《重庆市林业局与重庆市气象局关于联合建设重庆市森林火险敏感区火险等级预警预报系统合作协议书》（图7-31），该协议书明文规定：市、区（县）林业部门根据重庆市森林的重要性、分布特征、发生森林火灾的可能性和后果，以及重庆市森林火灾的历史资料，负责划分重点林区和自然保护区核心森林的森林火险敏感区；提供每个森林火险敏感区的地理、植被、林种、面积等背景资料；建立与森林火灾发生密切相关的林区温度、湿度、降水、风向、风速、雷电的森林火险特种气象自动监测站和森林火险等级预警、预报信息接收终端；制定每个森林火险敏感区的防御森林火灾应急预案。市、区（县）气象部门负责指导市、区（县）林业部门在每个森林火险敏感区的森林火险特种气象自动监测站建设；负责建立市、区（县）森林火险敏感区森林火险特种气象自动监测站自动观测资料共享平台；负责每个森林火险敏感区的森林火险等级预警、预报系统研发，并通过手机短信、手机气象站、安全气象网向市、区（县）林业局、市、区（县）森林防火办、森林火险敏感区防火办发布每个森林火险敏感区的森林火险等级预警、预报信息；负责制定扑救森林火灾气象保障应急预案，并根据市、区（县）森林防火办的指示，在发生森林火灾时，启动和实施扑救森林火灾气象保障应急预案。重庆市、区（县）林业局负责森林火险敏感区森林火险特种气象自动监测站建设经费和维持经费；重庆市气象局负责全市森林火险敏感区森林火险特种气象自动监测站自动观测资料共享平台建设经费和维持经费以及每个森林火险敏感区的森林火险等级预警、预报系统研发经费；重庆市气象局负责每个森林火险特种气象自动监测站技术保障，技术保障经费纳入森林火险特种气象自动监测站的维持经费。

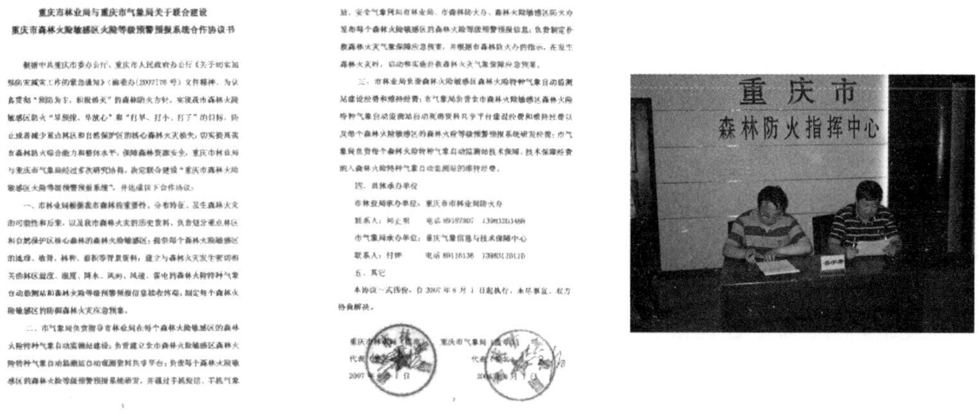
重庆市林业局与重庆市气象局关于联合建设
重庆市森林火险敏感区火险等级预警预报系统合作协议书

四、具体承办单位

五、其它

图 7-31　2007 年 6 月 1 日，重庆市林业局与重庆市气象局合作协议书及签字仪式

根据协议书精神，实施了重庆北碚区《重庆缙云山国家级自然保护区森林防火远程监测系统森林火险等级预警预报分系统建设工程》（图 7-32），建立了森林火险特种气象自动监测子系统、信息传输子系统、信息加工处理子系统、信息发布子系统等，系统工作流程如图 7-33 所示。

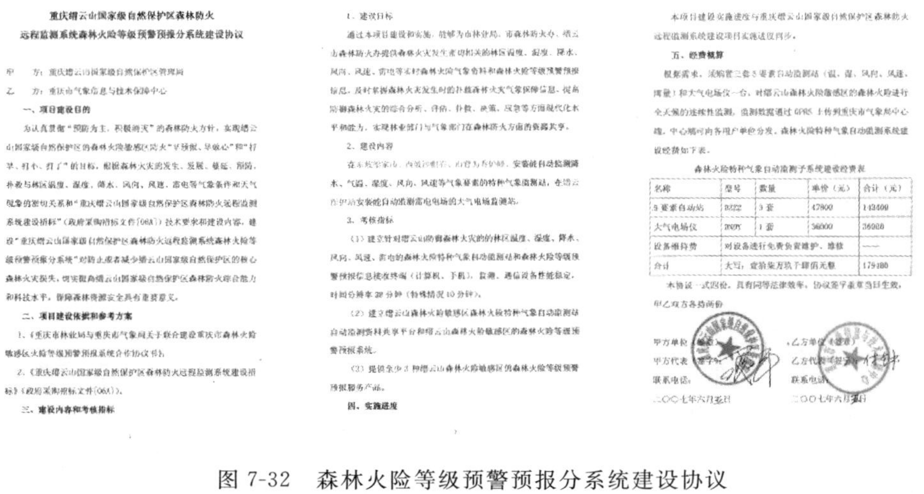
重庆缙云山国家级自然保护区森林防火
远程监测系统森林火险等级预警预报分系统建设协议

一、项目建设目的

二、项目建设依据和参考方案

三、建设内容和考核指标

四、实施进度

五、经费概算

图 7-32　森林火险等级预警预报分系统建设协议

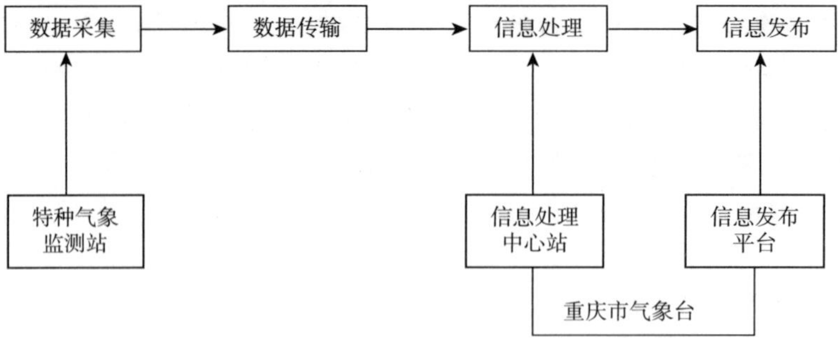

图 7-33　森林火险等级预警预报分系统工作流程图

(一)森林火险特种气象自动监测子系统

在重庆市北碚区缙云山东坡梁家山、西坡沙帽石、山脊香炉峰安装能自动监测降水、气温、湿度、风向、风速等气象要素的特种气象监测站,在缙云林业保护站安装能自动监测雷电电场的大气电场监测站。

(二)信息传输子系统

各监测站点采集到的数据通过无线通信方式传输到市级信息处理中心站(中心站设在重庆市气象信息与技术保障中心),中心站主要由网络交换机、服务器、信息收集平台(计算机)等设备组成。

中心站根据情况确定数据发送时间,一般情况每 30 分钟发送一次数据,特殊情况每 10 分钟发送一次数据。

(三)信息加工处理子系统

信息加工处理子系统主要对各种监测数据进行质量检查、分析、存储,制作出缙云山森林火险等级预警、预报信息。主要由计算机设备和应用系统软件组成。

1. 质量控制

给出各种观测要素不同季节的可能出现的最大、最小值,对各种监测数据进行奇异值分析,标注奇异标志,提醒分析使用者注意。

2. 数据库

采用 Microsoft SQL Server 建立数据库,其优点在于能够使用视图、存储过程等方便地对数据库进行各方面的管理,视图、存储过程等也可以为其他子系统提供调用接口,客户通过简单的编程,就可以利用视图、存储过程等调用特殊要求的数据库资料,用户也可以在程序中直接利用 SQL 语句进行查询。

应用程序采用典型的 C/S(客户/服务器)模式建立,客户端基于 Windows 平台开发,能够方便地实现数据维护的日常功能及数据分析等客户要求,也容易应用程序的拓展。

3. 缙云山森林火险等级预警、预报系统

重庆市气象台利用数值预报产品、卫星、雷达、探空资料及缙云山森林火险特种气象自动监测站实况资料,结合缙云山植被状况和火灾历史资料,采用客观分析方法、天气学方法和气象统计学方法建立起缙云山森林火险等级预警、预报模型,提供以下森林火险气象条件等级预警预报服务产品:

(1)未来 1～3 天缙云山防火敏感区森林火险气象条件等级预报(图形或文字或表格)。

(2)近期各监测站的降水、气温、湿度、风向、风速要素分布状况和缙云山林区大气电场变化状况。

(3)根据特殊需求,可临时提供未来3小时缙云山防火敏感区森林火险气象条件等级预报。

(4)在出现重大森林火灾时开展现场气象保障服务,滚动提供未来3小时森林火险等级预报和相关天气情况,开展火场人工增雨作业。

(5)实时预警。利用高密度的实时监测资料,提供每30分钟一次(特殊情况每10分钟一次)的森林火险特种气象监测信息(包括降水、气温、湿度、风向、风速、雷电的大气电场)。

(6)决策咨询。根据各种森林火险等级预报和天气实时信息提出防御森林火灾的决策建议。

(四)信息发布子系统

各类监测、预报和服务信息采用专线分发。主要由计算机设备和应用软件组成。信息传输的方式有:专线传输、互联网(安全气象网)、传真、电话、电视("安全气象"节目、预警信号等)、广播、手机短信、气象专用电话(12121、96121)、其他。

另外,还明确了《重庆缙云山国家级自然保护区森林防火远程监测系统森林火险等级预警预报分系统建设工程》的考核指标如下:

(一)建立针对缙云山防御森林火灾的林区温度、湿度、降水、风向、风速、雷电的森林火险特种气象自动监测站和森林火险等级预警、预报信息接收终端(计算机、手机),监测、通信设备性能稳定,时间分辨率30分钟(特殊情况10分钟)。

(二)建立缙云山森林火险敏感区森林火险特种气象自动监测站自动监测资料共享平台和缙云山森林火险敏感区的森林火险等级预警、预报系统。

(三)提供至少2种缙云山森林火险敏感区的森林火险等级预警、预报服务产品(一是天气实况监测产品,二是火险等级预报产品)。

图7-34是针对缙云山森林火险敏感区发布森林火险等级预警、预报服务产品。

气象信息专报

——森林火险等级预报

重庆市气象台　　2007年第31期　　9月30日

今日大部地区火险达四级！

一、天气实况及预报

昨日我市大部地区持续多云天气，日最高气温大部为30～34℃，北碚、璧山、沙坪坝、巴南、江津、綦江超过了35℃；东南部地区阴天，日最高气温下降为21～27℃。

预计今日我市大部地区晴间多云，气温23～34℃

二、今天白天森林火险气象条件等级预报

根据天气实况资料和预报信息，预计今天白天我市大部地区森林火险等级为4级，缙云山沙帽石、香炉峰、梁家山林区火险等级为4级，请有关部门注意控制野外用火，谨防火灾。

联系电话：89116107　　签发：刘德

报送：市委值班室、市府值班室、市府救灾办、市府办二处、市防火办

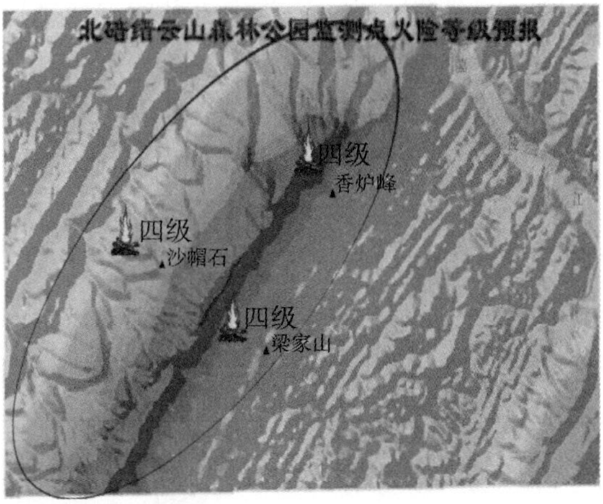

图7-34　缙云山森林火险敏感区森林火险等级预警、预报服务产品

图 7-35 是重庆市气象局、北碚区气象局对《重庆缙云山国家级自然保护区森林防火远程监测系统森林火险等级预警预报分系统建设工程》的森林火险特种气象自动监测子系统运行情况现场检查和使用情况现场督查。

图 7-35 森林火险特种气象自动监测子系统运行情况现场检查和使用情况现场督查

自缙云山森林火险等级预警、预报分系统建成后，极大提升缙云山国家级自然保护区森林防火能力，尤其是在高森林火险天气时，森林保护站工作人员采取有效措施，通过加大宣传力度、扩大巡逻范围，延长巡逻时间，增加视频等高科技手段对林区监控的手段，严禁游客、附近居民等人员野外一切用火，有时还根据森林火险天气的严重性采取封山防火。真正实现了重庆缙云山国家级自然保护区森林火险敏感区防火“早预报、早放心”和“打早、打小、打了”的目标，防止或者减少森林火灾损失，切实提高了森林防火综合能力和整体水平，保障森林资源安全。

上述案例表明，充分利用社会资源，实现国家、地方、社会资金形成共同依法投入基层气象防灾、减灾能力和防范气象安全事故能力建设的安全气象新格局，建立适应气象安全事故风险管理及其服务全过程的业务流程与业务链条，提升基层气象防灾、减灾能力和气象安全事故风险管理及其服务水平，增强基层公共气象安全事故风险管理及其服务的系统性，是提高基层安全气象服务水平和防范气象安全生产事故的切实措施。

第八章 重庆加强气象安全生产事故风险管理的实践与思考

第一节 重庆加强气象安全生产事故风险管理的背景

重庆市直辖以来，重庆市委市政府高度重视安全气象工作，先后出台了《重庆市气象灾害防御条例》《重庆市防御雷电灾害管理办法》《重庆市气象灾害预警信号发布与传播办法》《重庆市人民政府办公厅关于进一步加强易燃易爆有毒有害场所及高层建筑防雷等安全工作的紧急通知》(渝办发〔2005〕99 号)、《重庆市人民政府办公厅关于加强气象灾害敏感单位安全管理的通知》(渝办发〔2010〕344 号)、《重庆市突发气象灾害应急处置预案》；投入巨资支持重庆市气象局建设"重庆市(三峡库区)灾害性天气监测预警系统""三峡库区长江航道航行安全气象保障服务系统""重庆突发事件预警信息发布平台"等安全气象工程，使重庆市的"气象安全生产"工作有了很大的改善。但是重庆处于三峡库区，地理环境特殊，危险路段较多，高瓦斯煤矿集中，大城市、大农村、大库区、大山区并存和安全生产"基础薄弱、基层脆弱"。同时由于全球气候变暖的影响和三峡库区成库后微气候影响，使重庆极端天气气候事件多发频发趋势明显，导致与气象密切相关的矿山行业、建筑行业、石油化工行业、交通行业、电子通信行业、危险化学品行业、烟花爆竹行业、民用爆破器材行业等各类生产安全事故凸显。

例如，重庆市万盛区电信局 1999 年 8 月 20 日因雷击造成该区电信设备严重损坏，95%以上的电话(1.1 万余门)中断信号，使该区长达 58 小时不能正常通讯，造成直接经济损失 250 余万元的安全生产事故发生。2006 年 8 月 26 日，巴南区石滩镇先锋村黄泥沟社霍之元的水产养殖场由雷击停电导致增氧机无法使用，造成水产养殖场 5500 千克死亡，损失 5 万余元的农业安全生产事故。2007 年 4 月 13 日凌晨 6 时至 7 时 40 分左右，成渝高速公路丁家至青岗路段因大雾，造成事故车辆 52 辆发生 14 次撞击、5 人死亡、36 人受伤的特大交通安全事故。2009 年 7 月 11 日 15 时 27 分，由于暴雨导致重庆市万州国家级风景名胜区潭獐峡的地缝峡一线天处产生一堵夹杂着泥浆、树枝和黄沫的数米高的山洪，造成正在通过地缝峡一线天的 19 名游客死亡的旅游安全事故。2009 年 08 月 05 日由于暴雨造成重庆渝北区龙头寺火车站宝华路进站下穿道积水，导致一辆载有 5 名乘客的渝 BT2815 号出租车行驶经过此处被淹，造成 2 名乘客被淹死的交通安全事故。2011 年 4—5 月由于气温较高、降水较少导致高等级森林火险天气频发，造成 100 多次森林火灾，其中较大森林火灾 35 起。2014 年 3 月 25 日 G65 包茂高速公路重庆黔江境内进城方向阿蓬江至濯水路段，由于雨天路滑有雾、事发路段为下坡弯道和大客车驾驶员操作不当等原因造成 5 起 10 台车辆受损、15 人死亡、56 人受伤的道路交通安全事故。2015 年 7 月 14 日傍晚，暴雨突袭重庆市巫溪县城，造成老县城北门沟山洪暴发，将老县城及大宁河边漫滩路上停放的数十辆汽车冲入大宁河的安全事故。

我们再着重分析一起对雷电灾害天气引发建筑工地安全生产事故风险管理不到位的典型案例。

事故经过：2007 年 4 月 1 日晚上 7 时，重庆市忠垫高速公路 K128＋680 段工地 10 名工人正挤在工棚内吃饭，当时外面大雨如注，电闪雷鸣。突然"咔嚓"一声天崩地裂般巨响。工人刘红感觉眼前一黑，再也没了知觉。大约几分钟后，他醒了过来，觉得视线模糊，耳朵嗡嗡乱叫什么也听不见。全身湿透，脸上、脖子往下淌水。他用手一摸，发现全是血。他就慢慢坐起来，发现身边工友口鼻流血，或倚或躺，有的浑身赤裸，有的仅剩一条内裤。工棚内一片狼藉，衣物的碎片满地都是，玻纤瓦顶不知去向，只剩下一根根铁架，手臂粗的钢管扭曲变形，大雨浇在钢管上青烟嗤嗤直冒，原本还装着半盆饭的电饭锅也不见了踪影。稍微清醒后，刘红踉踉跄跄跑往一千米外的工地小卖部求救。小卖部主人卢祖群得知后立刻跑出门，一家家拍门喊村民救人。20 多个村民闻讯冲进雨幕，争着把工棚内伤亡民工背起送到公路边。当时在雷击现场 500 米外的另一名工班长张晓东立即拨打 120 求救。120 急救车很快赶到，将伤者送到垫江县中医院。被雷击的民工中 5 人遇难。另外 5 人中 3 人轻伤，2 人重伤。

事故原因：重庆市气象局组成的重庆忠垫高速公路"4・1"雷击事故调查鉴定专家组事发当晚赶到垫江开展事故现场调查，通过对受伤民工、医生和当地村民的询问，查证当天气象资料，调查组形成《重庆忠垫高速公路"4・1"雷击事故调查鉴定报告》，其具体内容如下：

1. 事故发生时雷暴天气形势分析

(1)4 月 1 日雷暴天气形势分析——预测预报部分

1)重庆市气象台发布 2007 年 3 月 31 日 16 时天气预报

预计：31 日夜间到 1 日白天，我市各地多云转小雨或雷雨。主城区：多云转小雨或雷雨。最低温度：19～21℃，最高温度 23～25℃。1 日夜间到 2 日白天，我市大部地区小到中雨，局部地区有中到大雨。主城区：小到中雨。温度：13～16℃。2 日夜间到 3 日白天，我市各地阴有阵雨。主城区：阴有阵雨。最低温度：9～12℃，最高温度 12～15℃(预报员：刘婷婷)。

特强降温及降雨天气消息：

受北方强冷空气影响，预计从 4 月 1 日开始，我市将自北向南出现一次特强降温降雨天气过程，三天内全市各地日平均气温将普遍下降 12℃以上。过程雨量普遍为小雨到中雨，其中本市中、西部及偏南地区为中雨到大雨；局部山区有雷雨大风或冰雹等强对流天气。预计此次降温降雨天气过程将持续到 4 日前后。请有关部门和各区县做好蓄水准备；有关部门提前做好人工增雨作业准备。

2)重庆市气象台发布 2007 年 4 月 1 日 15 时天气预报：

预计：1 日夜间到 2 日白天，受北方冷空气影响，我市各地小到中雨，局部大雨。主城区小雨。最高温度：15～17℃，最低温度：11～14℃。2 日夜间到 3 日白天，我市各地阴有小雨。主城区阴有小雨。最高温度：13～15℃，最低温度：10～11℃。3 日夜间到 4 日白天，我市各地小雨转阴。主城区小雨转阴。最高温度：14～16℃，最低温度：9～11℃(预报员：何泽能)。

强降温天气消息：

受北方强冷空气影响，预计从今天傍晚前后开始，我市中、西部、东南部将出现一次强降温、降雨天气过程，三天内上述地区日平均气温将普遍下降 9℃以上。过程雨量普遍为小雨到中雨，其中本市中、西部及东南部地区可达中雨到大雨；局部山区有雷雨大风或冰雹等强对流天气。预计此次降温降雨天气过程将持续到 4 日前后。请有关部门和各区县做好蓄水准备；有关部门提前做好人工增雨作业准备。

3)垫江县气象局发布 2007 年 3 月 31 日 16 时天气预报

受北方强冷空气影响，本地将有一次明显的降温降雨天气过程，今天晚上到明天白天多云转雷阵雨。

4)垫江县气象局发布 2007 年 4 月 1 日 16 时天气预报

受北方强冷空气影响，本地将有一次明显的降温降雨天气过程，今天晚上到明天白天有中到大雷阵雨(图 8-1)。

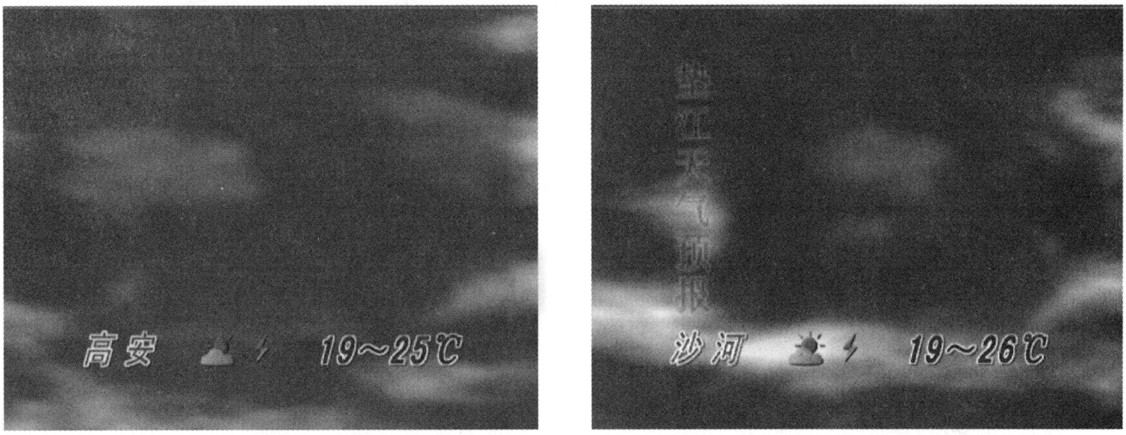

图 8-1　2007 年 3 月 31 日垫江县气象局发布的天气预报图片

5)预报发布方式

电视、手机短信息平台、96121 电话、12121 电话。

(2)2007 年 4 月 1 日雷暴天气形势分析——天气实况部分

1)雷达回波天气实况(图 8-2)

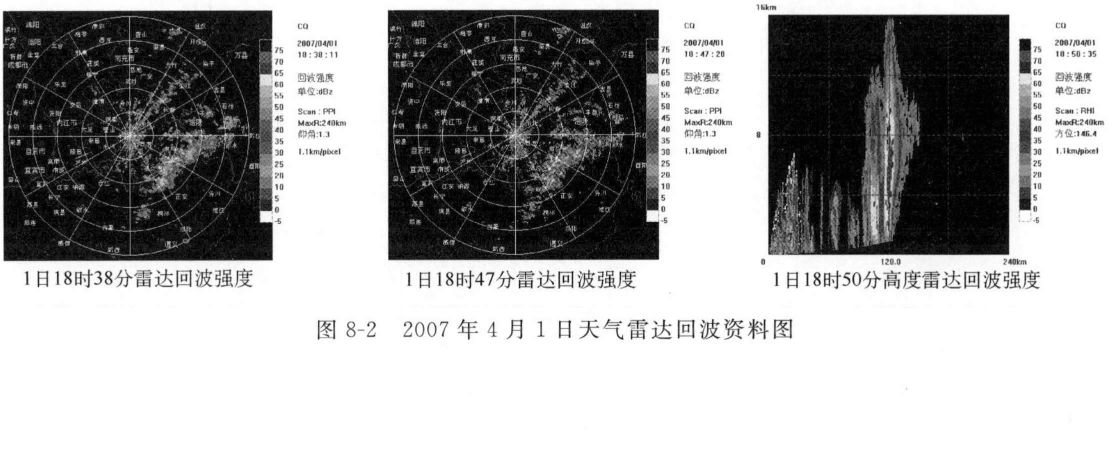

1日18时38分雷达回波强度　　1日18时47分雷达回波强度　　1日18时50分高度雷达回波强度

图 8-2　2007 年 4 月 1 日天气雷达回波资料图

2)自动气象站监测实况(图 8-3)

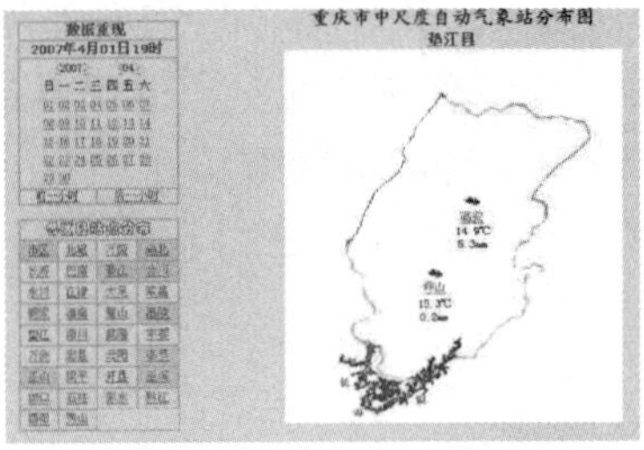

1日19时重庆市区域自动气象站资料图

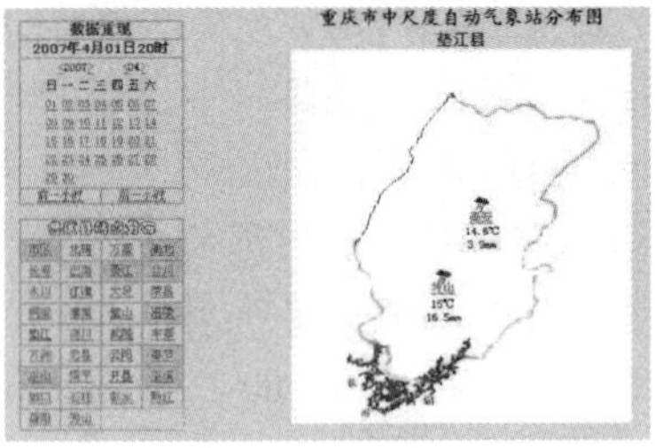

高安镇1日20时降水和温度图

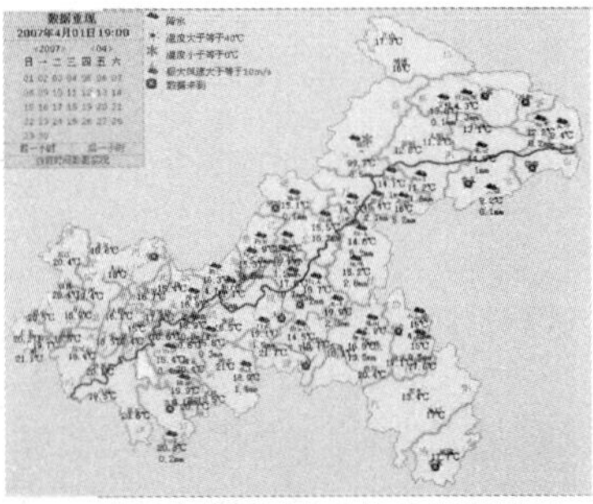

1日19时重庆市区域自动气象站资料图

1日19时重庆市区域自动气象站资料图

图 8-3 2007 年 4 月 1 日重庆市区域气象观测网监测资料图

3)ADTD 闪电定位系统闪电实况资料(图 8-4)

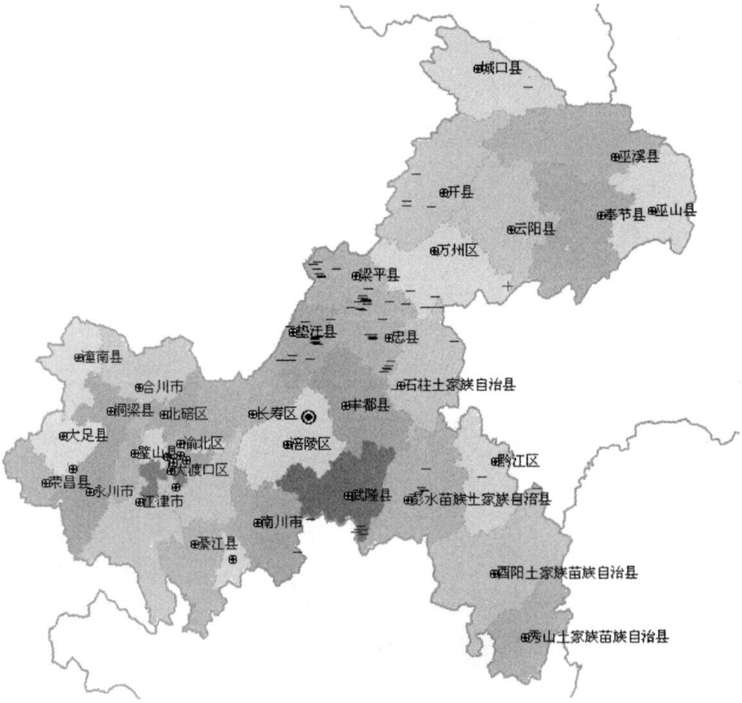

(a) 4月1日18:30到19:00重庆市的闪电次数平面分布图

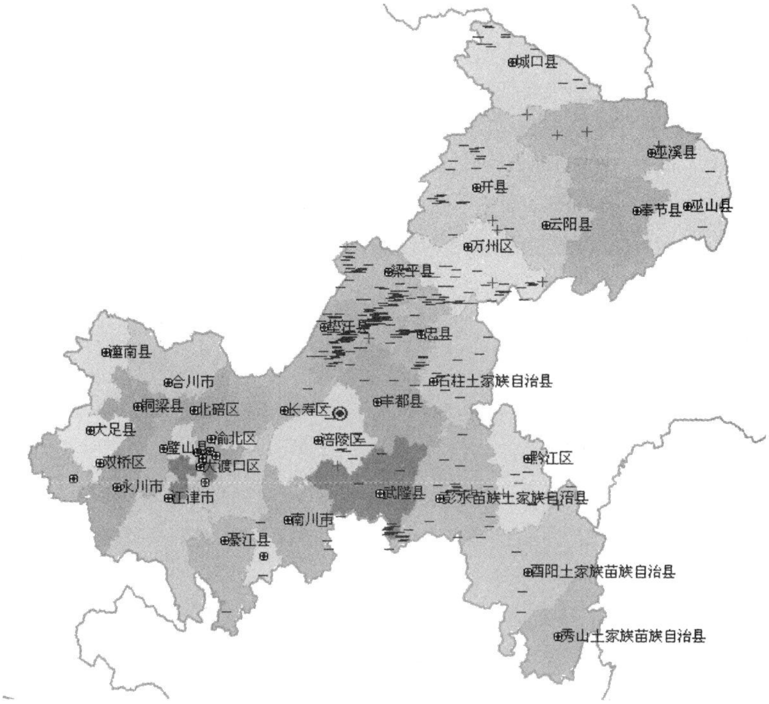

(b) 4月1日18:45到19:15重庆市的闪电次数平面分布图

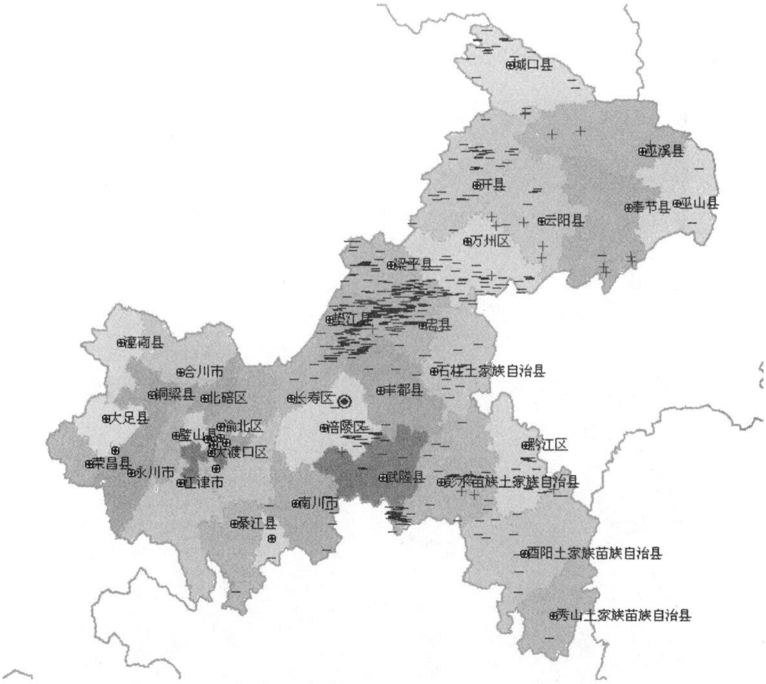

(c) 4月1日18:45到19:15的闪电次数平面分布图

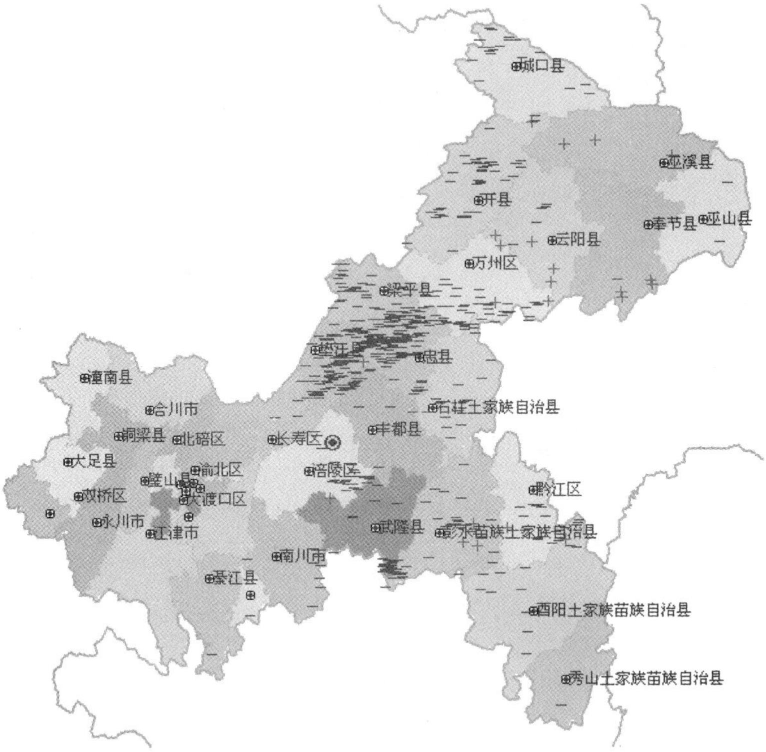

(d) 4月1日18:30到19:30重庆市的闪电次数平面分布图

图 8-4　2007 年 4 月 1 日，ADTD 闪电定位系统闪电实况资料

4)XDD03 A 雷电探测系统资料(图 8-5)

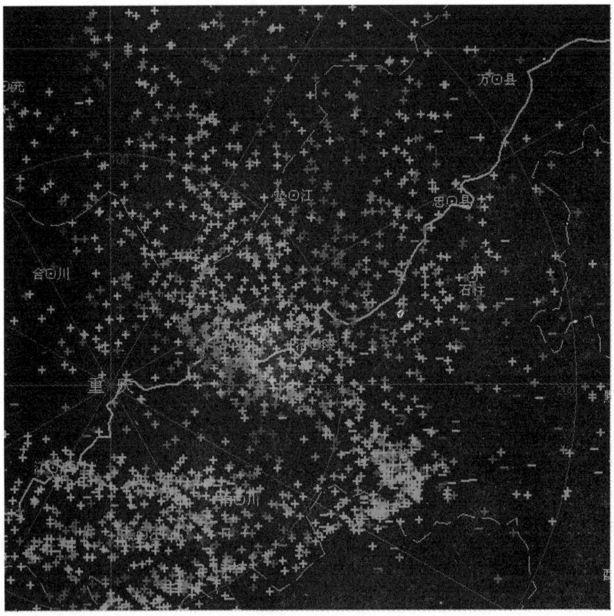

图 8-5　2007 年 4 月 1 日 18:30 到 19:30 重庆市的闪电次数平面分布图(XDD03 A 雷电探测系统资料)

5)卫星云图实况资料(图 8-6)

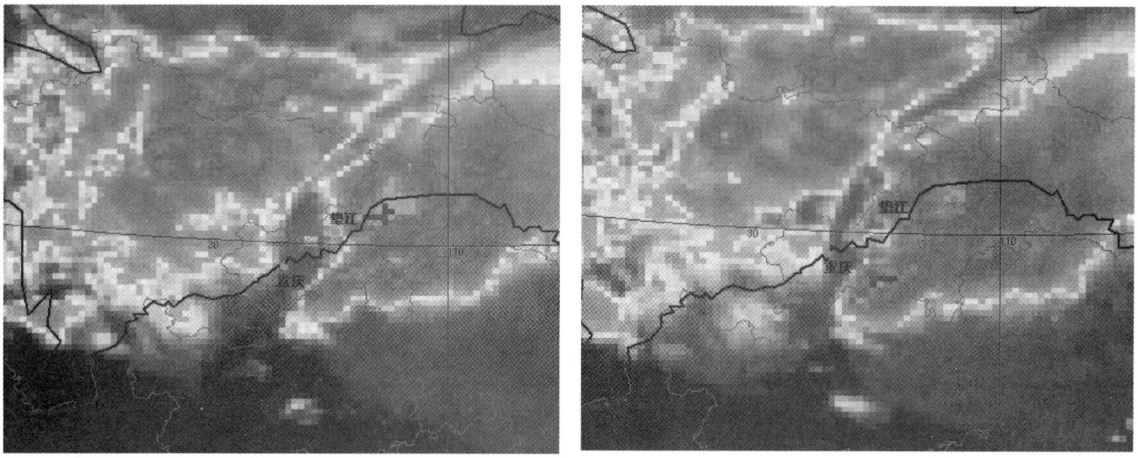

(a) 1日18时卫星红外云图　　(b) 1日19时卫星红外云图

图 8-6　2007 年 4 月 1 日气象卫星云图资料图

结　论

从 4 月 1 日雷暴天气形势分析——预测预报资料和天气实况观测资料分析表明：一是重庆市气象台、垫江县气象局及时发布了雷暴天气预报。二是 2007 年 4 月 1 日 18 时 30 分到 19 时 30 分期间垫江县境处于强雷暴天气活动区，尤其是 18:45—19:15 高安镇新曲附近处于强雷暴控制，雷电流峰值高达 151 千安，雷电流陡度达 23.1 千安/微秒。

2. 工棚设施和人员伤亡情况调查分析

事发工棚位于重庆垫江至忠县高速公路 13 标段(位于垫江县高安镇新曲村九社)边坡防护施工地段，为施工工地的临时值班室和厨房。该工棚长 7 米、宽 5 米、高 4.2 米，采用壁厚为 3 毫米、直径为 50 毫米的钢管形成顶面不大于 3.5 米×3 米、侧面不大于 3.5 米×2.5 米网格的金属构架工棚(图 8-7)。工棚背面为几十米高的高速公路护坡，护坡顶架设有一座无人值守的移动通信基站。钢管直接搭建在混凝土地面上，未采取防雷接地措施。工棚所用电力照明线和动力线由工棚后护坡中央架空引入，未采取重复接地和防雷电波侵入措施。工棚内有电饭煲、米等日常饮食用品。事故发生时，10 名工人正围在桌边吃饭。现场勘察发现，一根钢管

图 8-7　2007 年 4 月 1 日，事发工棚

和电饭煲、空气开关、电度表等金属器具严重扭曲、变形。此次事故死亡的5人均有以下相同或相似的特征："树枝状"皮下出血或不规则条状皮下出血；双眼角膜稍浑浊；单侧耳朵受损，耳廓不规则破裂、缺失；口鼻腔有血性液体溢出；皮肤片状脱落；身体不同部位骨折；裂创创缘均不规则整齐，损伤无方向性，无工具形态的损伤特征，可排除机械性损伤所致死亡。5名伤者耳部均有损伤，其中1人双侧耳穿孔，1人鼓膜有损伤，部分伤者眼部有电弧伤。

3. 事故发生过程走访取证情况

根据走访情况和伤者的口述(表8-1)以及贵州省公路工程总公司忠垫高速公路A13项目经理部提供的材料，表明事故发生的时间在19时00分左右，事故发生前，正在打雷，伤者听到"轰"的一声，便失去知觉。因此事故发生的时间在19时00分左右，并伴有强烈的雷电天气现象。

表8-1　走访情况调查统计表

类别	人数	材料
医生	1	1
伤员	3	3
群众	6	2
法医	1	1

4. 人员伤亡和设施损坏致因因素分析

根据事故现场勘测资料，走访调查资料、人员伤亡情况，结合专家们的经验和其他有关资料，现采用排除法对人员伤亡和设施损坏致因因素进行分析，具体过程如下：

造成工棚内人员伤亡和设施损坏的主要因素如表8-2所示。

表8-2　雷击人员伤亡及设施损坏可能性因素分析

序号	类型	危险因素	后果	可能性	结论
1	雷电空间放电引起空间电磁场变化	产生感应电动势，有可能使接触不良的金属体之间形成瞬间间隙火花	引起工棚内爆炸物品爆炸，导致人员伤亡和物品受损	根据尸检报告提供的死者死亡特征、伤者受伤特征和伤者口述、现场勘测情况以及工棚内无爆炸物品存放的证明材料，不存在可能性	排除
2	雷击架空电源线	雷电直击产生高温，电源线上感应产生强大雷电流，空间电磁场变化，形成瞬间间隙火花	引起电源线融化，工棚外架空电源线断裂；雷电流进入工棚内造成电器设施损坏；引起工棚内爆炸物品爆炸，导致人员伤亡和物品受损	工棚外架空电源线无融化、断裂痕迹，且工棚内电饭煲、空气开关、电度表等仅炸裂损坏，无烧焦、融化等痕迹；另外根据尸检报告以及工棚内无爆炸物品存放的证明材料；故不存在可能性	排除
3	雷电波入侵	引起电饭煲、空气开关、电度表产生瞬间火花或爆炸；有可能使接触不良的金属体之间形成瞬间间隙火花	雷电流进入工棚内造成电器设施炸裂、损坏，引起物品燃烧	工棚内电饭煲、空气开关、电度表等仅撕裂损坏，无烧焦、融化等痕迹；未见物品燃烧后的痕迹；另外根据尸检报告以及工棚内无爆炸物品存放的证明材料；故不存在可能性	排除

续表

序号	类型	危险因素	后果	可能性	结论
4	雷电直击	产生感应电动势，有可能使接触不良的金属体之间形成瞬间间隙火花；直击雷电弧效应，产生高温，引起雷击激波、次生波效应以及直击雷产生电动力效应	雷电直接击入工棚内，导致人员伤亡和物品受损	金属构架工棚网格（顶面不大于3.5米×3米、侧面不大于3.5米×2.5米）的法拉第笼效应，雷电很难直接击入工棚内，并且伤亡人员的伤亡特征和物品受损特征表明无雷电直击的特征，不存在可能性	排除
			间隙火花、电弧引起工棚内爆炸物品爆炸，导致人员伤亡和物品受损	根据尸检报告提供的死者死亡特征、伤者受伤特征和伤者口述、现场勘测情况以及工棚内无爆炸物品存放的证明材料，不存在可能性	排除
			直击雷电弧效应、激波效应、次生波效应、电动力效应引起工棚内人员伤亡，物品损坏	存在可能性，须进一步分析	不能排除

因此专家组运用排除法，按照雷击人员伤亡及设施损坏可能性因素分析认为：该事故与雷电空间放电引起空间电磁场变化、雷击架空电源线和雷电波入侵无关，而直击雷电弧效应、激波效应、次生波效应、电动力效应引起工棚内人员伤亡、物品损坏的可能性最大。

5. 雷电直击事故机理分析

根据雷击造成人员伤亡和设施损坏致因因素分析表明，直击雷电弧效应、激波效应、次生波效应、电动力效应引发本次事故的可能性最大。因此，就直击雷电弧效应、激波效应、次生波效应、电动力效应引起工棚内人员伤亡，物品损坏的事故机理进行了详细分析。

（1）人畜伤亡机理分析

根据工棚所在的地理位置、周边环境以及工棚材料的性质，工棚易于遭受雷击，当雷电直击时，电能在瞬间释放，向两旁射出的电弧可达好几米。炽热的电光使雷电通道温度高达几千℃至几万℃，空气受热急剧膨胀，并以超声速度向四周扩散，其外围附近冷空气被强烈压缩，形成“激波”，它到达的地方，空气的密度、压力、温度都会突然增加。激波过去后，该地区压力下降，直到低于大气压力。这种“激波”在空气中传播，会使附近的人、畜伤亡。这种冲击波的破坏作用与炸弹爆炸时附近的物体、人、畜受到损害一样。同时与冲击波相似的另一种形式是次声波。庞大体积的雷雨云，因迅速放电而突然收缩，当电应力（典型值为100伏/厘米）突然解除时，在一部分带电雷雨云中的流体压力将减小到0.3毫米汞柱的程度，这样形成稀疏区和压缩区，它以零点几赫兹到几赫兹的频率向外传播，形成“次声波”，次声波对人、畜有伤害作用。

这种“雷击电弧”“雷击激波”和“雷击次声波”可对附近的人的身体造成以下伤害：

1）“雷击电弧”可在工棚内射出好几米，对人眼造成伤害。

2）“雷击激波”在空气中传播，可使工棚内的人、畜、物品遭到破坏和伤亡。这种冲击波的破坏作用与炸弹爆炸时附近的物体、人、畜受到损害一样。

3)“雷击次声波”在空气中传播，不仅可使工棚内的人心烦意乱、头晕目眩、恶心呕吐，还能使其神志不清、癫狂，而且还能与人体发生共振，使共振的器官或部位发生位移、变形、破裂，导致人员伤亡。

因此，根据尸检报告提供的死者死亡特征、伤者受伤特征和伤者口述以及现场勘测资料，此次雷击事故主要是“雷击激波”“雷击次声波”造成了人畜伤亡。

(2)物体受损机理分析

工棚内金属管弯曲、电饭煲撕裂、金属碗(盆)扭曲、玻纤瓦碎裂、导线的断裂以及开关的炸裂主要是由于以下几方面原因共同作用的结果：

1)雷电流载流体周围空间存在磁场，在磁场里的载流导体受到电磁力(雷电流的电动力效应)的作用可使金属管弯曲或折断。

2)“雷击次声波”与较薄的金属物体发生共振，产生撕裂现象，从而导致了电饭煲、金属碗(盆)扭曲、撕裂。

3)“雷击激波”的冲击作用，导致玻纤瓦碎裂、导线的断裂以及开关的炸裂和金属管扭曲变形。

因此，根据现场勘测的物品受损特征，此次雷击事故主要是雷电流的电动力效应、“雷击次声波”“雷击激波”造成了物品损坏。

6. 工棚遭受雷击的原因分析

工棚遭受雷击主要有以下几方面原因：

(1)根据天气背景，发生事故时段工棚处于强雷暴天气控制区范围内。

(2)工棚所处的地理位置和地形特点易于遭受雷击。

(3)工棚后护坡顶有一移动通信基站铁塔，由于该铁塔的存在，增加了铁塔附近遭受雷击的概率。

(4)工棚的金属管及工棚内的金属工具和护坡的金属构架极易吸引雷电，使其工棚易于遭受雷击。

(5)由于工棚上设置了架空的电力线，使其工棚易于遭受雷击。

(6)搭建工棚的金属管放在土壤电阻率极高的水泥地面上，未作接地处理，导致工棚易于遭受雷击后，雷电流难以入地，易于形成“雷击电弧”效应、“雷击激波”效应和“雷击次声波”效应。

注：根据 GB50194-93 第 4.2.2 条的要求，施工现场的临时金属设施高度在 20 米以上才要求作防雷接地。因为当地连晴 5 天，气温较高，地面水分蒸发量大，导致水泥地面含水量较低，比较干燥，使其电阻率高，导电性能差。

因此，由上述六方面因素造成工棚易于遭受雷击。

事故防范措施及建议：

1. 防范措施

(1)加强施工人员防雷安全培训，提高防雷安全意识，在建立工棚选址时，要远离易于遭受雷击区域。

(2)对于施工现场的井字架、脚手架等金属构架、金属构件搭建的临时工棚、塔式起重机、机具、烟囱、水塔等，即使是高度低于20米，但在导电性能差的下垫面上搭建时，在雷雨季节也应采取防雷接地措施。

(3)施工现场的配电设施及其用电应严格按照《建设工程施工现场供用电安全规范》(GB50194-93)的要求做好防雷保护和接地保护。

2. 建议

(1)雷击事故发生后当地政府及有关部门和事故发生的所在单位应妥善保护事故现场，及时通知当地气象部门，以便尽快地进行事故现场的调查取证，从而获得事故现场的第一手资料，为尽快得出科学、准确的事故鉴定结论提供保障。

(2)新闻媒体应坚持科学、客观、正确的舆论导向，雷击事故报道应确保资料来源的科学性和真实性，坚决杜绝类似于报道重庆市垫江县“4・1”忠垫高速公路工棚雷击事故新闻中出现“据安监局、气象局专家现场勘察后初步判断，雷击可能是用于煮饭的电饭锅电线没有安装避雷装置所导致，但具体原因需进一步调查才能确定”(2007年4月3日《重庆晚报》第8版，记者：丁香乐，实习生：罗双妤)这种来源未经确认的失实报道，容易引起社会负面效应。

(3)通信基站、电力设施等较高金属塔的所属单位，须主动向法定的防雷技术机构申请金属塔所在区域的雷电灾害风险评估，划定雷电灾害风险区域，并告知当地的有关部门，并向周边居民公示、告知，同时采取相应的防雷措施，加强防雷管理。

(4)市安监局、市交委、市建委、市气象局应联合下发关于加强建设项目施工场所防雷安全工作的规范性性文件，进一步加强建设项目施工场所安技人员的防雷安全技术培训以及临时施工设施、配电设施的防雷安全检查，以杜绝类似事故的再次发生。

(5)市移动通信公司、市联通公司、市电信公司、市电力公司等有关部门新建通信基站铁塔、电力传输铁塔时，应加强防雷安全管理，开展铁塔对其附近区域的雷击风险影响评估，以便采取相应的防雷措施，同时向周边居民公示、告知。

上述案例表明：重庆气象安全生产形势依然不容乐观，为有效遏制类似大风诱发“6・1东方之星客轮翻沉事故”、雷电诱发“7・23温州动车追尾脱轨坠落事故”等重特大事故在重庆发生，防止或减少暴雨、大风、高温、雷电、大雾、道路结冰、森林火险等灾害天气造成的安全生产事故，切实做好“气象安全生产”工作，促进重庆安全发展，在重庆市政府安全生产委员会领导下，重庆市气象局牵头组建了重庆市安全气象工作联席会议制度，先后开展了学校、煤矿、自来水供水企业的气象安全生产事故风险管理与实践，尤其是重庆市气象局按照“法规保障、标准支撑、部门联动、责任落实、服务引领、科普宣传、资源共享”的煤矿气象安全生产事故风险管理示范县创建模式指导铜梁示范县创建工作，获得了方方面面的肯定，为其他领域安全生产事故风险管理提供了宝贵的实践经验。因此本章以煤矿气象安全生产事故风险管理为典型案例，介绍重庆加强气象安全生产事故风险管理的实践与思考。

第二节　重庆加强煤矿气象安全生产事故风险管理与实践的案例

煤矿气象安全生产事故风险管理工作是加强气象社会管理和提升公共服务水平的重点，是提升煤矿气象安全生产事故防范能力的有效手段，是实现煤矿气象安全生产事故可防、可控的核心环节，是科技兴安，打造“平安煤矿”的重要举措，是“平安重庆”建设的有机组成部分。为此重庆市气象局高度重视煤矿气象灾害风险管理工作，早在2005年3月就依据重庆市人民政府周慕冰副市长和艾杨副秘书长在重庆市气象局《关于贯彻落实全市安全生产工作会议情况的报告》(渝气文〔2005〕23号)上关于“请市安监局主动与气象局细化对产煤地区灾害性大雨预警通报联络制度，并建立执行检查制度”的批示精神(图8-8)，积极组织有关专家对开展危险气象因素引发煤矿气象安全生产事故风险管理工作进行了研究和调研，并成立了重庆市气象局业务科技处处长李良福教授为组长，重庆市气象局业务科技处、法规处、气象台、城研中心、装备中心、防雷中心等处室有关专家参加的危险气象因素引发煤矿气象安全生产事故风险管理工作专项小组，负责气象因素引起的煤矿气象安全生产事故风险管理工作方案的制定与实施。重点在重庆市“煤矿安全气象服务工作、汛期煤矿安全责任落实、煤矿安全气象保障服务系统建设”等方面积极探索，并进行了煤矿气象安全生产事故风险管理工作的初步实践，取得了比较显著的经济社会效益和安全效益。

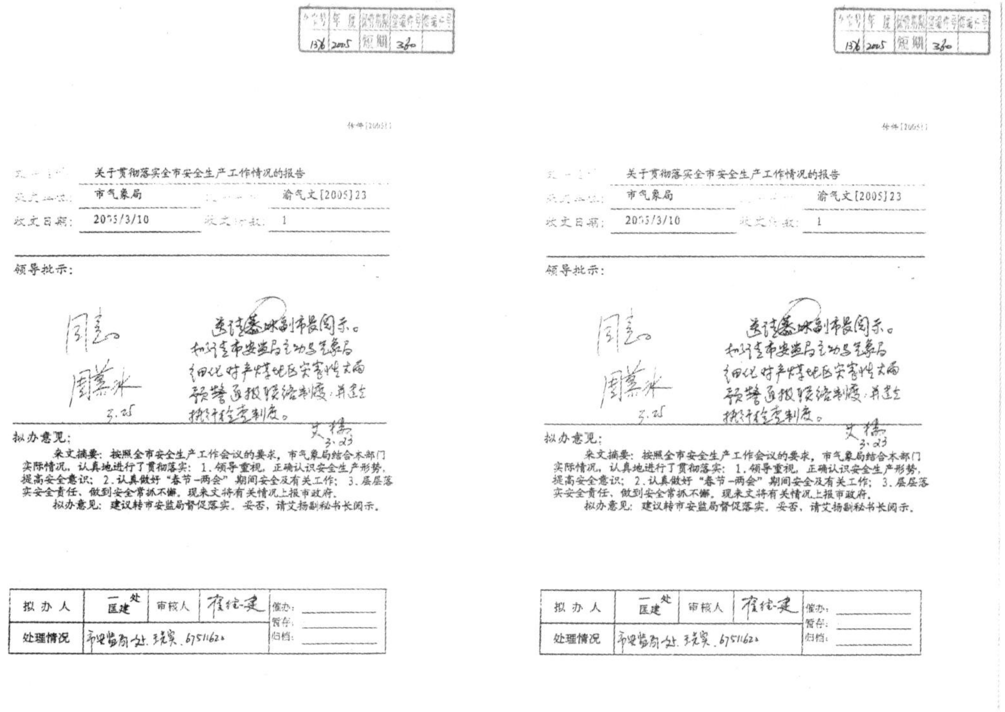
关于贯彻落实全市安全生产工作情况的报告
市气象局　渝气文[2005]23
收文日期：2005/3/10　1
领导批示：
拟办意见：
来文摘要：按照全市安全生产工作会议的要求，市气象局结合本部门实际情况，认真地进行了贯彻落实：1.领导重视，正确认识安全生产形势，提高安全意识；2.认真做好“春节—两会”期间安全及有关工作；3.层层落实安全责任、做到安全常抓不懈。现来文将有关情况上报市政府。
拟办意见：建议转市安监局督促落实。妥否，请艾扬副秘书长阅示。

拟办人	一处 匡建	审核人		催办： 暂存： 归档：
处理情况				

关于贯彻落实全市安全生产工作情况的报告
市气象局　渝气文[2005]23
收文日期：2005/3/10　1
领导批示：
拟办意见：
来文摘要：按照全市安全生产工作会议的要求，市气象局结合本部门实际情况，认真地进行了贯彻落实：1.领导重视，正确认识安全生产形势，提高安全意识；2.认真做好“春节—两会”期间安全及有关工作；3.层层落实安全责任、做到安全常抓不懈。现来文将有关情况上报市政府。
拟办意见：建议转市安监局督促落实。妥否，请艾扬副秘书长阅示。

图8-8　重庆市人民政府周慕冰副市长和艾杨副秘书长关于加强煤矿气象灾害防御的批示

一、重庆市煤矿安全气象服务工作初步实践

重庆市气象局按照重庆市人民政府周慕冰副市长、艾扬副秘书长在《关于贯彻落实全市安全生产工作情况的报告》文件上的批示精神以及《重庆市人民政府关于加强煤矿瓦斯集中整治工作的紧急通知》(渝府发〔2005〕32号)文件的要求，为落实“公共气象、安全气象、资源气象”三大理念，切实做好煤矿安全气象服务工作，强化煤矿气象灾害风险管理，制定了《重庆市煤矿安全气象预警预报服务近期工作方案》和《气象因素引起的煤矿灾害防御工作方案》呈报市政

府(图 8-9),为重庆市政府出台落实汛期煤矿安全责任的有关文件提供气象科技支撑和保障。报告涉及的《重庆市煤矿安全气象预警预报服务近期工作方案》和《气象因素引起的煤矿灾害防御工作方案》具体内容如下。

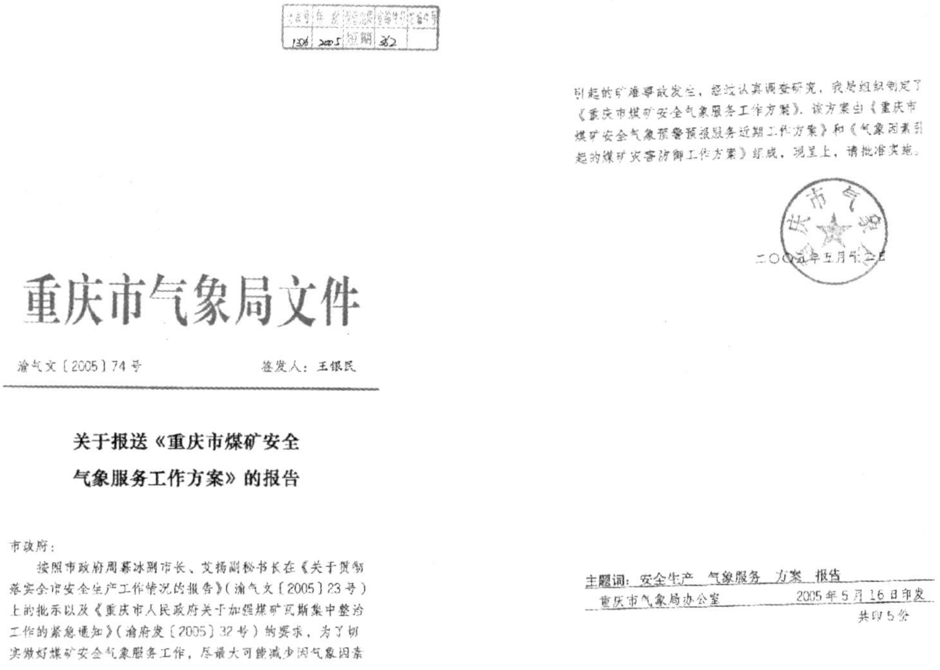

1306　2005　短期　362

重庆市气象局文件

渝气文〔2005〕74号　　签发人:王银民

关于报送《重庆市煤矿安全气象服务工作方案》的报告

市政府:

按照市政府周慕冰副市长、艾扬副秘书长在《关于贯彻落实全市安全生产工作情况的报告》(渝气文〔2005〕23号)上的批示以及《重庆市人民政府关于加强煤矿瓦斯集中整治工作的紧急通知》(渝府发〔2005〕32号)的要求,为了切实做好煤矿安全气象服务工作,尽最大可能减少因气象因素

引起的矿难事故发生,经过认真调查研究,我局组织制定了《重庆市煤矿安全气象服务工作方案》。该方案由《重庆市煤矿安全气象预警预报服务近期工作方案》和《气象因素引起的煤矿灾害防御工作方案》组成,现呈上,请批准实施。

二〇〇五年五月十二日

主题词:安全生产　气象服务　方案　报告

重庆市气象局办公室　　2005年5月16日印发

共印5份

图 8-9　重庆市气象局 2005 年 5 月上报《重庆市煤矿安全气象服务工作方案》报告图片

(一)重庆市煤矿安全气象预警预报服务近期工作方案

重庆市气象灾害种类多、分布广、发生频繁,每年都对煤矿安全构成较大威胁,造成不同程度的损失和人员伤亡。煤矿安全不仅是一个经济问题,而且是一个政治问题,是关系到社会稳定的大事。而我市煤矿安全事故大多与气象因素有关,如暴雨等强降水可以引起煤矿塌方、透水和灌水事故,雷电、高温可能引起煤矿瓦斯爆炸。因此,积极开展煤矿安全气象预警预报服务工作,采取相应防范和避让措施,有助于减少财产损失和人员伤亡,社会经济效益十分明显。故非常有必要在现有气象资源基础上,开展重庆市煤矿安全气象预警预报服务工作。其近期工作方案主要内容如下:

1. 煤矿安全气象预警预报服务工作内容

(1)监测

1)依托现有气象监测网和农村气象监测网加强影响煤矿安全的强降水、高温和雷电监测,充分利用气象卫星、雷达、自动站和闪电定位系统进行加密监测,提供高密度的监测信息。

2)各地的主要煤矿建立自动气象监测站,对当地气象要素进行实时监测,建设经费由各煤矿业主承担,技术支持由气象局负责。

3)对今年由气象部门建设的 50 个中尺度两要素自动站进行适当调整,在一些重点煤矿区域增设自动监测点。

4)根据矿区分布和雷电发生规律,在每年雷雨季节前对全市主要煤矿防雷设施进行检测,避免或减少雷电造成的灾害损失。

(2)预警预报

建立煤矿安全的专用数据库和灾情库,分析气象要素对煤矿透水、瓦斯爆炸事故的关系,研究开发煤矿安全实时监测预警平台。

根据降水、气温等气象要素制定煤矿安全气象条件等级,依托现有预报业务系统,研究开发煤矿安全预警预报系统,开展煤矿安全气象条件等级预报。

利用中尺度数值预报模式开展精细化降水、气温预报,加强数值预报分析诊断和解释应用工作,提高预警预报水平。

(3)服务

1)服务产品

①在强降水、高温、雷电高发季节(4—10月)发布煤矿安全气象条件等级预报。

②提供逐日降水、高温实况信息。

③发布强降水、高温、雷电等灾害的短时临近预报。

④发布逐旬降水、高温天气趋势预报。

2)服务对象

①各级政府

②煤矿安全管理部门

③重点煤矿

④社会公众

3)服务方式

①通过传真、手机短信、计算机远程终端等方式向各级政府、煤矿安全管理部门和重点煤矿提供各类预警预报和天气实况信息。

②充分利用电视、广播、报纸、气象公益服务电话(12121、96121)、重庆安全气象网等媒介发布煤矿安全气象条件等级预报和相关信息,让各类煤矿和社会公众及时了解灾害性天气发生时间、地点、强度和危害,采取正确的应急和避让措施,有效减轻灾害损失。

③市气象台向各区县气象局发布煤矿安全气象条件等级预报等各种指导产品,加强对区县的技术指导。

2. 工作进度

(1)2005年5—6月,制定工作规程、业务流程,研究煤矿安全气象条件等级和预警预报方法,设计各种服务产品。

(2)2005年7—8月,业务试运行,向政府和煤矿安全管理部门提供预报和情报服务。

(3)2005年9月,正式向媒体发布煤矿安全气象条件等级预报。

3. 保障措施

(1)加强组织领导

煤矿安全气象预警预报服务是一项全新的工作,要切实加强领导,认真制定实施方案,落实专项经费,精心组织实施,力争尽快业务化。

(2)建立和完善监测系统和安全信息发布系统

煤矿安全气象监测系统是预警预报的基础,必须加快监测系统建设,当务之急是在全市主要矿区建立自动气象站实现全程、连续、自动监测，为预警预报提供基础数据；同时筹建重庆安全气象网，以便及时向用户发布煤矿安全气象服务信息。

(3)加强预警预报技术方法研究

煤矿安全气象服务的核心是提高预报水平，要充分挖掘现有资源，应用多种先进技术方法，尤其要充分利用数值预报和各种监测新资料，研究开发煤矿安全预警预报业务系统，提高预报水平和服务质量。

(4)加强部门协作，建立联络检查执行制度

煤矿安全气象工作涉及多个部门的协作，应当建立联合工作制度，明确相关部门的职责，进一步强化管理、保证信息得到迅速、及时传递，各方面的资料、资源实现共享。

1)建立部门间协调联络机制。成立由市安监局、市气象局、市煤监局、市广电局、市通信管理局等单位组成的煤矿安全气象协调机构，定期通报情况，制定执行检查制度，建立煤矿安全气象信息共享平台。

2)建立与各煤矿畅通的信息联络渠道。各煤矿应当具备接收气象监测信息和预警预报信息的能力，完善相应的设施、设备，市气象局、广电局、通信管理局在技术上应主动帮助煤矿实现这种能力。

3)市级气象部门要与各区县气象部门实行分工合作，进一步完善为煤矿服务的方案，逐步实现对产煤地区的精细化气象预警预报服务。

(二)气象因素引起的煤矿灾害防御工作方案

气象因素引起的煤矿灾害防御工作方案主要内容如下：

1. 加强气象因素引发煤矿灾害资料调研

开展重庆市煤矿布局和近30年由气象灾害引起的煤矿灾害事故资料与相应的气象资料调研。

2. 开展气象因素引发煤矿灾害的机制研究

(1)降水引起煤矿灾害的机制研究

由于降水的表面径流和渗透作用，引起煤矿的塌方、透水和灌水事故，因此必须根据煤矿所在的气候背景、地理位置、下垫面特征、降水特点以及煤矿本身的特殊性研究降水诱发煤矿灾害的机理。

(2)雷电引起煤矿灾害的机制研究

雷电传导路径：雷电入地渗透后，进入矿道；雷电通过轨道传递，导入矿道内；雷电通过金属管线导入矿道内，因此必须根据煤矿所属的气候背景、地理位置、下垫面特征、雷电活动规律以及煤矿本身的特殊性研究雷电诱发煤矿灾害的机理。

引起后果：产生火花，引起瓦斯爆炸；毁坏瓦斯监控设备系统，无法对瓦斯浓度预警；引起通风等设备损坏，无法通风排风，引起瓦斯聚集；引起雷管(开矿用)爆炸。

(3)高温与气压引起煤矿灾害的机制研究

高温与低压易于引起瓦斯突涌现象，因此必须根据煤矿的采煤面的工作状况、煤矿本身的瓦斯含量和储存状态等特性和煤矿所在地的天气形势变化，研究高温与气压引起煤矿灾害的机制。

3. 必须建立煤矿安全特种气象观测系统

在煤矿建立采集温度、风向、风速、降水、气压等观测要素的煤矿安全特种气象观测系统，

并与陈家坪、万州、黔江新一代天气雷达监测系统构成重庆市煤矿安全气象等级预警预报所需的面雨量观测系统。

建立气象灾害引起的煤矿灾害事故资料与相应的气象资料数据库，建立煤矿安全信息共享平台和重庆安全气象网。

4. 开发气象因素引起的煤矿灾害气象安全等级预警预报系统

开发暴雨、雷电、高温、气压等气象因素引起的煤矿灾害气象安全等级预警预报服务系统、不同煤矿安全气象等级的煤矿生产作业调度决策管理系统，制定不同煤矿安全气象等级的煤矿生产作业管理制度。

5. 建立煤矿安全气象等级预警预报发布体系

建立由手机短信、121、96121、电视、电台、安全气象网构成的煤矿安全气象等级预报发布体系，直接向政府有关部门和煤矿发送煤矿安全气象等级预警预报信息。

6. 建立相应保障措施

(1)加强领导

政府有关部门成立气象因素引发煤矿灾害防御工作协调小组，确保气象因素引发煤矿灾害防御工作的统一规划、统一部署、统一管理和必要的资金投入。

(2)加强科技支撑

重庆大学采矿系、重庆煤炭设计院、重庆市气象局密切配合，切实加强气象因素引发煤矿灾害的机制的科学研究；市科委应以专项进行科研支持。

(3)加快重庆新一代天气雷达监测系统建设

重庆市应尽快建立煤矿安全特种气象观测系统和能够观测面雨量的陈家坪、万州、黔江新一代天气雷达监测系统，为开展气象因素引起的煤矿灾害防御工作提供可靠的技术支撑。

二、落实重庆汛期煤矿安全责任的初步实践

重庆市气象局协助重庆市人民政府办公厅出台了《重庆市人民政府办公厅关于认真做好汛期煤矿安全工作的通知》(渝办发〔2005〕162号)文件(图8-10)，进一步明确和落实了重庆市各区县(自治县、市)人民政府、市政府各部门、有关单位的汛期煤矿安全责任，为煤矿气象灾害风险管理各个环节的落实提供了制度保障。该文件的具体内容如下：

各区县(自治县、市)人民政府，市政府各部门，有关单位：

目前我市正值汛期，暴雨频发。据气象部门预测，今年汛期防汛抗涝、防灾抗灾的形势十分严峻，必须切实加强煤矿防水患事故的工作。最近，市人大常委会受全国人大常委会的委托，对我市实施《中华人民共和国安全生产法》的情况进行了检查，发现开县万开煤矿在出现水患威胁的情况下，没有撤出井下工作人员(作者注：没有煤矿气象灾害风险管理意识)。同时，其他一些地区也存在这种问题。这说明，我市部分煤矿企业对水患危害还认识不够，对汛期煤矿安全没有足够的警觉，个别矿井存在严重的安全隐患，随时面临水灾的威胁，务必引起各级政府、有关部门的高度重视。为及时防止暴雨天气对煤矿可能造成的巨大危害，经市政府同意，现就做好汛期煤矿安全生产工作的有关事项通知如下：

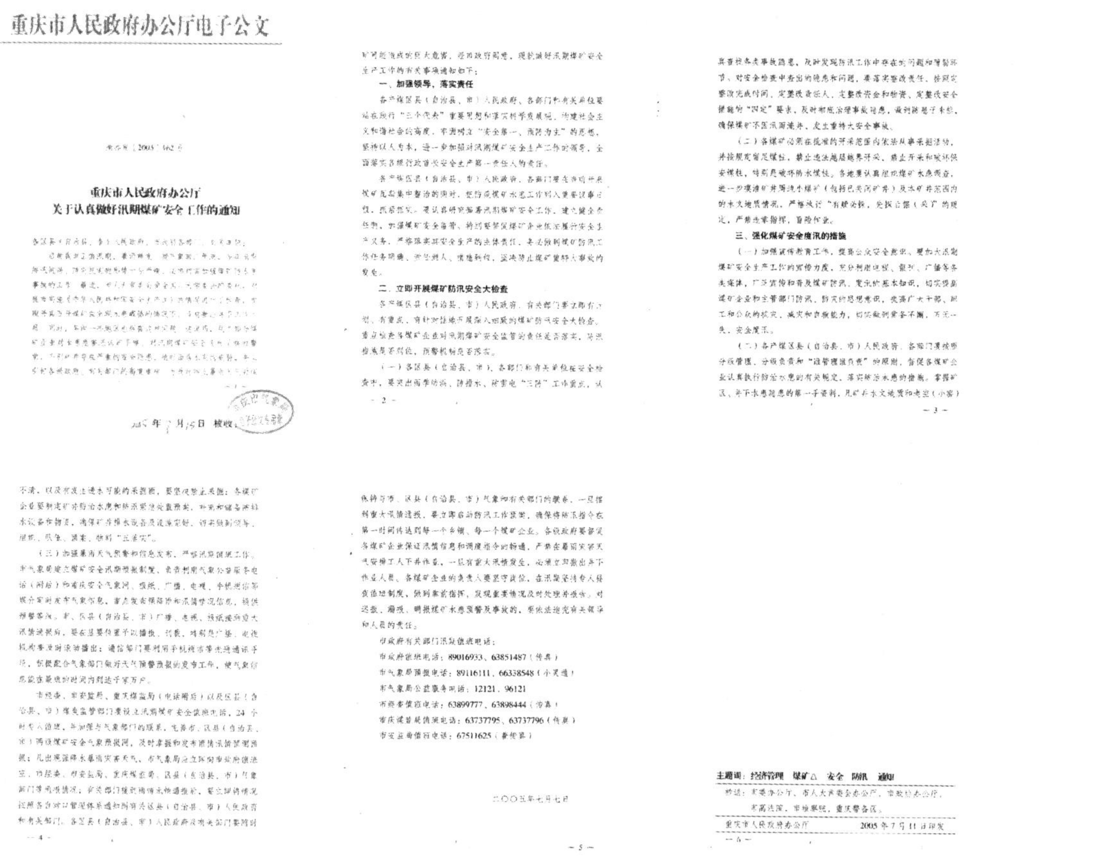

重庆市人民政府办公厅电子公文

重庆市人民政府办公厅
关于认真做好汛期煤矿安全工作的通知

一、加强领导，落实责任

二、立即开展煤矿防汛安全大检查

三、强化煤矿安全度汛的措施

市政府有关部门汛期值班电话：

市政府值班电话：89016933、63851487（传真）

市气象局预报电话：89116111、66338548（小灵通）

市气象局公益服务电话：12121、96121

二〇〇五年七月七日

图 8-10 《重庆市人民政府办公厅关于认真做好汛期煤矿安全工作的通知》

(一)加强领导,落实责任

各产煤区县(自治县、市)人民政府、各部门和有关单位要站在践行“三个代表”重要思想和落实科学发展观、构建社会主义和谐社会的高度,牢固树立“安全第一、预防为主”的思想,坚持以人为本,进一步加强对汛期煤矿安全生产工作的领导,全面落实各级行政首长安全生产第一责任人的责任。

各产煤区县(自治县、市)人民政府、各部门要在当前开展煤矿瓦斯集中整治的同时,把防范煤矿水患工作列入重要议事日程,抓紧抓实。要认真研究部署汛期煤矿安全工作,建立健全责任制,加强煤矿安全监管。特别要督促煤矿企业依法履行安全生产义务,严格落实其安全生产的主体责任,务必做到煤矿防汛工作任务明确、责任到人、措施到位,坚决防止煤矿重特大事故的发生。

(二)立即开展煤矿防汛安全大检查

各产煤区县(自治县、市)人民政府、有关部门要立即有计划、有重点、有针对性地开展深入细致的煤矿防汛安全大检查。重点检查各煤矿企业对汛期煤矿安全监管的责任是否落实,防汛措施是否到位,预警机制是否落实。

1. 各区县(自治县、市)、各部门和有关单位在安全检查中,要突出雨季防洪、防排水、防雷电“三防”工作重点,认真查找各类事故隐患,及时发现防汛工作中存在的问题和薄弱环节。对安全检查中查出的隐患和问题，要落实整改责任，按照定整改完成时间、定整改责任人、定整改资金和物资、定整改安全措施的“四定”要求，及时彻底治理事故隐患，做到防患于未然，确保煤矿不因汛而淹井、发生重特大安全事故。

2. 各煤矿必须在批准的开采范围内依法从事采掘活动，并按规定留足煤柱，禁止违法越层越界开采，禁止开采和破坏保安煤柱，特别是破坏防水煤柱。各地要认真组织煤矿水患调查，进一步摸清矿井周边小煤矿（包括已关闭矿井）及本矿井范围内的水文地质情况，严格执行“有疑必探，先探后掘（采）”的规定，严禁违章指挥，冒险作业。

（三）强化煤矿安全度汛的措施

1. 加强宣传教育工作，提高公众安全意识。要加大汛期煤矿安全生产工作的宣传力度，充分利用电视、报刊、广播等各类媒体，广泛宣传和普及煤矿防汛、度汛的基本知识，切实提高煤矿企业和主管部门防汛、防灾的思想意识，提高广大干部、职工和公众的抗灾、减灾和自救能力，切实做到常备不懈，万无一失，安全度汛。

2. 各产煤区县（自治县、市）人民政府、各部门要按照分级管理、分级负责和“谁管理谁负责”的原则，督促各煤矿企业认真执行防治水患的有关规定，落实防治水患的措施。掌握矿区、井下水患隐患的第一手资料，凡矿井水文地质和老空（小窑）不清，以及有发生透水可能的采掘面，要坚决禁止采掘；各煤矿企业要制定矿井防治水患和防汛紧急处置预案，补充和储备防排水设备和物资，确保矿井排水设备及设施完好，切实做到领导、组织、队伍、预案、物料“五落实”。

3. 加强暴雨天气预警和信息发布，严格汛期值班工作。市气象局建立煤矿安全汛期预报制度，负责利用气象公益服务电话（附后）和重庆安全气象网、报纸、广播、电视、手机短信等媒介定时发布气象信息，重点发布强降雨和汛情情况信息，提供预警等级。市、区县（自治县、市）广播、电视、报纸接到重大汛情通报后，要在显要位置予以播报、刊载，特别是广播、电视机构要及时滚动播出；通信部门要利用手机短信等先进通信手段，积极配合气象部门做好天气预警预报的发布工作，使气象信息能在最短的时间内到达千家万户。

市经委、市安监局、重庆煤监局（电话附后）以及区县（自治县、市）煤炭监管部门要设立汛期煤矿安全值班电话，24小时专人值班，并加强与气象部门的联系，完善市、区县（自治县、市）两级煤矿安全气象预报网，及时掌握和发布雨情汛情预测预报；凡出现强降水暴雨灾害天气，市气象局应立即向市政府值班室、市经委、市安监局、重庆煤监局、区县（自治县、市）气象部门等通报情况；有关部门接到雨情汛情通报后，要立即将情况按照各自对口管理体系通知到有关区县（自治县、市）人民政府和有关部门。各区县（自治县、市）人民政府及有关部门要随时保持与市、区县（自治县、市）气象和有关部门的联系，一旦接到重大汛情通报，要立即启动防汛工作预案，确保将防汛指令在第一时间传达到每一个乡镇、每一个煤矿企业。各级政府要督促各煤矿企业保证汛情信息和调度指令的畅通，严禁在暴雨灾害天气安排工人下井作业，一旦有重大汛情发生，必须立即撤出井下作业人员。各煤矿企业的负责人要坚守岗位，在汛期坚持专人昼夜值班制度，做到靠前指挥，发现重要情况及时处理并报告。对迟报、漏报、瞒报煤矿水患预警及事故的，要依法追究有关领导和人员的责任。

市政府有关部门汛期值班电话：

市政府值班电话：89016933、63851487（传真）

市气象局预报电话：89116111、66338548（小灵通）

市气象局公益服务电话:12121、96121

市经委值班电话:63899777、63898444(传真)

重庆煤监局值班电话:63737795、63737796(传真)

市安监局值班电话:67511625(兼传真)

三、重庆煤矿安全气象保障服务系统建设的初步实践

重庆煤矿安全气象保障服务系统建设项目,主要是依托重庆气象局现有气象基础设施,依据"煤矿安全气象保障服务系统建设专题会议"的精神,按照"重庆市煤矿安全气象保障工程建设方案"的内容进行建设,确保了2005年6月以前在全市开展煤矿安全气象专题服务,为积极探索煤矿气象灾害风险管理奠定了坚实的基础。下面重点介绍"煤矿安全气象保障服务系统建设专题会议"和"重庆市煤矿安全气象保障工程建设方案"的具体内容。

(一)重庆市气象局业务科技处组织召开煤矿安全气象保障服务系统建设专题会

根据《重庆市人民政府办公厅关于认真做好汛期煤矿安全工作的通知》(渝办发〔2005〕162号)文件精神和重庆市气象局关于《重庆市煤矿安全气象服务工作方案》的报告(渝气文〔2005〕74号)的具体内容和重庆市气象局领导指示,重庆市气象局业务科技处处长李良福教授于2005年7月18日在市气象局业务科技处办公室主持召开了业务处、法规处、气象台、专业气象台、影视中心、防雷中心、科技中心、装备中心等有关单位领导和管理人员参加的专题会议,讨论煤矿安全气象保障系统建设事宜。李良福介绍了在煤矿安全气象保障服务方面有关市领导、有关部门和市气象局有关领导的指示精神,气象部门面临的任务、存在的困难、近期安排等情况。提出做好煤矿安全气象服务工作的重点是三防"防洪、防排水、防雷电"。与会人员就资料获取、监测站点建设、预测预报内容、信息发布形式等进行了广泛讨论,并形成如下纪要:

1. 针对雷电、暴雨引起的煤矿灾害,制定煤矿安全气象等级预警预报临时应急工作流程,由段相洪负责,专业气象台、防雷中心配合。

2. 制定煤矿安全气象等级预警预报研究方案和业务流程,由刘德、段相洪负责,专业气象台、装备中心、防雷中心配合。

3. 制定煤矿安全气象监测、信息传输、信息发布系统(包括手机WAP站、安全气象网等)建设方案,由李良福、吴晓海负责,专业气象台、装备中心、影视中心、防雷中心配合。

4. 李良福、吴晓海负责协调市政府及有关部门,争取将煤矿安全气象监测站、手机WAP站、安全气象网终端建设纳入煤矿安全生产设施建设范畴,加强对煤矿安全气象服务的需求和煤矿地理位置、气候背景、生产工艺等有关资料的调研,争取早日成立重庆市煤矿安全气象保障工作协调委员会,确保此项工作的顺利开展。

5. 煤矿安全气象保障服务目前只面向安监局、煤监局发布,预报精度到区、县。

6. 参会单位要相互配合,既分工明确又相互合作。主要分工如下:业务处为牵头单位负责总协调,法规处配合进行有关工作,装备中心实施监测站点建设,气象台制作预测预报信息产品,影视中心通过电视节目发布有关信息,科技中心通过气象安全网发布信息,专业气象台通过12121、96121、手机短信、手机WAP站等提供信息服务。

(二)重庆市气象局业务科技处组织制订《重庆市煤矿安全气象保障工程建设方案》

根据《重庆市人民政府办公厅关于认真做好汛期煤矿安全工作的通知》(渝办发〔2005〕162

号)文件精神和重庆市气象局关于《重庆市煤矿安全气象服务工作方案》的报告(渝气文〔2005〕74号)的具体内容,以及重庆市气象局领导指示,重庆市气象局业务科技处组织制订了《重庆市煤矿安全气象保障工程建设方案》,其具体内容如下:

1. 现状分析

重庆市气象灾害种类多、分布广、发生频繁,每年都对煤矿安全构成较大威胁,造成不同程度的损失和人员伤亡。煤矿安全不仅是一个经济问题,而且是一个政治问题,是关系到社会稳定的大事。而我市煤矿安全事故大多与气象因素有关,如暴雨等强降水可以引起煤矿塌方、透水和灌水事故,雷电、高温可能引起煤矿瓦斯爆炸。但是至今还没有满足我市煤矿安全生产需要的气象服务保障体系。为此根据《重庆市人民政府关于加强煤矿瓦斯集中整治工作的紧急通知》(渝府发〔2005〕32号)的要求,为落实"公共气象、安全气象、资源气象"三大理念,切实做好煤矿安全气象服务工作,必须积极开展煤矿安全气象预警预报服务工作,为打造"平安重庆",构建和谐社会做出应有贡献。

2. 存在问题

我市开展煤矿安全气象保障服务工作面临许多问题。首先没有煤矿安全生产与气象关系的历史资料、现场观察数据和现存的理论研究模型,并且还存在管理体制上的差异性,这些问题都需要我们在实践过程中,边学习、边研究、边解决,最终建立起具有自主知识产权的重庆市煤矿安全气象保障体系。

3. 需求分析

我市现有煤矿 xxx 个,其安全生产事故中的瓦斯爆炸、透水事故与降水、雷击等天气现象密切相关,迫切需要气象部门为其提供准确、及时的精细化降水等级预报、温度预报、气压预报、雷电临近预报,以及煤矿设施的雷电灾害安全评估服务,以预防由气象因素引起的透水事故、地质灾害事故、瓦斯爆炸等事故的发生。

4. 目标与任务

(1)气象因素引发煤矿灾害资料调研;

(2)气象因素引发煤矿灾害的机制研究;

(3)建立煤矿安全特种气象观测系统;

(4)开发气象因素引起的煤矿灾害气象安全等级预警预报系统;

(5)建立煤矿安全气象等级预警预报发布体系;

(6)建立相应保障措施。

5. 方案设计

(1)历史资料调研

开展重庆市煤矿布局和近30年由气象因素引起的煤矿灾害事故资料与相应的气象资料调研;同时开展国内外气象因素引起的煤矿灾害事故相关文献资料调研。

(2)建立煤矿安全特种气象观测系统

在煤矿建立采集温度、风向、风速、降水、气压等观测要素的煤矿安全特种气象观测系统,并与陈家坪、万州、黔江新一代天气雷达监测系统构成重庆市煤矿安全气象等级预警预报所需的面雨量观测系统。

建立气象灾害引起的煤矿灾害事故资料与相应的气象资料数据库,建立煤矿安全信息共享平台。

1)依托现有气象监测网和农村气象监测网加强影响煤矿安全的强降水、高温和雷电监测，充分利用气象卫星、雷达、自动站和闪电定位系统进行加密监测，提供高密度的监测信息。

2)各地的主要煤矿建立自动气象监测站，对当地气象要素进行实时监测，建设经费由各煤矿业主承担，技术支持由气象局负责。

3)对今年由气象部门建设的50个中尺度两要素自动站进行适当调整，在一些重点煤矿区域增设自动监测点。

4)根据矿区分布和雷电发生规律，在每年雷雨季节前对全市主要煤矿防雷设施进行检测，避免或减少雷电造成的灾害损失。

(3)开展气象因素引发煤矿灾害的机制研究

1)暴雨引起煤矿灾害

由于暴雨的表面径流和渗透作用，引起煤矿的塌方、透水和灌水事故。

2)雷电引起煤矿灾害

雷电传导路径：雷电入地渗透后，进入矿道；雷电通过轨道传递，导入矿道内；雷电通过金属管线导入矿道内。

引起后果：产生火花，引起瓦斯爆炸；毁坏瓦斯监控设备系统，无法对瓦斯浓度预警；引起通风等设备损坏，无法通风排风，引起瓦斯聚集；引起雷管(开矿用)爆炸。

3)高温与气压引起煤矿灾害

高温与低压易于引起瓦斯突涌现象(与煤矿的采煤面的工作状况、煤矿本身的瓦斯含量和储存状态有关)，引起瓦斯爆炸。

4)气候条件与生态环境对人体健康的影响

(4)开发气象因素引起的煤矿灾害气象安全等级预警预报系统

开发暴雨、雷电、高温、气压等气象因素引起的煤矿灾害气象安全等级预警预报服务系统、不同煤矿安全气象等级的煤矿生产作业调度决策管理系统，制定不同煤矿安全气象等级的煤矿生产作业管理制度。

建立煤矿安全的专用数据库和灾情库，分析气象要素对煤矿透水、瓦斯爆炸事故的关系，研究开发煤矿安全实时监测预警平台。

根据降水、气温等气象要素制定煤矿安全气象条件等级，依托现有预报业务系统，研究开发煤矿安全预警预报系统，开展煤矿安全气象条件等级预报。

利用中尺度数值预报模式开展精细化降水、气温预报，加强数值预报分析诊断和解释应用工作，提高预警预报水平。

(5)建立煤矿安全气象等级预警预报发布体系

建立由手机短信、121、96121、电视、电台、农网构成的煤矿安全气象等级预报发布体系，直接向政府有关部门和煤矿发送煤矿安全气象等级预警预报信息，主要包括以下方面内容：

1)在强降水、高温、雷电高发季节(4—10月)发布煤矿安全气象条件等级预报。

2)提供逐日降水、高温实况信息。

3)发布强降水、高温、雷电等灾害的短时临近预报。

4)发布逐旬降水、高温天气趋势预报。

(6)建立相应保障措施

1)加强领导

政府有关部门成立气象因素引发煤矿灾害防御工作协调小组,确保气象因素引发煤矿灾害防御工作的统一规划、统一部署、统一管理和必要的资金投入。

2)加强科技支撑

重庆大学采矿系、重庆煤炭设计院、重庆市气象局密切配合,切实加强气象因素引发煤矿灾害的机制的科学研究;市科委应以专项进行科研支持。

3)加快重庆新一代天气雷达监测系统建设

重庆市应尽快建立煤矿安全特种气象观测系统和能够观测面雨量的陈家坪、万州、黔江新一代天气雷达监测系统,为开展气象因素引起的煤矿灾害防御工作提供可靠的技术支撑。

6. 工作进度

(1)2006 年 1—12 月,制定工作规程、业务流程,研究煤矿安全气象条件等级和预警预报方法,设计各种服务产品。

(2)2007 年 1—11 月,业务试运行,向政府和煤矿安全管理部门提供预报和情报服务。

(3)2007 年 12 月,正式向媒体发布煤矿安全气象条件等级预报。

四、重庆煤矿气象灾害风险管理工作的初步成效

根据《重庆市人民政府办公厅关于认真做好汛期煤矿安全工作的通知》(渝办发〔2005〕162 号)文件精神和重庆市气象局关于《重庆市煤矿安全气象服务工作方案》的报告(渝气文〔2005〕74 号)的具体内容,以及重庆市气象局领导指示,重庆市气象局业务科技处组织重庆市气象台、专业气象台、影视中心、防雷中心、科技中心、装备中心和有关区县气象局,从 2005 年 6 月起开展了煤矿安全气象专题服务。重庆市防雷中心于 2007 年组织专家制定了重庆市地方标准——《煤矿防雷技术规范》(DB50/T280-2008),重庆市气象台从 2005 年 6 月至 2014 年 7 月就发布《煤矿安全气象服务专报》377 期(图 8-11)。同时重庆市气象局还依托“重庆市突发事件预警信息发布平台”和“重庆市气象灾害敏感单位管理平台”,开展了现代化的煤矿气象灾害敏感单位安全风险管理系统工程建设和具有引领作用的重庆市铜梁县煤矿象灾害风险管理示范县建设,取得了比较显著的经济社会效益。例如,2005 年 7 月 9 日,发生在重庆市北碚区重庆市天府矿业公司三汇煤矿一矿“7・9”暴雨引起透水事件,就是一起应用煤矿气象灾害敏感单位的暴雨监测、煤矿水文地质监测、防御暴雨引起煤矿透水应急预案、矿井灾害预防处理计划与气象部门的煤矿安全气象服务有机结合,切实强化煤矿气象灾害敏感单位的灾害风险管理能力,取得显著安全效益、社会效益的成功案例。

重庆市各区县(自治县、经开区)气象局、煤炭工业管理局、煤矿安全监察局按照有关法律法规、技术标准、规范性文件的要求和重庆市气象局、重庆煤矿安全监察局、重庆市煤炭工业管理局的安排部署,依托煤矿气象灾害敏感单位安全风险管理系统工程,组织全市煤矿企业开展了煤矿气象灾害风险管理的积极探索(图 8-12)。煤矿气象灾害敏感单位安全风险管理系统工程由煤矿气象灾害风险评估工程、煤矿灾害天气气象预警、预报服务系统升级改建工程、运行监测系统升级改建工程和服务管理系统升级改建工程 4 个子工程构成。

内部资料　请勿外传

煤矿安全气象服务专报

2005年第1期

重庆市气象台　　签发：段相洪　　2005年6月6日

一、矿区降水实况

昨天白天到夜间，我市各地普遍降了小到中雨，其中东北部降了大到暴雨，梁平、天城达暴雨，梁平最大达64.6mm。加上前期持续降水，我市以下区县的煤矿易出现渗水现象：

万盛、秀山、垫江、城口、忠县、开县、云阳、奉节、巫山、万州

二、降水预报及建议

预计今天白天到夜间，我市各地阴转阵雨，雨量一般小～中雨，其中长江以北地区有中～大雨，局部暴雨；明天白天到夜间，阴有小～中雨，局部地区大雨。

发：市政府值班室、市救灾办、市安监局、市煤监局

气象信息专报

——煤矿透水预报

重庆市气象台　　签发：刘德　　2014年第20期|7月13日

今日我市中东部部分矿区易发生透水

一、天气实况及趋势

7月12日白天我市大部阵雨，夜间偏南地区阵雨，其余地区转阴天，雨量普遍小雨到中雨，秀山局部大雨到暴雨，11个雨量站达暴雨，最大雨量为秀山千川村（99.5毫米）。气温21～31.9℃。

预计今天白天到夜间，东南部中雨到大雨转阵雨，其余地区阴天间多云。大部地区气温20～34℃，城口及东南部18～30℃，相对湿度70%～95%。

二、煤矿透水预报

预计今日我市中东部部分矿区易发生透水，请注意加强监视和防范。

图 8-11　重庆市气象台《煤矿安全气象服务专报》和《气象信息专报——煤矿透水预报》

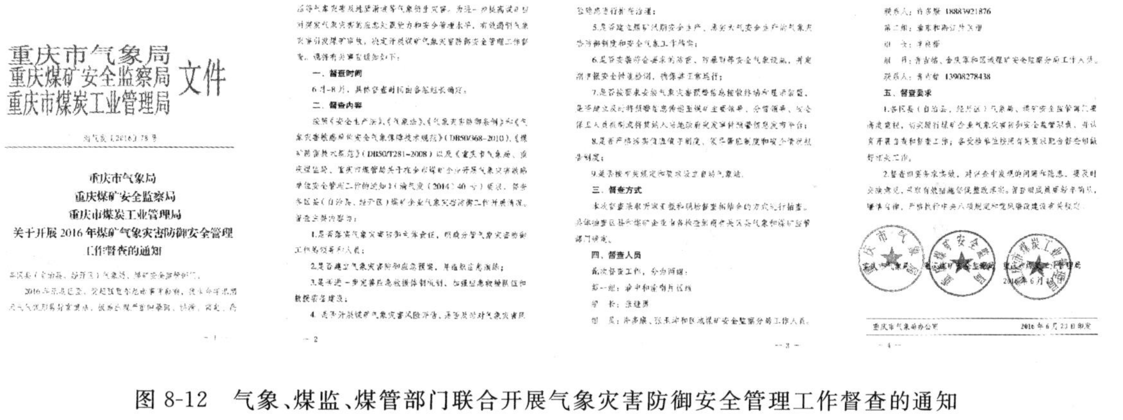

重庆市气象局
重庆煤矿安全监察局
重庆市煤炭工业管理局
文件

重庆市气象局
重庆煤矿安全监察局
重庆市煤炭工业管理局
关于开展2016年煤矿气象灾害防御安全管理工作督查的通知

图 8-12　气象、煤监、煤管部门联合开展气象灾害防御安全管理工作督查的通知

（一）煤矿气象灾害风险评估工程

研究灾害性天气引发煤矿安全事故的成灾机制，在煤矿气象灾害风险评估的 LEC 评估法、MES 评估法、MLS 评估法、人工神经网络评估法、安全模糊综合评估法、安全状况的灰色系统评估法、系统危险性分类评估法、危险概率评估法、FEMSL 评估法、模糊评估法等基本评估方法的基础上优化改进，建立了煤矿气象灾害风险评估的实用模型——CQMKMES 模型。根据煤矿所处的地理位置、地质特征、土壤特性、气候背景、周边环境等条件以及学校的重要性、工作特性等，按照客观、科学、系统、动态的评估原则，采集煤矿气象灾害敏感单位所在地气象历史资料和煤矿由于灾害性天气导致的安全事故的历史资料等相关数据资料，分析煤矿面临的主要气象灾害风险源，利用系统工程方法对将来或现在煤矿因受灾害性天气作用和影响下可能存在的危险性及安全事故后果进行综合评估和预测，提出煤矿气象灾害敏感单位气象

灾害风险处置措施和对策建议，为每个煤矿出具了针对性强的气象灾害风险评估报告。其目的是通过科学、系统的安全评价，帮助煤矿了解其所面临的气象灾害风险源、各种承灾体发生气象灾害的可能性和气象灾害发生的后果，为煤矿的总体安全性制定有效的预防和防御措施等提供科学依据，并消除或控制煤矿气象灾害安全隐患，最大限度降低煤矿的灾害性天气致灾风险。

重庆煤矿气象灾害风险评估工程作为重庆全市煤矿企业开展气象灾害敏感单位安全管理工作的有机组成部分，分 3 年完成，重庆各煤矿企业按照重庆市气象局、重庆煤炭工业管理局、重庆煤矿安全监察局联合签发的《关于在全市煤矿企业开展气象灾害敏感单位安全管理工作的通知》(渝气发〔2014〕40 号)的要求和《气象灾害敏感单位安全气象保障技术规范》(DB50/368-2010)的规定，每年 8 月 30 日前自行主动与气象灾害风险评估机构联系，配合做好气象灾害风险评估工作，每隔 5 年重新评估一次，其风险评估流程见第五章的图 5-68。

(二)煤矿灾害天气气象预警预报服务系统升级改建工程

煤矿灾害天气气象预警、预报服务系统以现有的数据库和服务系统为基础，完善开发并形成新一代煤矿灾害天气气象预警、预报服务系统。该系统将以高分辨率的地理信息数据库，高分辨率数值预报产品库、煤矿基础信息数据库和相关气象服务产品库为基础，开展面向煤矿的灾害天气预警、预报服务产品制作及发布、传播。服务系统包括煤矿灾害天气预警、预报基础信息数据库、地理信息服务平台、煤矿气象灾害敏感单位预警、预报服务产品制作子系统和煤矿气象灾害敏感单位预警、预报服务产品发布子系统 4 个部分。

1. 煤矿灾害天气预警、预报基础信息数据库

(1)地理空间信息框架数据库

根据《重庆市基础地理信息电子数据标准》《重庆市地理空间信息内容及要素代码标准》等相关标准，基于 1∶2000、1∶10000、1∶50000、1∶250000 和其他尺度基础地理空间信息数据库和专题信息数据库，实现多源、多比例尺地理空间信息数据的整合，建成地理空间信息框架数据库系统，以支持各种应用系统的使用。

(2)煤矿灾害天气预警、预报服务专题数据库

包括重庆市各个煤矿的建设背景、建设规模、所在区域特征等信息。同时还包括其附近的暴雨灾害洪涝重点防御区、山洪泥石流易发区、地质灾害易发区、干旱易发区、雷电易发区、风灾易发区、冰雹易发区、低温雨雪冰冻易发区、森林火灾易发区等风险区划、地震等各种灾害的资料。

(3)煤矿应急处置人员信息库

建立包括各个煤矿的气象防灾、减灾应急处置人员数据库，统一归档管理，保证信息的定期更新和核实。

(4)煤矿灾害天气预警、预报服务产品库

主要包括以下产品：各个煤矿所在地区的未来 72 小时的逐小时温度、雨量、湿度、风速和风向等各类气象预报资料服务产品以及经过客观分析的实况资料服务产品。雷达拼图，卫星云图，以及 0 到 2 小时的灾害天气预警信息，重要灾害天气服务信息等各类预警服务产品。

2. 地理信息服务平台

(1)建立资源子系统，通过调用空间数据服务接口实现数据访问；实现地理空间数据二维、三维自由切换，提供专题信息叠加展示、查询统计、简单地理信息应用分析功能，为平台用户提供平台资源展示和查询功能。资源子系统中，二维地理信息的处理采用 SuperMap 软件系统，

三维地理信息的处理采用 SkyLine 软件系统。

(2)建立共享服务接口子系统，为平台用户提供数据服务和接口服务，以及二次开发接口，内容包括网页地图服务（Web Map Server）、网页要素服务（Web Feature Server）等符合开放大量地理空间信息联盟（OGC）标准规范的接口，和基于 Web Service 的查询统计、空间分析等接口，此外还提供 Javascript，Silverlight，Flex 等 API 在内的二次开发接口，满足不同应用需求。

(3)建立服务管理子系统，提供平台服务查询、第三方服务注册、服务管理等功能，保证平台的开放性和丰富性。

(4)建立运行、维护管理子系统，实现用户权限管理、日志管理、安全审查、数据访问统计、平台监控管理等功能开发。

(5)部署 Skyline 应用软件。该软件是基于地理信息系统（GIS）、遥感系统（RS）、全球定位系统（GPS）和虚拟现实技术的三维可视化地理信息系统。能够利用数字正射影像、数字高程模型、矢量数据、三维模型和非空间属性数据等信息源，创建交互式的三维可视化场景；能够迅速创建、编辑、浏览、处理和分析广域范围的真实三维地表景观、建筑物景观等，并且支持大型数据库和实时信息通信技术，能够满足对煤矿的地理信息三维可视化的需求。

3. 煤矿气象灾害敏感单位预警、预报服务产品制作子系统

(1)完善煤矿精细化实时监测数据客观分析模块。以重庆市气象部门的气象自动观测站数据为基础，利用各种客观分析方法（Cressman、三次样条插值、反距离加权平均、Kriging 等）给出各个煤矿所在地区的温度、降雨量、风速和风向等监测信息数据。

(2)完善煤矿灾害天气预警、预报产品制作模块。在预警方面以监测数据为基础，结合各类气象灾害（暴雨、大风、高温、雷电、大雾、低温等）风险评估模型及其分类分级分时段致灾阈值，当实时监测资料达到相应阈值时，实现自动报警功能，自动调用预警信息发布平台，将报警信息通过手机短信、专用预警终端、电子显示屏等渠道快速发布到指定区域的煤矿和煤矿安全值班人员以及指定人群。在预报方面将基于重庆市精细化数值天气预报模式系统，利用各种客观分析方法和变分分析方案，提供各个煤矿所在地区的未来 72 小时的逐时温度、雨量、湿度、风速和风向等各类气象预报信息，同时提供 0～2 小时灾害天气预警信息、重要灾害天气服务信息等各类预警服务产品。

4. 煤矿气象灾害敏感单位预警、预报服务产品发布子系统

完善产品的编审发布模块，通过桌面客户端（网页服务端）、手机客户端、手机短信和气象预警视频服务等方式，建立面向煤矿安全主管部门、面向煤矿、面向煤矿工人的“气象—煤监(管)部门—煤矿—煤矿安监(管)人员—煤矿工人”的灾害天气预警、预报信息传输服务链（图 8-13）。

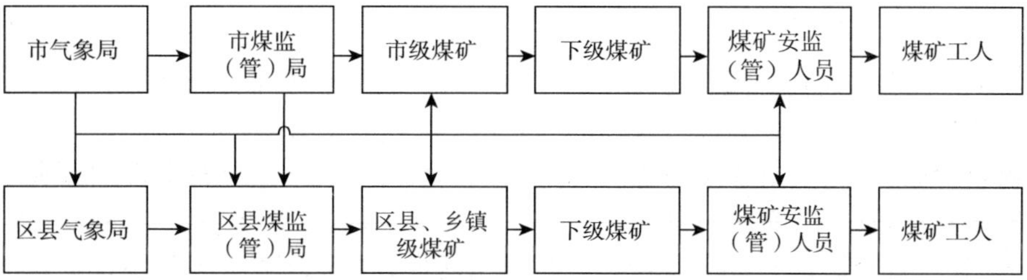

图 8-13　煤矿气象灾害敏感单位气象信息传输服务链

(1)完善产品编审分发模块。对所有气象服务产品分类,建立一套产品审核和发布系统。发布系统整合现有的突发事件预警发布平台数据库,实现制作审核完成后一站式发送,并实现产品发送后的接收阅读情况的监测反馈信息。

(2)完善气象与市煤监(管)部门间的气象信息服务模块。按照属地原则,各级气象部门采取手机短信、桌面客户端(网页服务端)、手机客户端、气象预警视频等服务方式,及时向市各级煤监(管)部门提供煤矿气象灾害敏感单位安全管理的各类气象服务信息。

1)手机短信服务方式。以手机短信的方式,通过“10639121”气象灾害预警信息短信发布平台,及时向市煤监(管)部门相关人员发送灾害天气预警信息、重要天气服务信息等。

2)桌面客户端(网页服务端)和手机客户端服务方式。通过桌面客户端(网页服务端)和手机客户端,为市煤监(管)部门提供煤矿所在地区监测、预警和预报服务产品的查询和展示应用模块,该模块以地理信息服务平台为基础,以文本、表格、图像、图形(饼状、柱状、曲线、色斑、等值线等)形式实现各种监测、预警和预报信息的静态、动态和三维显示。手机客户端是通过智能手机、平板电脑的 iOS(iPhone)、Android 等智能移动终端操作系统,利用互联网传输渠道,为市煤监(管)部门提供监测、预警和预报信息的“掌上气象服务”;桌面客户端或网页服务端是依托电信 MSTP 网络,为市煤监(管)部门提供监测、预警和预报信息。

3)气象预警视频服务方式。以各级气象主管机构的气象影视编播系统为基础,编辑制作各种图片和视频类的灾害天气预警、预报服务产品,同时在各级市煤监(管)部门布设配置有专用机顶盒的 LCD 或者彩色 LED 终端设备,并利用电信 VPDN 网络向这些终端设备传输灾害天气监测预警、预报产品(图 8-14)。

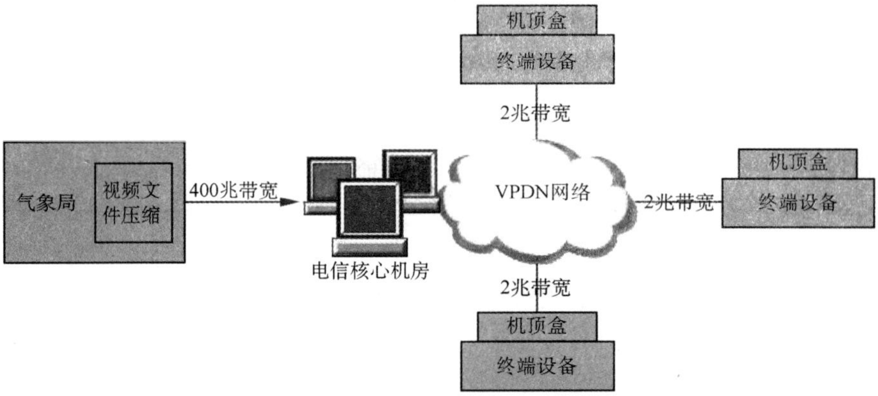

图 8-14　气象主管机构与市煤监(管)机构的视频接收网络连接建设示意图

传输灾害天气监测预警、预报产品主要有以下几种具体产品:

1)图片类产品:实况服务产品(全市逐时降雨、平均温度、最高气温、最低气温、风速风向分布图,24 小时累计雨量图),地质滑坡等级预报,森林火险等级预报,航道能见度预报,风景区预报,各类生活指数预报,卫星云图和雷达拼图等。

2)视频类产品:中国气象频道播放的视频产品、重庆市天气预警预报视频产品、重庆市气象灾害预警信号视频产品、实时气象灾害监测信息与气象新闻、气象科普与气象专题片等。

3)文字类产品:短期预警,短时预警,重要天气预报,72 小时全市天气预报(含乡镇),节日天气预报,风景区预报,空气污染潜势预报,各类指数预报,旬、月气候预报,气候监测,农用天气预报，高温日数统计等。

(3)完善市煤监(管)系统的气象信息传递机制

建立全市煤监(管)系统内部气象信息传递机制。市各级煤监(管)部门在接收到灾害天气预警预报、重要天气服务、实时监测资料等气象信息后，应及时通过手机短信等方式将气象信息和安全警示等向其所辖煤矿及其相关责任人员传递。各煤矿在接收到上述信息后，应通过手机短信、黑板报、广播、电子显示屏等方式将相关信息及时告知煤矿安监(管)人员，同时煤矿安监(管)人员再通过手机短信、黑板报、广播、电子显示屏等方式进一步传播至煤矿工人。

建立灾害天气预警信息“直通”机制。通过桌面客户端(网页服务端)服务方式，为煤矿提供相关灾害天气监测、预警和预报信息。实行煤监(管)部门气象预警短信直通发布，通过电信运营商的手机短信发布平台，直接向各煤矿分管安全的煤矿领导、煤矿安监(管)负责人、安监(管)值班人员等相关人员发送灾害天气气象预警信息。煤矿安监(管)系统气象信息传递流程如图 8-15 所示。

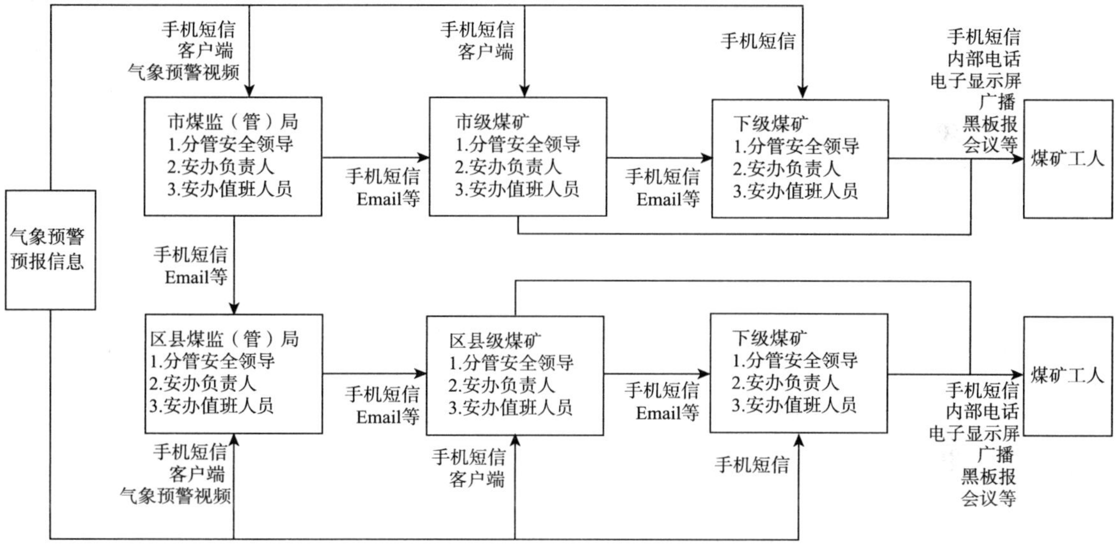

图 8-15　煤矿安监(管)系统灾害天气气象信息传递流程图

(三)运行监控系统升级改建工程

1. 完善运行网络监控模块。对各网络节点的运行状态进行监控，出现故障及时报警，提示维修人员及时对故障设备进行维护排除故障，保证整个网络系统的正常运行。

2. 完善系统运行维护模块。对系统的服务器运行状况、硬盘使用量、温度等硬件信息，系统内各个平台之间的数据流、信息流、业务流等进行监控，保证系统的平稳运行。

(四)服务管理系统升级改建工程

1. 完善用户管理模块。对系统的所有用户进行分类管理，后台可管理用户的基本信息，增减用户数量，设置不同用户的使用权限等。前台在每个分系统中设置交流窗口，方便用户提交交流反馈、需求分析信息等。

2. 完善服务应用管理模块。包括系统权限管理、产品数据管理和修改密码等。系统权限管理包括用户管理分类、用户权限管理。用户分类管理：将所有的用户进行分类，管理用户的基本信息，包括联系方式、联系人等。产品数据管理包括产品数据格式、产品类别管理、产品权限管理、模板管理等。

煤矿气象灾害敏感单位安全风险管理系统工程的实施，为提升煤矿气象安全生产事故防范能力，实现煤矿科学防灾、减灾、抗灾、救灾，打造“平安煤矿”提供了有益的实践与探索，为煤矿安全生产提供了可靠的气象科技支撑和保障。尤其是具有引领作用的重庆市铜梁县煤矿气象灾害风险管理示范县创建工作，进一步健全了“属地责任、综合监管责任、直接监管责任、主体责任”和“管行业必须管安全、管业务必须管安全、管生产经营必须管安全”的煤矿气象安全生产事故防范机制，有效落实了煤矿企业防御气象安全生产事故的主体责任，各项安全气象保障措施得到较好的贯彻落实。通过广泛宣传，积极协调，充分调动了煤矿企业防范气象安全生产事故的积极性、自觉性、主动性，实现了煤矿企业“由被动的防范煤矿气象安全生产事故向主动降低气象安全生产事故风险转变、由减少或防止煤矿气象安全生产事故事发生向消除煤矿气象安全生产事故风险隐患转变”。因此，铜梁煤矿气象灾害风险管理示范县实行边创建、边应用，在煤矿气象灾害风险管理推广应用过程中取得比较明显的安全效益、经济效益和社会效益(8-16)。为此重庆市市人大农委在铜梁县开展了《中华人民共和国气象法》贯彻落实情况调研时了解到，铜梁县在全市率先实现全县学校和煤矿等气象灾害敏感单位安全管理全覆盖，特别是在煤矿企业，值得总结推广。专门在重庆市人大常委会办公厅《人大信息》(第557期)专刊上发表文章，充分规定了铜梁煤矿气象灾害风险管理示范县创建工作。文章的核心内容如下：

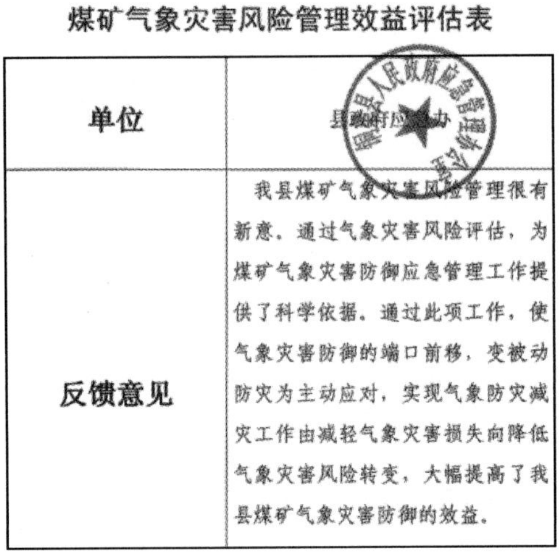

煤矿气象灾害风险管理效益评估表

单位	县政府应急办
反馈意见	我县煤矿气象灾害风险管理很有新意。通过气象灾害风险评估，为煤矿气象灾害防御应急管理工作提供了科学依据。通过此项工作，使气象灾害防御的端口前移，变被动防灾为主动应对，实现气象防灾减灾工作由减轻气象灾害损失向降低气象灾害风险转变，大幅提高了我县煤矿气象灾害防御的效益。

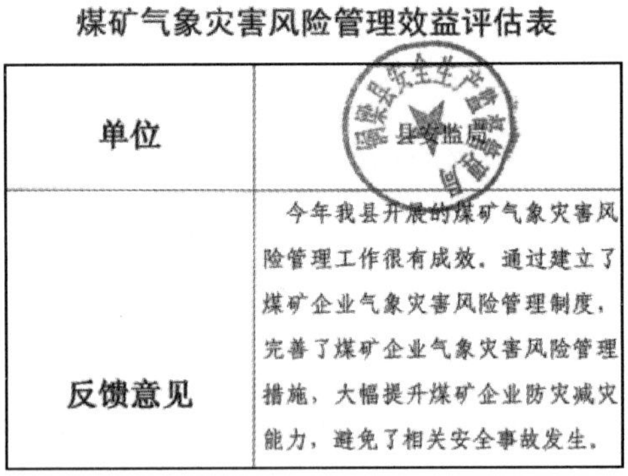

煤矿气象灾害风险管理效益评估表

单位	县安监局
反馈意见	今年我县开展的煤矿气象灾害风险管理工作很有成效。通过建立了煤矿企业气象灾害风险管理制度，完善了煤矿企业气象灾害风险管理措施，大幅提升煤矿企业防灾减灾能力，避免了相关安全事故发生。

图 8-16　铜梁县应急办、安监局(煤管局)出具效益评估证明材料

1. 拓展气象服务领域，推行煤矿企业气象灾害风险管理。

铜梁县现有矿井18个，曾发生过煤矿因遭受暴雨、雷电、冰冻、大雾等气象灾害袭击而产生的事故。如2002年6月13日，铜梁县富有煤矿遭受暴雨袭击，洪水倒流入井，造成井下作业人员100多人被困，虽经救援所有人员安全撤出，但财产损失达50万元。铜梁县高度重视气象灾害风险防范，要求安全事故敏感场所的防灾减灾端口前移，气象部门通过技术攻关，在国内率先建立煤矿气象灾害风险评估技术模型和管理模式，开发了针对煤矿企业的专业气象服务产品，境内煤矿企业实现气象灾害风险管理全覆盖。

2. 建立气象灾害风险防范机制，落实防灾减灾主体责任。

铜梁县立足长远建立气象灾害风险防范机制，以加强煤矿气象灾害风险管理为突破口，县应急、气象、安监三部门联合印发了《关于在全县煤矿企业进一步加强气象灾害风险管理工作的通知》，明确了职责分工：县气象局作为防灾减灾工作牵头部门，指导煤矿企业制定完善气象灾害防御应急预案，县安监（煤管）局、县政府应急办将煤矿企业气象灾害风险管理工作纳入煤矿年度安全目标考核，煤矿企业切实肩负防灾减灾的主体责任，按照要求完善相应的气象安全保障措施，最终形成了政府统一领导、部门协调联动、煤矿企业具体负责的煤矿依法防灾减灾新格局。

3. 措施具体，落实到位，专业气象服务防灾减灾效果明显。

在气象部门现场勘察并进行风险评估的基础上，政府和企业共同出资，为煤矿企业统一建立了气象自动监测站、LCD预警显示屏和防雷设施，煤矿企业首次将气象灾害防御设施的维护费纳入安全保障经费。在今年“3·28”暴雨灾害中，县气象局提前1天在各煤矿预警信息电子显示屏上发布了气象预警信息并通过手机发送给煤管局和各煤矿管理人员，各煤矿立即启动应急预案，预警信息迅速传递至全矿人员，井下作业人员马上撤出，当晚停产并加强了矿级、队级和班组应急值守。由于措施得力，全县所有煤矿未造成任何财产损失和人员伤亡，煤矿气象灾害风险管理变被动防灾为主动应对，实现气象防灾减灾由减轻损失向降低风险转变，切实提高了气象灾害防御效益。

第三节 重庆加强气象安全生产实践的启示

重庆市气象局在气象安全生产事故风险管理实践中发现，许多部门、社会单位和个人对能够预见或者能够防范可能发生的灾害性天气、危险气象要素等气象危险因素的理解存在偏差，错误认为灾害性天气、危险气象要素等气象危险因素的预见、防范是气象部门的事，而与本部门、单位和个人无关，忽视了防范气象安全生产事故应依据法律法规和技术规范采取相应工程性和非工程性措施，导致气象安全生产事故发生，其主要原因是这些部门、社会单位和个人的气象科学素养的欠缺，对灾害性天气、危险气象要素等气象危险因素“能够预见”“能够预报预警”“能够防范”的科学内涵认识不充分、不全面所致。因此本节着重就重庆气象安全生产事故风险管理实践过程中探索出的对灾害性天气、危险气象要素等气象危险因素“能够预见”“能够预报预警”“能够防范”的思路进行阐述。

一、气象危险因素能够预见的科学内涵问题

灾害性天气、危险气象要素等气象危险因素能够预见是指通过多年的气象历史资料统计分析，获得某种灾害性天气、危险气象要素在某单位所在地是一定会发生的，但具体什么时间发生，在该单位的具体什么位置发生、发生时该气象危险因素强度多少等是未知的，仅仅知道该气象危险因素发生时，若不采取相应工程性和非工程性措施，就可能引发单位气象安全生产事故。例如，根据重庆气象历史资料分析，重庆市的某个油库所在地一定有雷电灾害天气发生，并不知道具体时间、是强雷击还是弱雷击、雷击可能发生在油库的具体部位、但是知道若不采取防雷电灾害天气的工程性和非工程性措施，就完全可能引发油库雷电灾害安全生产事故。

因此"气象危险因素能够预见"是建立在气象历史资料统计分析和缜密逻辑分析之上得出的结果，而非气象危险因素的预报和预警，属于宏观的历史经验分析范畴。

典型案例：2002 年重庆梁平县"6・6"雷击事故就是一起能够预见的雷电灾害天气而没有采取相应防雷措施而造成事故的典型案例。

事故经过：2002 年 6 月 6 日梁平县七桥镇云锋村五组村民张龙成等人的拆迁还建房遭受雷击，雷电"穿透"了近 20 米的楼房，楼顶上的一堵砖墙被雷击垮，楼顶及其他楼层一共被击出六个洞，墙壁上的电表被"撕裂"成几块，楼房的"动脉"——电线也被烧，灯泡、开关均被打烂（图 8-17）。受灾住户们质询"为什么不给我们装避雷针，农民的命就不是命吗?"，造成较大社会负面影响。

图 8-17　2002 年 6 月 6 日，重庆梁平县"6・6"雷击事故现场

事故结论：事故发生后，重庆市气象局立即组成事故调查专家组前往现场调查。经调查发现，根据《建筑物防雷设计规范》(GB50057)要求，结合当地雷电参数历史资料统计分析结论，该建筑物年预计雷击次数为 0.075 次/年，雷电这个气象危险因素打击在该建筑物是已经预见到的，并且会引发雷电安全事故，因此应该按规范要求，对该建筑物应进行三类防雷建筑物设计而未作防雷设计，当然也就没有防雷装置，埋下了防雷安全隐患，是造成此次雷击事故的根本原因。所以当地镇政府、建设部门、气象部门共同承担了此次事故造成的经济损失，并给建筑物业主张龙成村民适当的经济补偿。

上述案例表明：气象危险因素能够预见的，而没有应用气象历史资料统计分析和逻辑分析对气象危险因素作出预见判断，势必会忽视防范气象危险因素引发气象安全事故和气象自然灾害事故的工程性和非工程性措施，极易导致事故风险向事故转变。因此，气象危险因素能够预见是成功防范气象安全事故和气象自然灾害事故的重要基础。

二、气象危险因素能够预报预警的科学内涵问题

灾害性天气、危险气象要素等气象危险因素是能够预报和预警，是指在时间尺度、空间位置、危险程度上"一定范围"的预报和预警，但是目前的科学技术水平，是不可能实现气象危险因素在时间尺度、空间位置、危险程度上"定时、定点、定量"的预报和预警，因为真正做到气象危险因素"定时、定点、定量"实况发布，就是必须依托现代化的气象危险因素实况观测。而气象危险因素的预报和预警主要是给气象危险因素可能引发气象安全事故的单位进行气象安全事故风险预报和预警，是气象安全事故发生可能性的预报和预警。气象安全事故发生风险是否转变为气象安全事故，这与气象危险因素可能引发气象安全事故单位采取防范气象安全事

故的措施密切相关。因此气象危险因素预报和预警是气象安全事故发生风险程度的预报和预警，而非气象安全事故的预报和预警，属于气象安全事故风险管理范畴。

典型案例：2010 年 7 月 7—10 日，发生在重庆市彭水县“7·8”暴雨灾害抢险救灾成功案例就是一个气象危险因素能够预报预警，而相应防范措施得当的典型案例。

事故经过：2010 年 7 月 7 日夜间开始重庆市彭水县出现连续区域性暴雨天气过程（图 8-18）。从区域自动气象站监测情况看，截至 7 月 10 日 20 时全县有桑柘、诸佛、小厂、善感等乡镇雨量达 300 毫米以上，鞍子、靛水、桐楼、汉葭等乡镇累积雨量达 200～300 毫米，大桠、龙溪、新田等乡镇累积雨量达 100～200 毫米，过程最大降水量出现在桑柘 376.6 毫米。全县有小厂、桑柘、诸佛、善感等 39 个乡镇、285 个村（社区）、1883 个组不同程度受灾，涉及 16.1 万余户 43.7 万人，紧急转移安置灾民 4.1 万余人，因灾死亡 5 人、受伤 2 人，累计经济损失约 24460 万元。

图 8-18　2010 年 7 月 8 日，重庆市彭水县“7·8”暴雨现场图片

2010 年 7 月 8 日 12 时，彭水县气象局接到重庆市气象局关于进入Ⅲ级气象应急响应状态的命令后，立即组织业务人员传达有关精神，宣布启动Ⅲ级应急响应命令，要求全体业务人员在灾害当前要有政治敏锐性和主动性，按照Ⅲ级应急响应工作流程开展好预报服务工作。并启动雨情一时一报。7 月 8 日 20:00，彭水县委召开紧急电视电话会，针对未来天气形势进行抢险救灾安排部署。10 日 00 时 05 分左右，县气象局就彭水县桑柘镇 9 日 23 时—10 日 00 时 1 小时雨量达 59.1 毫米，累计雨量达 308.3 毫米，向县府办、桑柘镇党政办进行电话报告后，又立即（00 时 10 分左右）以手机短信的方式向县领导、部门、乡镇领导及工作人员、气象信息员、村社长进行发布。正在主持召开《全县抗洪救灾动员工作会》的陈航县长，接到彭水县气象局汇报的雨情后，立即就此做出了紧急安排部署。另据新田村气象信息员王保权介绍，新田村有近 2000 人沿河而居，接到气象部门的预警消息后，乡干部及时电话通知各村组组长做好应对准备。“如果不是气象部门预报准确，我们及时转移沿河居住人员，后果将不敢设想”王保权说。2010 年 7 月 7 日晚至 8 日，新田乡降雨量达 100 多毫米，8 日凌晨 4 时许，河水猛涨并迅速翻过公路，乡领导组织民兵分多路，通过喊话器、安全车挨家挨户通知群众转移，其中，家住河边的邓代兵、陈明怀两家 11 口人凌晨 4 点多被转移出来，6 点多，两家除年迈老人外的 8 人又返回住所，不到十分钟，房屋便进水一米多深，两家人大喊救命。王保权等人迅速赶到，用绳子作牵引将 8 人全部安全救出，凶猛的洪水很快冲坏了邓代兵、陈明怀的房屋。紧接着，新田中学告急，40 多位老师被困学校，其中还有一名刚生完小孩 2 天的女老师。乡干部们赶到

学校，用绳子将全部老师救出来。这一晚，他们用绳子共救出了40多户100多人。8日晚上，新田中学3位老师见洪水减弱，又返回学校，很快学校围墙便被洪水冲垮，由王保权等30人组成的应急队伍前往救援。这时，水已漫过胸膛，加之天黑雨猛，给救援工作带来极大困难。参与救援的冉川林、贺海济二人因个子稍矮，汹涌的洪水数次淹没他们的头顶。救援过程中，拇指粗的石棉绳断了两次，救援人员只好爬上树打好结重新前行。就这样，他们花了3个小时，救出了返校的3名教师。谈及"7·8"暴雨，新田乡乡长冯久林对气象部门的准确预报赞不绝口：幸亏气象部门预报及时，我们采取了有效措施，才将灾害损失降到了最低，并做到了在如此严重的灾情面前，无一人因灾伤亡。

重庆市警备区副司令员周茂武少将总结"7·8"暴雨抢险救灾成功的原因为"三个到位"：气象预警信息及时到位、政府部门组织响应到位、人民群众遇险自救到位。此次暴雨期间，市气象台和区县气象局及时发布了准确的暴雨预报，并利用多种手段在第一时间发布到决策人员和广大信息员手中，同时市气象局与在彭水等重灾区进行抢险救灾的部队开展了气象服务保障军地联动工作，通过手机短信向救灾部队的30位分管领导发布《重要天气服务快报》、暴雨预警信号等气象信息，为减轻自然灾害造成的生命和财产损失发挥了有效的作用，充分发挥了气象预警信息作为"发令枪""消息树"的作用。政府部门组织响应及时有力，及时下发了做好防范暴雨灾害的紧急通知，将气象局《重要天气服务快报》全文转发，在组织好预防灾害的同时，及时组织官兵有效地抢险救灾。人民群众在村干部和信息员的组织下开展了积极地避险和自救。这些都是"7·8"暴雨抢险救灾成功的基础。

上述案例表明，气象危险因素是能够预报预警的，但气象危险因素的预报预警，仅仅是气象危险因素引发气象安全事故和气象自然灾害事故发生可能性的预报预警，而防止气象危险因素引发气象安全事故和气象自然灾害事故，防止事故扩大化，还必须采取相应的工程性和非常工程性措施，才能确保气象安全事故和气象自然灾害事故可控、可防。因此气象危险因素能够预报预警是科学防范气象安全事故和气象自然灾害事故的关键环节。

三、气象危险因素能够防范的科学内涵问题

灾害性天气、危险气象要素等气象危险因素能够防范是根据气象危险因素可能引发气象安全事故的单位气象安全生产事故风险分析、评估结论，采取相应事故预防和控制的工程性与非工程性措施，有效防止事故风险向事故转变，杜绝事故发生。例如我国在建设工程中为了从源头上防范雷电灾害天气对建设工程的破坏，确保建设工程防雷基础性、本质性安全，专门制定了《建筑物防雷技术规范》(GB50057-2010)、《建筑物电子信息系统防雷技术规范》(GB50343-2012)、《建筑物防雷工程施工与质量验收规范》(GB50601-2010)、《建筑物防雷装置检测技术规范》(GB/T21431-2008)、《雷电防护第二部分：风险管理》(GB/T21714.2-2008)等系列防雷技术标准，目的就是根据建设工程所在地可预见雷电灾害天气可能引发建设工程防雷安全事故，而按照现行的国家防雷技术规范要求，在建设工程规划设计环节、建设施工环节、竣工验收环节、投入使用环节针对雷电这个气象危险因素采取相应的工程性与非工程性防范措施。显然这个工程性与非工程性防范措施与气象部门雷电灾害天气预报和预警无关，而与气象部门多年的雷电灾害天气历史资料统计分析结论密切相关。

典型案例：2014年雷雨大风天雨棚被掀翻砸伤路人的安全事故就是一起够预见的雷雨大风天气中对大风掀翻雨棚砸伤过来人员的防范措施不到位（能够防范，但防范措施不到位）而

造成事故的典型案例。

事故经过:2014 年 5 月 17 日,正值初夏的广州天气说变就变,下午 4 点 30 分左右,一阵狂风雷电大作。因受雷雨大风天气影响,广州市花都区狮岭镇一家火锅店临时搭建的雨棚被大风吹到了马路对面,不巧的是,正好砸中了在人行道上行走的黄某,同时还砸坏了一家五金商店的大门。事发后,路人向广州市公安局花都区分局报警,黄某也被送往医院住院治疗。经诊断,黄某构成左尺骨鹰嘴闭合性骨折、右眼睑以及上嘴唇挫裂伤、右膝挫裂伤并异物存留、多处皮肤软组织挫擦伤。黄某为此住院 18 天,花去医疗费 11829.9 元。后来,法医鉴定的结果显示,黄某的伤残等级符合道路交通事故九级伤残。在黄某住院期间,火锅店的老板徐某为其支付了所有的医疗费用。

出院后,黄某要求徐某赔偿损失,但遭到对方拒绝。无奈之下,黄某将徐某告上法院要求徐某赔偿人身损害损失 22.36 万余元。火锅店老板徐某则自认很冤,认为黄某受伤与他没有关系。徐某说,事情发生的时候,他并不在现场,店内的员工也不知道这事,没有人看到事情发生的经过,也不清楚黄某受伤是不是因为雨棚被风吹倒砸伤他的。既然与自己无关,那为啥还在黄某受伤后支付了黄某的医药费用?对此,徐某解释说,因为当时他在不知情的情况下,黄某认为是他的责任而报警,而他在没核实事实的情况下出于人道主义垫付了一万多元医药费。徐某还表示,当时,他在事发后回到现场勘察发现,黄某在街上受伤有着种种的可能性,没有证据可以证明黄某是被他店里的雨棚砸伤,所以黄某受伤与他无关,反而黄某还应该把一万多元医药费退还给他。

事故结论:广州市花都区法院审理后认为,依据我国侵权责任法规定,建筑物、构筑物或者其他设施及其搁置物、悬挂物发生脱落、坠落造成他人损害,所有人、管理人或者使用人不能证明自己没有过错的,应当承担侵权责任。本案中,肇事雨棚是火锅店的临时搭建设施,徐某作为该火锅店的经营者,是肇事雨棚的所有人和管理人,为此对本案肇事雨棚负有管理义务。鉴于徐某未能提供证据证明自己在此次事件中没有过错,故应当承担侵权责任。

另外,从一般生活经验判断,黄某当时正常行走在人行道上,对于风力的大小不能做出完全准确的判断,难以预计大风会将雨棚吹过来,为此黄某对损害后果没有过错,应认定雨棚的所有人或管理人对黄某的受伤负有过错,应当承担全部赔偿责任。事发时,虽然正值雷雨大风天气,但并未达到不可抗力的程度,徐某也未对此进行有效举证,为此不能构成免责。虽然徐某辩称没有证据可以证明涉案雨棚砸伤了黄某,但涉案事故的发生及处理经过、派出所询问笔录、黄某的住院治疗等证据已形成证据链,上述事实具有高度的盖然性。

为此,法院判决徐某赔偿护理费、误工费、残疾赔偿金、后续治疗费等共 19.8 万余元。另外,鉴于黄某构成九级伤残,法院酌情判定徐某赔偿精神损害抚慰金 5000 元。法院判决认定此次事故因未达不可抗力程度不免责,应赔偿 20.3 万元。

法官说法:构成不可抗力须满足三个条件。依据侵权责任法的规定,因不可抗力造成他人损害的,不承担责任。依据民法通则的规定,不可抗力是指"不能预见、不能避免和不能克服的客观情况",这三个"不能"条件须同时满足才符合不可抗力。

暴雨、强雷电、大风等恶劣天气能否构成不可抗力,需要结合侵权地气象特点进行具体判断。在科学高度发展的今天,一般的恶劣天气是可以预见得到预警的,通过采取适当的措施,能够将天气造成的影响减小到最低程度。为此,侵权人以不可抗力为由主张免责往往难获支持。因此法官提醒,恶劣天气极大地增加了建筑物上悬挂物、搁置物掉落的风险,建筑物的所有者、管理者和使用者对恶劣天气应特别注意，在发生恶劣天气情况时，应对室外的悬挂物、搁置物采取加固措施，防止坠落伤人。与此同时，市民在恶劣天气出行，也要注意人身安全，不要在广告牌等易吹落的位置长时间停留，以免受到伤害。

上述案例表明：不论是气象安全事故，还是气象自然灾害事故，只有充分利用现代科学技术，切实发挥气象科技在防范气象安全事故、气象自然灾害事故的基础性、现实性、前瞻性作用，努力做好气象安全事故风险管理和气象自然灾害事故风险管理，才能有效提高气象危险因素引发气象安全事故、气象自然灾害事故防范能力和水平。因此气象危险因素的现代化工程性与非工程性防范措施的科学、及时应用是防范气象安全事故和气象自然灾害事故的根本保障。

参考文献

安全减灾学人写真编委会,2000.安全减灾学人写真.北京:科学出版社.

北京减灾协会,1998.城市可持续发展与灾害防御.北京:气象出版社.

蔡承伟,2013.本质安全管理在发电企业安全管理中的应用研究.广州:华南理工大学硕士学位论文.

曹文东,2005.作业条件危险性评价法在隐患排查治理过程中的应用.安全、健康和环境,10:38-41.

陈国良,2000.煤炭自燃防治技术的评价及适应性研究.青岛:山东科技大学硕士学位论文.

陈国义,2002.关于雾闪和湿闪的原因分析.高压电器,**38**(2):50-53.

陈淮,李天,赵娟,2005.日照作用对超长高层建筑结构的影响.工业建筑,**35**(1):27-29.

陈娟,2012.我国煤矿事故统计分析及基于最佳组合模型的预测研究.太原市:太原理工大学硕士学位论文.

陈险峰,2003.日照温差对变电站施工中的构架倾斜度的影响.上海电力,(4):371.

陈雪莲,2010.社会应急管理体制研究指引刍义.中国应急管理,1:14-18.

陈云峰,高歌,2010.近20年我国气象灾害损失的初步分析.气象,**36**(2):76-80.

陈振林,郑江平,邵洋,等,2010.公共气象服务系统发展研究.气象软科学,5:86-100.

程道广,2007.大型设备基础重大典型温度裂缝事故分析及预防处理措施.建筑技术,**38**(12):943-945.

代利明,陈玉明,2006.几种常用定量风险评价方法的比较.安全与环境工程,**13**(4):95-98.

党光远,2015.钢铁企业安全生产事故风险预警模型研究.唐山:河北联合大学硕士学位论文.

丁一汇,张建云,等,2009.暴雨洪涝.北京:气象出版社.

董鹏捷,吴正华,2008.北京2008年奥运期间冰雹灾害风险评估模型研究.暴雨灾害,**27**(2):104-108.

董颖,2009.地质灾害风险评估理论与实践.北京:地质出版社.

董颖,等,2009.地质灾害风险评估理论与实践.北京:地质出版社.

杜棪,肖璇,2012.青藏公路五道梁路段路基病害及防治措施.交通企业管理,(4):55-56.

方树林,2012。中国煤矿灾害防治技术的研究现状与发展趋势.洁净煤技术,**18**(1):90-94.

甘心孟,沈斐敏,2000.安全科学技术导论.北京:气象出版社.

高德立,2012.组合评价方法在煤矿安全风险评估中的应用.计算机仿真,**29**(2):194-107.

高建国,2010.应对巨灾的举国体制.北京:气象出版社.

高建宁,2013.我国煤矿事故自然因素特征分析.煤矿安全,**44**(3):156-159.

高庆华,1991.关于建立自然灾害评估系统的总体构思.灾害学,**6**(3):14-18.

高庆华,李志强,刘惠敏,等,2008.自然灾害系统与减灾系统工程.北京:气象出版社.

高庆华,马宗普,张业成,等,2007.自然灾害评估.北京:气象出版社.

高学浩,姜海如,2011.加强气象社会管理有关问题研究.气象软科学,2:4-28.

龚远平,伍勇,2013.连二亚硫酸钠遇水放热表观规律研究.四川化工,**16**(1):9-12.

郭金刚,2005.煤矿安全从业人员考核聘用管理的理论与实践.北京:煤炭工业出版社.

郭学鸿,2014.安全生产法律责任制度研究.重庆:重庆大学硕士学位论文.

国汉芬,2007.煤矿安全事故致因因素经济学分析与风险管理方法.北京:对外经济贸易大学博士学位论文.

国务院"7·23"甬温线特别重大铁路交通事故调查组,2011."7·23"甬温线特别重大铁路交通事故调查报告.

北京:国家安监总局网站.
国务院"东方之星"号客轮翻沉事件调查组,2015."东方之星"号客轮翻沉事件调查报告.北京:国家安监总局网站.
国务院天津港"8·12"瑞海公司危险品仓库特别重大火灾爆炸事故调查组,2016.天津港"8·12"瑞海公司危险品仓库特别重大火灾爆炸事故调查报告.北京:国家安监总局网站.
韩斌君,2007.我国煤矿安全事故致因研究.上海:同济大学硕士学位论文.
韩颖,2010.浅论重大项目气候可行性论证.气象软科学,1:113-118.
何有钧,张春阳,方华,2009.OPGW光缆雷击断股原因分析和防范措施.电力系统通信,**30**(199):16-19.
和惠浦,2003.煤矿瓦斯事故与地面大气压力.山西煤炭管理干部学院学报,(4):51-52.
胡爱军,李宁,祝燕德,等,2010.论气象灾害综合风险防范模式——2008年中国南方低温雨雪冰冻灾害的反思.地理科学进展,**29**(2):159-165.
胡邦智,2014.风险管理在安全生产系统中应用研究.北京:北京邮电大学硕士学位论文.
胡鹏,梅连学,王梅华,等,2010.一流人才与人才体系建设思路.气象软科学,5:51-71.
胡社荣,蒋大成,李泽光,等,2001.煤田煤矿区火灾与环境效应及其防治对策.地质灾害与环境保护,**12**(1):21-23.
虎维岳,2005.矿山水害防治理论与方法.北京:煤炭工业出版社.
黄崇福,2005.自然灾害风险评价理论与实践.北京:科学出版社.
黄竟文,2012.煤矿灾害风险预警的方法及模型.矿业安全与环保,**39**(4):85-87.
黄清贤,1996.危害分析与风险评估.台北:三民书局股份有限公司.
黄少军,何华权,1998.政府经济学.北京:中国经济出版社.
黄渝祥,等,1994.灾害间接经济损失的计量.灾害学,**9**(3):7-13.
黄政祥,2007.煤矿重大危险源(瓦斯)定量评价方法的研究.贵州:贵州大学硕士学位论文.
贾薇薇,魏玖长,2011.经济开发区潜在突发事件的风险评估研究及其应用.中国应急管理,1:24-28.
姜初炎,2005.基于人为因素的煤矿安全管理研究.安徽理工大学学报.社会科学版.**7**(1):11-15.
姜海如,2010.关于气象事业发展方式转变的思考.气象软科学,6:31-36.
姜树海,范子武,吴时强,2005.洪灾风险评估和防洪安全决策.北京:中国水利水电出版社.
姜彤,许朋柱,1996.自然灾害研究的新趋势——社会易损性分析.灾害学,**11**(2):5-9.
矫梅燕,2010.健全农业气象服务和农村气象灾害防御体系.求是,6:56-57.
金磊,1997.城市灾害学原理.北京:气象出版社.
金晓冬,罗云,1993.区域社会经济"易灾性"综合评价实践.灾害学,**8**(4):1-5.
康文超,2011.对铁路运输过程中煤炭自燃事故定责的探讨.煤炭货运,(2):27-29.
科学管理与党的建设研究小组,2010.加强气象科学管理推动气象事业更大发展.气象软科学,5:203-212.
孔留安,李武,2006.影响我国煤矿安全的本质因素分析.煤炭学报,**31**(3):320-323.
雷毅,申宝宏,刘修源,2012.世界主要产煤国煤矿灾害防治经验及启示.矿业安全与环保,**39**(3):87-89.
李斌,关维俊,阎永建,等,2005.煤炭行业职业危害分析与控制技术.北京:冶金工业出版社.
李光荣,2014.国有煤炭企业全面风险演化机理及管控体系研究.北京:中国矿业大学博士学位论文.
李洪伟,陈玉和,周德群,2007.煤矿安全事故频发的关键影响因素分析.能源技术与管理,(5):138-141.
李家启,李良福,2010.雷电灾害风险评估与控制.北京:气象出版社.
李家启,李良福,覃彬全,等,2007.雷电灾害典型案例分析.北京:气象出版社.
李家启,李良福,覃彬全,等,2011.新农村防雷安全实用技术手册.北京:气象出版社.
李建华,黄郑华,2010.事故现场应急施救.北京:化学工业出版社.
李良福,2003.区县气象事业"四个一流"建设的思考与实践.北京:气象出版社.
李良福,2003.拓展气象事业防雷减灾新领域的实践.北京:气象出版社.

李良福,2009.强化气象社会管理职能的实践与思考.重庆气象,2:2-6.
李良福,2011.气象因素对土壤电导特性影响机理研究.北京:气象出版社.
李良福,胡怀林,等,2004.森林雷电防护研究.北京:气象出版社.
李良福,蒋运春,何建平,等,2012.学校气象灾害敏感单位认证管理与实践.北京:气象出版社.
李良福,李家启,覃彬全,等,2008.雷电防护关键技术研究.北京:气象出版社.
李良福,马彬,韩贵刚,等,2015.煤矿气象灾害风险管理与实践.北京:气象出版社.
李良福,马彬,李家启,等,2015.气象灾害敏感单位风险评估技术规范.成都:成都电子科技大学出版社.
李良福,覃彬全,等,2011.气象灾害敏感单位安全气象保障技术规范.北京:气象出版社.
李良福,覃彬全,杨磊,等,2014.雷电电弧放电效应及其危害机理研究.北京:气象出版社.
李良福,杨利敏,覃彬全,等,2011.气象社会管理与公共气象服务的思考与实践.北京:气象出版社.
李良福,杨俐敏,1999.计算机网络防雷技术.北京:气象出版社.
李潞斌,刘小锋,杨春宁,2013.孟家窑煤矿安全风险预控管理系统的设计与实现.中国煤炭,**39**(8):73-76.
李少雄,殷先松,郭伟,等,2009.李家洲煤矿透水事故原因分析及处理.人民长江,**40**(13):21-22.
李卫民,李爱民,吴兑,2005.高速公路雾区预测预报与监控系统.北京:气象出版社.
李文俊,2006.煤矿与非煤矿山安全评价指导手册(上册、下册).徐州:中国矿业大学出版社.
李翔,等,1993.我国灾害经济统计评估系统及其指标体系的研究.自然灾害学报,**2**(1):5-15.
李毅,2008.天雷——广东省佛山市三水区烟花爆竹仓库"2·14"爆炸案追踪.湖南安全与防灾,(3):33-36.
李永骝,王荣辉,2006.日照温差作用下的混凝土裂缝分析.广东公路交通,(1):1-4.
辽宁省气象局,1986.气象与国民经济建设.北京:气象出版社.
林海燕,彭根明,1998.煤炭自燃过程的物理化学机理探讨.山西煤炭,**18**(3):31-34.
刘聪,卞光辉,黎健,等,2009.交通气象灾害.北京:气象出版社.
刘戈,章金钊,吴青柏,2006.多年冻土地区路基变形特征及影响因素.公路,(11):23-11.
刘铁民,2005.2005年度注册安全工程师继续教育教程.北京:中国劳动社会保障出版社.
刘铁民,2010.脆弱性——突发事件形成与发展的本质原因.中国应急管理,10:32-35.
刘学春,王学良,段振中,2006.一次通信光缆雷击事故的原因分析及其防雷措施.湖北气象,(4):34-36.
刘燕华,葛全胜,吴文祥,2005.风险管理——新世纪的挑战.北京:气象出版社.
刘永智,吴青柏,张建明,等,2002.青藏高原多年冻土地区公路路基变形.冰川冻土,**24**(1):10-15.
刘云,郭嘉昒,王保民,2010.MLS评价法在安全评价中的应用.机械管理开发,**25**(5):71-72.
卢鹏程,祁伟,2009.某桥立柱裂缝成因分析及对策.山西建筑,**35**(23):322-323.
陆忠汉,等,1984.实用气象手册.上海:上海辞书出版社.
吕淑然,刘春锋,王树琦,2010.安全生产事故预防控制与案例评析.北京:化学工业出版社.
吕昭双,1994.煤炭自燃机理的探讨.煤矿安全,(9):41-43.
罗东澜,2004.煤矿爆炸安全分级评价及其在煤矿工伤保险中的应用.重庆:重庆大学硕士学位论文.
罗立信,刘灏,成明亮,等,2014.天气系统下云、雾与飞行安全分析.现代农业科技,(18):236-237.
罗云,等,2009.风险分析与安全评价.2版.北京:化学工业出版社.
罗云,宫运华,刘斌,等,2010.企业安全管理诊断与优化技术.北京:化学工业出版社.
罗云峰,李慧,张爱民,等,2010.气象科技创新体系建设研究与思考.气象软科学,5:137-152.
马东辉,2010.安全与防灾减灾.北京:中国建筑工业出版社.
马和励,2004.建立有效的灾害信息系统.中国减灾,5:37.
马娟,2010.煤矿安全评价指标体系及评价软件开发研究.淮南市:安徽理工大学硕士学位论文.
马力,崔鹏,周国兵,等,2009.地质气象灾害.北京:气象出版社.
马树庆,李锋,王琪,等,2009.寒潮和霜冻.北京:气象出版社.
麦圭根 J R,莫耶 R C,哈里斯 H B,2003.管理经济学:应用、战略与策略.9版.李国津,译.北京:机械工业出版社.
梅国栋,刘璐,王云海,2008.影响我国煤矿安全生产的主要因素分析.中国安全生产科学技术,**4**(3):84-87.
《〈煤矿安全规程〉专家解读》编委员,2006.《煤矿安全规程》专家解读(露天部分).徐州:中国矿业大学出版社.
《〈煤矿安全规程〉专家解读》编委员,2011.《煤矿安全规程》专家解读.2011 年修订.徐州:中国矿业大学出版社.
煤矿企业安全管理手册编委员会,2006.煤矿企业安全管理手册.徐州:中国矿业大学出版社.
美国联邦气象协调办公室,2008.美国交通气象信息国家需求评估报告.黎健,魏丽,傅敏宁,等译.北京:气象出版社.
民航总局事故调查组,1997.关于波音 737-300 型 B2925 号飞机重大飞行事故("5·8"空难)调查报告.
缪小冬,2013.露天煤矿生产系统常见危险源分析.露天采矿技术,(8):76-78.
缪旭明,郭起豪,2010.我国暴雨的特点及防御.中国应急管理,8:56-58.
穆丹丹,2009.煤矿本质安全综合评价指标体系研究与应用.西安:西安科技大学硕士学位论文.
奈斯比特 J[美],奈斯比特 D[德],2009.中国大趋势:新社会的八大支柱.魏平,译.吉林:吉林出版集团,北京:中华工商联合出版社.
牛志仁,1990.关于灾害系统的若干问题.灾害学,**5**(3):1-5.
潘龙斌,陈汝英,2013.架空输电线路导、地线微风振动成因和防控措施探讨.广西电力,**36**(4):75-78.
庞鸿魁,顾青峰,韩霄,等,2010."十二五"气象现代化重大工程项目研究.气象软科学,5:153-163
彭毅,安宁,刘胜春,等,2011.新型防振装置在 750 kV 输电线路地线防振中的应用研究.电力建设,**32**(11):89-92.
秦大河,2004.加强气象灾害应急管理能力.中国减灾,6:9-10.
秦大河,2009.气候变化:区域应对与防灾减灾.北京:科学出版社.
闪淳昌,2004.建立健全突发事件应急预案.中国减灾,6:13-14.
申学峰,2004.中国历史上的防灾减灾政策及其启示.中国减灾,10:48-49.
申莹莹,2015.我国煤矿安全生产监管行政问责制研究.郑州:郑州大学硕士学位论文.
石剑荣,陈亢利,等,2010.城市环境安全.北京:化学工业出版社.
时烁,2015.湿度对红色药热安全性的影响研究.北京:北京理工大学硕士学位论文.
时效功,李士成,杨树华,2006.煤矿常见灾害的预防与治理.徐州:中国矿业大学出版社.
宋恩福,2003.事件树形图在矿山事故中的应用.河北能源职业技术学院学报,**9**(8):71-72.
宋雅杰,李健,2008.城市环境危机管理.北京:科学出版社.
苏同营,2012.基于生产过程的煤矿安全影响因素分析与控制研究.北京:中国矿业大学博士学位论文.
苏亦山,2013.浅谈煤矿安全风险预控体系的构建.山东煤炭科技,(6):205-207.
隋明辉,2015.市级安全生产综合监管模式及其对策研究.北京:中国地质大学硕士学位论文.
孙斌,田水承,常心坦,2003.事故风险评价与风险管理模式研究.中国矿业,**12**(1):71-73.
孙继松,梁丰,陈敏,等,2003.北京地区一次小雪天气过程造成路面交通严重受阻的成因分析.大气科学,**27**(6):1057-1066.
谈建国,陆晨,陈正洪,2009.高温热浪与人体健康.北京:气象出版社.
唐晋娟,2010.不良天气条件下高速公路交通安全影响分析.南京:南京林业大学硕士学位论文.
唐启义,冯明光,2002.实用统计分析及其 DPS 数据处理系统.北京:科学出版社.
佟瑞鹏,2010.常用安全评价方法及其应用.北京:中国劳动社会保障出版社.
汪扩军,潘志祥,等,2005.气象灾害监测预警与减灾评估技术.北京:气象出版社.
汪运涛,2009.船运煤炭研究.大连:大连海事大学硕士学位论文.
王安俊,姚春景,罗双玲,2010.乡镇医院遭雷击典型实例分析及防雷对策.科技与生活,19:5,2.
王昂生,2004.中国安全减灾及应急体系.中国减灾,10:17-18.

王建国,2008.煤矿生产系统危险源结构及煤矿事故预防.矿业安全与环保,**35**(1):85-88.
王凯全,等,2011.安全管理学.北京:化学工业出版社.
王迈,1996.国外油气管道事故分析.世界石油工业,**3**(12):45-52.
王起全,佟瑞鹏,2006.模糊综合评价方法在企业安全评价中的分析与应用.华北科技学院学报,**12**(4):26-31.
王起全,徐德蜀,2009.安全评价操作.北京:气象出版社.
王绍武,马树庆,陈莉,等,2009.低温冷害.北京:气象出版社.
王绍玉,冯百侠,2010.城市灾害管理.北京:化学工业出版社.
王树玉,2006.煤矿五大灾害事故分析和防治对策.徐州:中国矿业大学出版社.
王文楷,等,1994.农田承灾力综合评价与分区——以河南省为例.自然灾害学报,**3**(1):9-14.
王晓冬,2012.气象灾害风险防控管理研究.天津:河北工业大学硕士学位论文.
王晓云,陈绍有,李昌兴,等,2010.综合气象观测系统发展研究.气象软科学,5:125-136.
王银民,李良福,覃彬全,等,2013.基层气象社会管理与公共服务对策研究.北京:气象出版社.
王迎春,郑大玮,李青春,2009.城市气象灾害.北京:气象出版社.
王永红,沈文,1996.中国煤矿水害预防及治理.北京:煤炭工业出版社.
王勇,2010.事故致因因素的识别、评价和控制.天津:天津理工大学硕士学位论文.
王志强,周韶雄,桑瑞星,等,2010.浅淡气象社会管理.气象软科学,5:176-185.
韦欢文,王政锦,孟冯超,等,2013.我国煤矿安全事故分析及对策探究.企业技术开发,**32**(13):26-27.
温智,盛煜,马巍,等,2009.退化性多年冻土地区公路路基地温和变形规律.岩石力学与工程学报,**28**(7):1477-1483.
文虎,许满贯,王振平,等,2001.地温对煤炭自燃的影响.西安科技学院学报,**21**(1):1-3.
文舰,1999.林歹铝矿暴雨淹井成因及防治.中国矿业,**8**(1):87-90.
翁勇南,2010.安全支撑体系及其演化机理研究.北京:北京交通大学博士学位论文.
吴兑,吴晓京,朱小祥,2009.雾和霾.北京:气象出版社.
吴光军,陈云生,2000.液化石油气供应站防雷技术初探.湖北气象,(3):34-35.
吴江,2004.建立灾害应急管理科学决策体系.中国减灾,6:14-15.
吴永进,韩涛,张建刚,等,2006.日照温差对混凝土桥梁裂纹影响的分析.铁道建筑,(7):24-26.
吴宗之,高进东,等,2000.工业危险辨识与评价.北京:气象出版社.
肖爱民,1992.安全系统工程学.北京:中国劳动出版社.
肖福坤,2003.煤矿矿井安全模糊综合评价研究.沈阳:东北大学硕士学位论文.
谢红利,2013.上海城市安全生产风险指数评价及其治理研究.上海:华东理工大学硕士学位论文.
谢静芳,秦元明,2004.气象环境与舒适度及健康.北京:气象出版社.
辛嵩,2006.煤矿安全生产基础知识.北京:煤炭工业出版社.
徐耀标,许以平,1992.城市火灾浅析.北京:气象出版社.
许小峰,等,2003.国外雷电监测和预报研究.北京:气象出版社.
许小峰,等,2009.气象服务效益评估理论方法与分析研究.北京:气象出版社.
薛剑光,2010.安全生产监督与管理的量化表达方法研究.长沙:中南大学博士学位论文.
薛振华,2010.煤矿安全事故致因因素研究.西安:西北大学硕士学位论文.
杨春生,2011.煤矿运输事故多发原因及控制对策.中国西部科技,**10**(15):46-47.
杨皓东,何焰江,张秉文,2012.日照温差对大跨度钢结构柱安装影响的探析.建筑技术,**26**(5)676-677.
杨建松,粟才全,2008.社区灾害管理.北京:气象出版社.
杨金明,2006.煤矿生产安全灾害预防及应用.长春:吉林科学技术出版社.
杨立秋,李海花,高玉竹,2008.架空输电线路微风振动危害分析.中国科技信息,(12):54-55.
杨利敏,李良福,2006.气象信息与安全生产.北京:气象出版社.

杨梅忠,陈克良,1997.中国煤矿灾害现状与减灾对策分析.灾害学,**12**(3):66-70.

杨艳娟,钟亮,钟汉如,等,2009.基于BP神经网络的矿井通风系统安全评价方法.煤矿安全,**1**(2):97-99.

杨艺,刘建章,付士根,等,2009.油库安全评价与应急救援技术.北京:中国石化出版社.

杨玉中,1999.煤矿运输事故影响因素的灰色关联分析.煤矿安全,(3):42-45.

杨仲江,李玉照,姜长稷,2009.从扬州重宁寺藏经楼雷击事故看古建筑防雷.建筑电气,**28**(10):40/536-43/539.

姚美红,李德胜,刘建霞.2008.灰色关联度分析在交通安全性评价中的应用.烟台职业学院学报,**6**(2):89-93.

姚学祥,1999.气象与现代管理.北京:气象出版社.

姚永明,赵三立,陈玉琪,等,2011.淮北煤矿事故与气象条件的分析研究.气象研究与应用,**32**(2):35-38.

叶路明,1999.日照温差下的箱梁旁弯变形.港工技术与管理,(1):22-25.

于庆东,沈荣芳,1996.灾害经济损失评估理论与方法探讨.灾害学,**11**(2):10-14.

俞秀宝,江文昌,2007.我国煤矿安全事故原因系统分析与对策.煤炭科学技术,**35**(1):104-108.

云涛,2008.330 kV架空输电线路复合绝缘子典型雾闪故障分析.西安电力高等专科学校学报,**3**(1):51-52.

曾维华,程声通,2000.环境灾害学引论.北京:中国环境科学出版社.

曾笑,2014.连二亚硫酸钠灾害事故应急处置及预防措施.山东化工,(43):174-176.

张长喜,2005.矿山安全技术.北京:煤炭工业出版社.

张德成,刘明杰,2011.煤矿灾害的分析与防治.陕西煤炭,(4):100,111-112.

张海滨,2010.气候变化与中国国家安全.北京:时事出版社.

张海峰,杨涛等,1999.知识经济与企业创新发展.广州:华南理工大学出版社.

张洪杰,刘贞堂,王恩元,2010.煤矿灾害事故损失预测和风险管理研究.煤炭工程,(1):120-123.

张继权,等,2007.主要气象灾害风险评价与管理的数量化方法及其应用.北京:北京师范大学出版社.

张江石,李志伟,安宇,2009.矿井气压变化和瓦斯涌出的关系分析与实证研究.煤矿安全,(9):83-85.

张金锋,王林,2002.实施煤矿安全风险管理的必要性分析.河北煤炭,(2):1-3.

张兰,2005.煤矿安全事故预测与风险性评价.重庆:重庆大学硕士学位论文.

张铁岗,2003.煤矿安全技术基础管理.北京:煤炭工业出版社.

张小曳,周凌晞,丁国安,2009.大气成分与环境气象灾害.北京:气象出版社.

张秀兰,张强,2010.社会抗逆力:风险管理理论的新思考.中国应急管理,3:36-42.

张义军,陶善昌,马明,等,2009.雷电灾害.北京:气象出版社.

张自然,徐亮,2012.我国煤矿安全事故风险的厚尾性质及其经济含义分析.煤炭工程,(9):107-109.

章国材,2010.气象灾害风险评估与区划方法.北京:气象出版社.

赵林,程国栋,俞祁浩,等,2010.气候变化影响下青藏公路重点路段的冻土危害及其治理对策.自然杂志,**32**(1):9-12.

赵庆贤,葛秀坤,邵辉,2011.空气绕流诱发H型桥面振动的机理分析与模拟——以Tacoma大桥风振致毁事故为例.力学与实践,**33**(6):13-17.

赵铁城,李彦荣,赵旭超,1994.对烟花爆竹药剂吸湿率问题的分析与探讨.火工品,(1):44-46.

赵同进,汪勤模,等,2005.气象灾害.西安:未来出版社.

郑国光,2000,国际防灾减灾面临的一些问题和我国气象防灾减灾工作的基本思路.气象软科学,2,36-43.

郑国光,2010.加快转变发展方式全推进气象现代化.气象软科学,6:4-18.

中国气象局发展研究中心专题研究组,2010.气象事业发展现状、形式与需求.气象软科学,5:4-13.

中央政法委调研组,2011.创新社会管理体系提高社会管理科学化水平.求是,6:36-37.

钟国平,李强,苏志,2004.浅谈建设项目开展气候可行性论证的必要性.广西气象,**25**(4):59-60,29.

周福,1994.经济和社会发展对气象服务的新需求及对策.浙江气象科技,(3):52-54.

周广胜,卢琦,2009.气象与森林草原火灾.北京:气象出版社.

周华敏，彭向阳，毛先，等，2011. 绝缘子覆冰闪络的主要影响因素分析. 广东电力，**24**(11)：11-15.

周伟灿，魏炜，2010. 基于灰色关联度法的雾灾损失评估模型研究. 气象与环境学报，**26**(1)：12-15.

周心权，邬燕云，朱红青，等，2002. 煤矿灾害防治科技发展现状及对策分析. 煤炭科学技术，**30**(1)：1-5.

周寅康，1995. 自然灾害风险评价初步研究. 自然灾害学报，**4**(1)：6-11.

朱庆明，2010. 煤矿事故统计分析与预测研究. 青岛：山东科技大学硕士学位论文.

朱月敏，2011. 煤矿安全事故统计分析. 阜新市：辽宁工程技术大学硕士学位论文

祝燕德，胡爱军，何逸，等，2009. 重大气象灾害风险防范——2008 年湖南冰灾启示. 北京：气象出版社.

左林涛，2014. 建筑工程施工安全管理研究. 武汉：武汉理工大学硕士学位论文.

左雄，官昌贵，桑瑞星，等，2010. 提高公共灾害意识增强公共应对气象灾害能力. 气象软科学，3：99-102.